普通高等教育"十一五"国家级规划教材

薄膜物理与器件

肖定全　朱建国　朱基亮　申林　编著

国防工业出版社
·北京·

内 容 简 介

本书主要论述了薄膜物理与薄膜器件的基本内容，并概括介绍了在新材料技术领域中有着重要应用的几类主要的薄膜材料。书中比较系统地介绍了薄膜的物理化学制备原理与方法，包括蒸发镀膜、溅射镀膜、离子镀、化学气相沉积、溶液制膜技术等；同时介绍了薄膜的形成、薄膜的结构与缺陷，薄膜的电学性质、力学性质、半导体性质、磁学性质、超导性质等；此外，还扼要介绍了几类重要薄膜材料及其性能，分析归纳了相关研究发展动态。

本书可作为材料科学与工程、电子科学与工程、电子材料与元器件、半导体物理与器件、应用物理学等专业的教材或教学参考书，也可供相关科技、企业、公司的管理和技术人员参考。

图书在版编目(CIP)数据

薄膜物理与器件/肖定全等编著. —北京：国防工业出版社,2023.2 重印
普通高等教育"十一五"国家级规划教材
ISBN 978-7-118-07238-9

Ⅰ.①薄… Ⅱ.①肖… Ⅲ.①薄膜—表面物理学—高等学校—教材②薄膜技术—高等学校—教材
Ⅳ.①O484②TB43

中国版本图书馆 CIP 数据核字(2010)第 247991 号

※

国防工业出版社出版发行
(北京市海淀区紫竹院南路 23 号　邮政编码 100048)
北京虎彩文化传播有限公司印刷
新华书店经售

*

开本 787×1092　1/16　印张 21½　字数 496 千字
2023 年 2 月第 1 版第 7 次印刷　印数 9001—10000 册　定价 58.00 元

(本书如有印装错误，我社负责调换)

国防书店：(010)68428422　　发行邮购：(010)68414474
发行传真：(010)68411535　　发行业务：(010)68472764

前　言

薄膜技术在工业上有着广泛的应用,薄膜材料在新材料技术领域中占有极其重要的地位。要获得具有不同性能的薄膜,并使薄膜能在重要的技术领域获得应用,必须掌握相关的成膜技术并熟悉薄膜物理的基本内容。

薄膜的制备技术、薄膜物理学以及薄膜的技术应用等,都是正在迅速发展中的科学与技术。有关薄膜形成的机理和薄膜生长动力学、薄膜的某些重要物理性质,还在不断地研究和探索之中;薄膜的制备技术也在不断地发展和完善。因此,本书着重介绍薄膜的物理及化学制备基本原理与方法,薄膜的形成、结构与缺陷的基本内容,以及薄膜物理中的主要方面,使薄膜技术的初学者能大体掌握薄膜技术的概貌。

本书在编写时,力求注意内容丰富,取材新颖,重点突出,兼顾理论与实际,使全书具有较好的系统性、综合性和实用性,以满足材料科学与工程、电子科学与工程、电子材料与元器件、半导体物理与器件、应用物理学等专业本、专科教学的需求;同时,各章也具有相对的独立性,使本书可供不同专业的师生和相关科技、企业、公司的管理和技术人员选用与参考。撰写时,注意文字简练,条理清楚,信息量大,避免冗长的数学推导,使读者易学易懂。

本书由肖定全负责全书的编著、统稿和审稿,以及第一、二、三、六章的改稿;朱建国参加了第八章的编写和第四、五、七章的改稿,并负责全书的最后定稿;朱基亮编写了第九章;申林参加了第一章至第七章初稿的编写。国防工业出版社和四川大学在本书编写过程中给予了大力支持,在此谨表谢意。

在本书的编写过程中参阅了大量国内外有关文献,由于篇幅限制,不能在文中一一列出,在此一并致谢。主要参考文献均列入书末。

由于编著者水平有限,书中定有不足之处,恳请读者不吝指正。

编著者
2010 年 11 月

目 录

第一章　真空技术基础 …………………………………………………… 1
 1.1　真空基础 …………………………………………………………… 1
  1.1.1　真空的定义及其度量单位 …………………………………… 1
  1.1.2　真空的分类 …………………………………………………… 2
  1.1.3　气体与蒸气 …………………………………………………… 3
 1.2　稀薄气体的性质 …………………………………………………… 3
  1.2.1　理想气体定律 ………………………………………………… 4
  1.2.2　气体分子的速度分布 ………………………………………… 4
  1.2.3　平均自由程 …………………………………………………… 5
  1.2.4　碰撞次数与余弦散射定律 …………………………………… 5
  1.2.5　真空在薄膜制备中的作用 …………………………………… 6
 1.3　真空的获得 ………………………………………………………… 7
  1.3.1　气体的流动状态 ……………………………………………… 7
  1.3.2　真空的获得 …………………………………………………… 8
 1.4　真空的测量 ………………………………………………………… 13
  1.4.1　热偶真空计和热阻真空计 …………………………………… 14
  1.4.2　电离真空计 …………………………………………………… 15
  1.4.3　薄膜真空计 …………………………………………………… 15
  1.4.4　其他类型的真空计 …………………………………………… 16
 习题与思考题 ……………………………………………………………… 16

第二章　薄膜的物理制备工艺学 ………………………………………… 18
 2.1　薄膜制备方法概述 ………………………………………………… 18
 2.2　真空蒸发镀膜 ……………………………………………………… 19
  2.2.1　真空蒸发原理 ………………………………………………… 19
  2.2.2　蒸发源的蒸发特性 …………………………………………… 26
  2.2.3　蒸发源的加热方式 …………………………………………… 29
  2.2.4　合金及化合物的蒸发 ………………………………………… 35
 2.3　溅射镀膜 …………………………………………………………… 37
  2.3.1　概述 …………………………………………………………… 37
  2.3.2　辉光放电 ……………………………………………………… 38
  2.3.3　表征溅射特性的基本参数 …………………………………… 41

  2.3.4 溅射过程与溅射镀膜 ································· 49
  2.3.5 溅射机理 ··· 52
  2.3.6 主要溅射镀膜方式 ································· 53
  2.3.7 溅射镀膜的厚度均匀性分析 ···················· 61
  2.3.8 溅射镀膜与真空蒸发镀膜的比较 ············· 63
 2.4 离子束镀膜 ··· 64
  2.4.1 离子镀的原理与特点 ······························ 65
  2.4.2 离子轰击及其在镀膜中的作用 ················· 66
  2.4.3 粒子轰击对薄膜生长的影响 ···················· 68
  2.4.4 离子镀的类型及特点 ······························ 68
 2.5 分子束外延技术 ·· 72
  2.5.1 外延的基本概念 ···································· 72
  2.5.2 MBE装置及原理 ···································· 72
  2.5.3 MBE的特点 ·· 73
 2.6 脉冲激光沉积技术 ······································· 74
  2.6.1 脉冲激光沉积技术概述 ··························· 74
  2.6.2 脉冲激光沉积技术的特点 ······················· 75
  2.6.3 脉冲激光沉积薄膜技术的改进 ················· 77
  2.6.4 脉冲激光沉积薄膜技术的发展 ················· 77
习题与思考题 ··· 82

第三章 薄膜的化学制备工艺学 ································· 85
 3.1 概述 ·· 85
 3.2 化学气相沉积 ··· 85
  3.2.1 化学气相沉积简介 ································· 85
  3.2.2 CVD的基本原理 ···································· 86
  3.2.3 CVD法的主要特点 ································· 90
  3.2.4 几种主要的CVD技术简介 ······················ 91
 3.3 薄膜的化学溶液制备技术 ····························· 97
  3.3.1 化学反应镀膜 ······································· 97
  3.3.2 溶胶—凝胶法(Sol—Gel)法 ······················ 99
  3.3.3 阳极氧化法 ·· 99
  3.3.4 电镀法 ··· 100
  3.3.5 喷雾热分解法 ······································· 101
 3.4 薄膜的软溶液制备技术 ································ 102
  3.4.1 软溶液制备技术的基本原理 ···················· 102
  3.4.2 水热电化学 ·· 103
 3.5 超薄有机薄膜的LB制备技术 ······················· 104

  3.5.1 概述 …… 104
  3.5.2 LB薄膜技术 …… 105
 习题与思考题 …… 106

第四章 薄膜制备中的相关技术 …… 109
 4.1 基片 …… 109
  4.1.1 各种基片的性质 …… 109
  4.1.2 基片的清洗 …… 114
  4.1.3 超清洁表面 …… 117
 4.2 薄膜厚度的测量与监控 …… 120
  4.2.1 力学方法 …… 121
  4.2.2 电学方法 …… 122
  4.2.3 光学方法 …… 124
  4.2.4 其他膜厚监控方法 …… 127
 4.3 薄膜图形制备技术 …… 128
  4.3.1 薄膜图形加工的主要方法 …… 128
  4.3.2 光刻法 …… 129
 4.4 薄膜制备的环境 …… 136
  4.4.1 尘埃与针孔 …… 136
  4.4.2 超净工作间标准与级别 …… 136
 习题与思考题 …… 138

第五章 薄膜的形成与生长 …… 140
 5.1 凝结过程与表面扩散过程 …… 140
  5.1.1 吸附过程 …… 140
  5.1.2 表面扩散过程 …… 141
  5.1.3 凝结过程 …… 142
 5.2 薄膜晶核的形成与生长 …… 145
  5.2.1 晶核形成与生长的物理过程 …… 145
  5.2.2 晶核形成理论 …… 146
 5.3 薄膜的形成与生长 …… 151
  5.3.1 薄膜生长的三种模式 …… 151
  5.3.2 薄膜形成过程 …… 153
  5.3.3 溅射薄膜与外延薄膜的生长特性 …… 155
  5.3.4 非晶薄膜的生长特性 …… 158
  5.3.5 影响薄膜生长特性的因素 …… 160
 5.4 薄膜形成过程的计算机模拟 …… 162
  5.4.1 蒙特卡罗法计算机模拟 …… 162
  5.4.2 分子动力学计算机模拟 …… 164

习题与思考题 …………………………………………………………… 167

第六章　现代薄膜分析方法 …………………………………………… 168
6.1　概述 …………………………………………………………………… 168
6.2　X射线衍射法 ………………………………………………………… 169
　　6.2.1　X射线衍射原理 ……………………………………………… 169
　　6.2.2　X射线衍射的应用 …………………………………………… 170
6.3　扫描电子显微镜 ……………………………………………………… 171
　　6.3.1　扫描电子显微镜的工作原理 ………………………………… 171
　　6.3.2　扫描电子显微镜的应用 ……………………………………… 173
　　6.3.3　新型扫描电子显微镜 ………………………………………… 174
6.4　透射电子显微镜 ……………………………………………………… 175
　　6.4.1　透射电子显微镜的工作原理 ………………………………… 175
　　6.4.2　TEM的应用 ………………………………………………… 176
　　6.4.3　TEM的发展 ………………………………………………… 176
6.5　俄歇电子能谱 ………………………………………………………… 178
　　6.5.1　俄歇电子能谱的工作原理 …………………………………… 178
　　6.5.2　俄歇电子能谱的应用与发展 ………………………………… 180
6.6　X射线光电子能谱 …………………………………………………… 182
　　6.6.1　X射线光电子能谱的工作原理 ……………………………… 182
　　6.6.2　XPS的定性分析 ……………………………………………… 184
　　6.6.3　XPS的定量分析 ……………………………………………… 185
6.7　二次离子质谱 ………………………………………………………… 185
　　6.7.1　二次离子质谱发展简介 ……………………………………… 185
　　6.7.2　SIMS的原理 ………………………………………………… 185
　　6.7.3　SIMS的应用 ………………………………………………… 187
　　6.7.4　SIMS的新进展 ……………………………………………… 188
6.8　卢瑟福背散射法 ……………………………………………………… 189
　　6.8.1　基本原理 ……………………………………………………… 189
　　6.8.2　分析方法 ……………………………………………………… 189
　　6.8.3　RBS的实验设备与样品 ……………………………………… 191
6.9　原子力显微镜 ………………………………………………………… 192
　　6.9.1　原子力显微镜的基本原理 …………………………………… 192
　　6.9.2　原子力显微镜的成像模式 …………………………………… 193
　　6.9.3　压电响应力显微镜 …………………………………………… 194
　　习题与思考题 …………………………………………………………… 195

第七章　薄膜的物理性质 ………………………………………………… 196
7.1　薄膜的力学性质 ……………………………………………………… 196

  7.1.1 薄膜的附着力 ……………………………………………………… 196
  7.1.2 薄膜的内应力 ……………………………………………………… 200
  7.1.3 薄膜的硬度 ………………………………………………………… 203
 7.2 薄膜的电学性质 …………………………………………………………… 204
  7.2.1 金属薄膜的电学性质 ……………………………………………… 204
  7.2.2 介质薄膜的电学性质 ……………………………………………… 207
  7.2.3 半导体薄膜的电学性质 …………………………………………… 216
 7.3 薄膜的光学性能 …………………………………………………………… 222
  7.3.1 薄膜光学的基本理论 ……………………………………………… 222
  7.3.2 薄膜光学性能的测量 ……………………………………………… 224
  7.3.3 薄膜波导与光耦合 ………………………………………………… 226
 7.4 薄膜的磁学性质 …………………………………………………………… 227
  7.4.1 薄膜的磁性 ………………………………………………………… 227
  7.4.2 磁各向异性 ………………………………………………………… 229
  7.4.3 薄膜的磁畴 ………………………………………………………… 229
  7.4.4 磁阻效应 …………………………………………………………… 229
  7.4.5 薄膜制备条件对磁性能的影响 …………………………………… 230
 7.5 薄膜的热学性质 …………………………………………………………… 231
  7.5.1 薄膜热导率测量方法 ……………………………………………… 231
  7.5.2 薄膜热扩散率测量方法 …………………………………………… 235
  7.5.3 薄膜热容的测量方法 ……………………………………………… 236
  7.5.4 薄膜热膨胀系数测量方法 ………………………………………… 237
 习题与思考题 …………………………………………………………………… 238

第八章 几种重要的功能薄膜材料 …………………………………………… 240
 8.1 半导体薄膜 ………………………………………………………………… 240
  8.1.1 概述 ………………………………………………………………… 240
  8.1.2 半导体薄膜的制备方法 …………………………………………… 240
  8.1.3 元素半导体薄膜 …………………………………………………… 241
  8.1.4 Ⅲ－Ⅴ族化合物半导体薄膜 ……………………………………… 243
  8.1.5 Ⅱ－Ⅵ族化合物半导体薄膜 ……………………………………… 245
  8.1.6 氧化锌薄膜 ………………………………………………………… 249
 8.2 超导薄膜 …………………………………………………………………… 252
  8.2.1 超导薄膜的制备与性能 …………………………………………… 252
  8.2.2 超导薄膜的研究进展 ……………………………………………… 254
 8.3 铁电薄膜 …………………………………………………………………… 258
  8.3.1 概述 ………………………………………………………………… 258
  8.3.2 铁电薄膜的制备 …………………………………………………… 259

8.3.3　铁电薄膜的研究进展 ………………………………………… 260
8.4　磁性薄膜 ……………………………………………………………… 262
　　8.4.1　概述 …………………………………………………………… 262
　　8.4.2　磁记录薄膜 …………………………………………………… 263
　　8.4.3　磁光薄膜 ……………………………………………………… 263
　　8.4.4　磁阻薄膜 ……………………………………………………… 265
　　8.4.5　氧化物磁性薄膜 ……………………………………………… 267
8.5　磁电薄膜 ……………………………………………………………… 269
　　8.5.1　概述 …………………………………………………………… 269
　　8.5.2　单相磁电薄膜 ………………………………………………… 270
　　8.5.3　多相复合磁电薄膜 …………………………………………… 272
8.6　光学薄膜 ……………………………………………………………… 276
　　8.6.1　光波导薄膜 …………………………………………………… 276
　　8.6.2　光开关薄膜 …………………………………………………… 278
　　8.6.3　薄膜透镜 ……………………………………………………… 279
　　8.6.4　薄膜激光器 …………………………………………………… 280
8.7　金刚石薄膜 …………………………………………………………… 281
　　8.7.1　概述 …………………………………………………………… 281
　　8.7.2　金刚石膜的制备方法 ………………………………………… 281
　　8.7.3　金刚石膜的性能 ……………………………………………… 282
习题与思考题 ………………………………………………………………… 284

第九章　薄膜应用 …………………………………………………………… 285

9.1　半导体薄膜应用 ……………………………………………………… 285
　　9.1.1　非晶硅半导体薄膜应用 ……………………………………… 285
　　9.1.2　多晶硅半导体薄膜应用 ……………………………………… 287
　　9.1.3　化合物半导体薄膜应用 ……………………………………… 288
　　9.1.4　碳化硅薄膜应用 ……………………………………………… 293
9.2　光学薄膜应用 ………………………………………………………… 295
　　9.2.1　减反射膜 ……………………………………………………… 295
　　9.2.2　反射膜 ………………………………………………………… 298
　　9.2.3　分光膜 ………………………………………………………… 302
9.3　磁性薄膜应用 ………………………………………………………… 306
　　9.3.1　磁记录薄膜 …………………………………………………… 306
　　9.3.2　磁光薄膜 ……………………………………………………… 309
9.4　超硬薄膜应用 ………………………………………………………… 310
　　9.4.1　金刚石薄膜的应用 …………………………………………… 310
　　9.4.2　类金刚石薄膜的应用 ………………………………………… 312

9.5 发光薄膜应用 ………………………………………………………………… 313
9.5.1 薄膜发光显示器 …………………………………………………… 313
9.5.2 有机电致发光薄膜 ………………………………………………… 314
9.6 铁电薄膜应用 ………………………………………………………………… 315
9.6.1 铁电存储器 ………………………………………………………… 315
9.6.2 红外热释电探测器 ………………………………………………… 315
9.6.3 铁电薄膜微机电系统（MEMS） …………………………………… 317
9.6.4 铁电光波导及铁电超晶格 ………………………………………… 317
9.7 超导薄膜应用 ………………………………………………………………… 319
9.7.1 SQUID仪器 ………………………………………………………… 319
9.7.2 超导微波器件与超导红外探测器 ………………………………… 320
9.7.3 超导滤波器 ………………………………………………………… 321
9.7.4 超导数字计算机 …………………………………………………… 322
9.8 LB膜的应用 …………………………………………………………………… 322
9.8.1 LB膜在生物膜仿生模拟上的应用 ………………………………… 322
9.8.2 LB膜技术制备超薄膜 ……………………………………………… 323
9.8.3 LB膜在光学上的应用 ……………………………………………… 324
9.8.4 LB膜在半导体材料中的应用 ……………………………………… 324
9.8.5 LB膜在铁电材料中的应用 ………………………………………… 325
9.8.6 LB膜在传感器上的应用 …………………………………………… 325
习题与思考题 ……………………………………………………………………… 326
主要词汇汉英索引 ………………………………………………………………… 327
参考文献 …………………………………………………………………………… 333

第一章　真空技术基础

一般用物理方法(如真空蒸发、溅射镀膜和离子镀膜等)制备薄膜材料以及薄膜的后续加工处理和表征都是在较低气压下进行的,薄膜制备过程还涉及到气相的产生、输运或气相反应。因此,关于气体性质、真空的获得方法和测量技术等方面的基础知识是薄膜技术的基础。本章将简要介绍真空的基本概念、稀薄气体的基本知识、真空的获得以及真空测量方法等基本内容。

1.1　真　空　基　础

1.1.1　真空的定义及其度量单位

真空指的是低于正常大气压(一个大气压)的气体空间,同正常的空气相比是比较稀薄的气体状态。在平衡状态下,可用气体状态方程来描述气体的性质,即

$$P = nkT \tag{1-1}$$

也可表示为

$$PV = \frac{m}{M}RT \tag{1-2}$$

式中,P 为压强(Pa);n 是气体分子密度(个/cm³);V 为体积(m³);M 为气体摩尔质量(kg/mol);m 是气体质量(kg);T 是热力学温度(K);k 是玻耳兹曼常数(1.38×10⁻²³ J/K);R 为气体普适常数(8.314J/mol·K),也可用 $R = N_A \cdot K$ 来表示,N_A 是阿伏加德罗常数(6.023×10²³个/mol)。因此,由式(1-1)可得 n 值

$$n = 7.2 \times 10^{22} \frac{P}{T} (\text{个}/\text{m}^3) \tag{1-3}$$

由上式可知,在标准状态下(一个大气压,室温),任何气体分子的密度约为 3×10^{19} 个/cm³。即使在 $P = 1.3 \times 10^{-11}$ Pa(1×10^{-13} Torr),$T = 293$K 的高真空时,$n = 4 \times 10^{13}$ 个/cm³。因此,真空是"相对真空",只是一个相对概念,绝对的真空是不存在的。

在工程技术特别是真空技术中对于真空度的高低,可以用多个物理量来表示,最常用的有"真空度"和"压强"。"真空度"和"压强"是两个概念,压强越低意味着单位体积中气体分子数越少,真空度越高;反之,真空度越低则压强就越高。由于真空度与压强有关,所以真空的度量单位习惯上用压强单位来表示。

在国际单位制(千克·米·秒制,即 SI 制)中压强采用的计量单位是帕斯卡(Pascal),简写为帕(Pa)。1Pa=1N/m²。另外,目前在实际工程技术中仍然采用几种非法定计量单位,如 Torr(托)、mmHg(毫米汞柱)、bar(巴)、atm(标准大气压)、at(工程大气压)、inchHg(英寸汞柱)和 psi(普西,即磅力每平方英寸)等,原因在于完全改变以前的数据并不容易。目前标准大气压定义为:在 0℃时,水银密度 $\rho = 13.59509$g/cm³,重力加速度

$g=980.665\text{cm/s}^2$ 时,760mm 水银柱所产生的压强为 1 标准大气压,用 atm 表示。

$1\text{atm} = 760 \times 13.59509 \times 980.665 = 1013249 (\text{dyn/cm}^2) = 101324.9\text{Pa} \approx 1.01325 \times 10^5 \text{Pa}$

各种真空度之间的换算关系如表 1-1 所列。

表 1-1 压强单位换算表

	帕/Pa	托/Torr	微巴/μbar	标准大气压/atm	工程大气压/at	英寸汞柱/inch Hg	磅力每平方英寸/psi
1 帕	1	7.5006×10^{-3}	10	9.869×10^{-4}	1.0197×10^{-5}	2.9530×10^{-4}	1.4503×10^{-4}
1 托	1.3332×10^2	1	1.3332×10^3	1.3158×10^{-3}	1.3595×10^{-3}	3.9370×10^{-2}	1.9337×10^{-2}
1 微巴	10^{-1}	7.5006×10^{-4}	1	9.8692×10^{-7}	1.0197×10^{-6}	29.9530×10^{-4}	1.4503×10^{-5}
1 标准大气压	1.0133×10^5	760.0	1.0133×10^6	1	1.0332	29.921	14.695
1 工程大气压	9.8067×10^4	735.56	9.8067×10^5	9.6784×10^{-1}	1	28.959	14.223
1 英寸汞柱	3.3864×10^3	25.4	3.3864×10^4	3.8421×10^{-2}	3.4532×10^{-2}	1	0.49115
1 普西	6.8948×10^3	51.715	6.8948×10^4	6.8046×10^{-2}	7.0307×10^{-2}	2.0360	1

1.1.2 真空的分类

目前,采用最新的技术可以达到的真空度约为 10^{-12}Pa,而大气压力大致为 10^5Pa。为了科学研究和实际工程应用的需要,常把真空划分为:低真空($1 \times 10^5\text{Pa} \sim 1 \times 10^2\text{Pa}$)、中真空($1 \times 10^2\text{Pa} \sim 1 \times 10^{-1}\text{Pa}$)、高真空($1 \times 10^{-1}\text{Pa} \sim 1 \times 10^{-5}\text{Pa}$)、超高真空($1 \times 10^{-5}\text{Pa} \sim 1 \times 10^{-9}\text{Pa}$)和极高真空($< 1 \times 10^{-9}\text{Pa}$)五个等级。随着真空度的提高,真空的性质(特别是气体分子的性质)将逐渐发生变化。

1.1.2.1 低真空

在低真空状态下,气态空间的特性和大气差异不大,每立方厘米内的气体分子数约为 10^{19} 个 $\sim 10^{16}$ 个,气体分子数目多,并仍以热运动为主,分子之间碰撞十分频繁,气体分子的平均自由程很短。在低真空状态,可以获得压力差而不改变空间的性质。例如,电容器生产中所采用的真空浸渍、吸尘器、液体输运及过滤等所需的真空度就在此区域。

1.1.2.2 中真空

在中真空区域,每立方厘米内的气体分子数约为 10^{16} 个 $\sim 10^{13}$ 个。气体分子密度与大气状态有很大差别,气体中的带电离子在电场作用下,会产生气体导电现象。这时,气体的流动也逐渐从黏稠滞留状态过渡到分子状态,这时气体分子的动力学特征明显,气体的对流现象明显消失。因此,如果在这种情况下加热金属,可基本上避免与气体的化合作用,因此真空热处理一般都在中真空区域进行。此外,随着容器中压强的降低,液体的沸点也大为降低,由此而引起剧烈蒸发,从而实现"真空冷冻脱水"。在此真空区域,由于气体分子数减少,分子的平均自由程可以与容器尺寸相比拟,分子间的碰撞次数减少,而分子与容器壁的碰撞次数大大增加。

1.1.2.3 高真空

此时每立方厘米内的气体分子数约为 10^{13} 个 $\sim 10^9$ 个,容器中分子数很少。因此,分子在运动过程中相互间的碰撞很少,气体分子的平均自由程已大于一般真空容器的线度,绝大多数的分子与容器相碰撞。因而在高真空状态蒸发的材料,其分子(或微粒)将基本按直线方向飞行。另外,由于容器中的真空度很高,容器空间的任何物体与残余气体分子的化合作用也十分微弱。在这种状态下,气体的热传导和内摩擦已变得与压强无关。拉制单晶、表面镀膜和电子管生产等都需要高真空。

1.1.2.4 超高真空

此时每立方厘米的气体分子数约为 10^9 个~10^5 个。分子间的碰撞极少,分子主要与容器壁相碰撞。超高真空的用途在于得到纯净的气体,同时可获得纯净的固体表面。此时气体分子在固体表面上是以吸附停留为主。薄膜沉积、表面分析、粒子加速器、低温致冷等都需要超高真空。

1.1.2.5 极高真空

此时每立方厘米的气体分子数少于 10^5 个,分子的平均自由程大于 10^9 cm,分子与容器壁碰撞频率较低。极高真空的用途主要在于进行空间模拟和纳米分析。

1.1.3 气体与蒸气

对于每种气体都有一个特定的温度,高于此温度,气体无论如何压缩都不会液化,这个温度称为该气体的临界温度。温度高于临界温度的气态物质称气体,低于临界温度的气态物质称为蒸气。在实际应用中,通常以室温为标准来区分气体与蒸气。

表 1-2 列出了各种物质的临界温度。从该表可以看出,氮、氢、氩、氧和空气等物质的临界温度远低于室温,所以在常温下它们是"气体"。二氧化碳的临界温度与室温接近,极易液化,而水蒸气、有机物质和气态金属均为蒸气。

表 1-2 某些物质的临界温度

物 质	临界温度/℃	物 质	临界温度/℃
氮(N_2)	-267.8	氩(Ar)	-122.4(150.71K)
氢(H_2)	-241.0(33.23K)	氧(O_2)	-118.0(154.77K)
氖(Ne)	-228.0(44.43K)	氪(Kr)	-62.5(209.38K)
氦(He)	-147.0(126.25K)	氙(Xe)	14.7(289.74K)
空气	-140.0	二氧化碳(CO_2)	31.0
乙醚	194.0	铁(Fe)	3700.0
氨(NH_3)	132.4	甲烷(CH_4)	-82.5
酒精	243.0	氯(Cl_2)	144.0
水(H_2O)	374.2	一氧化碳(CO)	-140.2
汞(Hg)	1450.0		

1.2 稀薄气体的性质

稀薄气体的性质主要包括气体分子的速度分布、平均自由程、碰撞次数等,与压强 P、

体积 V、温度 T 和质量 m 四个参量密切相关。其中，P、V、T 三个参量之间主要由三个理想气体定律来描述，这几个定律可由式(1-1)、式(1-2)在一定的条件下推出。

1.2.1 理想气体定律

1.2.1.1 波义耳定律

一定质量的气体，在恒定温度下，气体的压强与体积的乘积为常数，即

$$PV = C \ (C\text{为常数}) \tag{1-4}$$

或

$$P_1V_1 = P_2V_2 \tag{1-5}$$

1.2.1.2 盖·吕萨克定律

一定质量的气体，在压强一定时，气体的体积与热力学温度成正比，即

$$V = CT \ (C\text{为常数}) \tag{1-6}$$

或

$$V = \frac{V_0}{T_0} \cdot T \tag{1-7}$$

1.2.1.3 查理定律

一定质量的气体，如果体积保持不变，则气体的压强与热力学温度成正比，即

$$P = CT \ (C\text{为常数}) \tag{1-8}$$

或

$$P = \frac{P_0}{T_0} \cdot T \tag{1-9}$$

1.2.2 气体分子的速度分布

在稳定状态，气体分子速度满足一定的统计分布规律，通常称为麦克斯韦—玻耳兹曼分布。即在平衡状态下，当气体分子间的相互作用可以忽略时，分布在任一速度区间 $v \sim v + dv$ 内分子的概率为

$$\frac{dN}{N} = 4\pi \left(\frac{m}{2\pi kT}\right)^{\frac{3}{2}} \exp\left(-\frac{mv^2}{2kT}\right) v^2 dv \tag{1-10}$$

上式中，N 为容器中气体分子总数；m 为气体分子质量；T 为气体温度(K)；k 为玻耳兹曼常数。

如果定义速度分布函数为

$$f(v) = 4\pi \left(\frac{m}{2\pi kT}\right)^{\frac{3}{2}} \exp\left(-\frac{mv^2}{2kT}\right) v^2 \tag{1-11}$$

则当气体确定(m 确定)，温度确定时，dN/N 只与 v 有关。所以，式(1-10)变为

$$\frac{dN}{N} = f(v)dv \tag{1-12}$$

速度分布函数 $f(v)$ 表示分布在速度 v 附近单位速度间隔内的分子数占总分子数的比率，也称麦克斯韦速率分布定律，其分布曲线如图1-1所示，可反映出分子速度随温度的变化情况。

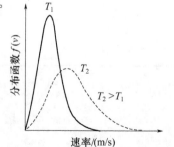

图1-1 麦克斯韦速率分布曲线

根据麦克斯韦速率分布规律可从理论上推知在某一 v_m 处分子速率取得极大值，称为最可几速度 v_m

$$v_\mathrm{m} = \sqrt{\frac{2kT}{m}} = \sqrt{\frac{2RT}{M}} = 1.41\sqrt{\frac{RT}{M}}\,(\mathrm{cm/s}) \quad (1-13)$$

气体分子的平均速度 v_a 为

$$v_\mathrm{a} = \sqrt{\frac{8kT}{\pi m}} = \sqrt{\frac{8RT}{\pi M}} = 1.59\sqrt{\frac{RT}{M}}\,(\mathrm{cm/s}) \quad (1-14)$$

气体分子的均方根速度 v_r 为

$$v_\mathrm{r} = \sqrt{\frac{3kT}{m}} = \sqrt{\frac{3RT}{M}} = 1.73\sqrt{\frac{RT}{M}}\,(\mathrm{cm/s}) \quad (1-15)$$

比较 v_m、v_a、v_r 表达式可知，三种速度中，均方根速度 v_r 最大，平均速度 v_a 次之，最可几速度 v_m 最小。在讨论速度分布时，要用到最可几速度 v_m；在计算分子运动的平均距离时，要用到平均速度 v_a；在计算分子的平均动能时，则要采用均方根速度 v_r。

1.2.3 平均自由程

将每个分子在任意连续两次碰撞之间的路程定义为"分子自由程"，"分子自由程"的统计平均值称为"平均自由程"。

$$\bar{\lambda} = \frac{1}{\sqrt{2}\,\pi\sigma^2 n} \quad (1-16)$$

式中，σ 为分子直径。由此可见，平均自由程与分子直径 σ 的平方和分子密度 n 成反比关系。将式(1-1)代入式(1-16)，可得

$$\bar{\lambda} = \frac{kT}{\sqrt{2}\,\pi\sigma^2 P} \quad (1-17)$$

此式表明，气体分子的平均自由程与压强成反比，与温度成正比。因此，在气体种类和温度一定的情况下有

$$\bar{\lambda} \cdot P = 常数 \quad (1-18)$$

例如：在 25℃ 下的空气中，$\bar{\lambda} \cdot P \approx 0.667\,(\mathrm{cm \cdot Pa})$。显然，真空度越高，分子的平均自由程越大。

1.2.4 碰撞次数与余弦散射定律

单位时间内在单位面积的容器壁上发生碰壁的气体分子数称为入射频率 ν：

$$\nu = \frac{1}{4}n v_\mathrm{a} \quad (1-19)$$

式(1-19)称为赫兹—克奴曾(Herz-Knudsen)公式，它是描述气体分子热运动的重要公式。由式(1-1)和式(1-14)，可以得到入射频率的另一表达式：

$$\nu = \frac{P}{\sqrt{2\pi m kT}} \quad (1-20)$$

例如，对于 20℃ 的空气有

$$\nu = 2.86 \times 10^{18} P \text{ (个}/cm^2 \cdot s) \tag{1-21}$$

式中,P 的单位为帕(Pa)。

表 1-3 列出了一些常用气体的性质。由表 1-3 可知,在 1.33×10^{-4} Pa 的压强下制备薄膜时,若气体分子以 50nm/min～100nm/min 的速度入射,只需经过 1s～2s,即可形成该气体的单层分子层。

表 1-3 几种常用气体的性质

气体	化学符号	摩尔质量 $M/10^{-3}$kg	分子质量 m ms/10^{-23}g	平均速度 v_a/($\times 10^4$cm/s,0℃)	分子直径 d/($\times 10^{-8}$ cm,0℃)	平均自由程 $\bar{\lambda}$/(cm·Pa,25℃)	在 1.33×10^{-4} Pa 时			
							碰撞次数/($\times 10^{14}$/(cm²·s))	形成单分子层的时间/s	单分子层分子数/($\times 10^{14}$个/cm²)	厚度/(nm/min)
氢	H_2	2.0	0.3	16.9	2.8	1.2	15.1	1.0	15.3	16.3
氧	O_2	32	5.3	4.3	3.6	0.72	3.8	2.3	8.7	9.5
氩	Ar	40	6.6	3.8	3.7	0.71	3.4	2.5	8.6	8.7
氮	N_2	28	4.7	4.5	3.8	0.67	4.0	2.0	8.1	11.3
空气		29	4.8	4.5	3.7	0.68	4.0	2.1	8.3	10.8
水蒸气	H_2O	18	3.0	5.7	4.9	0.45	5.0	1.1	8.3	26.8
一氧化碳	CO	28	4.7	4.5	3.8	0.67	4.0	2.0	8.0	11.5
二氧化碳	CO_2	44	7.3	3.6	4.7	0.45	3.2	1.7	5.3	16.8

入射到固体表面的气体分子从固体表面反射遵从余弦定律:碰撞到固体表面的气体分子,它们飞离表面的方向与原入射方向无关,而按与表面法线方向所成角度 θ 的余弦进行分布。因此,一个分子在离开固体表面时,处于立体角 dω(与表面法线成 θ 角)中的概率为

$$dp = \frac{1}{\pi} d\omega \cdot \cos\theta \tag{1-22}$$

式中的 $1/\pi$ 为归一化条件(即位于 2π 立体角中的概率为 1)。

余弦定律揭示了固体表面会将分子原有的方向性彻底"清除",均按余弦定律反射;另外,余弦定律还表明气体分子在固体表面要停留一定的时间,这是气体分子能够与固体进行能量交换和动量交换的先决条件。

1.2.5 真空在薄膜制备中的作用

真空在薄膜制备中的作用主要有两个方面:减少蒸发分子与残余气体分子的碰撞;抑制蒸发分子与残余气体分子之间的反应。提高真空度,有利于获得更好质量的薄膜。

蒸发分子在行进的路程中总会受到残余气体分子的碰撞。设 N_0 个蒸发分子行进距离 d 后未受到残余气体分子碰撞的数目为

$$N_d = N_0 e^{-d/\bar{\lambda}} \tag{1-23}$$

被碰撞的分子 N_1 与分子总数 N_0 的比例为

$$f = \frac{N_1}{N_0} = 1 - \frac{N_d}{N_0} = 1 - e^{-d/\bar{\lambda}} \qquad (1-24)$$

由此式可知,当平均自由程$\bar{\lambda}$等于蒸发源到基片的距离时,有 63% 的分子会受到散射;如果平均自由程增大 10 倍,则碰撞的分子数减少到 9%。可见,只有当平均自由程比蒸发源到基片的距离大得多的情况下,才能有效地减少碰撞现象。

残余气体分子到达基片的速率为

$$J = \frac{p N_A}{(2\pi \mu_G RT)^{1/2}} \qquad (1-25)$$

式中,N_A 为阿伏加德罗常数;μ_G 为残余分子的摩尔质量。

蒸发分子到达基片的速率为

$$F = \frac{\rho d N_A}{\mu \cdot t} \qquad (1-26)$$

式中,ρ、d、μ 和 t 分别为膜层的密度、厚度、膜层材料的摩尔质量和蒸发时间。设 $J/F < 10^{-1}$,则对于常用的材料和适中的蒸发速率,$P \approx 10^{-4}\,\text{Pa} \sim 10^{-5}\,\text{Pa}$。

1.3　真空的获得

1.3.1　气体的流动状态

根据气体容器的几何形状、气体的压力、温度以及气体的种类不同气体的流动状态存在很大的差别。在高真空环境下,气体的分子除了与容器壁碰撞以外,几乎不发生气体分子间的相互碰撞。这种气体流动状态被称为分子流动状态。分子流动状态的特点是气体分子的平均自由程超过了气体容器的尺寸或与其相当。高真空薄膜制备系统或各种表面分析仪器就工作在分子流动状态下。

当气压较高时,气体分子的平均自由程很短,气体分子间的相互碰撞极为频繁。这种气体流动状态称为气体的黏滞流动状态。工作气压较高的化学气相沉积一般工作在黏滞流动状态。与分子流动状态相比,黏滞流动状态的物理机制要复杂得多。

在低速流的情况下,黏滞流动处于所谓的层流状态,即在与气体流动方向相垂直的方向上,可以设想存在不同气体流动层的明确的层状流线,且分层气体的流动方向总能保持相互平行。比如,当气体在管道中以较慢的速度流动时,在靠近管壁的地方,气体分子受到管壁的阻力作用,流动的速度接近于零;随着离管壁的距离的增加,气体流动速度增加,并且在管道的中心处气体流动最快。这种气体流动状态就属于层流状态。

在气体流速较高的情况下,各种气体的流动方向之间将不再能够保持相互平行的状态,而呈现出一种旋涡状的流动形式。流动的气体中出现了一些低气压的旋涡,流动路径上的任何微小的阻碍都会对流动产生很大影响,这种流动状态,称之为滞流状态。

气体流动状态间的界线可以借助于克努曾(Knudsen)参数 K_n 来划分,K_n 定义为

$$K_n = \lambda \qquad (1-27)$$

其中，D 为气体容器的尺寸，λ 为气体分子的平均自由程。根据 K_n 的大小，气体流动状态可以大致划分为以下三个不同的状态：

分子流状态 $K_n < 1$
中间状态（过渡状态） $K_n = 1 \sim 110$
黏滞流状态 $K_n > 110$

在黏滞流的情况下，流速快时成为湍流态，流速慢时则成为层流态。图 1-2 示意性地画出了气体分子流动状态的划分情况。另外，在同一个真空系统中的不同部分，完全可能同时存在不同的气体流动状态。

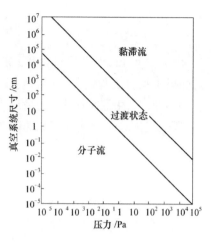

图 1-2 气体流动状态与真空系统尺寸和气体压力间的关系

1.3.2 真空的获得

典型的真空系统应包括以下几个主要部分：待抽空的容器（真空室）、获得真空的设备（真空泵）、测量真空的设备（真空计）以及必要的管道、阀门和其他附属设备。其中，真空泵是真空系统中获得真空环境的主要设备。

衡量真空系统性能的两个重要参数是抽气速率和极限真空（极限压强）。抽气速率是指在规定压强下单位时间所抽出的气体的体积，以表示它抽到预定真空所需的时间。抽气速率定义为

$$S = \frac{Q}{P} \qquad (1-28)$$

式中，P 为真空泵入口处的压强，Q 为单位时间内通过该处的气体流量。

对于任何一个真空系统而言，都不可能获得绝对真空（$P=0$），而是具有一定的压强 P_u，这是该系统所能达到的最低压强，也是真空系统能否满足需要的重要指标之一。

理论上讲，任何一个真空系统所能达到的真空度可由下列方程确定：

$$P = P_u + \frac{Q}{S} - \frac{V}{S} \cdot \frac{dP_i}{dt} \qquad (1-29)$$

式中，P_u 是真空泵的极限压强（Pa），S 是真空泵的抽气速率（L/s），P_i 是被抽空间气体的分压强（Pa），V 是真空的体积（L），t 是时间（s）。

真空环境的获得需要使用各种各样的真空泵，它们是真空系统的主要组成部分。按获得真空的原理的不同，可将真空泵分为两大类，即输运式真空泵和捕获式真空泵。输运式真空泵采用对气体进行压缩的方式将气体分子输运至真空系统外，而捕获式真空泵则依靠在真空系统内凝集或吸收气体分子的方式将气体分子捕获，排除于真空系统之外。与输运式真空泵不同，某些捕获式真空泵在工作完毕以后还可能将已捕获的气体分子释放回真空系统。

输运式泵又可细分为机械式气体输运泵和气流式气体输运泵。旋转式机械真空泵，罗茨泵以及涡轮分子泵是机械式气体输运泵的典型例子，而油扩散泵属于气流式气体输运泵。捕获式真空泵包括低温吸附泵，溅射离子泵等。

表1-4列出了常用真空泵的排气原理,工作压强范围和通常所能获得的最低压强。

表1-4 主要真空泵的排气原理与工作范围

种类		原理	工作压强范围/Pa
机械泵	油封机械泵(单级)	利用机械力压缩和排除气体	$10^6 \sim 10^{-1}$
	油封机械泵(双级)		$10^6 \sim 10^{-2}$
	分子泵		$10^{-1} \sim 10^{-8}$
	罗茨泵		$10^3 \sim 10^{-2}$
蒸气喷射泵	水银扩散泵	靠蒸气喷射的动量把气体带走	$10^{-1} \sim 10^{-5}$
	油扩散泵		$10^{-1} \sim 10^{-6}$
	油喷射泵		$10^{-1} \sim 10^{-7}$
干式泵	溅射离子泵	利用溅射或升华形成吸气、吸附排除气体	$10^{-1} \sim 10^{-8}$
	钛升华泵		$10^{-1} \sim 10^{-9}$
	吸附泵	利用低温表面对气体进行物理吸附排除气体	$10^6 \sim 10^{-2}$
	冷凝泵		$10^{-2} \sim 10^{-11}$
	冷凝吸附泵		$10^{-2} \sim 10^{-10}$

图1-3给出了几种常用真空泵的抽速范围。由此可见,还没有一种泵能直接从大气一直工作到超高真空,因此,通常是将几种真空泵组合使用。其中能使压力从一个大气压开始变小进行排气的泵常称为"前级泵",只能从较低压强开始抽气从而得到更低压强的真空泵称为"次级泵"。比如机械泵+扩散泵系统,吸附泵+溅射离子泵+钛升华泵系统,前者为有油系统,后者为无油系统。

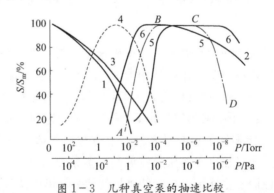

图1-3 几种真空泵的抽速比较
1—单级旋片泵;2—溅射离子泵;3—双极旋片泵;4—罗茨泵;5—扩散泵;6—分子泵。

1.3.2.1 机械泵

常用机械泵有旋片式、定片式和滑阀式等,其中旋片式机械泵因噪声较小,运行速度高,应用最为广泛。图1-4为滑阀式泵结构原理示意图。滑阀式泵的工作原理是依靠偏心连杆机构驱动滑阀,气体经由吸气口被吸入泵体内,然后在滑阀压缩下经排气阀排出泵体。

旋片式机械泵是依靠放置在偏心转子中的可以旋转的旋片将气体隔离、压缩,然后排出泵体外的,图1-5为其结构示意图。由图可见,旋片式机械泵主要由定子、旋片和转子组成,并全部浸泡在机械泵油中,其工作原理是建立在玻义耳—马略特定律基础上,图1-6

示意性地画出了其工作原理及过程。图中(a)表示正在吸气,同时把上一周期吸入的气体逐步压缩;图中(b)表示吸气截止,此时,泵的吸气量达到最大并将开始压缩;图中(c)表示吸气空间另一次吸气,而排气空间继续压缩;图中(d)表示排气空间内的气体,已被压缩到当压强超过一个大气压时,气体便推开排气阀由排气管排出。如此不断循环,转子按箭头方向不停旋转,不断进行吸气、压缩和排气,于是与机械泵连接的真空容器便获得了真空。

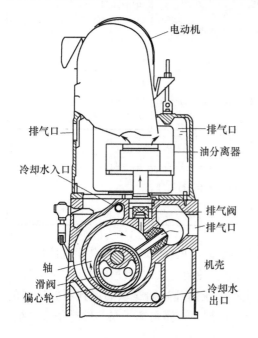 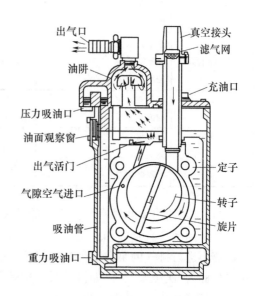

图1-4 滑阀式真空泵的结构示意图　　　　图1-5 旋片式机械真空泵的结构示意图

1.3.2.2 扩散泵

扩散泵是利用被抽气体向蒸气流扩散的现象来实现排气的,在扩散泵中没有转动或压缩部件。扩散泵的结构示意及工作原理如图1-7所示。当扩散泵油被加热后会产生大量的油蒸气,油蒸气沿着蒸气导管传输到上部,经伞形喷嘴向外喷射出来。由于喷嘴外的压强较低,于是蒸气会向下喷射出较长距离,形成一高速定向的蒸气流。其对流的速度可达200m/s左右,且其压强低于扩散泵进气口上方被抽气体的压强,两者形成压强差。这样真空室内的气体分子必然会向着压强较低的扩散泵喷口处扩散,同具有较高能量的超高速蒸气分子相碰撞而发生能量交换驱使被抽气体分子沿着蒸气流方向高速运动并被带往出口处,被机械泵抽走。而从喷嘴射出的油蒸气流喷到水冷的泵壁被冷却后成液体,流回泵底再重新被加热成蒸气。这样,在泵内保证了油蒸气的循环,使扩散泵连续不断的工作,从而使被抽容器获得较高的真空度。扩散泵油是扩散泵的主要工作物质,泵油应具有较好的化学稳定性(无毒、无腐蚀)、热稳定性、抗氧化性和具有较低的饱和蒸气压($\leqslant 10^{-4}$Pa)以及在工作时应有尽可能高的蒸气压。

油扩散泵的一个主要缺点是泵内油蒸气的回流会直接造成真空系统的污染,因此,在精密分析仪器和其他超高真空系统中一般不采用油扩散泵。扩散泵必须与机械泵配合使用才能组成高真空系统,单独使用扩散泵是没有抽气作用的。

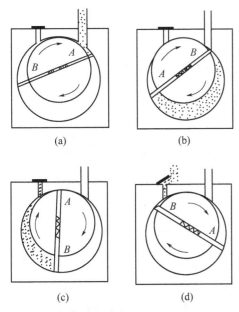

图 1-6 旋片式机械泵工作过程示意图

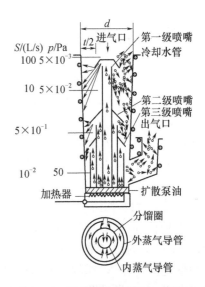

图 1-7 扩散泵的结构及工作原理

1.3.2.3 涡轮分子泵

涡轮分子泵是为适应现代真空技术对于无油高真空环境的要求而产生的一种高真空泵。与油扩散泵类似,涡轮分子泵是靠对气体分子施加作用力,并使气体分子向特定的方向运动的原理来工作,其结构如图 1-8 所示。

当气体分子碰撞到高速移动的固体表面时,总会在表面停留很短的时间,并且在离开表面时得到与固体表面速率相近的相对切向速率,这就是动量传输作用。涡轮分子泵就是利用这一现象而工作的:靠高速运转的转子碰撞气体分子并把它驱向排气口,由前级泵抽走,而使被抽容器获得超高真空。其主要特点是:启动迅速、噪声小、运行平稳、抽速大,不需任何工作液体。从图 1-8 可以看出,涡轮分子泵的转子叶片具有特定的形状,叶片在以 20000r/min～30000r/min 的高速旋转的同时,将动量传给气体分子。同时,涡轮分子泵有很多级叶片,上一级叶片输送过来的气体分子又会受到下一级叶片的作用继续被压缩至更下一级。因此,涡轮分子泵的另一个特点是对一般气体分子的抽速极为有效。

例如对 N_2,其压缩比可以达到 10^9。但是涡轮分子泵抽取相对原子质量较小的气体的能力较差,例如对 H_2,其压缩比仅为 10^3 左右。

由于涡轮分子泵对于气体的压缩比很高,因而工作时油蒸气的回流问题完全可以忽略不计。涡轮分子泵的极限真空可以达到 10^{-8}

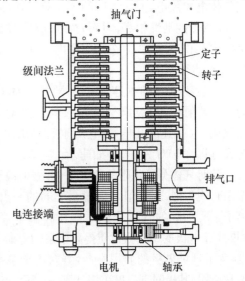

图 1-8 涡轮分子泵结构示意图

Pa 量级，抽速可以达到 1000L/s，而达到最大抽速的压力区间是在 1Pa～10^{-8}Pa 之间，因而在使用时需要以旋片机械泵作为前级泵。

1.3.2.4 低温吸附泵

依靠气体分子在低温条件下自发凝结或被其他物质表面吸附实现对气体分子的去除，进而获得高真空的真空泵称为低温吸附泵，其极限真空度一般处在 10^{-1}Pa～10^{-8}Pa 之间。图 1-9 是利用循环制冷机带动的低温吸附泵的示意图，其中为了减少低温室与外界的热交换，还使用了液氮作为热隔离层。经常用来作气体吸附表面的物质包括：金属表面、高沸点气体分子冷凝覆盖了的低温表面以及具有很大比表面的吸附材料，如活性炭等。

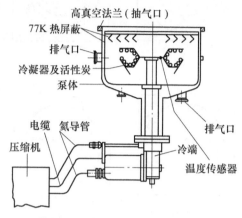

低温吸附泵工作所需的预真空应达到 10^{-1}Pa 以下，以减少泵的热负荷并避免在泵体内积聚过多的气体冷凝产物。低温吸附泵的极限真空 P_u 与所抽除的气体种类有关，对氮气，一般在 10^{-9}Pa 左右。

图 1-9 低温吸附泵的结构示意图

对于 H_2、He 以及 Ne 等在低温时蒸气压较高的气体，容易用低温吸附泵去除。除了上述几种气体之外，低温吸附泵对各种气体的抽速均很大，因为它取决于气体分子向冷凝表面方向运动的速度和参与冷凝过程的表面积。低温吸附泵的运转成本较高，但它作为获得无油高真空环境的一种手段，既可以只配以旋片等低真空泵作为唯一的高真空泵使用，又可以与其他高真空泵，如涡轮分子泵等联合使用。

1.3.2.5 溅射离子泵

溅射离子泵的工作原理是靠高压阴极发射出的高速电子与残余气体分子相碰撞后引起气体电离放电，而电离后的气体分子在高速撞击阴极时又会溅射出大量的 Ti 原子。由于 Ti 原子的活性很高，因而它将以吸附或化学反应的形式捕获大量的气体分子并使其在泵体内沉积下来，从而在真空室内实现无油的高真空环境，图 1-10 给出了溅射离子泵的结构原理图。

溅射离子泵的抽速对于不同的气体是不一样的。如溅射离子泵对于 H_2 的抽速是其对 O_2、H_2O 蒸气或 N_2 抽速的几倍，而它对于后面几种气体的抽速又远远大于对 Ar 气的抽速。

从对气体分子吸附的角度来讲，溅射离子泵与低温泵有些相似之处，但与低温泵不同的一点是，溅射离子泵所抽除的气体分子不会在高温下释放出来。同时，Ti 电极的不断溅射使得离子泵的寿命有一定限度，为了延长电极的使用寿命，溅射离子泵与其他泵串联使用，其极限真空度可以达到 10^{-8}Pa 左右。

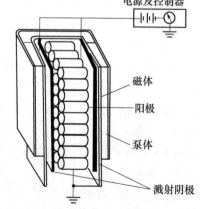

图 1-10 溅射离子泵的结构示意图

1.3.2.6 升华泵和低温冷凝泵

升华泵是一种价廉、清洁而又无油的高真空泵,它是采用通电加热使钛丝升华而得到真空的。升华泵有多种形式,如钛丝升华泵是把钛丝编起来,然后通电加热使其升华;而薄壳钛球升华泵则是在钛球内部的灯丝上通电使钛丝加热升华的。

低温冷凝泵是利用超低温表面冷凝气体而排气的一种高真空泵。低温冷凝泵的结构有三类:① 装入式——内装液氮形成低温;② 循环式——液氮在盘管内流动;③ 独立式——带有独立冷冻机。近年来第三种形式的低温冷凝泵发展较快,应用较多。

1.4 真空的测量

在真空技术中遇到的气体压强都很低,要直接测量其压强是极不容易的。因此,都是利用测定在低气压下与压强有关的某些物理量,经变换后再确定其容器中的压强,从而得到容器中的真空度。另外,任何具体的物理特性,都是在某一压强范围内的变化比较显著。因此,任何方法都有其一定的测量范围,这个范围就是该真空计的"量程"。同时由仪器测出的真空度与真空室实际的真空度之间可能会由于温度不同而存在误差。目前,还没有一种真空计能够测量从大气压到 10^{-10} Pa 的整个范围的真空度。真空计按照不同的原理和结构可分成许多类型。表 1-5 列出几种常用真空计的主要特性。

表 1-5 几种真空计的工作原理与测量范围

名称	工作原理	测量范围/Pa
U形管压强计(油)	根据液柱高度差测定大气压强	$10^4 \sim 10^{-2}$
U形管压强计(水银)		$10^5 \sim 10^2$
皮喇尼真空计	气体分子热传导	$10^2 \sim 10^{-2}$
电阻真空计		$10^4 \sim 10^{-2}(10^{-3})$
热偶真空计		
热阴极电离真空计	利用热电子与残余气体分子的电离作用	$10^{-1} \sim 10^{-5}$
舒茨真空计		$10^2 \sim 10^{-2}$
B-A型真空计		$10^{-1} \sim 10^{-8}$
Extract真空计		$10^{-1} \sim 10^{-10}$
潘宁放电真空计	磁场中气体电离与压强有关	$1 \sim 10^{-5}$
磁控管真空计		$10^{-4} \sim 10^{-10}$
α射线电离真空计	利用α射线与残余气体分子的电离作用	$10^5 \sim 10^{-2}$
气体放电管	气体放电与压强有关的性质	$10^3 \sim 1$
克努曾真空计	利用热量所产生的分子的动量差	$10^{-1} \sim 10^{-5}$
黏滞性真空计	利用气体的黏滞性	$10^1 \sim 10^{-3}$
麦克劳真空计	由压缩操作的液柱高度差测定压强	$10^2 \sim 10^{-2}$
布尔登真空计	利用电气或机械方法测定压力差所造成的弹性形变来测定压强	$10^5 \sim 10^3$
隔膜真空计(机械式)		$10^5 \sim 10^{-2}$
隔膜真空计(电气式)		$10^5 \sim 10^{-2}$

1.4.1 热偶真空计和热阻真空计

热偶真空计是利用低压强下气体的热传导与压强有关的原理制成的真空计。当压强较高时,气体传导的热量与压强无关,只有当压强降到低真空范围,才与压强成正比。

电源加热灯丝产生的热量 θ 将以如下三种方式向周围散发,即辐射热量 θ_1,灯丝与热偶丝的传导热量 θ_2 以及气体分子碰撞灯丝而带走的热量 θ_3,即

$$\theta = \theta_1 + \theta_2 + \theta_3 \tag{1-30}$$

当达到热平衡时,灯丝温度 T 为一定值。此时,θ_1 与 θ_2 为恒量,只有 θ_3 才随气体分子对灯丝的碰撞次数而变化,即与气体分子数有关,或与气体压强有关。压强越高,气体分子数越多,碰撞次数多,灯丝被带走的热量就多,灯丝温度变化就大。利用测定热丝电阻值随温度变化的真空计称为热阻真空计(图 1-11),又称为皮喇尼(Pirani)真空计;直接用热电偶测量热丝温度的真空计叫做热偶真空计(图 1-12)。热电偶有镍铬—康铜、铁—康铜或铜—康铜等。热偶真空计应用十分广泛,热丝表面温度的高低与热丝所处的真空状态有关。真空度越高,则热丝表面温度越高(和热丝碰撞的气体分子少),热电偶输出的热电势也高;真空越低,则热丝表面温度低(和热丝碰撞的气体分子多,带走的热量较多),热电偶输出的电动势也低。图 1-13 为热偶真空计的热电动势随气体压力的变化曲线。

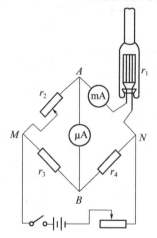

图 1-11 热阻真空计示意图

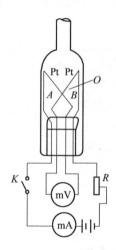

图 1-12 热偶真空计示意图

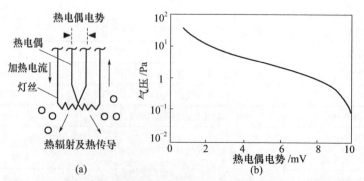

图 1-13 热偶真空计原理图(a)及热电偶电势随气体压力的变化曲线

1.4.2 电离真空计

经常与热偶真空计结合使用的高真空计是电离真空计,这是目前测量高真空的主要仪器之一。图 1-14 给出了热阴极电离真空计结构和离子电流与气压关系曲线示意图。

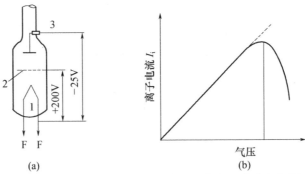

图 1-14 热阴极电离真空计结构(a)和离子流与气压关系曲线(b)示意图
1—灯丝;2—加速极(栅极);3—收集极。

电离真空计是利用气体分子电离的原理来测量真空度。根据气体电离源的不同,又分为热阴极电离真空计和冷阴极电离真空计,前者应用较为普遍。在稀薄气体中,灯丝发射的电子经加速电场加速,具有足够的能量,在与气体分子碰撞时,能引起分子电离,产生正离子和负电子。电离概率的大小与电子的能量有关。电子在一定的飞行路径中与分子碰撞的次数(或产生的正离子数),与气体分子密度成正比。因为 $P=nkT$,故在一定温度下,产生的正离子数也与气体的压强 P 成正比。因此,根据电离真空计离子收集极收集到的离子数的多少,就可确定被测量空间的压强大小,这就是电离真空计的工作原理。

热阴极电流真空计的测量范围一般为 10^{-1} Pa~10^{-6} Pa(图 1-15)。在压强大于 10^{-1} Pa 左右时,虽然气体分子数增加,电子与分子的碰撞数增加,但能量下降,电离概率降低,所以当压强增加到一定程度时电离作用达到饱和,使曲线偏离线性,故测量的上限为 10^{-1} Pa。

在低压强下(小于 10^{-6} Pa),具有一定能量的高速电子打到加速极上,产生软 X 射线,当其辐射到离子收集极时,将自己的能量也交给金属中的自由电子,会使自由电子逸出金属而形成光电流,导致离子流增加,也就是说,这时由离子收集极测得的离子流是离子电流与光电流

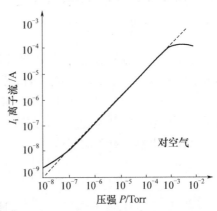

图 1-15 离子电流与压强的关系

二者之和。当二者在数值上可比拟时,曲线将偏离线性。故 10^{-6} Pa 就成为测量的下限压强值。B-A 型电离真空计将收集极改为线针状,把灯丝放在加速极外边,使收集极受软 X 射线发射的面积减少,可用于测量更高的真空度(约为 10^{-10} Pa)。

1.4.3 薄膜真空计

薄膜式真空计是一种依靠薄膜在有气体压力差的情况下产生机械位移,从而可用于

气体绝对压力测量,且测量结果与气体种类无关的真空计,其结构如图1-16所示。这种真空计具有两个被隔开的真空腔,当其中一个腔内的压力已知,另一个腔内的压力未知的情况下,薄膜的位移量将与两者的压力差值成正比。为提高测量的精度,薄膜位移是靠测量薄膜与另一金属电极间的电容 C_1 的变化来实现的。

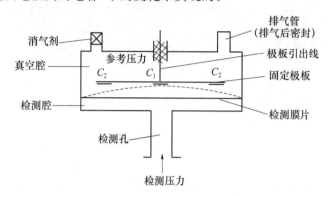

图1-16 薄膜真空计结构原理示意图

为了进一步减小温度漂移引起的机械误差,一方面可以采用差分测量,即同时测量出薄膜与另一参考电极间电容 C_2 的变化,并采取 C_1 和 C_2 间的差值作为气体压力量度的方法;另一方面还可以采取对薄膜真空计本身加热恒温的措施,减少温度漂移对压强测量的影响。

薄膜真空计在很大的量程范围内都有很好的线性度,其探测下限约为 10^{-3} Pa,这相当于探测到的薄膜位移只有一个原子尺寸大小,而其测量的上限则取决于薄膜材料本身的破坏强度或薄膜的位移极限。

1.4.4 其他类型的真空计

为了测试更宽的低真空区域,要求其测量压强高于 10^{-1} Pa;更低的高真空区域,要求其测量压强低于 10^{-6} Pa。针对前者,开发了舒茨型电离真空规和迫近型电离真空规;针对后者,开发了 B—A 型电离真空规、屏蔽型电离真空规和冷阴极电离真空规等。另外,为了测试真空室中气体的成分,还需要使用分压强计,如磁偏转型质谱计和四极质谱计等。读者可以参考有关的书籍。

习题与思考题

1. 简述真空的定义、真空区域的分类和真空的度量单位。
2. 指出主要真空泵有哪几类,其工作压强范围在什么区间?
3. 给出热偶真空计的结构和热电动势—气压关系示意图。
4. 给出热阴极电离真空计的结构和离子流—气压关系示意图。
5. 针对一种真空泵,描述其基本结构和工作模式。
6. 若一容器内有 1mol 气体。则通过自抽运效应使容器内的气体分子聚集到半个容器之中,在另外半个容器内形成真空的可能性?
7. 1m³ 立方体型真空室中在 300K 有 10^{-4} atm 的 O_2 分子。
   (1) 该真空室中有多少个 O_2 分子?
   (2) 这些分子的最大势能和平均动能之比是多少?
   (3) 有百分之几的分子在 x 向上的动能超过了 RT? 又有多少超过了 $2RT$?
8. 在许多真空系统中都使用装有密封垫圈的片状金属阀门来隔离真空室和真空泵。
   (1) 一个样品以 760Torr 的压强充入真空室,此时真空泵保持 10^{-4} Torr。则直径 15cm 的阀门挡板要承受多大的力才能将阀门封住?
   (2) 将真空室预先抽至 10^{-4} Torr 的压强。则此时作用在阀门挡板上的力是多大?
9. 超声分子束有一个速度分量由如下函数给出
$$f(v) = Av^3 \exp -\frac{M(v-v_0)^2}{2RT}$$
v_0 为流速度,和马赫数有关。
   (1) $f(v)$—v 的图像是什么样的?
   (2) 用 v_0, M, T 表示气体的平均速度。
   注: $\int_0^\infty x^{2n} e^{-ax^2} dx = \frac{\Gamma(n+1/2)}{2a^{n+1/2}}$; $\int_0^\infty x^{2n+1} e^{-ax^2} dx = \frac{n!}{2a^{n+1}}$; 假定 $v_0 = 0$。
10. 一个容器用两个抽气泵以相同的速度抽气。第一种连接方法,将两个泵并行连接,同时使用两个泵抽气。第二种连接方法,将两个泵串行连接或按顺序使用(开一个关一个)。请比较两种方法的最低真空度和抽气速度。
11. 通常我们使用插在炉中封闭的石英管在真空下对薄膜材料进行退火。抽一个长 L,直径 D,电导率 C,以 q_0(Torr·L/cm²·s)均匀除气的圆柱型的管子。求管子轴向的稳态分压的表达式。(提示:dx 长度内的装气量和排气量相等)
12. 把一个 30L 的容器抽到 1×10^{-6} Torr 后将泵隔离,此时容器内压强在 3min 后升到 1×10^{-5} Torr。
   (1) 漏气率是多少?
   (2) 将一个有效抽气速度为 40L/s 的扩散泵接到容器上,能抽到的极限真空度是多少?
   (3) 挑选需要在高真空度下才能工作的设备(如电子显微镜,蒸发器,螺旋分光计等)。拟定系统布局内的真空抽气零件。请解释怎样测量系统的工作压强。

第二章 薄膜的物理制备工艺学

2.1 薄膜制备方法概述

按成膜机理分类,薄膜的制备方法可大致分为物理方法和化学方法两大类。

物理气相沉积(Physical Vapor Deposition,PVD)是利用某种物理过程,如物质的热蒸发或在受到粒子束轰击时物质表面原子的溅射等现象,实现物质从原物质到薄膜的可控的原子转移过程。物理气相沉积的主要特点是:

(1) 需要使用固态的或者熔化态的物质作为沉积过程的原物质;
(2) 原物质要经过物理过程进入气相;
(3) 需要相对较低的气体压力环境;
(4) 在气相状态下及衬底表面上并不发生化学反应。

化学气相沉积(Chemical Vapor Deposition,CVD)技术是利用气态的先驱反应物,通过原子、分子间化学反应过程生成固态薄膜的技术。利用这种方法可以制备固体电子器件所需的各种薄膜、轴承和工具的耐磨涂层、发动机或核反应堆部件的高温防护层等。化学气相沉积技术可以有效地控制薄膜的化学组分,与其他相关工艺(如半导体工艺)具有较好的相容性等。

两种制膜方法也有交叉,比如反应共蒸发、反应共溅射以及分子束外延等就涉及两种方法。另外,新近发展起来的脉冲激光沉积(Pulsed Laser Deposition,PLD)制膜技术成为人们广泛关注的一种现代薄膜制备技术。表2-1列出了一些常用的薄膜制备方法。

表 2-1 薄膜制备方法简表

方法归属	方法分类	方法细分	方法归属	方法分类	方法细分
物理制备方法	真空蒸发	反应蒸发	化学制备方法	化学气相	氢还原法
		同时蒸发			卤素输运法
		瞬间蒸发		化学溶液	氢化合物热分解法
	分子束外延	分子束外延			金属有机化合物热分解
		固相外延			溶胶凝胶法
		激光MBE		化学镀	电解电镀
	溅射	直流溅射			无电解电镀
		交流溅射	其他	液相外延	溶液输送
		反应溅射			溶液温度下降
		射频溅射		氧化法	高温氧化法
		磁控溅射			低温氧化法
	离子束法	全离子束			阳极氧化法
		部分离子束		扩散法	气相扩散
		离子束外延			固相扩散
	脉冲激光闪蒸	PLD		离子注入	离子注入

本章将重点介绍薄膜的物理制备方法的基本原理和工艺、相关装置及其特点。

2.2 真空蒸发镀膜

真空蒸发镀膜(简称真空蒸镀)是在真空室中,加热蒸发容器中欲形成薄膜的原材料,使其原子或分子从表面气化逸出,形成蒸气流,入射到固体(一般为衬底或基片)表面,凝结形成固态薄膜的方法。真空蒸镀法的主要物理过程是通过加热使蒸发材料变成气态,故该法又称为热蒸发法。这是 1857 年首先由 Farady 采用的最简单的制膜方法,现在已获得广泛应用。近年来,该方法的改进主要集中在蒸发源上。为了抑制或避免薄膜原材料与蒸发加热皿发生化学反应,改用耐热陶瓷坩埚,如氮化硼(BN)坩埚;为了蒸发低蒸气压物质,采用电子束加热源或激光加热源;为了制备成分复杂或多层复合薄膜,发展了多源共蒸发或顺序蒸发法;为了制备化合物薄膜或抑制薄膜成分对原材料的偏离,出现了反应蒸发方法等。

2.2.1 真空蒸发原理

2.2.1.1 真空蒸发的特点

真空蒸发具有:设备比较简单,操作容易;薄膜纯度高、质量好,厚度可比较准确控制;成膜速率快、效率高,用掩膜可获得清晰图形;薄膜的生长机理比较简单等特点。这种方法的主要缺点是不容易获得结晶结构较好的薄膜,所形成的薄膜在基片上的附着力较小,工艺重复性不够好等。

图 2-1 为真空蒸发镀膜原理示意图。由图可见,该装置主要由真空室、蒸发源、基片、基片加热器以及测量器构成。真空室为蒸发过程提供必要的真空环境;蒸发源放置蒸发材料并对其进行加热;基片用于接收蒸发物质并在其表面形成固态蒸发薄膜。

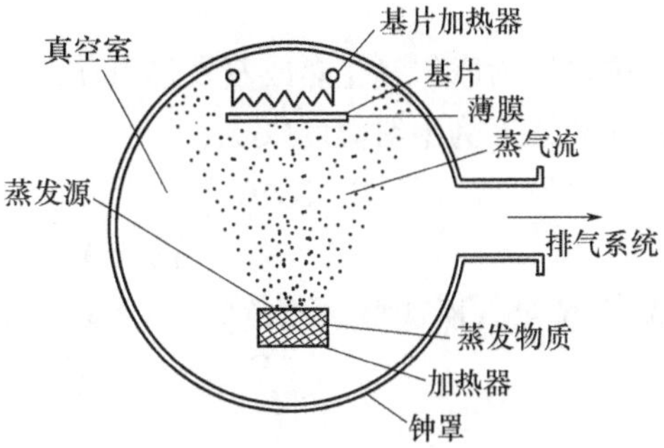

从图 2-1 可以看出,真空蒸发镀膜包括以下三个基本过程:

(1) 加热蒸发过程。

图 2-1 真空蒸发镀膜原理示意图

由凝聚相转变为气相的相变过程。每种蒸发物质在不同温度时有不相同的饱和蒸气压;蒸发化合物时,其组分之间发生反应,其中有些组分以气态或蒸气进入蒸发空间。

(2) 气化原子或分子在蒸发源与基片之间的输运。

这是粒子在环境气氛中的飞行过程。飞行过程中与真空室内残余气体分子发生碰撞的次数,取决于蒸发原子的平均自由程,以及从蒸发源到基片之间的距离,这个距离通常称为源—基距。

(3) 蒸发原子或分子在基本表面上的沉积过程。

蒸气在基片上先聚集成核,然后核生长,再形成连续薄膜。由于基片温度远远低于蒸发源温度,因此,淀积物分子在基片表面将直接发生从气相到固相的相转变过程。

上述三个过程都必须在真空度较高的环境中进行。如果真空度太低,蒸发物原子或分子将与大量气体分子碰撞,使薄膜受到污染,甚至形成氧化物;或者蒸发源被加热而氧化,甚至被烧毁;也可能由于空气分子的碰撞阻挡,难以形成均匀连续薄膜。

2.2.1.2 饱和蒸气压

各种固体或液体放入密闭的容器中,在任何温度下都会蒸发,蒸发出来的蒸气形成蒸气压。在一定温度下,单位时间内蒸发出来的分子数同凝结在器壁和回到蒸发物质的分子数相等时的蒸气压,叫做该物质在此温度下的饱和蒸气压,此时蒸发物质表面固相或液相和气相处于动态平衡,即到达固相或液相表面的分子,与从固相或液相离开返回到气相的分子数相等。一般情况下,物质的饱和蒸气压随温度的上升而增大。在一定温度下,各种物质的饱和蒸气压不相同,但都具有恒定的数值。反之,一定的饱和蒸气压必定对应一定的物质温度。物质在饱和蒸气压为 10^{-2} Torr 时所对应的温度为该物质的蒸发温度。一般材料的饱和蒸气压要低于所需真空度的两个数量级。表2-2是几种物质的饱和蒸气压。

表2-2 几种物质的饱和蒸气压

物 质	20℃下的饱和蒸气压/Torr	物 质	20℃下的饱和蒸气压/Torr
水	17.5	密封油脂	$10^{-3} \sim 10^{-7}$
机械泵油	$10^{-2} \sim 10^{-5}$	普通扩散泵油	$10^{-5} \sim 10^{-8}$
汞	1.8×10^{-3}	275 超高真空扩散泵油	5×10^{-10} (25℃)

饱和蒸气压 P_v 与温度 T 之间的数学表达式,可从克拉伯龙—克劳修斯(Clapeylon-Clausius)关系式推导出来。

$$\frac{dP_v}{dT} = \frac{H_v}{T(V_g - V_s)} \tag{2-1}$$

式中,H_v 为摩尔气化热或蒸发热(J/mol);V_g 和 V_s 分别为气相和固相(或液相)的摩尔体积(cm³);T 为绝对温度(K)。

因为 $V_g \gg V_s$,并假设在低气压下蒸气分子符合理想气体状态方程,则有

$$V_g - V_s \approx V_g, \quad V_g = RT/P_v \tag{2-2}$$

式中,R 是气体常数,其值为 8.31×10^7 erg/K·mol。故方程(2-1)可改写为

$$\frac{dP_v}{P_v} = \frac{H_v \cdot dT}{RT^2} \quad \text{或} \quad \frac{d(\ln P_v)}{d(1/T)} = \frac{-H_v}{R} \tag{2-3}$$

因此,如果将 P_v 的自然对数值与 $1/T$ 的关系作图表示,应该为一条直线。

由于气化热 H_v 通常随温度改变只有微小的变化,故可近似地把 H_v 看作常数,于是对式(2-3)求积分得

$$\ln P_v = C - \frac{H_v}{RT} \tag{2-4}$$

式中 C 为积分常数,将式(2-4)采用常用对数表示,得

$$\lg P_v = A - \frac{B}{T} \tag{2-5}$$

式中 A,B 值可由实验确定,其中 $A=C/2.3, B=H_v/2.3R$。表2-3列出了一些用于材料蒸气压计算的常数值。实际上,P_v 与 T 之间的关系多由实验确定,且有 $H_v=19.12B$(J/mol)的关系存在。对大多数材料而言,在蒸气压小于1Torr(133Pa)的比较窄的温度范围内,式(2-5)才是蒸发材料的饱和蒸气压与温度之间的一个比较精确的表达式。

表 2-3 一些金属的蒸气压方程中计算常数 A、B 值

金属种类	状态	A	$B\times 10^{-3}$	金属种类	状态	A	$B\times 10^{-3}$
Li	液体	10.5	7.480	Zr	固体	12.38	25.87
Na	液体	10.71	5.480		液体	13.04	27.43
K	液体	10.36	4.503	Sn	液体	9.97	13.11
Rb	液体	10.42	4.132	Pb	液体	10.69	9.60
Cs	液体	9.86	3.774	Cd	固体	14.37	40.40
Cu	固体	12.81	18.06	Ta	固体	13.00	40.21
	液体	11.72	16.58	Sb	—	11.42	9.913
Ag	固体	12.28	14.85	Bi	液体	11.14	9.824
	液体	11.66	14.09	Cr	固体	12.88	17.56
Ni	液体	11.65	18.52	Mo	固体	11.80	30.31
Be	固体	12.99	18.22	W	固体	12.24	40.26
	液体	11.95	16.59	Mn	固体	12.25	14.10
Mg	固体	11.82	7.741	Fe	固体	12.63	20.00
Ca	固体	11.30	8.324		液体	13.41	21.96
Ba	—	10.88	8.908	Co	—	12.43	21.96
Zn	固体	11.94	6.744	Ni	固体	13.28	21.84
Cd	固体	11.78	5.798		液体	12.55	20.60
Ru	固体	14.13	21.37	Rh	—	13.55	33.80
Al	液体	11.99	15.63	Pd	—	11.46	19.23
Si	固体	13.20	19.79	Os	—	13.59	37.00
Ti	固体	11.25	18.64	Ir	—	13.06	34.11
	液体	11.98	20.11	Pt	—	12.63	27.50

表 2-4 和图 2-2 分别给出了常用材料(主要是金属材料)的饱和蒸气压和温度之间的关系,从图 2-2 中的 P_v — $1/T$ 近似曲线图可以看出,饱和蒸气压随温度升高而迅速增加。因此,在真空条件下物质的蒸发要比常压容易得多,所需蒸发温度也大大降低,蒸发时间也将大大缩短,蒸发速率显著提高。

表 2-4 一些常用材料的蒸气压与温度的关系

金属	分子量	不同蒸气压 P_v(Pa)下的温度 T(K)						熔点/K	蒸发速率*
		10^{-8}	10^{-6}	10^{-4}	10^{-2}	10^{0}	10^{2}		
Au	197	964	1080	1220	1405	1670	2040	1336	6.1
Ag	107.9	759	847	958	1105	1300	1605	1234	9.4
In	114.8	677	761	870	1015	1220	1520	429	9.4
Al	27	860	958	1085	1245	1490	1830	932	18
Ga	69.7	796	892	1015	1180	1405	1745	303	11
Si	28.1	1145	1265	1420	1610	1905	2330	1685	15
Zn	65.4	354	396	450	520	617	760	693	17
Cd	112.4	310	347	392	450	538	665	594	14
Te	127.6	385	428	482	553	647	791	723	12
Se	79	301	336	380	437	516	636	490	17
As	74.9	340	377	423	477	550	645	1090	17
C	12	1765	1930	2140	2410	2730	3170	4130	19
Ta	181	2020	2230	2510	2860	3330	3980	3270	4.5
W	183.8	2150	2390	2680	3030	3500	4180	3650	4.5

* 单位:$J\times 10^{17}$(cm$^{-2}\cdot$s^{-1})($P\approx 1$Pa,黏附系数 $\alpha\approx 1$)

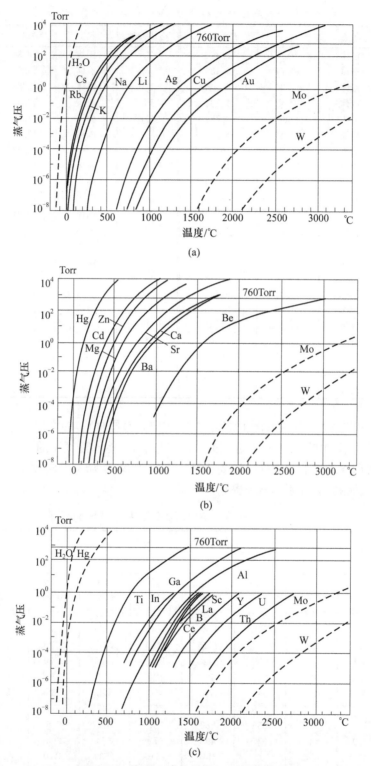

图 2-2 各种元素的蒸气压与温度关系

(a)周期表Ⅰ族元素的蒸气压;(b)周期表Ⅱ族元素的蒸气压;(c)周期表Ⅲ族元素的蒸气压。

2.2.1.3 蒸发速率

根据气体分子运动论，处于热平衡状态时，压强为 P 的气体，单位时间内碰撞单位面积器壁的分子数为

$$J = \frac{1}{4}nv_a = \frac{P}{\sqrt{2\pi kT}} \qquad (2-6)$$

式中，n 是分子密度，v_a 是算术平均速度，m 是分子质量，k 为玻耳兹曼常数。如果考虑在实际蒸发过程中，并非所有蒸发分子全部发生凝结，上式可以改写为

$$J_e = \frac{\alpha P_v}{\sqrt{2\pi mkT}} \qquad (2-7)$$

式中，α 为冷凝系数，一般 $\alpha \leqslant 1$，P_v 为饱和蒸气压。

设蒸发材料表面液相气相处于动态平衡，则蒸发速率可表示为

$$J_e = \frac{dN}{A \cdot dt} = \frac{\alpha_e(P_v - P_n)}{\sqrt{2\pi mkT}} \qquad (2-8)$$

式中，dN 为蒸发分子（原子）数，α_e 为蒸发系数，A 为蒸发表面积，t 为时间（s），P_v 和 P_n 分别为饱和蒸气压与液体气压(Pa)。

当 $\alpha_e = 1$ 和 $P_n = 0$ 时，有最大蒸发速率：

$$J_m = \frac{P_v}{\sqrt{2\pi mkT}} \approx 2.64 \times 10^{24} P_v \left(\frac{1}{\sqrt{TM}}\right) \qquad (2-9)$$

式中，M 为蒸发物质的摩尔质量。Langmuir 指出，式(2-9)对从固体自由表面上的蒸发也是正确的。如果对式(2-9)乘以原子或分子质量，则得到单位面积的质量蒸发速率 G：

$$G = \sqrt{\frac{m}{2\pi kT}} \cdot P_v \approx 4.37 \times 10^{-3} \sqrt{\frac{M}{T}} \cdot P_v \qquad (2-10)$$

式(2-10)确定了蒸发速率、蒸气压和温度之间的关系，是描写蒸发速率的重要表达式。

蒸发速率除与蒸发物质的分子量、热力学温度和蒸发物质在温度 T 时的饱和蒸气压有关外，还与材料自身的表面清洁度有关。特别是蒸发源温度变化对蒸发速率影响极大。如果将 P_v 与 T 的关系式(2-5)代入式(2-10)，并对其微分，即可得到蒸发速率随温度变化的关系式，即

$$\frac{dG}{G} = \left(2.3\frac{B}{T} - \frac{1}{2}\right)\frac{dT}{T} \qquad (2-11)$$

对于金属，$2.3B/T$ 通常在 $20 \sim 30$ 之间，即有

$$\frac{dG}{G} = (20 \sim 30)\frac{dT}{T} \qquad (2-12)$$

由此可见，在蒸发温度以上进行蒸发时，蒸发源温度的微小变化即可引起蒸发速率发生很大变化。因此，在制膜过程中，要想控制蒸发速率，必须精确控制蒸发源的温度，加热时应尽量避免产生过大的温度变化。

2.2.1.4 平均自由程与碰撞概率

真空室内有蒸发物质的原子或分子和残余气体分子，因此真空蒸镀实际上都是在具有一定压强的残余气体中进行的。显然，这些残余气体分子会对薄膜的形成乃至薄膜的

性质产生影响。在热平衡条件下,单位时间通过单位面积的气体分子数 N_g:

$$N_g = 3.513 \times 10^{22} \frac{P}{\sqrt{TM}} (个/cm^2 \cdot s) \qquad (2-13)$$

式中,P 是气体压强(Torr);M 是气体的摩尔质量(g);T 是气体温度(K);N_g 就是气体分子对基片的碰撞率。实际上,式(2-13)与式(2-9)是相同的。

表 2-5 给出了几种典型气体分子的 N_g。由表 2-5 可见,每秒钟大约有 10^{15} 个气体分子到达单位基片表面,而一般的薄膜淀积速率为几个 Å/s(大约 1 个原子层厚)。很显然,在残余气体压强为 10^{-5} Torr 时,气体分子与蒸发物质几乎按 1∶1 的比例到达基片表面。气体分子对基层表面的黏附系数,决定于残余气体分子与基片表面的性质以及基片的温度等因素。对于化学活性大的基片,黏附系数大约为 1。因此,要获得高纯度的薄膜,就必须要求较高的真空度,即要求残余气体的压强非常低。

表 2-5 气体分子的碰撞次数

物 质	分子量	$N_g/cm^{-2} \cdot s^{-1}$	
		10^{-5}/Torr	10^{-2}/Torr
H_2	2	1.4×10^{15}	1.4×10^{18}
Ar	40	3.2×10^{15}	3.2×10^{18}
O_2	32	3.6×10^{15}	3.6×10^{18}
N_2	28	3.8×10^{15}	3.8×10^{18}

蒸发材料分子在残余气体中飞行,这些粒子在不规则的热运动下,既相互碰撞,又与真空壁相碰撞,从而改变了原有的运动方向并降低其运动速度。如前所述,粒子在两次碰撞之间所飞行的平均距离称为蒸发分子的平均自由程 λ:

$$\lambda = \frac{1}{\sqrt{2}\pi n d^2} = \frac{kT}{\sqrt{2}\pi P d^2} \qquad (2-14)$$

式中,n 是残余气体分子密度,d 是碰撞截面。

平均自由程、蒸发分子与残余气体分子的碰撞都具有统计规律。设 N_0 个蒸发分子飞行距离 x 后,未受到残余气体分子碰撞的数目为 $N_x = N_0 \exp(-x/\lambda)$,则被碰撞的分子百分数为

$$f = 1 - (N_x/N_0) = 1 - e^{-x/\lambda} \qquad (2-15)$$

图 2-3 是根据式(2-15)进行计算所得蒸发分子在蒸发源与基片(源—基)之间飞越过程中,蒸发分子的碰撞百分数与实际行程对平均自由程之比的曲线。当平均自由程等于源—基距离时,大约有 63% 的蒸发分子受到碰撞;如果平均自由程增加 10 倍,则碰撞概率将减小到 9% 左右。由此可见,只有当 $\lambda \gg L$(L 为源—基距离)时,即只有在平均自由程较源—基距离大得多的情况下,才能有效减少蒸发分子在镀膜过程中的碰撞现象。

如果真空度足够高,平均自由程足够大,且满足条件 $\lambda \gg L$,则有 $f \approx L/\lambda$,将式(1-19)代入后可得

$$f \approx 1.5L \cdot P \qquad (2-16)$$

由此可以得出,为了保证镀膜质量,在要求 $f \leq 0.1$ 时,若源—基距离 $L = 25$ cm 时,P 必须

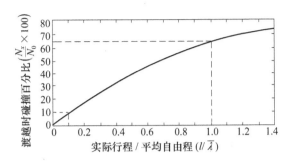

图 2-3　蒸发分子的碰撞概率与实际行程对平均自由程之比的关系

满足 $P \leqslant 3 \times 10^{-3}$ Pa。

真空室残余气体分子除对分子的平均自由程有影响之外,还对膜层有一定的污染。一般残余气体主要由氧、氮、水汽、扩散泵油蒸气以及其他污染气体组成。实际沉积薄膜时,由于残余气体和蒸发薄膜及蒸发源之间的相互反应,情况比较复杂。

2.2.1.5　蒸发所需热量和蒸发粒子的能量

蒸发源所需的热量,除将蒸发材料加热蒸发外,还应考虑蒸发源在加热过程中产生的热辐射和热传导所损失的热量,即蒸发源所需的总热量 Q 为上述三部分能量之和:

$$Q = Q_1 + Q_2 + Q_3 \tag{2-17}$$

其中,Q_1 为蒸发材料蒸发时所需热量;Q_2 为蒸发源因热辐射所损失的热量;Q_3 为蒸发源因热传导而损失的热量。

1) 蒸发材料蒸发时所需热量

如果将分子量为 M、质量为 W 克的物质,从室温 T_0 加热到蒸发温度 T 所需热量为 Q_1,则有

$$Q_1 = \frac{W}{M} \left(\int_{T_0}^{T_m} C_s \mathrm{d}T + \int_{T_m}^{T} C_l \mathrm{d}T + L_m + L_v \right) \tag{2-18}$$

式中,C_s 是固体比热(J/℃·mol);C_l 是液体比热(J/℃·mol);L_m 是固体的熔解热(kJ/mol);L_v 是分子气化热(kJ/mol);T_m 是固体的熔点(K)。另外,对直接升华的物质,L_m 和 L_v 可不考虑。常用金属材料所需蒸发热量列于表 2-6 中。

表 2-6　常用金属的蒸发热量(在 $P=1$ Pa 时)

名称	Q_1/(kJ/g)	名称	Q_1/(kJ/g)	名称	Q_1/(kJ/g)	名称	Q_1/(kJ/g)
Al	12.98	Zn	2.09	Cr	8.37	Pb	1.00
Ag	2.85	Cd	10.47	Zr	7.53	Ni	7.95
Au	2.01	Fe	79.53	Ta	4.60	Pt	3.14
Ba	1.34	Cu	5.86	Ti	10.47	Pd	4.02

从表 2-6 可以看出,不同物质在相同压强下所需的蒸发热是不同的。应当指出,蒸发热量 Q 值的 80% 以上是作为蒸发热 Q_1 而消耗掉的。此外,还有辐射和传导损失的热量。

2) 热辐射损失的热量

这部分损失的热量与蒸发源的形状、结构和蒸发源材料有关,可由下式估算:

$$Q_2 = \sigma \cdot a_s \cdot T^4 \tag{2-19}$$

式中，σ 是斯忒藩—玻耳兹曼(Stefan—Boltzmann)常数，$\sigma=5.668\times10^{-12}\,\text{W/cm}^2$ 或 $\sigma=1.35\times10^{-12}(\text{Cal/cm}^2\cdot\text{s}\cdot{}^\circ\text{C}^4)$；$a_s$ 为辐射系数，可从物理学手册中查知；T 为蒸发温度。

3) 热传导的损失热量

如果按单层屏蔽热传导计算，则

$$Q_3 = \frac{\xi F(T_1 - T_2)}{S} \quad (2-20)$$

式中，ξ 是电极材料的热传导系数；F 为导热面积；S 是导热壁的原高；T_1 是高温面温度；T_2 是低温面温度。

2.2.2 蒸发源的蒸发特性

在真空蒸镀过程中，为了在基片上获得厚度均匀的薄膜，需要仔细设计蒸发源。基片上不同蒸发位置的膜厚，取决于蒸发源的蒸发特性、基片与蒸发源的几何形状、相对位置以及蒸发物质的蒸发量等多种因素。下面分别介绍几种最常用的蒸发源。

2.2.2.1 点蒸发源

将能够向各个方向蒸发等量材料的微小球状蒸发源称为点蒸发源(简称点源)。一个很小的球体 $\text{d}S$，以每秒 m 克的相同蒸发率向各个方向蒸发，在单位时间内，在任何方向上，通过如图 2-4 所示立体角 $\text{d}\omega$ 的蒸发材料总量为 $\text{d}m$，则有

$$\text{d}m = \frac{m}{4\pi}\cdot\text{d}\omega \quad (2-21)$$

因此，在蒸发材料到达与蒸发方向成 θ 角的小面积 $\text{d}S_2$ 的几何尺寸已知时，则淀积在此面积上的膜材的厚度与数量即可求得。由图 2-4 可知

$$\text{d}S_1 = \text{d}S_2\cdot\cos\theta \qquad \text{d}S_1 = r^2\cdot\text{d}\omega$$

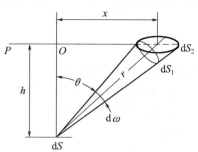

图 2-4 点蒸发源的发射特性

$$\text{d}\omega = \frac{\text{d}S_2\cdot\cos\theta}{r^2} = \frac{\text{d}S_2\cdot\cos\theta}{h^2+x^2} \quad (2-22)$$

式中 r 是点源与基片上被观测点的距离，则蒸发材料到达 $\text{d}S_2$ 上的总量 $\text{d}m$ 为

$$\text{d}m = \frac{m}{4\pi}\cdot\text{d}\omega = \frac{m}{4\pi}\cdot\frac{\cos\theta}{r^2}\text{d}S_2 \quad (2-23)$$

假设所制作的薄膜密度为 ρ，单位时间内淀积在 $\text{d}S_2$ 上的薄膜厚度为 t，则淀积到 $\text{d}S_2$ 上的薄膜体积为 $t\cdot\text{d}S_2$，所以有

$$\text{d}m = \rho\cdot t\cdot\text{d}S_2 \quad (2-24)$$

所以

$$t = \frac{m}{4\pi\rho}\cdot\frac{\cos\theta}{r^2} \quad (2-25)$$

即

$$t = \frac{mh}{4\pi\rho r^3} = \frac{mh}{4\pi\rho(h^2+x^2)^{3/2}} \quad (2-26)$$

式(2-26)就是点蒸发源的膜厚分布公式。

当 $\text{d}S_2$ 在点蒸发源的正上方，即 $\theta=0$ 时，$\cos\theta=1$，用 t_0 表示原点处的膜厚，则 $t_0=m/(4\pi\rho h^2)$ 为基片平面内所能得到的最大膜厚。而在基片平面内的任意处的膜厚分布可用

下式表示：

$$t = \frac{1}{[1+(x/h)^2]^{3/2}} t_o \qquad (2-27)$$

2.2.2.2 小平面蒸发源

如图 2-5 所示，用小平面蒸发源代替点源。由于这种蒸发源的发射特性具有方向性，并遵循余弦角度分布规律，使在 θ 角方向蒸发的材料质量和 $\cos\theta$ 成正比，θ 是平面蒸发源法线与接收平面 dS_2 中心和平面源中心连线之间的夹角，则当膜材从小平面 dS 上以每秒 m 克的速率进行蒸发时，膜材在单位时间内通过与该水平面的法线成 θ 角度方向的立体角 $d\omega$ 的蒸发量 dm 为

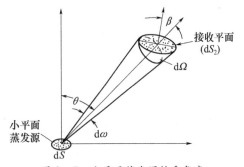

图 2-5 小平面蒸发源接受角度对淀积膜厚的影响

$$dm = (m/\pi) \cdot \cos\theta \cdot d\omega \qquad (2-28)$$

式中 $1/\pi$ 是因为小平面源的蒸发范围局限在半球形空间。类似于点源的计算方法可得到小平面蒸发源基片上任一点的膜厚 t 为

$$t = \frac{m}{\pi\rho} \cdot \frac{\cos\theta\cos\beta}{r^2} = \frac{mh^2}{\pi\rho(h^2+x^2)^2} \qquad (2-29)$$

当 $\theta=0, \beta=0$ 时（即小平面源正方，参见图 2-5），用 t_o 表示该点的膜厚，则

$$t_o = m/(\pi\rho h^2) \qquad (2-30)$$

t_o 是基片平面内所得到的最大蒸发膜厚。基片平面内其他各处的膜厚分布可由下式计算：

$$t = \frac{1}{[1+(x/h)^2]^2} t_o \qquad (2-31)$$

图 2-6 比较了点蒸发源与小平面蒸发源两者的相对厚度分布曲线。比较式(2-26)和式(2-29)可以看出，两种蒸发源在基片上沉积的膜层厚度虽然很近似，但是由于蒸发源形状不同，在给定蒸发材料、蒸发源和基片距离的情况下，小平面蒸发源的最大厚度可为点蒸发源的四倍左右。

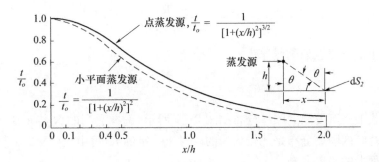

图 2-6 蒸发沉积膜厚在平面上的分布

2.2.2.3 细长平面蒸发源

细长平面蒸发源的发射特性如图 2-7 所示。设基片平行于长度为 l 的细长蒸发源，源—基距离为 h，与中心点距离 S 的微小蒸发面积为 dS。在 $x-y$ 平面上任意一点 (x,y) 的微小面积为 $d\sigma$，在 dS 与 $d\sigma$ 间的距离为 r 时，由图中几何关系可得

$$\cos\theta = h/r, \quad r^2 = (x-S)^2 + a^2, \quad a^2 = h^2 + y^2$$

当蒸发物质 m 均匀分布在蒸发源内时，在蒸发源 dS 面上的质量 dm 为

$$dm = (m/l)dS \qquad (2-32)$$

此时，细长平面蒸发源等同于小平面蒸发源。通过上述的计算方法可得薄膜厚度分布公式：

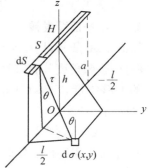

图 2-7 细长平面蒸发源的发射特性

$$t = \frac{mh^2}{2\pi l\rho a^2} \left[\frac{l\left(a^2 - x^2 + \frac{l^2}{4}\right)}{(a^2+x^2)^2 + (a^2-x^2)\frac{l^2}{4} + \frac{l^4}{16}} + \frac{1}{a}\arctan\frac{la}{a^2+x^2-\frac{l^2}{4}} \right]$$

$$(2-33)$$

在原点处，由于 $x=0, a=h$，则膜厚 t_o 为

$$t_o = \frac{m}{2\pi l\rho a^2}\left[\frac{l}{n^2(l^2/4)} + \frac{1}{h}\arctan\frac{lh}{h^2+(l^2/4)}\right]$$

2.2.2.4 环状蒸发源

为了在更大面积上得到较好的膜厚均匀性，可以采用环状蒸发源（简称环源）。在实际蒸发中，当基片处于旋转状态时，就类似于环源。图 2-8 为环状平面蒸发源的发射特性示意图。

若在环上取一单元面积 dS_1，则单位时间蒸发到接收面上的膜材的质量为

$$dm = \frac{m}{2\pi}d\varphi \qquad (2-34)$$

根据图中的几何特性并采用上述方法可得到薄膜厚度分布公式

$$t = \frac{mh^2}{2\pi\rho} \cdot \frac{2h^2 + (A+R)^2 + (A-R)^2}{[h^2+(A+R)^2]^{3/2}[h^2+(A-R)^2]^{3/2}} \qquad (2-35)$$

在 dS_1 正下方原点处的膜厚为

$$t_o = \frac{mm^2}{\pi\rho} \cdot \frac{1}{(n^2+R^2)^2} \qquad (2-36)$$

利用环状平面蒸发源的膜厚分布如图 2-9 所示，选择适当的 R 与 h 比，在蒸发源平面上相当大范围内膜厚分布是比较均匀的。对于一定的 R，可由式（2-35）计算出源—基距离为 h 平面上的膜厚分布。

在实际应用中蒸发源往往做成针形、舟形、锥形、坩埚形等。利用上述几种蒸发源膜厚的分布公式，结合具体所用蒸发源，按其各自的发射特性，可对膜厚进行近似的计算。

蒸发源的发射特性是比较复杂的问题,为了得到较均匀的薄膜厚度还必须注意源和基板的配置,或使基片公转加自转等。

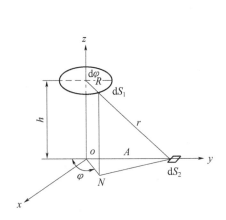

图 2-8 环状平面蒸发源的发射特性

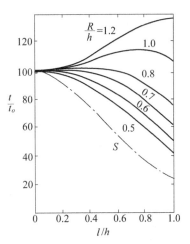

图 2-9 环状平面蒸发源的膜厚分布

2.2.3 蒸发源的加热方式

真空蒸发镀膜装置中,最重要的组成部分就是蒸发源的加热装置,根据加热原理不同可以将其分为以下几种类型:

2.2.3.1 电阻式加热装置

电阻加热方法对电阻材料和蒸发材料都有一定的要求。对电阻材料,要求其熔点要高,必须高于蒸发材料的蒸发温度;饱和蒸气压低,防止或减少在高温下电阻材料随蒸发材料蒸发而成为杂质进入薄膜;化学性能稳定,在高温下不与蒸发材料发生化学反应。另外还要求电阻材料具有良好的耐热性,热源变化时,功率密度变化小,并且原料丰富,经济耐用。表 2-7 列出了电阻加热方法中常用蒸发源材料的熔点和达到规定的平衡蒸气压时的温度。表 2-8 给出了部分物质蒸发时所用蒸发源。实际使用的电阻加热材料一般是一些难熔金属,如 W、Mo、Ta 等,表 2-9 列出了它们的主要物理参数。

表 2-7 电阻蒸发源材料的熔点和对应的平衡蒸气压的温度

蒸发源温度	熔点/K	平衡温度/K		
		10^{-8} Torr	10^{-5} Torr	10^{-2} Torr
W	2683	2390	2840	3500
Ta	3269	2230	2680	3330
Mo	2890	1865	2230	2800
Nb	2741	2035	2400	2930
Pt	2045	1565	1885	2180
Fe	1808	1165	1400	1750
Ni	1726	1200	1430	1800

表 2-8　各种元素的电阻加热蒸发源材料

元素	温度/℃ 熔点	温度/℃ 10^{-2} Torr	蒸发源材料 丝状、片状	蒸发源材料 坩埚	备注*
Ag	961	1030	Ta,Mo,W	Mo,C	按适合程度排列不同。与 W 不浸润
Al	659	1220	W	BN,TiC/C,TiB$_2$—BN	可与所有 RM 形成合金,难以蒸发。高温下能与 Ti,Zr,Ta 等反应
Au	1063	1400	M,Mo	Mo,C	浸润 W,Mo；与 Ta 形成合金,Ta 不宜作蒸发源
Ba	710	610	W,Mo,Ta,Ni,Fe	C	不能形成合金,浸润 RM,在高温下与大多数氧化物发生反应
Bi	271	670	W,Mo,Ta,Ni	Al$_2$O$_3$,C 等	蒸气有毒
Ca	850	600	W	Al$_2$O$_3$	在 He 气氛中预熔解去气
Co	1495	1520	W	Al$_2$O$_3$,BeO	与 W,Ta,Wo,Pr 等形成合金
Cr	~1900	1400	W	C	
Cu	1084	1260	Mo,Ta,Nb,W	Mo,C,Al$_2$O$_3$	不能直接浸润 Mo,W,Ta
Fe	1536	1480	W	BeO,Al$_2$O$_3$,ZrO$_2$	与所有 RM 形成合金,宜采用 EBV
Ge	940	1400	W,Mo,Ta	C,Al$_2$O$_3$	对 W 溶解度小,浸润 RM,不浸润 C
In	156	950	W,Mo	Mo,C	
La	920	1730	—	—	宜采用 EBV
Mg	650	440	W,Ta,Mo,Ni,Fe	Fe,C,Al$_2$O$_3$	
Mn	1244	940	W,Mo,Ta	Al$_2$O$_3$,C	浸润 RM
Ni	1450	1530	W	Al$_2$O$_3$,BeO	与 W,Mo,Ta 等形成合金,宜采用 EBV
Pb	327	715	Fe,Ni,Mo	Fe,Al$_2$O$_3$	不浸润 RM
Pd	1550	1460	W(镀 Al$_2$O$_3$)	Al$_2$O$_3$	与 RM 形成合金
Pt	1773	2090	W	ThO$_2$,ZrO$_2$	与 Ts,Mo,Nb 形成合金,与 W 形成部分合金,宜采用 EBV 或溅射
Sn	232	1250	Ni—Cr 合金,Mo,Ta	Al$_2$O$_3$,C	浸润 Mo,且浸蚀
Ti	1727	1740	W,Ta	C,ThO$_2$	与 W 反应,不与 Ta 反应,熔化中有时 Ta 会断裂
Tl	304	610	Ni,Fe,Nb,Ta,W	Al$_2$O$_3$	浸润左边金属,但不形成合金。稍浸润 W,Ta,不浸润 Mo
V	1890	1850	W,Mo	Mo	浸润 Mo,但不形成合金。在 W 中的溶解度很小,与 Ta 形成合金
Y	1477	1632	W		
Zn	420	345	W,Ta,Mo	Al$_2$O$_3$,Fe,C,Mo	浸润 RM,但不形成合金
Zr	1852	2400	W		浸润 W,溶解度很小

备注:RM——高熔点金属;EBV——电子束蒸发

表 2-9 电阻蒸发源用金属材料的性质

	温度/℃	27	1027	1527	1727	2027	2327	2527
W (熔点： 3380℃，相对 密度：19.3)	电阻率($\mu\Omega \cdot cm$) 蒸气压(Pa) 蒸发速率 ($g/cm^2 \cdot s$) 光谱辐射率 (0.665μm)	5.66 — — 0.470	33.66 — — 0.450	50 — — 0.439	56.7 1.3×10^{-9} 1.75×10^{-11} 0.435	66.9 6.3×10^{-7} 7.8×10^{-11} 0.429	77.4 7.6×10^{-7} 8.8×10^{-9} 0.423	84.7 1.0×10^{-3} 1.1×10^{-7} 0.449
Mo (熔点： 2630℃，相对 密度：10.2)	电阻率($\mu\Omega \cdot cm$) 蒸气压(Pa) 蒸发速率 ($g/cm^2 \cdot s$) 光谱辐射率	5.63 — — 0.418	35.2 (1127℃) 2.1×10^{-13} 2.5×10^{-17} —	47.0 8×10^{-9} 1.1×10^{-10} 0.367 (1330℃)	53.1 5×10^{-5} 5.3×10^{-9} 0.353 (1730℃)	59.2 (1927℃) 4×10^{-3} 5.0×10^{-7} —	72 1.4×10^{-3} 1.6×10^{-5} —	78 9.6×10^{-3} 1.04×10^{-4} —
Ta (熔点： 2980℃，相对 密度：16.6)	电阻率($\mu\Omega \cdot cm$) 蒸气压(Pa) 蒸发速率 ($g/cm^2 \cdot s$) 光谱辐射率	15.5 (20℃) — — 0.490	54.8 — — 0.462	72.5 — — 0.432	78.9 1.3×10^{-8} 1.63×10^{-12} 0.432	88.3 8×10^{-8} 9.8×10^{-11} 0.409 (1927℃)	97.4 5×10^{-4} 5.5×10^{-8} 0.400	102.9 7×10^{-3} 6.6×10^{-7} 0.394

采用电阻加热方式时还必须考虑蒸镀材料与蒸发源材料的"浸润性"问题，浸润性与蒸发材料的表面能大小有关。高温熔化的蒸镀材料在蒸发源上有扩展倾向时，可以说是容易浸润的；反之，如果在蒸发源上有凝聚而接近于形成球形的倾向时，可以认为是难于浸润的。图2-10给出了二者相互间浸润的几种情况。

在浸润的情况下，由于蒸发是从大的表面上发生的且比较稳定，所以可认为是面蒸发源的蒸发；在浸润小的时候，一般可认为是点蒸发源的蒸发。另外，如果容易发生浸润，蒸发材料与蒸发源亲和力强，因而蒸发状态稳定；如果是难以浸润的，在采用丝状蒸发源时，蒸发材料就容易从蒸发源上掉下来。例如，Ag在钨丝上熔化后就会脱落。根据蒸发材料的性质，结合考虑与蒸发源材料的浸润性，可制成具有不同的形状和选用不同的蒸发源材质。将钨丝制成多种等直径或不等直径的螺旋状，即可作为物质的加热源。钨丝一方面起着加热器的作用，另一方面也起着支撑被加热物质的作用。图2-11给出了一些常见的电阻式加热装置，(a)为丝状；(b)为螺旋丝状；(c)为锥形篮状；(d)为箔(板)状；(e)为直接加热式块状；(f)为间接加热式。

对于不能用钨丝加热的物质，如一些材料的粉末等，可以考虑采用难熔金属板制成的电阻加热装置。难熔金属板可以做成各种不同形状以装入被加热材料。对于可在固态升华的物质来说，也可以采用难熔金属制成升华用的专用容器。加热时不仅需要考虑加热与支持作用，还要考虑被加热物质的放气过程可能引起的物质飞溅。

高熔点氧化物、高温裂解BN、石墨、难熔金属等制成的坩埚也可用作为蒸发容器。这时，对被蒸发物质的加热可以采取两种方法，即普通的电阻加热和高频感应法，前者依靠缠于坩埚外的电阻丝加热，后者用通水的铜制线圈作为加热的初级感应线圈，它靠在被加热的物质中或在坩埚中感生出感应电流来实现对蒸发物质的加热。对于后一种情况，需要被加热的物质或坩埚本身具有一定的导电性。

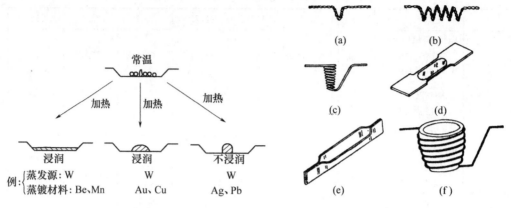

图 2-10　蒸发源材料与镀膜材料浸润状态

图 2-11　一些常见的电阻式加热装置

2.2.3.2　电子束加热蒸发源

电子束蒸发法是将蒸发材料放入水冷铜坩埚中,直接利用电子束加热,使蒸发材料气化蒸发后在基片表面成膜。电子束蒸发克服了一般电阻加热蒸发的许多缺点,如高污染(来自于坩埚、加热材料以及各种支撑部件)、低加热功率以及可达到温度低等缺点,特别适合制作高熔点薄膜材料和高纯薄膜材料。

一、电子束加热原理与特点

电子束加热原理是基于电子在电场作用下,获得动能轰击处于阳极的蒸发材料上,使蒸发材料加热气化,而实现蒸发镀膜。若不考虑发射电子的初速度,则电子动能与它所具有的电功率相等,即

$$\frac{1}{2}mv^2 = e \cdot U \quad (2-37)$$

式中,U 是电子所具有电位(V);m 是电子质量(9.1×10^{-28} g),e 是电子电荷(1.6×10^{-19} C)。因此可得电子运动速度

$$v = 5.93 \times 10^5 \sqrt{U} \text{(m/s)} \quad (2-38)$$

假如 $U=10$ kV,则电子速度可达 6×10^4 km/s。这样高速运动的电子流在一定的电磁场作用下,使之汇聚成电子束并轰出到蒸发材料表面,使动能变为热能。若电子束的能量为

$$W = neU = IUt \quad (2-39)$$

式中,n 为电子密度;I 为电子束的束流(A);t 为束流的作用时间(s),因而产生的热量 Q 为

$$Q = 0.24Wt \quad (2-40)$$

在加速电压很高时,由上式给出的电子所产生的热能可足以使蒸发材料气化蒸发,从而成为真空蒸发技术中的一种良好热源。

电子束蒸发源的主要优点是电子束轰击热源的束流密度高,能获得远比由电阻加热源更大的能量密度。可在一个较大的面积上达到 10^4 W/cm² ～ 10^9 W/cm² 的功率密度,因

此可以使高熔点(可高达 3000℃以上)材料蒸发。热量可直接加到蒸镀材料的表面,因而热效率高,热传导和热辐射的损失少,并且由于被蒸发材料是置于水冷坩埚内,因而可避免容器材料的蒸发,并避免容器材料与蒸镀材料之间的反应,这对提高镀膜材料的纯度极为重要。

电子束加热源的缺点是电子枪发出的一次电子和蒸发材料发出的二次电子会使蒸发原子和残余气体分子电离,这有时会影响膜层质量。这一问题可通过设计和选用不同结构的电子枪加以解决。多数混合物在受到电子轰击时会部分分解,残余气体分子和膜料分子也会部分地被电子所电离,这些将对薄膜的结构和性质产生影响。另外,电子束蒸镀装置结构较复杂,因而设备价格较昂贵。

二、电子束蒸发源结构

依靠电子束轰击蒸发的真空蒸镀技术,根据电子束蒸发源的形式不同,可分为环形枪、直枪(又称皮尔斯枪)和 e 型枪等几种。

环型枪是靠环型阴极来发射电子束,经聚焦和偏转后在坩埚中使坩埚材料蒸发。其结构简单,但是功率和效率都不高,多用于实验研究工作中。

直枪是一种轴对称的直线加速电子枪,电子从阴极灯丝发射,聚焦成细束,经阳极加速后轰击在坩埚中使蒸发材料熔化和蒸发,直枪的功率从几百瓦到几千瓦都有,可得到高的能量密度且易于控制。但是体积大,成本高,蒸镀材料会污染枪体。图 2-12 为直枪蒸发源原理图。

e 型电子枪即 270°偏转的电子枪,它克服了直枪的缺点,是目前用得较多的电子束蒸发源,其结构如图 2-13 所示。所谓 e 型是由电子运动轨迹而得名。由于入射电子与蒸发原子相碰撞而游离出来的正离子,在偏转磁场作用下,产生与入射电子相反方向的运动,因而避免了直枪中正离子对蒸镀膜层的污染。同时 e 型枪也大大减少了二次电子对基板轰击的概率。

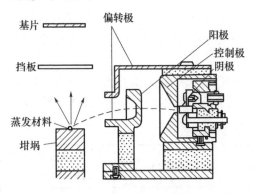
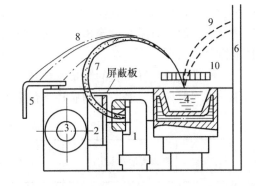

图 2-12 直枪蒸发源原理图　　图 2-13 e 型电子枪的工作原理

1—发射极;2—阳极;3—电磁线圈;4—水冷坩埚;
5—收集极;6—吸收极;7—电子轨迹;8—正离子轨迹;
9—散射电子轨迹;10—等离子体。

2.2.3.3 电弧加热蒸发源

电弧放电加热法可以避免加热丝或坩埚材料污染,且加热温度也比较高,特别适用于熔点高,同时具有一定导电性的难熔金属的蒸发沉积。这一方法所用的设备比电子束加热装置简单,因而是一种较为廉价的蒸发装置。

在电弧加热中,使用欲蒸发的材料制成放电电极。在薄膜沉积时,依靠调节真空室内电极之间距离的方法来点燃电弧,而瞬间的高温电弧将使电极下端产生蒸发从而实现薄膜的沉积。控制电弧的点燃次数可以沉积出一定厚度的薄膜。电弧加热方法既可以采用直流加热法,又可以采用交流加热法。这种方法的缺点在于易产生微米量级大小的电极颗粒飞溅,从而会影响沉积薄膜的均匀性和质量。

2.2.3.4 高频感应蒸发源

高频感应蒸发源是将装有蒸发材料的坩埚放在高频(通常为射频)螺旋线圈的中央,使蒸发材料在高频电磁场感应下产生强大的涡流损失或磁滞损失(对铁磁体),致使蒸发材料升温,直至气化蒸发。膜材的体积越小,感应的频率就越高。蒸发源一般由水冷高频线圈和石墨或陶瓷坩埚组成。图 2-14 给出了高频感应加热蒸发源的工作原理示意图。高频加热蒸发源的特点是:蒸发速率大,可比电阻蒸发源大 10 倍左右;蒸发源的温度均匀稳定,不易产生飞溅现象;蒸发源一次装料,无需送料机构;温度控制比较容易,操作比较简单。其主要缺点是:蒸发装置必须屏

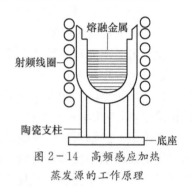

图 2-14 高频感应加热蒸发源的工作原理

蔽,并需要较复杂和昂贵的高频发生器;另外,如果线圈附近的压强超过 10^{-2} Pa,高频电场就会使残余气体电离,使功耗增大。

2.2.3.5 激光加热蒸发源

高功率的连续或脉冲激光束可以作为真空蒸镀的蒸发源,这种方法具有加热温度高、可避免坩埚污染、材料的蒸发速率高、蒸发过程容易控制等特点,特别适合用于蒸发比较复杂的合金或化合物材料。比如近年来用这种方法研究制备复杂氧化物薄膜如高温超导薄膜、铁电薄膜等。采用这种方法需要用特殊的窗口材料将激光束引入真空室中,并要使用透镜或凹面镜对激光束聚焦。针对不同波长的激光束,需要选用具有不同光谱透过特性的窗口材料。

一些常见的蒸发物质的制备参数列于表 2-10 中,其中包括加热方式、加热温度以及适用的坩埚材料等。表中的物质种类包括了金属、合金、氧化物和多种化合物材料。

表 2-10 常见物质的蒸发工艺特性

物 质	最低蒸发温度/℃	蒸发源状态	坩埚材料	电子束蒸发时的沉积速率/nm·s^{-1}
Al	1010	熔融态	BN	2
Al$_2$O$_3$	1325	半熔融态	—	1
Sb	425	熔融态	BN, Al$_2$O$_3$	5
As	210	升华	Al$_2$O$_3$	10
Be	1000	熔融态	石墨, BeO	10
BeC	—	熔融态	—	4
B	1800	熔融态	石墨, WC	1
Cd	180	熔融态	Al$_2$O$_3$, 石英	3
Cds	250	升华	石墨	1

(续)

物质	最低蒸发温度/℃	蒸发源状态	坩埚材料	电子束蒸发时的沉积速率/nm·s^{-1}
CaF_2	—	半熔融态	—	3
C	2140	升华	—	3
Cr	1157	升华	W	1.5
Co	1200	熔融态	Al_2O_3,B_2O_3	2
Cu	1017	熔融态	石墨,Al_2O_3	5
Ga	907	熔融态	石墨,Al_2O_3	—
Ge	1167	熔融态	石墨	2.5
Au	1132	熔融态	BN,Al_2O_3	3
In	742	熔融态	Al_2O_3	10
Fe	1180	熔融态	Al_2O_3,B_2O_3	5
Pb	497	熔融态	Al_2O_3	3
LiF	1180	熔融态	Mo,W	1
Mg	327	升华	石墨	10
MgF_2	1540	半熔融态	Al_2O_3	3
Mo	2117	熔融态	—	4
Ni	1262	熔融态	Al_2O_3,B_2O_3	2.5
玻莫合金	1300	熔融态	Al_2O_3	3
Pt	1747	熔融态	石墨	2
Si	1337	熔融态	B_2O_3	1.5
SiO_2	850	半熔融态	Ta	2

2.2.4 合金及化合物的蒸发

对于两种以上元素组成的合金或化合物,在蒸发时应注意控制各组分的蒸发速率,以获得与蒸发材料化学组成相同的膜层。

2.2.4.1 合金的蒸发

蒸发二元以上的合金及化合物的主要问题是蒸发材料在气化过程中,由于各成分的饱和蒸气压不同,使得各组元的蒸发速率也不同,从而使蒸发源发生分解和分馏,引起薄膜成分的偏离。采用真空蒸镀制作预定组成的合金薄膜,经常采用瞬时蒸发法、双蒸发源法及合金升华法等。

1) 瞬时蒸发法

瞬时蒸发法又称"闪烁"蒸发法,简称"闪蒸"。它是将细小的合金颗粒,逐次送到非常炽热的蒸发器或坩埚中,使一个一个的颗粒实现瞬间完全蒸发。如果颗粒尺寸很小,几乎能够对任何成分进行同时蒸发,故瞬时蒸发法常用于合金中元素的蒸发速率相差很大的情况。这种方法的优点是能获得成分均匀的薄膜,可以进行掺杂蒸发等。缺点是蒸发速率难以控制。

图 2-15 给出了瞬时蒸发法的原理图。采用这种方法的关键是要求以均匀的速度将蒸发材料供给蒸发源,以及选择合适的粉末粒度、蒸发温度和落下粉尘料的比率。钨丝锥形筐是用作蒸发源的比较好的结构。如果使用蒸发舟和坩埚,瞬间未蒸发的粉体颗粒就会残存下来,变为普通蒸发。这种蒸发法已用于各种合金膜(如 Ni—Cr 合金膜)、Ⅲ-Ⅴ 族及 Ⅱ-Ⅵ 族半导体化合物薄膜的制备。对磁性金属化合物,已成功地制备了 MnSb、MnSb—CrSb、CrTe 及 MnSGe$_3$ 等薄膜。

2) 双源或多源共蒸发法

这种方法是将要形成合金的每一个成分,分别装入各自的蒸发源中,然后独立地控制各蒸发源的蒸发速率,使到达基片的各种原子比例与所需合金薄膜的组分相对应。为使薄膜厚度均匀,常常需要对基片进行转动。

图 2-16 给出了双源共蒸发原理图,采用双源共蒸发有利于提高膜厚成分分布的均匀性。

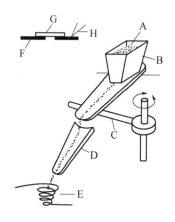

图 2-15 瞬时蒸发法工作原理图
A—粉状原料;B—漏斗;C—漏斗支撑杆;D—滑槽;
E—钨丝;F—挡板;G—基片;H—热电偶。

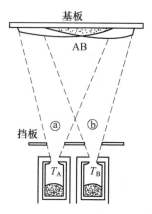

图 2-16 双源共蒸发原理示意图
T_A—物质 A 的蒸发温度;T_B—物质 B 的蒸发温度;
ⓐ物质 A 的蒸气流;ⓑ物质 B 的蒸气流;AB 合金薄膜。

2.2.4.2 化合物的蒸发

化合物的蒸发方法主要有三种:电阻加热法、反应蒸发法、双源或多源共蒸发法,此外还有三温度法和分子束外延法等。电阻加热法前面已经叙述,反应蒸发法主要用于制备高熔点的绝缘介质薄膜,如氧化物、氮化物和硅化合物等,而三温度法和分子束外延法主要用于制作单晶半导体化合物薄膜,特别是Ⅲ-Ⅴ族化合物半导体薄膜、超晶格薄膜以及各种单晶外延薄膜等。本节要介绍反应蒸发法和三温度法,分子束外延法将在后面专门介绍。

1) 反应蒸发法

反应蒸发法就是将活性气体导入真空室,使活性气体的原子、分子和从蒸发源逸出的金属原子、低价化合物分子在基片表面淀积过程中发生反应,从而形成所需高价化合物薄膜。热分解严重,饱和蒸气压低而难以用电阻加热蒸发的材料可采用这种方法。反应蒸发方法经常被用来制作熔点高的化合物薄膜,特别是适合制作过渡金属与易解吸的 O_2、N_2 等反应气体所组成的化合物薄膜。反应蒸发法能在较低温度下进行,反应过程中的析出或凝聚作用并不强烈,容易得到均匀分散的化合物薄膜。为了加速反应可采用蒸发金属和部分活性气体放电的方法使其电离,从而衍生出活性反应蒸发法,其原理与活性反应离子镀相同。用这种方法制作的薄膜其组分和结构主要取决于反应材料的化学性质、反应气体的稳定性、形成化合物的自由能、化合物的分解温度以及反应气体对基片的入射角度、分子离开蒸源的蒸发速率和基片温度等参数。反应蒸镀的原理及装置图如图2-17所示。

2) 三温度法

三温度法从原理上讲就是双蒸发源反应蒸发法。当把Ⅲ-Ⅴ族化合物半导体材料置于坩埚内加热蒸发时,温度在沸点以上,半导体材料就会发生热分解,分馏出组分元素。因此,沉积在基片上的膜层会偏离化合物的化学计量比。由于Ⅴ族元素的蒸气压比Ⅲ族元素大得多,所以发展了如图2-18所示的三温度蒸发法。这种方法是分别控制低蒸气压元素(Ⅲ族)的蒸发源温度$T_Ⅲ$、高蒸气压元素(Ⅴ族)的蒸发源温度$T_Ⅴ$和基片温度T_S,一共三个温度。它实际上相当于在Ⅴ族元素的气氛中蒸发Ⅲ族元素,因此,从这个定义上讲也类似于反应蒸镀法。

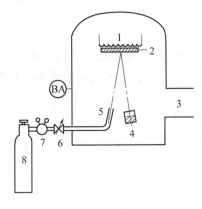

图 2-17 反应蒸发镀膜原理示意图
1—加热器;2—基片;3—排气系统;4—蒸发源;
5—气体喷口;6—可调放气阀;7—减压阀;
8—反应气体瓶;BA—真空计。

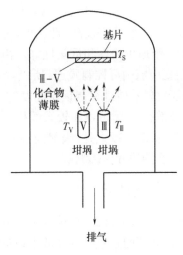

图 2-18 三温度法原理示意图

2.3 溅射镀膜

2.3.1 概述

溅射镀膜的基本原理是利用带电荷的离子在电场中加速后具有一定动能的特点,将离子引向欲被溅射的靶电极。在离子能量满足一定条件的情况下,入射的离子在与靶原子的碰撞过程中使靶原子从表面溅射出来,被溅射出来的原子带有一定的动能,并且会沿着一定的方向射向基片,从而实现在基片上薄膜的沉积。溅射出的粒子大多呈原子状态,常被称为溅射原子。轰击靶的入射荷能离子可以是电子、离子或中性粒子,但因离子在电场作用下易于加速而获得所需动能,所以大多采用离子作为轰击粒子,称为入射离子。这种镀膜技术又称为离子溅射镀膜(或沉积)。与此相应,对于靶而言,溅射产生的作用相当于刻蚀,因此利用溅射也可以进行刻蚀。淀积和刻蚀是溅射过程的两种应用。溅射镀膜现已广泛地应用于各种薄膜的制备之中,如用于制备金属、合金、半导体、氧化物、绝缘介质薄膜,化合物半导体薄膜,碳化物及氮化物薄膜,高 T_C 超导薄膜等。

溅射镀膜与真空蒸发镀膜相比,有以下特点:

(1) 可以溅射任何物质。不论是金属、半导体、绝缘体、化合物和混合物,也不论是块状、粒状的物质,只要是固体,都可以作为靶材。由于溅射氧化物等绝缘材料和合金时,几乎不发生分解和分馏,所以可用于制备与靶材料组分相近的薄膜和组分均匀的合金膜,乃至成分复杂的超导薄膜。

(2) 溅射膜与基片间的附着性好。由于溅射原子的能量比蒸发原子能量高 1 个~2 个数量级,因此,高能粒子沉积在基片上进行能量转换,产生较高的热能,增强了溅射原子与基片间的附着力。一部分高能量的溅射原子将产生不同程度的注入现象,在基片上形成一层溅射原子与基片材料原子相互"混溶"的所谓伪扩散层。另外,在溅射粒子的轰击过程中,基片始终处于等离子区中被清洗和激活,清除了附着不牢的淀积原子,净化并活化了基片表面。因此,使得溅射膜层与基片的附着力大大增强。

(3) 溅射镀膜密度高,针孔少,污染少,薄膜纯度高。

(4) 膜厚可控性和重复性好。由于溅射镀膜时的放电电流和靶电流可分别控制,通过控制靶电流则可控制膜厚,所以,溅射镀膜的膜厚可控性和多次溅射的膜厚再现性较好,能够比较有效地镀制预定厚度的薄膜。

(5) 溅射镀膜可以在较大面积上淀积厚度均匀的薄膜。

溅射镀膜的缺点是:溅射设备复杂;需要高压装置;溅射淀积的成膜速度低;基片温度较高;易受杂质气体影响等。

2.3.2 辉光放电

溅射离子都来源于气体放电,不同的溅射技术所采用的辉光放电方式有所不同:直流二极溅射利用的是直流辉光放电;三极溅射是利用热阴极支持的辉光放电;射频溅射是利用射频辉光放电;磁控溅射是利用环状磁场控制下的辉光放电。因此,辉光放电是溅射的基础。

辉光放电是在真空度为 $10Pa\sim1Pa$ 的稀薄气体中,两个电极之间加上电压时产生的一种气体放电现象,其原理示于图 2-19 中。靶材是需要溅射的材料,作为阴极,相对于作为阳极的基片加有数千伏的电压。阳极可以接地,也可以是处于浮动电位或处于一定正、负电位。在对系统预抽真空以后,充入适当压力的惰性气体(一般为 Ar 气)作为气体放电的载体,压力一般处于 $10^{-1}Pa\sim10Pa$ 的范围。在正负电极高压的作用下,极间的气体原子将被大量电离。电离过程使 Ar 原子电离为 Ar^+ 离子和可以独立运动的电子,其中电子飞向阳极,而带正电荷的

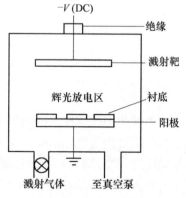

图 2-19 直流溅射沉积装置示意图

Ar$^+$离子则在高压电场的加速作用下飞向作为阴极的靶材,并在与靶材的碰撞中释放能量,靶材表面原子获得一定能量后脱离靶材的束缚而飞向基片。在此过程中,还可能伴随其他粒子,如二次电子、离子、光子等从阴极射出。因此相对而言,溅射过程比蒸发过程要复杂得多,其定量描述也因难得多。

对于图2-20(a)所示的一个直流气体放电系统,电极之间由电动势为 E 的直流电源提供电压 V 和电流 I,并以电阻 R 作为限流电阻。系统中各电学参数间满足关系:

$$V = E - I \cdot R$$

保持真空容器中气体的压力为1Pa左右,逐渐提高两个电极间的电压。在初始阶段,电极之间几乎没有电流通过。因为这时气体原子大多仍处于中性状态,它们在电场作用下作定向运动,在宏观上表现出微弱电流,如图2-20(b)中曲线的开始阶段所示。

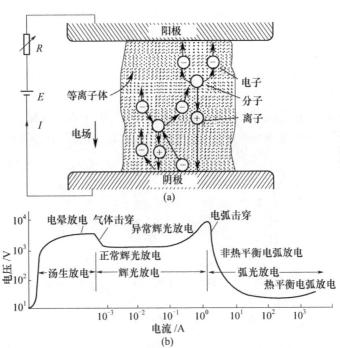

图2-20 直流气体放电模型和气体放电的伏安特性曲线
(a)直流气体放电系统;(b)气体放电的伏安特性曲线。

随着电压的逐渐升高,电离粒子的运动也随之加快,即放电电流随电压增加而增加。当这部分电离粒子的速度达到饱和时,电流不再随电压升高而增加,即电流达到了一个饱和值,它取决于气体中原来已经电离的原子数。

当电压继续升高时,离子与阴极之间以及电子与气体分子之间的碰撞变得重要起来。在碰撞趋于频繁的同时,外电路转移给电子与离子的能量也在逐渐增加。电子碰撞开始导致气体分子电离,同时离子对于阴极碰撞也将产生二次电子发射,这些均导致产生出新的离子和电子,即碰撞过程导致离子和电子数目呈雪崩式的增加。这时,随着放电电流的迅速增加,电压变化却不大。这种放电过程称为汤生放电(Townsend discharge)。

在汤生放电的后期,开始进入电晕放电阶段。这时,在电场强度较高的电极尖端部位开始出现一些跳跃的电晕光斑,因此,这一阶段被称为电晕放电(Corona discharge)。

在汤生放电之后,气体突然发生放电击穿现象(breakdown)。电路的电流大幅度增加,同时放电电压显著下降。这是由于此时的气体已被击穿,因而气体内阻将随电离度的增加而显著下降,放电区由原来只集中于阴极的边缘和不规则处变成向整个电极上扩展。在这一阶段,导电粒子的数目大大增加,在碰撞过程中的能量也足够高,因此会产生明显的辉光。

电流的继续增加将使得辉光区域扩展到整个放电区域,辉光亮度提高,电流增加的同时电压也开始上升。这是由于放电已扩展至整个电极区域以后,再增加电流就需要相应地提高外电压。

上述的两个不同的辉光放电阶段又常被称为正常辉光放电和异常辉光放电阶段,异常辉光放电(glow discharge)是一般溅射方法常采用的气体放电形式。

随着电流的继续增加,放电电压再次突然大幅度下降,电流剧烈增加。这时,放电现象开始进入电弧放电阶段。

在辉光放电时,电极之间有明显的放电辉光产生,其典型的区域划分如图2-21所示。从阴极至阳极的整个放电区域可以被划分为阴极辉光区、阴极暗区、负辉光区、法拉第(Faraday)暗区、阳极柱区、阳极暗区和阳极辉光区等八个发光强度不同的区域。其中,暗区相当于离子和电子从电场获取能量的加速区,而辉光区相当于不同粒子发生碰撞、复合、电离的区域。

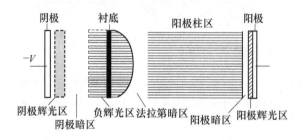

图2-21 直流辉光放电区域的划分

在阴极附近有一些亮的发光层,它是由向阴极运动的正离子与阳极发射出的二次电子发生复合所产生的,被称为阴极辉光。阴极暗区是二次电子和离子的主要加速区,这个区域的电压占了整个放电电压的绝大部分。负辉光区是发光最强的区域,它是已获加速的电子与气体原子发生碰撞而电离的区域。

以上对于放电区的划分只是一种比较典型的情况,实际上具体的放电情况可根据放电容器的尺寸、气体的种类、气压、电极的布置、电极材料的不同有所不同。在图2-21中,由于衬底距阴极较近,实际上它已被浸没在负辉光区中。

经放电击穿之后的气体已具有一定的导电性。这种具有一定导电能力的气体称为等离子体,它是一种由离子、电子以及中性原子和原子团组成,而宏观上对外呈现出电中性的物质存在形态。在等离子体中,各种带电粒子之间存在着静电相互作用,因而它对外显示出像液体一样的整体连续性。上面介绍的辉光放电属于等离子体中粒子能量和密度较低、放电电压较高的一种类型,其特点是离子体中粒子质量较大的重粒子,包括离子、中性原子和原子团的能量远远低于电子的能量,即它是处于非热平衡状态的一种等离子体。

对于1Pa左右气压下的辉光放电而言,理想气体定律给出电子、离子与中性粒子的总密度应该是3×10^{14}个/cm^3,但这中间只有大约10^{-4}比例的电子和离子。等离子体中电子的平均动能E大约为2eV,这相当于电子具$T_e=E/k=23000K$的温度。同时,由于电子密度小,因而其质量热容以及它能够传递给其他粒子的能量极为有限。离子以及中性原子实际上仍处于一种低能状态,只有电子能量的1%~2%,即其温度只有300K~500K。离子能量比中性原子的能量要高一些,这是因为离子可以通过在电场中加速而获得一部分能量。

电子与离子具有不同速度的一个直接后果是形成等离子鞘层,即任何处于等离子体中的物体相对于等离子体来讲都呈现负电位,并且在物体的表面附近出现正电荷积累。这是因为任何处于等离子体中的物体,如靶材和衬底,均会受到等离子体中各种粒子的轰击。由于各种粒子的速度不同,轰击物体表面的各种粒子的密度也不相同。由于离子的质量远大于电子,因而轰击物体表面的电子数目将远大于离子数目,物体表面将剩余出多余的负电荷而呈现负电位。电位的建立将排斥电子并吸附离子,使得到达物体表面的电子数目减少,离子数目增加,直到到达物体表面的电子与离子数目相等时,物体表面的电位才达到平衡。这导致浸没在等离子体中的物质,包括阴极和阳极,外表面无一例外地相对于等离子体本身处于负电位,即在其表面形成了一个排斥电子的等离子体鞘层,其厚度依赖于电子的密度和温度,其典型的数值大约100μm。图2-22是辉光放电等离子体电位分布的示意图,其中阴极鞘层由于外电场的叠加而加大,而阳极鞘层则由于外电场的叠加而减小。

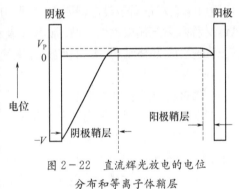

图2-22 直流辉光放电的电位分布和等离子体鞘层

在辉光放电等离子体中,电子的速度与能量高于离子的速度与能量。因此,电子不仅是等离子体导电过程中的主要载流子,而且在粒子的相互碰撞、电离过程中也起着极为重要的作用。在鞘层中,电子密度较低,因而碰撞、电离概率较小而构成暗区。在整个放电通道中,也是电子充当着主要的导电和碰撞电离的作用。

2.3.3 表征溅射特性的基本参数

表征溅射特性的基本参数主要有溅射阈值、溅射率、溅射原子的能量和速度等。

2.3.3.1 溅射阈值

溅射阈值是指使靶材原子发生溅射的入射离子所必须具有的最小能量。随着测量技术的进步,目前已能测出低于10^{-5}原子/离子的溅射率。入射离子不同时溅射阈值变化很小,而对不同靶材溅射阈值的变化比较明显。对处于周期表同一周期中的元素,溅射阈值随着原子序数的增加而减小。表2-11列出了某些金属元素的溅射阈值。

表 2-11　一些金属元素的阈值能量(eV)

原子序数	元素	入射离子				原子序数	元素	入射离子			
		Ne⁺	Ar⁺	Kr⁺	Xe⁺			Ne⁺	Ar⁺	Kr⁺	Xe⁺
4	Ba	12	15	15	15	41	Nb	27	25	26	22
11	Na	5	10	—	30	42	Mo	24	24	28	27
13	Al	13	13	15	18	45	Rh	25	24	25	25
22	Ti	22	20	17	18	46	Pd	20	20	20	15
23	V	21	23	25	28	47	Ag	12	15	15	17
24	Cr	22	15	18	20	51	Sb	—	3		
26	Fe	22	20	25	23	73	Ta	25	26	30	30
27	Co	20	22	22	—	74	W	35	25	30	30
28	Ni	23	21	25	20	75	Re	35	35	30	30
29	Cu	17	17	16	15	78	Pt	27	25	22	22
30	Zn	—	3	—	—	79	Au	20	20	20	18
32	Ge	23	25	22	18	90	Th	20	24	25	25
40	Zr	23	22	18	26	92	U	20	23	25	22

2.3.3.2 溅射率

溅射率表示正离子轰击靶阴极时,平均每个正离子能从靶阴极上打出(溅射出)的原子数,又称溅射产额或溅射系数,常用 S 表示。溅射率与入射离子的种类、能量、角度,以及靶材的类型、晶格结构、表面状态、升华热大小等因素有关,如果靶材是单晶靶材,溅射率还与晶体的取向有关。

1) 靶材料与溅射率的关系

在相同条件下,同一种离子轰击不同元素的靶材料,得到不同的溅射率,靶材的溅射率呈现周期性变化,一般是随靶材元素原子序数增大而增大,如图 2-23 所示。由图可知:铜、银、金的溅射率较大;碳、硅、钛、铌、钽、钨等元素的溅射率较小;在用 400eV 的 Xe⁺ 离子轰击时,银的溅射率为最大,碳的为最小。图 2-24 给出了用不同能量的 Ar⁺

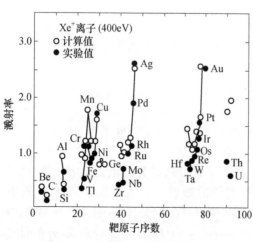

图 2-23　溅射率与原子序数的关系

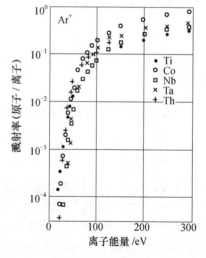

图 2-24　用 Ar⁺ 溅射不同靶材的溅射率曲线

离子轰击几种金属靶材时得到的溅射率曲线。具有六方晶格结构(如镁、锌、钛等)和表面污染(如氧化层)的金属要比面心立方(如镍、铂、铜、银、金等)和清洁表面金属的溅射率低；升华热大的金属要比升华热小的溅射率低。表 2-12 给出了各种元素的溅射率。从原子结构分析，上述规律与原子的 3d、4d、5d 电子壳层的填充程度有关。

表 2-12 部分元素的溅射率

靶材元素	Ne^+				Ar^+			
	100(eV)	200(eV)	300(eV)	400(eV)	100(eV)	200(eV)	300(eV)	400(eV)
Be	0.012	0.10	0.26	0.56	0.074	0.18	0.29	0.80
Al	0.031	0.24	0.43	0.83	0.11	0.35	0.65	1.24
Si	0.034	0.13	0.25	0.54	0.07	0.18	0.31	0.53
Ti	0.08	0.22	0.30	0.45	0.081	0.22	0.33	0.58
V	0.06	0.17	0.36	0.55	0.11	0.31	0.41	0.70
Cr	0.18	0.49	0.73	1.05	0.30	0.67	0.87	1.30
Fe	0.18	0.38	0.62	0.97	0.20	0.53	0.76	1.26
Co	0.084	0.41	0.64	0.99	0.15	0.57	0.81	1.36
Ni	0.22	0.46	0.65	1.34	0.28	0.66	0.95	1.52
Cu	0.26	0.84	1.20	2.00	0.48	1.10	1.59	2.30
Ge	0.12	0.32	0.48	0.82	0.22	0.50	0.74	1.22
Zr	0.054	0.17	0.27	0.42	0.12	0.28	0.41	0.75
Nb	0.051	0.16	0.23	0.42	0.008	0.25	0.40	0.65
Mo	0.10	0.24	0.34	0.54	0.13	0.40	0.58	0.93
Ru	0.078	0.26	0.38	0.67	0.14	0.41	0.68	1.30
Rh	0.081	0.36	0.52	0.77	0.19	0.55	0.86	1.46
Pd	0.14	0.59	0.82	1.32	0.42	1.00	1.41	2.39
Ag	0.27	1.00	1.30	1.98	0.63	1.58	2.20	3.40
Hf	0.057	0.15	0.22	0.39	0.16	0.35	0.48	0.83
Ta	0.056	0.13	0.18	0.30	0.10	0.28	0.41	0.62
W	0.038	0.13	0.18	0.32	0.068	0.29	0.40	0.62
Re	0.04	0.15	0.24	0.42	0.10	0.37	0.56	0.91
Os	0.032	0.16	0.24	0.41	0.057	0.36	0.56	0.95
Ir	0.069	0.21	0.30	0.46	0.12	0.43	0.70	1.17
Pt	0.12	0.31	0.44	0.70	0.20	0.63	0.95	1.56
Au	0.20	0.56	0.84	1.18	0.32	1.07	1.65	2.43(500)
Th	0.028	0.11	0.17	0.36	0.097	0.27	0.42	0.66
U	0.063	0.20	0.30	0.52	0.14	0.35	0.59	0.97

2) 入射离子能量与溅射率的关系

入射离子能量大小对溅射率有显著影响。当入射离子能量高于某一个临界值(即溅射阈值)时，才发生溅射。图 2-25 为溅射率与入射离子能量之间的典型关系曲线。

图 2-25 中的曲线可分为三个区域：

$S \propto E^2$ $E_r < E < 500 \text{eV}$ (E_r 为溅射阈值)

$S \propto E$ $500 \text{eV} < E < 1000 \text{eV}$

$S \propto E^{1/2}$ $100 \text{eV} < E < 5000 \text{eV}$

上述结果表明，当入射离子能量较小时，溅射率随入射离子能量的增加而呈指数上升,其后,随入射离子能量的增加出现一个线性增大区,之后逐渐达到一个平坦的最大值并呈饱和状态。如果再增加 E 则因离子注入效应反而使 S 值开始下降。用 Ar 离子轰击铜时,离子能量与溅射率的关系如图 2-26 所示,图中能量范围扩大到 100keV,这一曲线可分成三部分:第一部分是几乎没有溅射的低能区域;第二部分的能量从 70eV 至 10keV,这是溅射率随离子能量增大的区域,用于溅射淀积薄膜的能量值大都在这一范围内;第三部分是 30keV 以上,这时溅射率随离子能量的增加而下降。此时轰击离子深入到靶材内部,将大部分能量损失在靶材体内,而不是消耗在靶表面。

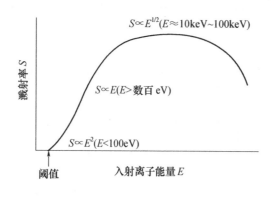

图 2-25 溅射率与入射离子能量关系

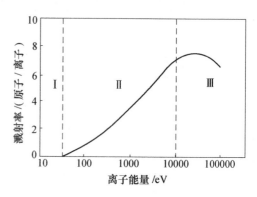

图 2-26 Ar 离子轰击铜时离子能量与溅射率的关系

3) 入射离子种类与溅射率的关系

溅射率依赖于入射离子的原子量,原子量越大,则溅射率越高。同时,也与入射离子的原子序数有关,呈现出随着离子的原子序数周期性变化的关系。这和溅射率与靶材的原子序数之间的关系相类似,如图 2-27 所示。图 2-27 说明,在周期表每一排中,凡电子壳层填满的元素就有最大的溅射率。因此,惰性气体的溅射率最高。而位于元素周期表的每一列中间部位元素的溅射率最小,如 Al、Ti、Zr 等。所以,在一般情况下,入射离子大多采用惰性气体,考虑到经济性,通常选用 Ar 为工作气体,同时,惰性气体可以避免与靶材发生化学反应。实验表明,在常用的入射离子能量范围内(500eV~20000eV),各种惰性气体的溅射率大体相同。图 2-28 给出了四种惰性气体离子(Ne^+、Ar^+、Kr^+、Xe^+)和汞离子(Hg^+)以不同能量轰击同一钨靶的溅射率曲线,就是一个证明。由图 2-28 可以看出,用不同的入射离子溅射同一靶材时,所呈现的溅射率的差异,大大低于用同一种离子去轰击不同靶材所得到的溅射率的差异。

4) 入射离子入射角与溅射率的关系

入射角是离子入射方向与被溅射的靶材表面的法线之间的夹角。图 2-29 给出了用 Ar^+ 离子溅射时,几种金属的溅射率与入射角的关系。可以看出,随着入射角的增加溅射率逐渐增大,在 0°~60° 之间的相对溅射率基本上服从 $1/\cos\theta$ 的规律,即 $S(\theta)/S(0) = 1/\cos\theta$,$S(\theta)$ 和 $S(0)$ 分别为入射角为 θ 和垂直入射时($\theta=0$)的溅射率。$\theta=60°$ 时的 S 值约为垂直入射时的 2 倍。当入射角为 60°~80° 时,溅射率最大,入射角再增加时,溅射率急剧减小,当 θ 等于 90° 时,溅射率为 0,这种变化情况的典型曲线如图 2-30 所示,即对于不同的靶材和不同的入射离子而言,对应于最大溅射率的 S 值有一个最佳的入射角 θ_m。

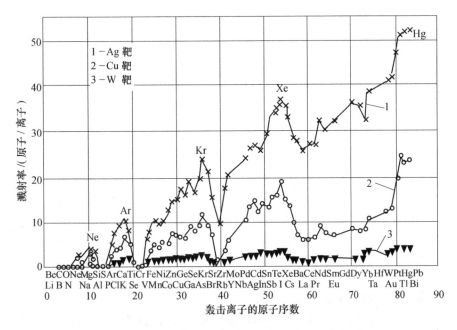

图 2-27 溅射率与入射离子原子序数的关系

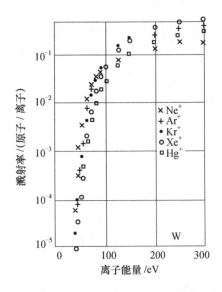

图 2-28 不同气体离子轰击钨靶的溅射率曲线

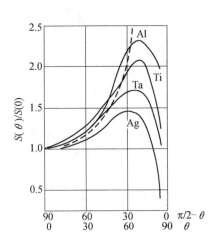

图 2-29 Ar^+ 的入射角与几种金属溅射率的关系

5) 靶材温度与溅射率的关系

溅射率与靶材温度也紧密相关。对于某一给定的材料,当靶材温度低于与靶材升华能相关的某一温度时,溅射率几乎不变。但是,超过此温度时,溅射率将急剧增加。图 2-31 是用 45keV 的离子(Xe^+)对几种靶材进行轰击时,所得溅射率与靶材温度的关系曲线。因此在溅射时应控制靶材温度,防止发生溅射率急剧增加的现象。

此外,溅射率还与靶材的结构和结晶取向、表面形貌、溅射压强等因素有关。在溅射镀膜过程中,为了保证溅射薄膜的质量和提高薄膜的沉积速度,应当尽量降低工作气体的压力,提高靶材溅射率。

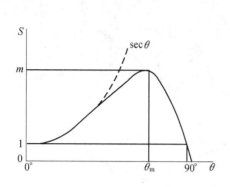

图 2-30 溅射率与离子入射角的典型关系曲线

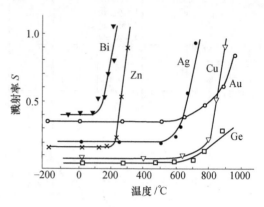

图 2-31 溅射率与靶材温度的关系
(用 Xe^+ 以 45keV 对靶进行轰击)

2.3.3.3 溅射率的数学描述

由前面的讨论可知,影响溅射率的因素是较多的,因此在理论上给出溅射率的表达式是比较复杂的。下面分三种情况给出溅射率的数学表达式,不在此作具体的理论推导。

1) 离子能量 $E<1keV$

垂直入射溅射率 S 为

$$S = \left(\frac{3}{4\pi^2}\right)\frac{\alpha T_m}{V_0} \tag{2-41}$$

式中,$T_m = \frac{4m_1 m_2}{(m_1+m_2)^2}E$ 为最大的传递能量,对级联碰撞来说,T_m 也是溅射过程最大的反射能量;V_0 是靶材元素的势垒高度,也是靶材元素的升华能;α 是与 m_2/m_1 有关的量,m_1 和 m_2 分别是靶原子和入射离子的能量。α 因子与质量比 m_2/m_1 的关系如图 2-32 所示。

2) 离子能量 $E>1keV$

垂直入射溅射率 S 为

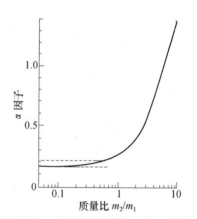

图 2-32 α 因子与质量比 m_2/m_1 的关系

$$S = 0.042\alpha S_n(E)/V_0 (\text{Å}^2) \tag{2-42}$$

式中,Å=0.1nm,α 和 V_0 的定义与式(2-41)中的相同。
$S_n(E)$ 由下式给出:

$$S_n(E) = 4\pi Z_1 Z_2 e^2 \alpha_{12}[m_1/(m_1+m_2)]S_n(\varepsilon) \tag{2-43}$$

式中

$$\varepsilon = \frac{m_1 E/(m_1+m_2)}{Z_1 Z_2 e^2/\alpha_{12}} \tag{2-44}$$

式(2-44)中,$\alpha_{12} = 0.8853\alpha_0(Z_1^{2/3}+Z_2^{2/3})^{-1/2}$,称为汤姆逊-费米屏蔽半径;$\alpha_0 = 0.0529$nm 为玻尔半径;$Z_1$ 为轰击离子的原子序数,Z_2 为靶材的原子序数。

ε 是一个无量纲参数,称为折合质量。$S_n(\varepsilon)$ 称为核阻止截面。ε 与 $S_n(\varepsilon)$ 的关系在表 2-13 中给出。

表 2-13 ε 与 $S_n(\varepsilon)$ 的关系

ε	$S_n(\varepsilon)$	ε	$S_n(\varepsilon)$	ε	$S_n(\varepsilon)$
0.002	0.120	0.004	0.154	0.01	0.211
0.02	0.261	0.04	0.311	0.1	0.372
0.2	0.403	0.4	0.405	1.0	0.356
2.0	0.291	4.0	0.214	10	0.128
10	0.0813	40	0.493		

3) 一般情况

溅射率的计算可按下式处理:

$$S = W \times 10^5 / mIt \tag{2-45}$$

式中,W 为靶材的损失量(g);m 为原子量;I 为离子电流(A);t 为溅射时间(s)。

W 可按下式计算:

$$W = RtAd \tag{2-46}$$

其中,R 为刻蚀速率(cm/s);A 为样品面积(cm^2);d 为材料密度(g/cm^3)。

离子电流 I 为

$$I = JA \tag{2-47}$$

式中,J 为离子电流密度(A/cm^2)。

根据以上各式,可得出一般情况下的溅射率为

$$S = \frac{Rd}{mJ} \times 10^5 \tag{2-48}$$

2.3.3.4 溅射原子的能量和速度

溅射原子所具有的能量和速度也是描述溅射特性的重要参数。溅射原子的能量与靶材料、入射离子的种类和能量以及溅射原子的方向性等都有关。一般由蒸发源蒸发出来的原子的能量是 0.1eV 左右。而在溅射中,由于溅射原子是与高能量入射离子交换能量而飞溅出来的,所以,溅射原子具有较大的动能,约为 5eV~10eV。正因为如此,溅射法制膜才具有许多的优点。不同种类入射离子轰击不同的靶材时,逸出原子的能量分布在图 2-33 中给出。由图 2-33 可以看出,溅射原子具有相近的能量分布规律,但能量值所在的分布范围不同。

不同能量的 Hg^+ 离子轰击 Ag 单晶靶材后,逸出的 Ag 原子能量分布情况如图 2-34 所示。其能量分布近似于麦克斯韦分布,大部分溅射原子的能量小于 100eV,高能量部分有一拖长的尾巴,平均能量为 10eV~40eV。轰击离子的能量增加,高能量尾巴也拖得更长。当入射离子能量大于 1000eV 时,所逸出的原子的平均能量不再增大。用能量为 1200eV 的 Kr^+ 离子轰击不同元素的靶材得到的逸出溅射原子能量分布曲线如图 2-35 所示。Rn、Pd、Ag 在元素周期表中是相邻元素,原子量大体相等,但其能量分布曲线都有较大差异。

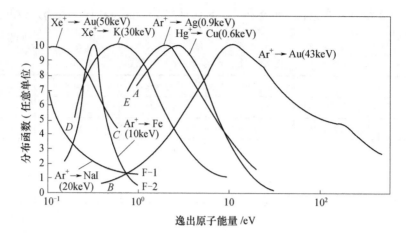

图 2-33 不同入射离子轰击不同的靶材时逸出原子的能量分布

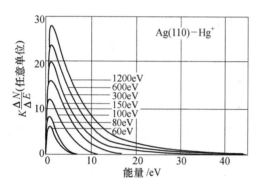

图 2-34 不同能量的 Hg^+ 离子轰击 Ag 时溅射原子能量分布情况

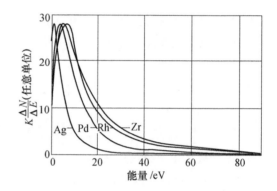

图 2-35 1200eV Kr^+ 轰击不同的靶材时逸出原子的能量分布

同一离子轰击不同材料时,溅射原子的平均逸出能量 E(eV)和平均逸出速度 v_{ms} 分别如图 2-36 和图 2-37 所示。图 2-36 和图 2-37 表明,当原子序数 $Z>20$ 时,各元素的平均逸出能量差别较大,而平均逸出速度的差别则较小。

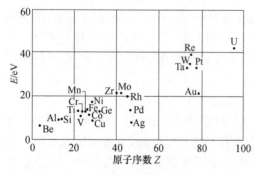

图 2-36 1200eV 的 Kr^+ 离子轰击不同的靶材时溅射原子的平均逸出能量

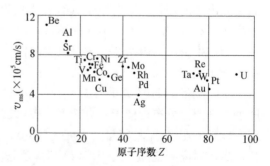

图 2-37 1200eV 的 Kr^+ 离子轰击不同的靶材时溅射原子的平均逸出速度

溅射镀膜中溅射原子的能量和速度具有以下几个特点：

（1）重元素靶材被溅射出来的原子有较高的逸出能量，而轻元素靶材则有较高的原子逸出速度；

（2）不同靶材具有不同的原子逸出能量，靶材的取向与晶体结构对逸出能量影响不大，而溅射率高的靶材，通常有较低的平均原子逸出能量；

（3）在相同轰击能量下，原子逸出能量随入射离子质量的增加而线性增加，轻入射离子溅射出的原子其逸出能量较低，约为 10eV，而重入射离子溅射出的原子其逸出能量较大，平均在 30eV 以上；

（4）溅射原子的平均逸出能量，随入射离子能量增大而增大，当入射离子能量达到 1keV 以上时，平均逸出能量逐渐趋于恒定值。

2.3.3.5 溅射原子的角度分布

早期克努曾(Knudsen)研究认为，溅射原子角度分布符合余弦定律。进一步研究发现，在用低能离子轰击时，逸出原子的分布并不遵从余弦分布规律，垂直于靶表面方向逸出的原子数，明显少于按余弦分布时应有的逸出原子数，其结果如图 3-38 所示。对于不同的靶材料，角分布与余弦分布的偏差也不相同，而且，改变轰击离子的入射角时，逸出原子数在入射的正反射方向显著增加，如图 2-39 中实线所示。

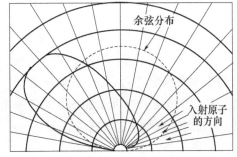

图 2-38 倾斜轰击时溅射原子的角度

溅射原子的主要逸出方向与晶体结构有关，从而也会影响溅射率。对于单晶靶材料，最主要的逸出方向是原子排列最紧密的方向，其次是次紧密方向。例如，对于面心立方结构晶体，主要的逸出方向为[110]晶向，其次为[100]、[111]晶向。多晶靶材与单晶靶材溅射原子的角分布有明显的不同，对于单晶靶材可观察到溅射原子明显的择优取向，而多晶靶材基本上显示出余弦分布。

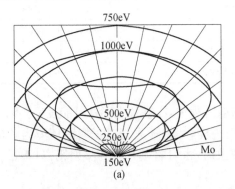
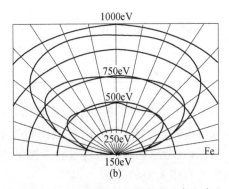

图 2-39 能量为 100eV~1000eV 的 Hg$^+$ 垂直入射时钼(a)和铁(b)的溅射原子角分布

2.3.4 溅射过程与溅射镀膜

溅射过程包括靶的溅射、逸出粒子的形态、溅射粒子向基片的迁移和在基片上成膜等过程。

2.3.4.1 溅射过程

当入射离子在与靶材的碰撞过程中,将动量传递给靶材原子,使其获得的能量超过其结合能时,就可能使靶原子发生溅射。这是靶材在溅射时主要发生的一个过程。实际上,溅射过程是非常复杂的,当高能入射离子轰击固体表面时,要产生许多效应,图 2-40 给出了这些效应的示意图。例如入射离子可能从靶表面反射,或在轰击过程中捕获电子后成为中性原子或分子再从表面反射;离子轰击靶材引起靶表面逸出电子,即产生所谓次级电子;离子深入靶表面产生离子注入效应;此外还能使靶表面结构和组分发生变化,以及使靶表面吸附的气体解吸和在高能离子入射时产生辐射电子等。除了靶材的中性粒子,即原子或分子最终淀积为薄膜之外,其他一些效应会对

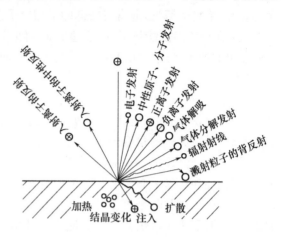

图 2-40 入射离子轰击固体表面所引起的各种效应

溅射膜层的生长产生很大影响。离子轰击固体表面所产生的各种现象都与固体材料的种类、入射离子种类及能量有关。表 2-14 给出了用能量为 10eV～100eV 的 Ar^+ 离子对某些金属表面进行轰击时,平均每个入射离子所产生各种效应及其发生概率的大致情况。

表 2-14 离子轰击固体表面所产生各种效应及其发生概率

效 应	名 称	发生概率
溅 射	溅射率 S	$S=0.1\sim10$
离子溅射	一次离子反射系数 ρ	$\rho=10^{-4}\sim10^{-2}$
离子溅射	被中和的一次离子反射系数 ρ_m	$\rho_m=10^{-3}\sim10^{-2}$
离子注入	离子注入系数 a	$a=1-(\rho-\rho_m)$
离子注入	离子注入深度 d	$d=1nm\sim10nm$
二次电子发射	二次电子发射系数 r	$r=0.1\sim1$
二次电子发射	二次电子发射系数 k	$k=10^{-5}\sim10^{-4}$

图 2-40 中所示的各种效应或现象,在溅射过程中,在基片上同样可能发生。因为在辉光放电镀膜工艺中,基片的自偏压和接地极一样,都将形成相对于周围环境为负的电位。所以,在考虑基片在溅射过程中发生的现象时,也可将基片视为溅射靶,只不过二者在程度上有很大差异。

2.3.4.2 迁移过程

靶材受到轰击时所逸出的粒子中,正离子由于反向电场的作用不能到达基片表面,其余的粒子均会向基片迁移。大量的中性原子或分子在放电空间飞行过程中,与工作气体分子发生碰撞的平均自由程 λ_1 可用下式来表示

$$\lambda_1 = \overline{c_1}/(\nu_{11}+\nu_{12}) \tag{2-49}$$

式中，$\overline{c_1}$ 是溅射粒子的平均速度；ν_{11} 是溅射粒子相互之间的平均碰撞次数；ν_{12} 是溅射粒子与工作气体分子的平均碰撞次数。通常情况下，溅射粒子的密度远远小于工作气体分子的密度，故有 $\nu_{11} \ll \nu_{12}$，所以

$$\lambda_1 \approx \overline{c_1}/\nu_{12} \tag{2-50}$$

ν_{12} 与工作气体分子密度 n_2、平均速度 $\overline{c_2}$、溅射粒子与工作气体分子的碰撞面积 Q_{12} 有关，并可表示为

$$\nu_{12} = n_2 Q_{12}\sqrt{(\overline{c_1})^2 + (\overline{c_2})^2} \tag{2-51}$$

由于溅射粒子的速度远大于气体分子的速度，所以，可认为上式中的 $\nu_{12} \approx Q_{12}\overline{c_1}n_2$，因此溅射粒子的平均自由程可近似地由下式来表示

$$\lambda_1 \approx 1/\pi(r_1+r_2)^2 n_2 \tag{2-52}$$

溅射镀膜的气体压力为 10^1 Pa～10^{-1} Pa，此时溅射离子的平均自由程约为 1cm～10cm，因此，靶与基片的距离应与该值大致相等。否则，溅射粒子在迁移过程中将产生多次碰撞，这样，既降低了靶材原子的动能，又增加了靶材的散射损失。

尽管溅射原子在向基片的迁移输运过程中，会因与工作气体分子碰撞而降低其能量，但是，由于溅射出的靶材原子能量远远高于蒸发原子的能量，所以溅射过程中淀积在基片上的靶材原子的能量仍比较大，甚至可达蒸发原子能量的上百倍。

2.3.4.3 成膜过程

薄膜生长形成的过程将在第五章介绍，这里主要介绍靶材粒子入射到基片上成膜过程中应考虑的几个问题。

1) 沉积速率 D

沉积速率 D 是指从靶材上溅射出来的物质，在单位时间内沉积到基片上的厚度，D 与溅射速度 S 成正比。

$$D = CIS \tag{2-53}$$

式中，C 为与溅射装置有关的特征常数；I 为离子电流。式(2-53)表明，对于一定的溅射装置(即 C 为确定值)和一定的工作气体，提高淀积速率的有效办法是提高离子电流 I。但是，在不增高电压的情况下，增加 I 值就只有增高工作气体的压强。图 2-41 给出了气体压强与溅射率的关系曲线。由图 2-41 可以看出，当压强增高到一定值时，溅射率将开始明显下降。这是由于靶材粒子的背反射和散射增大所引起的。所以，应由溅射率来选择合适的气压值，但应注意气压升高对薄膜质量的影响。

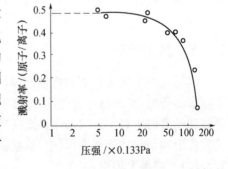

图 2-41 溅射率与 Ar 气压强的关系

2) 淀积薄膜的纯度

为了提高淀积薄膜的纯度，必须尽量减少淀积到基片上的杂质的量。这里所指的杂质主要是残余气体。因为，通常有约百分之几的

溅射气体分子注入淀积到薄膜中,特别在基片加偏压时。若真空室容积为 V,残余气体分压为 P_C,氩气分压为 P_{Ar},真空室的残余气体量为 Q_C,氩气量为 Q_{Ar},则有

$$Q_C = P_C V \qquad Q_{Ar} = P_{Ar} V$$

即
$$P_C = P_{Ar} Q_C / Q_{Ar} \tag{2-54}$$

由此可见,欲降低残余气体压力 P_C 来提高薄膜的纯度,可采取提高本底真空度和增加氩气量这两项有效措施。一般本底真空度应为 $10^{-3}\text{Pa} \sim 10^{-4}\text{Pa}$。

3) 沉积过程中污染的防治

在通入溅射气体之前,应把真空室内的真空度提高到高真空区域(10^{-4}Pa)。即便如此,仍有可能存在许多污染源,主要包括:真空室壁和真空室中的其他部件可能会有吸附气体、水汽和二氧化碳,由于辉光放电中电子和离子的轰击作用,这些气体可能重新释放出来。为了防止这些污染,可能接触到辉光的表面都必须进行冷却或在抽气过程中进行高温烘烤;在溅射气压下,扩散泵油的回流现象也会引入污染。一般通过采用高真空阀门作为节气阀来解决这个问题;基片表面的颗粒物质对薄膜的影响也会产生针孔和形成污染。因此在淀积前应对基片进行彻底的清洗,尽可能保证基片不受污染或携带微米级污物。

2.3.4.4 溅射镀膜条件的控制

溅射镀膜中,成膜条件的控制对制备高质量薄膜是非常重要的。首先,应选择溅射率高、对靶材呈惰性、价廉、高纯的气体作工作气体。氩气是较为理想的一种工作气体。其次,应注意溅射电压及基片电位对薄膜性能的影响。溅射电压不仅影响淀积速率,而且还严重影响薄膜的结构;基片电位则直接影响入射的电子流或离子流,如果对基片适当加以偏压,不仅可以净化基片表面,增强薄膜的附着力,而且还可以改变淀积薄膜的结晶结构。第三,基片温度直接影响薄膜的生长及特性,如淀积钽膜时,基片温度在 200℃~400℃ 范围内,温度对钽膜特性影响不大,然而在 700℃ 以上高温时,淀积钽膜将成为体心立方结构,而 700℃ 以下则成为四方晶格。第四,靶材中杂质和表面氧化物等不纯物质,是污染薄膜的重要因素,必须注意靶材的高纯度和保持清洁的靶表面。通常在溅射淀积之前应对靶材进行预溅射,这是使靶材表面净化的有效方法。

此外,在溅射过程中,还应注意溅射设备中存在的诸如电场、磁场、靶材、基片、温度、几何结构、真空度等参数间的相互影响。因为这些参数均综合地决定着溅射薄膜的结构与特性。

2.3.5 溅射机理

溅射是一个极为复杂的物理过程,涉及的因素很多,长期以来对于溅射机理虽然进行了很多的研究,提出过许多理论,但都不能完善地解释溅射现象,也尚未建立一套完整的理论和模型对所有实验结果作系统阐述和进行定量计算。目前的理论主要有两种——热蒸发理论和动量转移理论,其中,动量转移理论更为人们普遍接受。

2.3.5.1 热蒸发理论

早期有人认为,溅射现象是被电离气体的荷能正离子,在电场的加速下轰击靶表面,而将能量传递给碰撞处的原子,结果导致靶表面碰撞区域内,发生瞬间强烈的局部高温,从而使这个区域的靶材料熔化,发生热蒸发。热蒸发理论在一定程度上解释了溅射的某

些规律和现象,如溅射率与靶材料的蒸发热和轰击离子的能量有关系,溅射原子的余弦分布等等。但这一理论不能解释溅射率与离子入射角的关系,溅射原子的角分布的非余弦分布规律,以及溅射率与入射离子质量的关系等。

2.3.5.2 动量转移理论

对于溅射特性的深入研究,很多实验结果都表明溅射是一个动量转移过程。动量转移理论认为,低能离子碰撞靶时,不能从固体表面直接溅射出原子,而是把动量转移给被碰撞的原子,引起晶格点阵上原子的连锁式碰撞。这种碰撞将沿着晶体点阵的各个方向进行。同时,碰撞因在原子最紧密排列的点阵方向上最为有效,结果晶体表面的原子从邻近原子那里得到越来越多的能量,如果这个能量大于原子的结合能,原子就从固体表面被溅射出来。动量转移理论能很好地解释热蒸发理论所不能说明的如溅射率与离子入射角的关系,溅射原子的角分布规律等问题。

溅射过程实质上是入射离子通过与靶材碰撞,进行一系列能量交换的过程。入射离子转移给从靶材表面逸出的溅射原子的能量大约只有入射能量的1%左右,而大部分能量则通过级联碰撞而消耗在靶的表面层中,并转化为晶格的热振动。有关溅射的动量转移理论的详细介绍及相关理论推导,在此不再详细介绍。

2.3.6 主要溅射镀膜方式

根据电极结构和靶材的选择类型,溅射镀膜装置类型较多。靶材可以分为纯金属、合金及各种化合物;根据电极结构的特征可以分为直流溅射、射频溅射、磁控溅射和反应溅射;根据使用的目的,各种方法又可以细分为若干种。如直流溅射可分为二极、三极或四极溅射,或者结合施加偏压的方法形成偏压溅射。另外,还可以将不同方法组合起来构成某种新的方法,如将射频溅射与反应溅射相结合就构成了射频反应溅射。近年来为研究制备磁性薄膜的高速低温设备,还研究开发成功了对向靶溅射装置。表2-15给出了几种比较典型的溅射方法。

表 2-15 溅射镀膜类型的比较

序号	溅射方式	溅射电源	Ar压强/Pa	特征
1	二极溅射	DC 1kV~7kV 0.1mA/cm^2~1.5mA/cm^2 RF 0.3kV~10kV 1W/cm^2~10W/cm^2	1	构造简单,在大面积基板上可制取均匀薄膜,放电电流随压强和电压的改变而变化
2	偏压溅射	在0~500V范围内,使基片对阳极处于正或负的电位	1	镀膜过程中同时清除基片上轻质量的带电粒子,从而使基板中不含有不纯气体(H_2O、N_2等)
3	三极或四极溅射	DC 0~2kV RF 0~1kV	6.7×10^{-2}~1.3×10^{-1}	可实现低气压、低电压溅射,可独立控制放电电流和轰击靶的离子能量。可控制靶电流,也可进行射频溅射
4	射频溅射	RF 0.3kW~10kW 0~2kW	1	为制取绝缘薄膜,如SiO_2、Al_2O_3、玻璃膜等而研制,也可溅射金属

(续)

序号	溅射方式	溅射电源	Ar压强/Pa	特征
5	磁控溅射(高速低温溅射)	0.2kV~1kV(高速低温) 3W/cm^2~30W/cm^2	~10^{-1}	在与靶表面平行的方向上施加磁场,利用电场与磁场正交的磁控管原理,减少电子对基板轰击,实现高速低温溅射
6	对向靶溅射	DC RF	~10^{-1}	两个靶对向放置,在垂直于靶的表面方向加磁场,可以对磁性材料进行高速低温溅射
7	反应溅射	DC 1kV~7kV RF 0.3kV~10kW	在氩中混入适量活性反应气体,如O$_2$、N$_2$等	制作阴极物质的化合物薄膜,如TiN、SiC、AlN、Al$_2$O$_3$等
8	离子束溅射	DC	1.3×10^{-3}	在高真空下,利用离子束溅射镀膜,是非等离子体状态下的成膜过程。靶接地电位也可

注:DC—直流;RF—射频

2.3.6.1 二极溅射

被溅射的靶(作阴极)和成膜的基片(作阳极)构成了溅射装置的两个电极,故称为二极溅射,图2-42为其结构原理图。使用射频电源时称为射频二极溅射,使用直流电源则称为直流二极溅射,因为溅射过程发生在阴极(靶),故又称为阴极溅射。靶和基片固定架都是平板状的称为平面二极溅射,若二者是同轴圆柱状布置就称为同轴二极溅射。

将阴极靶接上负高压,为了在辉光放电过程中使靶表面保持可控的负高压,靶材必须是导体。工作时,先将真空室预抽到高真空(如10^{-3}Pa),然后通入工作气体氩气,并使工作室

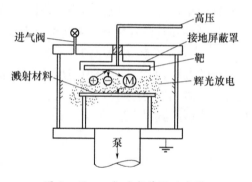

图2-42 二极溅射装置示意图

的气压维持在1Pa~10Pa,接通电源使在阴极和阳极间产生异常辉光放电,建立起等离子区,其中带正电的氩离子受到电场加速而轰击阴极靶,从而使靶材产生溅射。为了提高淀积速率,在不影响辉光放电的前提下,基片应尽量靠近阴极靶。但从膜厚分布来看,阴极遮避最强的中心部位的膜最薄。因此,阴极靶与基片间的距离为阴极暗区的3倍~4倍较为适宜。图2-44中沉积速率是根据放电电流(曲线A)和溅射产额(曲线B)确定的。

直流二极溅射的工作参数主要有:溅射功率、放电电压、气体压力和电极间距。溅射时主要控制功率、电压和气压参数。当电压一定时,放电电流与气体压强的关系如图2-43所示。图2-44是溅射沉积速度与工作气压间的关系曲线。直流二极溅射装置结构简单,可获得大面积厚度均匀的薄膜。其主要缺点是:溅射参数不易独立控制,工艺重复性差;残留气体对膜层污染严重,薄膜纯度差;基片温度高,淀积速率低;靶材必须是良导体等。为了克服以上缺点,可采取如下措施:在10^{-1}Pa以上的真空度下产生辉光放电,

并形成满足溅射要求的高密度等离子体;加强靶的冷却,减少或减弱由靶放出的高速电子对基片的轰击;选择适当的入射离子能量。

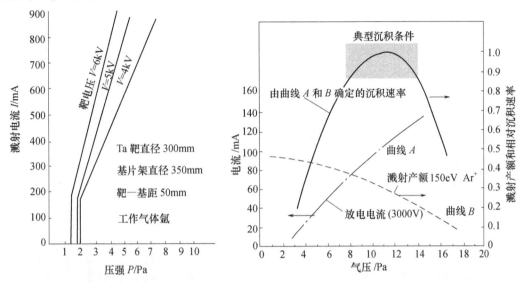

图 2-43 直流二级溅射电流与气体压强的关系　　图 2-44 溅射沉积速率与工作气压间的关系曲线

2.3.6.2 偏压溅射

图 2-45 是直流偏压溅射的原理结构示意图,它与二极溅射的主要区别在于基片上施加一固定直流偏压。若施加负偏压,则在薄膜沉积过程中,基片表面都将受到气体离子的稳定轰击,从而清除可能进入薄膜表面的气体,有利于提高薄膜的纯度。并且也可在成膜中增加到达基片的原子的能量,从而提高薄膜的附着力,此外,偏压溅射还可以改变淀积薄膜的结构。偏压溅射中施加不同的偏压有可能改变所制备的薄膜的结构。图 2-46 给出了当对基片加不同偏压时,利用偏压溅射制备的钽膜电阻率的变化。偏压在 -100V 至 +10V 范围,膜层电阻率较高,属 β-Ta,即四方晶结构。当负偏压大于 100V 时,电阻率迅速下降,这时钽膜已从 β 相变为正常体心立方结构。这种情况很可能是因为对基片加上正偏压后,成为阳极,导致大量电子流向基片,引起基片发热所致。

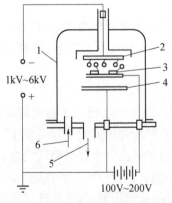

图 2-45 直流偏压溅射示意图
1—溅射室;2—阴极;3—基片;4—阳极;
5—排气系统;6—氩气进口。

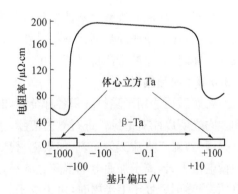

图 2-46 钽膜的电阻率与基片偏压关系

在氩气中含不同杂质(例如 O_2)浓度时,淀积的钽膜的电阻率与偏压关系如图 2-47 所示。由图可见,在负偏压大于 2V 以上时,电阻率迅速下降,这表明杂质(O_2)已从钽膜中被溅射出来。而当负偏压较高时,电阻率逐渐上升,这是由于 Ar 渗入钽膜而引起的。

2.3.6.3 三极或四极溅射

二极直流溅射是依赖离子轰击阴极时所发射的次级电子来维持辉光放电的,因此,它只能在较高气压下工作。三极溅射克服了二极溅射的缺点,它在真空室内附加一个热阴极,由它发射电子并和阳极产生等离子体,同时使靶相对于该等离子体为负电位,用等离子体中的正离子轰击靶材而进行溅射。如果为了引入热电子并使放电稳定,再附加第四电极——稳定变化电极,则成为四极溅射。图 2-48 给出了四极溅射的原理图。稳定电极的作用在于使放电趋于稳定。

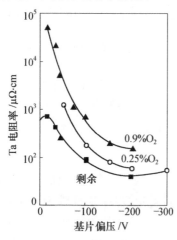

图 2-47 溅射气体中氧含量不同时,钽膜电阻率与偏压关系

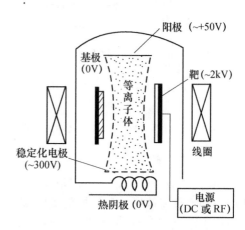

图 2-48 四级溅射原理示意图

三极溅射装置在 100V 至数百伏的靶电压下也能工作,由于靶电压低,对基片的溅射损伤小,适宜用来制备半导体器件和集成电路。另外,因为三极溅射不再依赖于阴极发射的二次电子,所以溅射速率可以由热阴极的发射电流控制,提高了溅射参数的可控性和工艺的重复性。

但是,三极和四极溅射不能抑制由靶产生的高速电子对基片的轰击,因此基片的温度仍比较高,还会使薄膜受到污染。另外,这种溅射方式不适用于反应溅射,特别在用氧作反应气体时,灯丝的寿命将显著缩短。

2.3.6.4 射频溅射

射频溅射适用于溅射沉积各种金属和非金属材料,图 2-49 给出了射频溅射的原理图。它之所以能对绝缘靶进行溅射镀膜,主要是因为在绝缘靶表面建立起负偏压的缘故。这是因为,对于直流溅射而言,如果靶材是绝缘体,正离子轰击靶表面时靶就会带正电,从而使电位上升,离子加速电场就随之减小,辉光放电和溅射将会停止。但在靶上施加射频电压,当溅射靶处于上半周时,由于电子的质量比离子的质量小得多,故其迁移率很高,因此,电子仅用很短时间就可以飞向靶面,中和靶表面的正电荷,这就能实现对绝缘材料的溅射。电子飞向靶面的另一个作用是在靶面又迅速积累大量的电子,使其表面因空间电荷呈现负电位，导致在射频电压的正半周也吸引离子轰击靶材。从而实现了在正、负半周中，均可产生溅射。射频溅射能沉积包括导体、半导体、绝缘体在内的几乎所有材料。

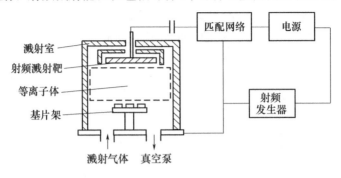

图 2-49　射频溅射装置示意图

射频溅射的机理可以用射频辉光放电来解释。在射频装置中，等离子体中的电子容易在射频场中吸收能量并在电场内振荡。因此，电子与工作气体分子碰撞并使之电离的概率非常大，故使得击穿电压和放电电压显著降低，其值只有直流溅射时的十分之一左右。由于在溅射条件下有气体分子存在，电子在振荡过程中与气体分子碰撞的概率增加，其运动方向也由简谐运动变为无规则的杂乱运动。因为电子能从电场不断吸收能量，因此，在不断碰撞中有足够的能量使气体分子电离，即使在电场较弱时，电子也能积累足够能量来离化气体分子，所以射频溅射可比直流溅射在更低的电压下维持放电。

射频溅射不需要用次级电子来维持放电。但是，当离子能量高达数千电子伏时，绝缘靶上发射的次级电子数量也相当大，又由于靶具有较高负电位，电子通过辉光暗区得到加速，将成为高能电子轰击基片，导致基片发热，带电并损害镀膜的质量。为此，须将基片放置在不直接受次级电子轰击的位置上，或者利用磁场使电子偏离基片。

2.3.6.5 磁控溅射

溅射沉积方法有两个缺点：第一，溅射方法沉积薄膜的沉积速度较低；第二，溅射所需的工作气压较高，由此造成气体分子对薄膜污染的可能性提高。为了提高沉积速度、降低工作气体压力，发展了磁控溅射技术。

磁控溅射的工作原理可由图 2-50 来说明。设速度为 v 的电子在电场 E 和磁感应强度为 B 的磁场中将受到洛仑兹力的作用

$$F = -q(E + v \times B) \quad (2-55)$$

电子 e 在电场 E 作用下，在飞向基片的过程中与氩原子发生碰撞，使其电离出 Ar^+ 和一个新的电子 e，电子飞向基片，Ar^+ 在电场作用下加速飞向阴极靶，并以高能量轰击靶表面，使靶材发生溅射。在溅射粒子中，中性的靶原子或分子则沉积在基片上形成薄膜。二次电子 e 一旦离开靶面，就同时受到电场和磁场的作用。可以近似认为：二次电子在阴极暗区里，只受电场作用，一旦进

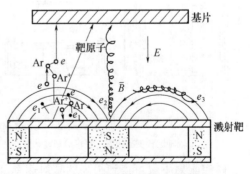

图 2-50　磁控溅射的工作原理

入负辉区就只受磁场作用。于是,从靶表面发出的二次电子,首先在阴极暗区受到电场加速,飞向负辉区。进入负辉区的电子具有一定速度,并且是垂直于磁力线运动的。在这种情况下,电子由于受到洛仑兹力的作用,而绕磁力线旋转。电子旋转半圈之后,重新进入阴极暗区,受到电场减速。当电子接近靶面时,速度可降到零。以后,电子又在电场作用下,再次飞离靶面,开始一个新的运动周期。电子就这样周而复始,跳跃式的朝 E(电场)$\times B$(磁场)所指方向漂移,简称 $E \times B$ 漂移。如图 2-51 所示。

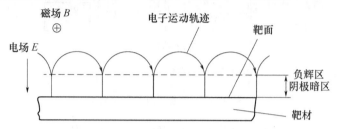

图 2-51　电子在正交电磁场作用下的 $E \times B$ 漂移

二次电子在环状磁场的控制下,运动路径不仅很长,而且被束缚在靠近靶表面的等离子体区域内,在该区中电离出大量的 Ar^+ 离子来轰击靶材,从而使磁控溅射的沉积速率增高。随着碰撞次数的增加,电子的能量逐渐耗尽,逐步远离靶面,并在电场的作用下,最终沉积在基片上。由于该类电子的能量很低,传给基片的能量也很小,所以,由于电子的作用使基片的温升也不大。

由此可见,磁控溅射的基本原理就是以磁场来改变电子的运动方向,并束缚和延长电子的运动轨迹,从而提高了电子对工作气体的电离概率和有效地利用了电子的能量。其结果是,使正离子对靶材轰击所引起的溅射更加有效;同时,受正交电磁场束缚的电子,又只能在其能量要耗尽时才会沉积在基片上。这就是磁控溅射具有"低温"、"高速"两个特点的原因。

图 2-52 给出了主要的三种磁控溅射源类型。图 2-52 中(a)、(c)为柱状磁控溅射源,适合于制作大面积溅射镀膜;(b)为平面磁控溅射源,可以制成小靶,适合于贵重金属靶材的溅射,(d)是溅射枪(S枪)。S枪结构比较复杂,它不仅具有磁控溅射共同的工作原理和"低温"、"高速"的特点,而且由于其特殊的靶形状与冷却方式,还具有靶材利用高,膜厚分布均匀、靶功率密度大和易于更换靶材等优点。

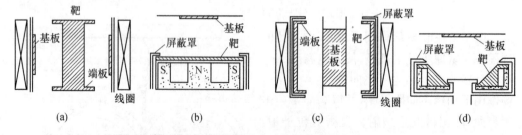

图 2-52　几种不同的磁控溅射源示意图
(a)同轴圆柱型磁控溅射源;(b)圆柱状空心磁控溅射源;(c)平面磁控溅射源;(d)S枪溅射源。

磁控溅射不仅可得到很高的溅射速率,而且在溅射金属时还可避免二次电子轰击而使基片保持接近"冷态",这对使用单晶和塑料基片具有重要意义。磁控溅射电源可为直流也可为射频放电工作,故能制备各种材料。

随着工业的需求和表面技术的发展,新型磁控溅射如高速溅射、自溅射等成为目前磁控溅射领域新的发展趋势。高速溅射能够得到大约几个 $\mu m/min$ 的高速率沉积,可以缩短溅射镀膜的时间,提高工业生产的效率;有可能替代目前对环境有污染的电镀工艺。当溅射率非常高,以至于在完全没有惰性气体的情况下也能维持放电,即用离子化的被溅射材料的蒸气来维持放电,这种磁控溅射被称为自溅射。被溅射材料的离子化以及减少甚至取消惰性气体,会明显地影响薄膜形成的机制,加强沉积薄膜过程中合金化和化合物形成中的化学反应。由此可能制备出新的薄膜材料,发展新的溅射技术,例如在深孔底部自溅射沉积薄膜。高速溅射和自溅射的特点在于较高的靶功率密度 $W_t = P_d/S >$ $50Wcm^{-2}$ (P_d 为磁控靶功率,S 为靶表面积)。高速溅射在特殊的环境才能保持高速溅射,如足够高的靶源密度,靶材足够的产额和溅射气体压力,并且要获得最大气体的离化率。限制高速沉积薄膜的最大问题是溅射靶的冷却。高速率磁控溅射的一个固有的性质是产生大量的溅射粒子而获得高的薄膜沉积速率。高的沉积速率意味着高的粒子流飞向基片,导致沉积过程中大量粒子的能量被转移到生长薄膜上,引起沉积温度明显增加。由于溅射离子的能量大约70%需要从阴极冷却水中带走,薄膜的最大溅射速率将受到溅射靶冷却的限制。冷却不但靠足够的冷却水循环,还要求良好的靶材导热率及较薄的靶厚度。同时高速率磁控溅射中典型的靶材利用率只有20%～30%,因而提高靶材利用率也是有待于解决的一个问题。

2.3.6.6 对向靶溅射

对于 Fe、Co、Ni、Fe_2O_3、坡莫合金等磁性材料,要实现低温、高速溅射镀膜,还有特殊的要求。这是因为,采用磁控溅射方式制备这些磁性薄膜时,由于靶的磁阻很低,磁场几乎完全从靶中通过,不可能形成平行于靶表面的强磁场,而且还会使基片的温度升得很高。采用对向靶溅射法,可以对强磁性靶实现低温高速溅射镀膜。图2-53给出了对向靶溅射的原理图。此时,两个靶材相对安置,所加磁场和靶表面垂直,且磁场和电场平行。阳极放置在与靶面垂直的部位,和磁场一起起到约束等离子体的作用。二次电子飞出靶面后,被垂直靶的阴极电位下降区的电场加速。电子在向阳极运动过程中受

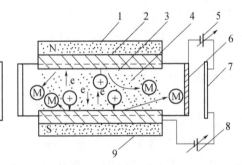

图 2-53 对向靶溅射原理图
1—磁场N极;2—对向靶阴极;3—阴极暗区;
4—等离子体;5—基板偏压电源;6—基板
7—阳极(真空室);8—靶电源;9—磁场S极。

到磁场作用。但是由于在两靶上加有较高的负偏压,部分电子几乎沿直线运动,到对面靶的阴极电位下降区被减速,然后又被向相反方向加速运动,加上磁场的作用,这样由靶产生的二次电子就被有效的封闭在两个靶材之间,形成柱状等离子体。电子被两个电极来回反射,大大加长了电子运动的路径,增加了和氩气的碰撞电离概率,从而大大提高了两个靶之间气体的电离化程度,增加了氩离子密度,因而提高了沉积速率。二次电子除被磁场约束外,还受到很强的静电反射作用;等离子体被紧紧地约束在两个靶面之间,避免了高能电子对基片的轰击,使基片温度不会升高。因此对向靶溅射也具有溅射速率高、基片

温度低的特点,这种溅射法可用于沉积磁性薄膜。

2.3.6.7 反应溅射

反应溅射是制备介质薄膜时常用的一种方法,即在溅射镀膜时,引入某些活性反应气体,来改变或控制沉积特性,可获得不同于靶材料的新物质薄膜。例如在 O_2 中反应溅射而获得氧化物;在 N_2 或 NH_3 中反应溅射获得氮化物;在 O_2+N_2 混合气体中得到氮氧化合物等。

反应物之间产生反应的必要条件是:反应物分子必须有足够高的能量以克服分子间的势垒势垒 $\overline{V}_0$ 与能量之间的关系为

$$E_a = N_A \overline{V}_0 \qquad (2-56)$$

式中,E_a 为反应活化能,N_A 是阿伏加德罗常数。如同蒸发一样,反应过程基本上发生在基片表面,气相反应几乎可以忽略。但是溅射时靶面的反应不能忽略。因为受离子轰击的靶面原子变得活泼,加上靶面温度会有一定程度的升高,这将使得靶面的反应速度大大增加。因此,这时靶面同时存在着溅射和反应两个过程。如果溅射率大于化合物的生成速率,则处于溅射状态;反之则有可能会使溅射停止。

为了保证在基片形成化合物的反应充分,必须控制入射到基片上的金属原子与反应气体分子的速率,在一定的反应气压下,溅射功率越大,反应可能越不完全。通过调节溅射功率,或者恒定溅射功率,调节反应气体压强,均可获得质量较好的薄膜。

图 2-54 给出了反应溅射过程示意图。通常的反应气体有 O_2、N_2、CH_4、CO、H_2S 等。根据反应溅射气体压力的不同,反应过程可以发生在基片上或发生在阴极靶上。一般反应溅射的气压都很低,气相反应不明显。但等离子体中流通电流

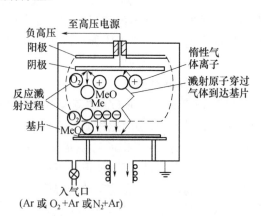

图 2-54 反应溅射过程示意图

很高,在反应气体分子的分解、激发和电离等过程中,该电流起着重要作用。因此,反应溅射中产生的由载能游离原子团组成的粒子流伴随着溅射出来的靶原子从阴极靶流向基片,在基片上克服与薄膜生长有关的激活能且形成化合物。这就是反应溅射的主要机理。

在很多情况下,只要简单改变溅射时反应气体与惰性气体的比例,就可改变薄膜的性质,大量实验结果表明:金属化合物的形成几乎全都发生在基片上,并且,基片温度越高,薄膜沉积速率也越快。

2.3.6.8 离子束溅射

离子束溅射又称离子束沉积,它是在离子束技术基础上发展起来的新的成膜技术。按用于薄膜沉积的离子束功能不同,可分为一次离子束沉积和二次离子束沉积两类。一次离子束沉积中的离子束由需要沉积的薄膜组分材料的离子组成,离子能量较低,它们在到达基片后就淀积成膜,因而一次离子束沉积又称为低能离子束沉积。二次离子束沉积

的离子束由惰性气体或反应气体的离子组成,离子的能量较高,它们打到由需要沉积的材料所组成的靶上,引起靶原子溅射,再沉积到基片上成膜,因而二次离子束沉积又称离子束溅射。

图 2-55 给出了离子束溅射的原理示意图。由离子源 1 引出的惰性气体离子(如 Ar^+、Xe^+ 等),使其入射在靶上产生溅射作用,利用溅射出的粒子沉积在基片上成膜。离子源 2 主要是对形成的薄膜进行照射,以便在更广范围内控制淀积薄膜的性质。

离子束溅射(简称 IBS)是一种较新的薄膜制备技术,和等离子溅射相比,具有下述优点:它在 10^{-3} Pa 的高真空下,在非等离子状态成膜,薄膜纯度较高;由于基片不再是电极,因此基片温度低;可以独立控制成膜条件和参数,重复性较好,适合于制备多组元薄膜

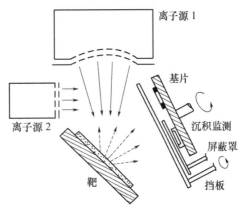

图 2-55 离子束溅射原理示意图

和多层膜,并且适用于各种粉末材料、介质材料、金属材料和化合物材料等多种靶材料的沉积。离子束溅射的主要缺点是装置复杂、昂贵、成膜速率低。

在离子束溅射中,离子源可以是单源,也可以是多源。虽然这种制膜技术所涉及到的现象比较复杂,但是,通过合理地选择靶及离子的能量、种类等,可以比较容易地制取各种不同的金属、氧化物及其他化合物薄膜。特别适合制作多组元金属氧化物薄膜。目前这一技术已在磁性材料、超导材料以及其他电子材料的薄膜制备中得到应用。另外,由于离子束的方向性强,离子流的能量较容易控制,所以也可以用于研究溅射过程特性,如高能离子的轰击效应,单晶体的溅射角分布以及离子注入和辐射损伤过程等。

2.3.6.9 其他溅射方式

为了改善膜层的质量,减少膜层中的残余气体(Ar,O_2,N_2,C 等),提高孔底涂覆率,改善耐电迁移特性等,近年发展了准直溅射、低气压甚至是零气压溅射、高真空溅射、自溅射、RF-DC 结合型偏压溅射、ECR 溅射等。例如,准直溅射(collimator sputtering)就是在两个溅射电极之间加上准直电极,使得只有与基板垂直方向飞来的溅射离子能够到达基板,可以有效地改善大深径比的微细孔底部的涂覆率。低气压溅射和高真空溅射则是在 10^{-2} Pa~10^{-4} Pa 或更高的真空度下实现溅射。自溅射则是把溅射的原子变成离子进行溅射,由于没有氩原子的影响,则溅射原子可以实现直线飞行,直接沉积到深孔之中。RF-DC 结合型偏压溅射则是同时使用射频和直流电源,可以有效地分别控制靶电流(直流电源)和等离子体密度(射频电源),便于净化放电环境、控制溅射参数。ECR 溅射则是利用 ECR 等离子体进行溅射或刻蚀。ECR 等离子体密度高、纯度高,可制备高质量薄膜;ECR 源、靶、基板的参数可独立调节,放电、溅射和镀膜都很稳定。

2.3.7 溅射镀膜的厚度均匀性分析

薄膜的均匀性(包括厚度均匀性和性能均匀性)是衡量薄膜质量和镀膜装置性能的一个重要指标。为了提高薄膜厚度的均匀性,可采取优化靶—基距离、改变基片运动方式、

增加挡板和实行膜厚监控等措施。下面主要讨论二极溅射和磁控溅射时的膜厚均匀性问题。

2.3.7.1 二极溅射的膜厚均匀性

溅射镀膜的厚度分布，与溅射粒子的角度分布、溅射粒子与气体分子的碰撞情况以及靶的配置等多种因素有关。如果近似地认为溅射粒子角分布服从余弦规律，并忽略溅射粒子与气体分子的碰撞，对于图 2-56(a)所示的平面形靶，基片内膜厚的分布 d/d_0 可用下式表示：

$$\frac{d}{d_0} = \frac{(1+R/h)^2}{2(R/h)^2} \left\{ 1 - \frac{1+(l/h)^2-(R/h)^2}{\sqrt{[1-(l/h)^2+(R/h)^2]^2+4(l/h)^2}} \right\} \qquad (2-57)$$

式中，R 是靶的半径，h 是靶—基距离，d_0 是阳极中心处的膜厚，d 是距阳极中心处的距离为 l 处的膜厚。

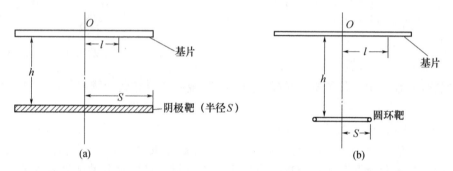

图 2-56 平行的板靶与圆环靶

若采用图 2-56(b)所示圆环靶时，则膜厚分布为

$$\frac{d}{d_0} = [1+(R/h)^2]^2 \frac{1+(l/h)^2+(R/h)^2}{\{[1-(l/h)^2+(R/h)^2]^2+4(l/h)^2\}^{3/2}} \qquad (2-58)$$

根据上式计算结果，不同 S/h 比值的膜厚分布如图 2-57 所示。

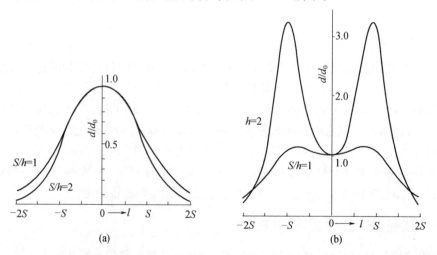

图 2-57 平行的板靶(a)与圆环靶(b)的膜厚分布曲线

2.3.7.2 磁控溅射的膜厚均匀性

对于磁控溅射镀膜,由于电磁场(特别是磁场)的不均匀性所造成的不均匀的等离子体密度,将导致靶原子的不均匀溅射和不均匀淀积。因此膜厚不均匀性比较大。对于图 2-58 所示的圆形平面磁控靶,由于磁控溅射存在着对靶的刻蚀,其膜厚分布为

$$d = \frac{2Sh}{\pi\rho_0(R_2^2-R_1^2)}\int_{R_1}^{R_2}\frac{(h^2+A^2+R^2)RdR}{[(h^2+A^2+R^2+2AR)(h^2+A^2+R^2-2AR)]^{3/2}}$$

(2-59)

式中,d 为基片上 P 点的膜厚;S 为磁控靶的溅射率;ρ_0 为靶材密度;h 为靶—基距离;R_1、R_2 为刻蚀区的内、外半径(一般取为磁极间隙的内外半径)。当 $A=0$ 时,即可得到基片中心处的膜厚 d_0,比较 d 和 d_0,即可求得膜厚的相对变化,并可求得最佳靶—基距离 h。一般 $h\approx 2R_2$。

对于图 2-59 所示的 S 枪磁控靶其膜厚分布应为

$$d = \frac{2S}{\pi\rho_0(R_2^2-R_1^2)}\int_{R_1}^{R_2}\frac{h_0^2(h_0^2+A^2+R^2)RdR}{[(h_0^2+A^2+R^2+2AR)(h_0^2+A^2+R^2-IAR)]^{3/2}}$$

(2-60)

式中,S 为 S 枪磁控靶的溅射率;ρ_0 为靶材密度;R_1、R_2 为 S 枪靶刻蚀区的内外半径;R 为丝状环形源半径;h_0 为丝状环形源到基片的垂直距离。类似式(2-58)的讨论,当 $A=0$ 时,即可求出 d_0,比较 d 与 d_0,即可求得膜厚的相对变化率 d/d_0,并进而求得靶—基距离 h。一般 $h\approx 1.5R_2\sim 2.0R_2$。

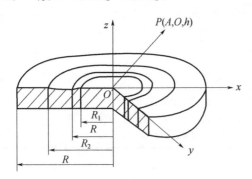

图 2-58 平面磁控靶的几何参数

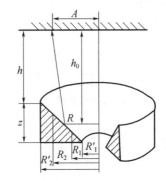

图 2-59 S 枪磁控靶的几何参数

2.3.8 溅射镀膜与真空蒸发镀膜的比较

溅射镀膜与真空蒸发镀膜的特点的比较如下:

(1) 溅射率随入射离子能量的增加而增大;而在离子能量增加到一定程度时,由于离子注入效应,溅射率将随之减小;

(2) 溅射率的大小与入射粒子的质量有关;

(3) 当入射离子的能量低于某一临界值(阈值)时,不会发生溅射;

(4) 溅射原子的能量比蒸发原子能量大许多倍;

(5) 入射离子能量比较低时,溅射原子角分布就不完全符合余弦分布规律,角分布还与入射离子方向有关;

(6) 因为电子的质量小,所以,即使用具有极高能量的电子轰击靶材时,也不会产生溅射现象。

溅射镀膜和真空蒸发镀膜是两类非常重要的镀膜方式,两种方法的原理不同镀膜过程各异,应用范围也不完全一样。表 2-16 从沉积原理出发,对溅射镀膜和蒸发镀膜这两种薄膜制备方法进行总结与比较。读者在实际工作中,可根据不同的需要选用适合的制膜方法。

表 2-16 溅射镀膜与真空蒸发镀膜的原理及特性比较

溅 射 法	蒸 发 法
沉积气相的产生过程	
① 离子轰击和碰撞动量转移机制 ② 较高的溅射原子能量(2eV~30eV) ③ 稍低的溅射速率 ④ 溅射原子运动具有方向性 ⑤ 可保证合金成分,但有的化合物有分解倾向 ⑥ 靶材纯度随材料种类而变化	① 原子的热蒸发机制 ② 低的原子动能(温度 1200K 时约为 0.3eV) ③ 较高的蒸发速率 ④ 蒸发原子运动具方向性 ⑤ 蒸发时会发生元素贫化或富集,部分化合物有分解倾向 ⑥ 蒸发源纯度较高
气相过程	
① 工作压力稍高 ② 原子的平均自由程小于靶与衬底间距,原子沉积前要经过多次碰撞	① 高真空环境 ② 蒸发原子不经碰撞直接在衬底上沉积
薄膜的沉积过程	
① 沉积原子具有较高能量 ② 沉积过程会引入部分气体杂质 ③ 薄膜附着力较高 ④ 多晶取向倾向大	① 沉积原子能量低 ② 气体杂质含量低 ③ 晶粒尺寸大于溅射沉积的薄膜 ④ 有利于形成薄膜取向

2.4 离子束镀膜

为了制得良好的单晶膜和电子元器件用的高纯膜,必须尽可能地在高真空环境中成膜,由此产生了离子束镀膜(简称离子镀)技术。离子镀主要包括离子束沉积和离子注入成膜技术。这种技术最早是美国 Sandia 公司 1963 年提出,其英文全称为 Ion Plating,简称 IP。离子镀是应用气体放电实现镀膜,即在真空室中使气体或被镀物质电离,在气体离子或被镀物质离子的轰击下,同时将被镀物质或其反应产物镀在基片上成膜。该方法将离子镀辉光放电、等离子体技术与真空蒸镀技术结合在一起,不但显著提高了沉积薄膜的各种性能,而且大大扩展了镀膜技术的应用范围。与蒸发和溅射相比,离子镀的主要优点是膜层附着力强、沉积速率高、成膜速度快、可镀较厚的膜、可镀膜的材料范围广、可制备化合物薄膜等。

2.4.1 离子镀的原理与特点

2.4.1.1 离子镀的基本原理

图 2-60 给出了直流二极离子镀装置的示意图。当真空室抽至 10^{-4} Pa 的高真空后，通入惰性气体（如氩），接通高压电源，则在蒸发源与基片之间建立起一个低压气体放电的等离子体区。由于基片处于负高压并被等离子体包围，不断受到正离子的轰击，因此可有效地清除基片表面的气体和污染物，使成膜过程中膜层表面始终保持清洁状态。与此同时，镀材气化蒸发后，蒸发粒子进入等离子区，与等离子区中的正离子和被激活的惰性气体原子以及电子发生碰撞，其中一部分蒸发粒子被电离成正离子，正离子在负高压电场加速作用下，沉积到基片表面成膜。离子镀中膜层的成核与生长所需的能量，不是靠加热方式获得，而是由离子加速的方式来激励的。被电离的镀材离子和气体离子一起受到电场的加速，以较高的能量轰击基片或镀层表面，这种轰击作用一直伴随着离子镀的全过程。但是，由于基片是阴极，蒸发源为阳极，因此，在膜材原子沉积的同时，还

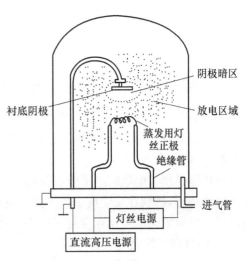

图 2-60 离子镀原理示意图

存在着正离子（Ar^+ 或被电离的蒸发离子）对基片的溅射作用。显然，只有当沉积作用超过溅射的剥离作用时，才能发生薄膜的沉积。

由于在离子镀中可能同时存在镀膜和溅射两个过程，下面讨论离子镀的成膜条件。

若辉光放电空间只有金属蒸发物质，且只考虑蒸发原子的沉积作用，则单位时间内入射到单位表面上沉积的金属原子数 n 可用下式表示：

$$n = \mu \frac{10^{-4} \rho N_A}{60 M} \qquad (2-61)$$

式中，μ 为沉积原子在基片表面的沉积速率（$\mu m/min$）；ρ 为薄膜的密度（g/cm^3）；M 为沉积的物质的摩尔质量；$N_A = 6.029 \times 10^{23}$ 为阿伏加德罗常数。

以上分析尚未考虑溅射剥离效应，如果考虑剥离效应，则应考虑溅射率。如果轰击基片为一价正离子（如 Ar^+），其离子电流密度为 j，则单位时间内轰击到基片表面的离子数为 n_j

$$n_j = \frac{10^{-3} j}{1.6 \times 10^{-19}} = 0.63 \times 10^{16} j (cm^2 \cdot S) \qquad (2-62)$$

式中的 1.6×10^{-19} 是一价正离子的电荷量（C）；j 是入射离子形成的电流密度（mA/cm^2）。

比较以上两式可知，在离子镀过程中要想得到沉积薄膜，必须使沉积效应优于溅射剥离效应，即离子镀的成膜条件为 $n > n_j$（n_j 中还应包括附加气体产生的离子数）。

2.4.1.2 离子镀的主要特点

与蒸发和溅射相比,离子镀主要有如下几个特点:

(1) 离子镀过程中,利用辉光放电所产生的大量高能粒子对基片表面产生阴极溅射效应,不仅在成膜初期可形成膜基界面"伪扩展层",而且对基片表面进行净化清洗,因此,膜层附着性能好。

(2) 离子镀过程中,膜材离子和高能中性原子带有较高的能量到达基片,可以在基片上扩散、迁移,因此膜层的密度高(与块材料基本相同)。

(3) 离子镀过程中,部分膜材原子被离化成正离子后,它们将沿着电场的电力线运动,凡是电力线分布之处,膜材离子都能到达,即所谓绕射性好。另外,离子镀膜还有可镀膜材质范围广、可制备化合物薄膜以及淀积速率高、成膜速度快、可镀制较厚的膜等特点。

2.4.2 离子轰击及其在镀膜中的作用

离子镀膜区别于真空蒸镀和溅射镀膜的许多特性均与离子、高速中性粒子参与镀膜过程有关。而且,在离子镀的整个过程中都存在着离子轰击。

2.4.2.1 离化率

离化率是指被电离的原子数占全部蒸发原子数的百分比例,它是衡量离子镀特性的一个重要指标,特别在反应离子镀中更为重要,因为它是衡量活化程度的主要参量。被蒸发原子和反应气体的离化程度对薄膜的各种性质都能产生直接影响。

1) 中性粒子能量 W_v

W_v 主要取决于蒸发温度的高低,其值为

$$W_v = n_v E_v \tag{2-63}$$

式中,n_v 为单位时间在单位面积上所沉积的粒子数;E_v 为蒸发粒子的动能,$E_v = 3kT_v/2$,k 为玻耳兹曼常数,T_v 为蒸发物质的温度。

2) 离子能量 W_i

W_i 主要由阴极加速电压决定,其值为

$$W_i = N_i E_i \tag{2-64}$$

式中,N_i 为单位时间对单位面积轰击的离子数;E_i 为离子的平均能量,$E_i \approx eV_i$,V_i 即为沉积离子的平均加速电压。

3) 薄膜表面的活性能量系数 ε

ε 可由下式近似计算:

$$\varepsilon = (W_i + W_v)/W_v = (n_i E_i + n_v E_v)/n_v E_v \tag{2-65}$$

当 $n_v E_v \ll N_i V_i$ 时,可得

$$\varepsilon = \frac{n_i E_i}{n_v E_v} = \frac{eV_i}{3kT_v/2}\left(\frac{n_i}{n_v}\right) = C\frac{V_i}{T_v}\left(\frac{n_i}{n_v}\right) \tag{2-66}$$

式中,n_i/n_v 为离化率;C 为可调参数。

由上式可以看出,离子镀过程中由于基片加速电压 V_i 的存在,即使离化率很低也会

影响离子镀的能量活性系数。在离子镀中轰击离子的能量取决于基片加速电压。溅射所产生的中性原子也有一定的能量分布,其平均能量约为几个电子伏。在普通的电子束蒸发中,若蒸发温度为 2000K,则蒸发原子的平均能量为 0.2eV,各种镀膜方法所达到的能量活性系数 ε 值见表 2-17。由此表可见,在离子镀中可以通过改变 V_i 和 n_i/n_v,使值提高 2 个~3 个数量级。如果离子的平均加速电压 $U_i=500V$,离化率 n_i/n_v 为 $3×10^{-3}$ 时,离子镀的能量活性系数则与溅射时相同。因此,在离子镀过程中离化率的高低非常重要。图 2-61 是在典型的蒸发温度 $T_v=1800K$ 时,能量活性系数 ε 与离化率 n_i/n_v 和 U_i 的关系。从图中可以看出,能量活性系数与加速电压的关系,在很大程度上受离化率的限制。

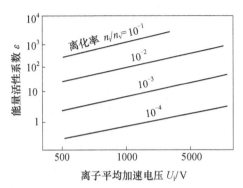

图 2-61 能量活性系数 ε 与离化率 n_i/n_v 和离子平均加速电压 U_i 的关系($T_v=1800K$)

表 2-17 不同镀膜工艺的表面能量活性系数

镀膜工艺	能量活性系数 ε	参数	
真空蒸发	1	蒸发粒子所具有的能量 $E_v≈0.2eV$	
溅射	5~10	溅射粒子所具有的能量 $E_S≈1eV~10eV$	
离子镀		离化率 n_i/n_v	平均加速电压 U
	1.2	10^{-3}	
	3.5	$10^{-2}~10^{-4}$	50V~5000V
	25	$10^{-1}~10^{-3}$	50V~5000V
	250	$10^{-1}~10^{-2}$	500V~5000V
	2500	$10^{-1}~10^{-2}$	500V~5000V

2.4.2.2 溅射清洗

在薄膜开始沉积之前的离子轰击对基片表面的作用主要包括:

(1) 溅射清洗作用:可以有效的清除基片表面吸附的气体和氧化物等杂质。

(2) 产生缺陷和位错网:当入射离子传递给靶材原子的能量超过靶原子发生离化的最低能量,晶格粒子会迁移到晶格间隙位置,从而形成空位、间隙原子和热激励。某些缺陷也可以发生迁移、聚集成位错网。

(3) 破坏表面结晶结构:如果离子轰击产生的缺陷很稳定,则表面的晶体结构就会破坏而变成非晶态结构。

(4) 气体掺入:低能离子轰击会造成气体掺入表面和沉积膜之中。轰击加热作用可使气体释放出去。

(5) 表面成分变化:由于系统内各成分的溅射率不相同,会造成表面成分与整体成分的不同,表面的扩散对成分有显著影响。

(6) 表面形貌变化:表面经离子轰击后,无论晶体和非晶体基片的表面形貌将会发生变化,使表面粗糙度增大,并改变溅射率。

(7)温度升高:因为轰击离子的绝大部分能量都转变成热能。

2.4.3 粒子轰击对薄膜生长的影响

在离子镀时,一方面有镀材粒子沉积到基片上,另一方面有高能离子轰击表面,使一些离子溅射出来。当前者的速率大于后者,薄膜的厚度就会增加。这一特殊的沉积与溅射的综合过程使膜基界面具有许多特点。

首先是在溅射与沉积混杂的基础上,由于蒸发粒子不断增厚,在膜基面形成"伪扩散层"。这是一种膜基界面存在基片元素和蒸发膜材元素的物理混合现象,即在基片与薄膜的界面处形成一定厚度的组分过渡层,可以使基片和膜层材料的不匹配性分散在一个较宽的厚度区域内。它对提高膜基界面的附着强度十分有利。

其次,离子轰击的表面形貌受到破坏,可能比未破坏的表面提供更多的成核位置,提高成核密度,为沉积的粒子提供良好的核生长条件。较高的成核密度还有利于减少基片与膜层间的空隙,从而也可以提高膜基附着力。离子对膜层的轰击作用,对膜的形态和组分等也有影响。另外,内应力受离子轰击的影响也很明显。内应力是由那些尚未处于最低能量状态的原子所产生的。粒子的轰击一方面迫使一部分原子离开平衡位置处于一种较高的能量状态,从而引起内应力的增加。另一方面,离子轰击使基片表面所产生的自加热效应又有利于原子的扩散。因此,恰当的利用轰击的热效应或进行适当的外部加热,一方面可使内应力减少,另外,也对提高薄膜的结晶性能有利。

一般而言,蒸发所制薄膜有张应力,溅射沉积的薄膜有压应力,离子镀薄膜也具有压应力。

2.4.4 离子镀的类型及特点

根据膜材不同的气化方式和离化方式,可构成不同类型的离子镀膜装置。膜材的气化方式有:电阻加热、电子束加热、等离子电子束加热、高频感应加热、阴极弧光放电加热等。气体分子或原子的离化和激活方式有:辉光放电型、电子束型、热电子型、等离子束型、多弧型及高真空电弧放电型,以及各种形式的离子源等,见图2-62。不同的蒸发源与不同的电离方式又可以有多种不同的组合。

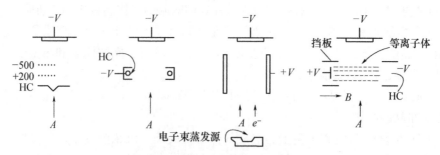

图2-62 离子镀的各种离化方式

A—从蒸发源蒸发出的原子或原子团;B—磁场;HC—热阴极。

表2-18列出了目前常用的几种离子镀的种类以及它们的蒸发、离化方式、气体压强及主要优缺点。

表 2-18 各种离子镀装置的比较

编号	种类	蒸发源	充入气体	真空度/Pa	离子方式	离子加速方式	基板温升	其他特点	应用
1	直流二级型(DCIP)	电阻加热或电子束加热	Ar 也可充少量反应气体	$6.67 \times 10^{-1} \sim 1$	被镀基体为阴极，利用高电压直流辉光放电	在数百伏至数千伏的电压下加速。离化和离子加速一起进行	大	绕射性好。附着性好。基板温度易上升，膜结构及形貌差。若用电子束加热必须用差压板	耐蚀润滑机械制品
2	多阴极型	电阻加热或电子束加热	真空惰性气体或反应气体	$10^{-1} \sim 1$	依靠热电子、阴极发射的电子及辉光放电	0～数千伏中的加速电压。离化和加速可独立控制	小。有时需要对基板加热	采用低能电子离化效率高、膜层质量可控制	精密机械制品、电子、器件、装饰品
3	活性反应蒸镀(ARE)	电子束加热	反应气体 O_2、N_2、C_2H_2、CH_4 等	$10^{-4} \sim 10^{-1}$	依靠正偏置探极和电子束间的低压等离子体辉光放电、二次电子	无加速电压。基片上加 0～数千伏加速电压的 ARE	小。要对基板加热	蒸镀效率高，能获得 Al_2O_3、TiN、TiC 等薄膜	机械制品、电子器件、机械制品
4	空心阴极离子镀(HCD)	电子束加热	Ar 其他惰性反应气体	$10^{-2} \sim 1$	利用低压大电流放电、电子束碰撞	0～数千伏的加速电压。离化和加速独立进行	小。要对基板加热	离化率高、电子束斑较大、能镀金属膜、介质膜、化合物膜	装饰镀层，耐磨镀层，机械制品
5	射频离子镀(RFIP)	电阻加热或电子束加热	真空、Ar 其他惰性气体、反应气体 O_2、N_2、C_2H_2、CH_4 等	$10^{-3} \sim 10^{-1}$	射频等离子体放电(13.5MHz)	0～数千伏的加速电压。离化和加速独立进行	小	不纯气体少、成膜好，适合镀化合物膜，匹配较困难	光学、半导体器件、装饰品、汽车零件
6	增强 ARE 型	电子束加热	Ar 其他惰性反应气体 O_2、N_2、CH_4 等	$10^{-2} \sim 10^{-1}$	探极被吸引电子束形成一次电子、二次电子外，增强极发出的低能电子促进离化	无加速电压。基片上加 0～数千伏的增强加速电压 ARE	小。要对基板加热	易离化、基板所需功率和放电功率能独立调节，膜层质量、厚度易控制	机械制品、电子器件、装饰品、电子器件
7	低压等离子体离子镀(LPPD)	电子束加热	惰性气体反应气体	$10^{-2} \sim 10^{-1}$	等离子体	DC 或 AC，50V	小。要对基板加热	结构简单，能获得 TiC、TiN、Al_2O_3 等化合物镀层	机械制品、电子器件、装饰品
8	电场蒸发	电子束加热	—	$10^{-4} \sim 10^{-1}$	利用电子束形成的金属等离子体	数百～数千伏的加速电压。离化和加速一起进行	小。要对基板加热	带电场的真空蒸镀、镀层质量好	电子器件、音响器件
9	感应加热离子镀	高频感应加热	惰性气体反应气体	$10^{-4} \sim 10^{-2}$	感应漏磁	DC1～5kV	小	能获得化合物镀层	机械制品、电子器件、装饰

2.4.4.1 直流二极型离子镀

图 2-60 是直流二极型离子镀的结构原理图,其特征是利用二电极间的辉光放电产生离子,并由基片上所加的负偏压对离子加速。按气体放电理论,辉光放电的气压只能维持在 $6.67×10^{-1}Pa～1Pa$。由于工作气压较高,故对蒸镀熔点在 1400℃ 以下的金属,如 Au、Ag、Cu、Cr 等多采用电阻加热式蒸发源。直流二极型离子镀的放电空间电荷密度低,阴极电流密度仅 $0.25mA/cm^2～0.4mA/cm^2$,故离化率低。用它镀制的膜层均匀,具有较好的附着力和较强的粒子绕射性,设备比较简单,镀膜工艺容易实现,可用普通的镀膜机改装。其缺点是轰击粒子能量大,对形成的膜层有剥离作用,同时会引起基片温度升高,使膜层表面粗糙。另外,工艺参数较难控制,薄膜纯度也不高。

2.4.4.2 三极或多阴极离子镀

这是两种二极型的改进方法,分别如图 2-63 和图 2-64 所示。在直流放电离子镀中,将低能电子引入离子区并使电子在等离子区中的平均自由程增加,则可显著提高蒸镀离子的离化效果。在图 2-63 中利用热阴极发射大量热电子,在收集极 4 的作用下横向穿过被蒸发离子流,发生碰撞电离。与二极型相比,三极型的离化率可明显提高,基片电流密度可提高 10 倍～20 倍。

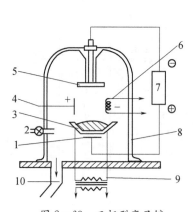
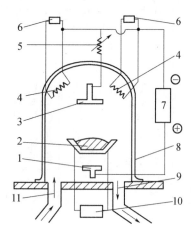

图 2-63 三极型离子镀
1—阳极;2—进气口;3—蒸发源;4—电子收集极;
5—基板;6—电子发射枪;7—直流电源;8—真空室;
9—蒸发电源;10—抽气系统。

图 2-64 多阴极型离子镀
1—阳极;2—蒸发源;3—基板;4—阴极灯丝;
5—可变电阻;6—灯丝电源;7—负高压电源;8—真空室;
9—抽气系统;10—蒸发电源;11—进气口。

多阴极型是把被镀基片作为主阴极,在其旁配置几个热阴极,利用热阴极发出的电子促进气体电离,实际上是在热阴极与阳极的电压下维持放电。因这种方式可在低气压下维持放电,故可实现低气压下的离子镀。

由于主阴极上所加的维持辉光放电的电压不高,而且多阴极灯丝处于基片四周,扩大了阴极区,改善了绕射性,减少了高能离子对基片的轰击作用,从而避免了二极型离子镀溅射严重、成膜粗糙、升温快而且难以控制的特点。另外,通过调节多阴极灯丝的负电位,可调节其接收的离子量,从而调节到达基片的离子数量,这也有利于控制基片温度。对于绝缘体基片,可通过多阴极灯丝的电子发射消除基片上的电荷积累,使工艺得以进行。因此,多阴极型扩展了离子镀的应用领域。

2.4.4.3 活性反应蒸镀

在离子镀过程中,可在真空室中引入能与金属蒸气起反应的气体,如 O_2、N_2 等代替 Ar 或将其混入 Ar 气中,并用各种放电方式使金属蒸气和反应气体的分子、原子激活离化,促进其间的化学反应,在基片表面上就可获得化合物薄膜。这种方法称为活性反应离子镀(Activated Reactive Evaporation,ARE),具有广泛的实用价值。

典型的 ARE 装置如图 2-65 所示。其蒸发源通常采用"e"型枪。真空结构分为上、下两室,上面为蒸发室,下面为电子束源的热丝发射室,两室之间没有压差孔,由电子枪发射的电子束经压差孔偏转聚焦在坩埚中心使膜材蒸发。采用这种枪既可以加热蒸发高熔点金属,又为激活金属蒸气粒子提供了电子,为高熔点金属化合物的制备提供了良好的热源。

选择不同的反应气体可以得到不同的化合物薄膜。活性反应离子镀的主要特点是基片的加热温度低;沉积速率高;可在任何基片上制膜;通过调整或改变蒸发速度及反应气体的压力,可十分方便地制取不同配比和不同性质的同类化合物。

2.4.4.4 射频离子镀

这种方法最早是由日本的村三洋一在 1973 年提出,其基本原理如图 2-66 所示。这种离子镀放电稳定,能在高真空下镀膜。因为采用了射频激励方式,所以被蒸镀物质气化分子的离化率可达 10% 左右,工作压力较低。其主要特点是蒸发离化和加速可分别独立控制;离化率高,膜层质量好;易进行反应离子镀膜,基片温度低,控制方便。其主要缺点是工作真空度较高,故镀膜的绕射性差,射频对人体有害,应进行屏蔽和防护。

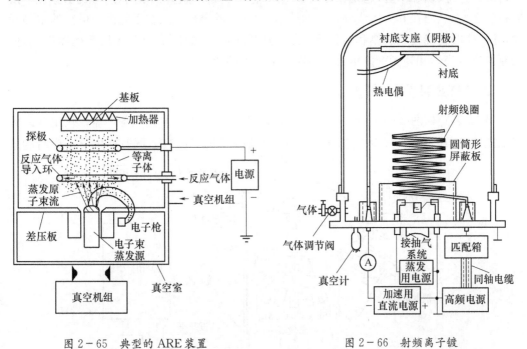

图 2-65 典型的 ARE 装置　　　　图 2-66 射频离子镀

除以上四种外,还有磁控溅射离子镀、真空电弧离子镀、空心阴极放电离子镀等。离子镀技术已在制造敏感、耐热、抗蚀和装饰薄膜方面,得到日益广泛的应用。

2.5 分子束外延技术

2.5.1 外延的基本概念

外延是一种制备单晶薄膜的新技术。它是在满足一定条件的衬底上，合适的条件下，沿衬底原来的晶轴方向生长一层晶格结构完整的新单晶层的制膜方法，这种工艺称为外延，新生长的单晶层叫做外延层。若外延层与衬底材料在结构和性质上相同，称为同质外延，如硅衬底上外延生长硅层。若两者在结构和性质上不同，则称为异质外延，如蓝宝石上生长外延硅层。比较典型的外延方法有气相外延法、液相外延法和分子束外延法。

气相外延(Vapor Phase Epitaxy, VPE)法，又称为化学气相沉积(CVD)。由于它的反应源从外部供给，容易控制，可进行多元素（如 $GaAs_{1-x}P_x$，$In_xGa_{1-x}P$）的结晶生长，又由于它可使衬底和外延两者的晶格常数渐趋一致，因而有可能将混晶在逐渐变化中生长。液相外延(Liquid Phase Epitaxy, LPE)是将溶质放入溶剂中，在一定温度下形成均匀溶液，然后将溶液缓慢冷却通过饱和点（液相线）时，有固体析出而进行结晶生长的方法。这种方法能制得纯度高和结晶优良的外延层，而且能连续生长多层结晶薄膜。

分子束外延(Molecular Beam Epitaxy, MBE)是新发展起来的外延制膜方法，也是一种特殊的真空镀膜工艺。它是在超高真空条件下，将薄膜组分元素的分子束流，直接喷射到衬底表面，从而在其上形成外延层的技术。MBE的突出优点在于能生长极薄的单晶膜层，并且能够精确控制膜厚和组分及掺杂。适用于制作微波、光电和多层结构器件，从而为制作集成光学和超大规模集成电路提供了有力手段。

2.5.2 MBE装置及原理

MBE装置如图2-67所示。它主要由工作室、分子束喷射源和各种监控仪组成。为了保证外延层的质量，减少缺陷，工作室中的压强不高于 10^{-8} Pa，同时产生分子束时的压

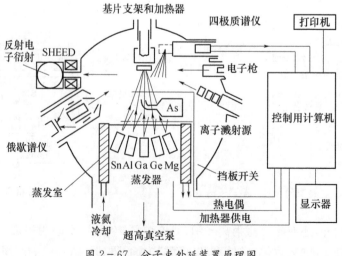

图2-67 分子束外延装置原理图

强也要达到 10^{-6} Pa。因此,工作室一般应由无油超高真空系统进行排气并具有较大的抽速。生长组分更复杂的外延膜或需要掺杂时,则需配置多个喷射源,如图 2-68 所示。喷射源周围有液氮屏蔽罩,在喷射源后面还特别配有辅助排气系统以降低喷射源周围的气体压强。俄歇电子能谱仪和电子衍射仪用来监测与研究外延层单晶的生长过程,评价结晶质量和进行成分分析。四极质谱仪用来检测分子束流量。由电子枪发射的电子束,经薄膜衍射后,被探测器接收,随着沉积原子层数增加,衍射强度呈周期性变化,淀积厚度可通过测定电子衍射信号获得。

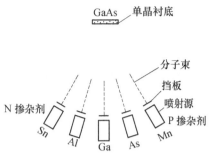

图 2-68 分子束外延喷射原理示意图

分子束向衬底喷射的过程中,当蒸气分子与衬底表面为几个原子间距时,由于受到表面张力的作用而被吸附于衬底表面,并能沿表面进一步迁移,然后在适当的位置上释放出潜热,形成晶核或嫁接到晶格结点上。但是也有可能因其能量大而重新返回到气相中。因此,在一定的温度下,吸附与解吸处于动态平衡。常以黏附系数来表示被化学吸附的分子数与入射到表面的分子数的比例。由于吸附通常是放热过程,所以会使衬底温度增高而不利于吸附,导致黏附系数下降等。

衬底材料是影响外延层质量的重要因素。除要求衬底材料在沉积温度下稳定,不发生热分解,不受外延材料及其蒸气的侵蚀以及与外延材料有相近的膨胀系数等外,最关键的是要求晶格类型和晶格常数应尽可能与外延材料相近。因为外延层的结晶生长与取向行为主要取决于外延材料与衬底材料的晶格结构和原子间距的相互匹配情况。一般而言,晶格失配达 7% 时仍能保持单一的外延关系,但当晶格结构不同或失配非常大时($\geqslant 10\%$),淀积层则可能呈现出不同的外延关系,或者根本得不到外延单晶薄膜。另外,沉积过程中的超高真空环境,严格控制适合的衬底温度,各喷射炉的加热温度,分子束的强度和种类等也都是控制外延薄膜生长的条件。

分子束外延中的掺杂是把杂质元素装入喷射源中,以便在结晶生长中进行掺杂。例如 GaAs 使用的 N 型掺杂有 Sn、Ge、Si;P 型杂质有 Mn、Mg、Be、Zn 等,在 MBE 中,只要适当选择衬底温度,通过控制分子束流的强度就能得到生长速率为 0.1nm/h~1nm/h,掺杂浓度为 $10^{13}/cm^3$~$10^{19}/cm^3$ 的外延层。

2.5.3 MBE 的特点

分子束外延是一种将原子一个一个直接在衬底上进行沉积的方法,因此它与通常的 CVD 外延和真空蒸镀相比,有以下特点:

(1) MBE 虽然也是一个以气体分子论为基础的蒸发过程,但它并不以蒸发温度为控制参数,而是以系统中的四极质谱仪、原子吸收光谱等现代分析仪器,精确地监控分子束的种类和强度,从而严格控制生长过程与生长速率。

(2) MBE 是一个超高真空的物理沉积过程,既不需要考虑中间化学反应,又不受质量传输的影响,并且对生长和中断(开关挡板)进行瞬时控制。因此,薄膜的组分和掺杂浓度可随蒸发源的变化作出迅速调整。

(3) MBE 的衬底温度低,因此降低了界面上热膨胀引入的晶格失配效应和衬底杂质对外延层的自掺杂扩散影响。

(4) MBE 是一个动力学过程,即将入射的中性粒子(原子或分子)一个一个地堆积在衬底上进行生长,而不是一个热力学过程,所以它可生长普通热平衡生长方法难以生长的薄膜。

(5) MBE 的另一个显著特点是生长速率低,大约 1 μm/h,相当于每秒生长一个单原子层,因此有利于实现精确控制膜厚、结构与成分以及形成异质结等。因此,MBE 特别适于生长超晶格材料。

(6) 在获得单晶薄膜的技术中,MBE 的衬底温度最低,有利于减少自掺杂。

(7) MBE 是在超高真空环境中进行的,而且衬底和分子束源相隔较远,因此可用多种表面分析仪器实时观察生长面上的成分、结构及生长过程,有利于科学研究。

另外,MBE 能有效地利用平面技术,用它制作的肖特基势垒特性达到或超过 CVD 制作的肖特基势垒特性。

由此可见,MBE 特别适用于生长具有复杂剖面的薄膜或超薄膜外延层。MBE 已在固体微波器件、光电器件、多层周期结构器件和单分子层薄膜等方面的研究中得到广泛的应用。

2.6 脉冲激光沉积技术

2.6.1 脉冲激光沉积技术概述

脉冲激光沉积(Pulsed Laser Deposition,PLD)制膜技术是利用高能激光束作为热源来轰击待蒸发材料,然后在基片上蒸镀薄膜的一种新技术。激光光源可以采用准分子激光、CO_2 激光、Ar 激光、钕玻璃激光、红宝石激光及钇铝石榴石激光等大功率激光器,并置于真空室之外。高能量的激光束透过窗口进入真空室中,经棱镜或凹面镜聚焦,照射到蒸发材料上,使之加热(或烧蚀)气化蒸发。聚焦后的激光束功率密度很高,可达 10^6 W/cm^2 以上。1987 年,Bell 实验室的 Venkatesan 及其合作者首次使用 PLD 技术生长出了高质量的 YBCO 薄膜。PLD 技术受到了人们的广泛关注,近 5 年内,利用 PLD 方法制备薄膜的化合物种类就已接近 200 种。迄今,已经可以利用 PLD 沉积类金刚石薄膜、高温超导薄膜、各种氮化物薄膜、复杂的多组分氧化物薄膜、铁电薄膜、非线性波导薄膜、合成纳米晶量子点薄膜等。图 2-69 是脉冲激光沉积装置的基本结构示意图。从激光器中产生的激光,先经过反射镜改变其前进方向,后经过一个凸透镜将激光束聚焦到靶面上。聚焦激光产生一个足够大的电场将处于光吸收深度范围内的电子通过非线性过程从原子中移出。对于

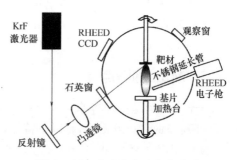

图 2-69 脉冲激光沉积装置的基本结构示意图

一个纳秒激光脉冲来说,该过程所用时间极短,约为 10ps 左右;对于大部分的材料来说,激光与靶材的相互作用范围,即光吸收深度大约在 10nm 以内。因此对于 $1mm^2$ 的聚焦光斑来说,将会有大约 10^{15} 个外层电子产生,这些电子在激光光束产生的电磁场中振荡的同时还与邻近的原子或离子相互碰撞,从而将一部分能量转移到靶表面的晶格中。一旦产

生足够密度的自由电子,逆韧致辐射将成为主要的过程。当激光脉冲停止后,由于库仑排斥和靶表面的反冲作用,由高能离子、电子、原子、分子等组成的等离子体从融蒸的靶材附近快速绝热地膨胀和传播,并与背景气体发生复杂的气相反应。这些膨胀的等离子体所发出的可见光光谱,就是羽辉(plume),它们的温度接近10000K或更高。这些高能粒子从融蒸到沉积到衬底上所需的时间大约为几个μs,到达衬底表面后以一定的概率吸附在其上,继而成核、长大,形成连续的薄膜。虽然PLD沉积薄膜的过程和原理比较简单,但是要得到高质量的薄膜还是比较困难的,这是因为在薄膜的沉积过程中,控制薄膜生长的参数很多,诸如基片类型、衬底温度、激光能量密度、背景气压、靶基距、沉积率、退火温度和退火气压等,而且这些参数之间的相互作用也很复杂。随着激光器技术的发展,PLD技术所使用的主要激光器参数如表2-19所列。

表2-19 PLD技术所使用的主要激光器参数

激光器类型	波长/nm	脉冲能量/J	脉冲频率/Hz	脉冲宽度/s
CO_2 TEA 激光器	10600	7.0	10	$(2\sim3)\times10^{-6}$
Nd:YAG 激光器	1064	1.0	20	$(7\sim9)\times10^{-9}$
二次谐波激光器	532	0.5	20	$(5\sim7)\times10^{-9}$
三次谐波激光器	355	0.24	20	$(4\sim6)\times10^{-9}$
XeCl 准分子激光器	308	2.3	20	40×10^{-9}
ArF 准分子激光器	193	1	50	$(1\sim4)\times10^{-9}$
KrF 准分子激光器	248	1	50	$(1\sim4)\times10^{-8}$

2.6.2 脉冲激光沉积技术的特点

与其他连续物理气相沉积方法如溅射、分子束外延、反应共蒸发等相比,脉冲激光沉积最重要的一个特点就是粒子供给的不连续性,即来自靶材的蒸发材料的供给是不连续的,因此在脉冲激光沉积中衬底表面具有不连续的超饱和度。在激光与靶材发生强相互作用时,脉冲激光沉积的超饱和度比一般的连续沉积方法要高大约四个数量级,一旦激光停止,超饱和度立即减小为零。开始时高的超饱和度导致临界成核体积减小,增加了成核密度,随后,低的超饱和度和粒子供给的暂停又有利于吸附粒子的表面扩散。高的成核密度和高的粒子迁移率对于薄膜获得二维层状外延生长来说是相当重要的,而具有超饱和度不连续性的脉冲激光沉积恰恰可以同时满足以上要求。羽辉在衬底上的持续时间较短,只有几个μs左右,因此瞬间沉积率可高达10^4nm/s,比其他薄膜沉积技术的沉积率高两个数量级,这是PLD沉积薄膜的一个显著特点。

在一般的热沉积过程中,不同元素从源表面蒸发出来的蒸发率是不同的(如对于YBCO来说,Ba比Cu容易蒸发,Y最难蒸发),这就导致了薄膜组分与靶材组分的偏离。但是与一般的热沉积技术不同,PLD是一种非热(nonthermal)的薄膜沉积技术,即沉积到基片表面的粒子是通过非热过程产生的,也正是这一特点使得它可以容易地实现薄膜的同组分沉积。通常来讲,"非热"就是指全体粒子(原子、离子或自由基)的物理和化学过程，如化学键的断裂和形成等，具有一个或更多的能量自由度（平移自由度、转动自由度、振动自由度或电的自由度），但是这些能量自由度并不遵守麦克斯韦—玻耳兹曼(Maxwell-Boltzmann)统计分布，因此不能用温度这一个简单的物理量来描述它们的特点和规律。在实验中通常使用两种方法去获得非热条件：放电或凝聚物质与强烈的光场相互作用。PLD 正是利用脉冲激光去实现非热条件的。虽然传统的沉积方法，如 CVD 也可以通过非热条件的施加变为等离子体加强的 CVD(PECVD)和激光加强的 CVD(LECVD)，但是非热条件的施加并未改变沉积粒子是通过热过程产生的这一本质，它仅仅是利用非热条件对已经产生的粒子进行调节而已，与 PLD 沉积方法有着本质上的区别。同时，在热沉积技术中，沉积到薄膜表面的粒子能量约为 0.1eV，比表面原子的键能低一到两个数量级，因此对原子的表面扩散和与薄膜之间能量转移的贡献基本上是微不足道的。但是，在非热沉积技术中，入射粒子的能量与体材料的束缚能基本上是同一个数量级或者更高。当它们附着在薄膜表面上时，就可以通过向邻近表面的晶格转移能量进而改变它们周围的环境。这就意味着，瞬间的相互作用可以加强增原子的表面扩散，同时降低解吸附率。这样一来，晶体生长所需要的能量主要是由沉积粒子而不是薄膜和衬底的加热来提供的，因此高质量的薄膜通常可以沉积在温度较低的衬底上，这也是 PLD 沉积技术的一个重要特点。Sankur 等人通过研究发现：使用 PLD 在 300°C 时就可以实现 Ge 的异质外延；而用 MBE 的话，温度要超过 700°C 才可以实现以上过程。因此，由非热过程产生的高能量粒子在薄膜的外延生长中扮演着极为重要的角色。

早在 1987 年，Venkatesan 及其合作者就已经意识激光与靶材如此快的作用速率使得在被辐照的靶材中不可能出现相分离，因而可以"魔术般"地将靶材的化学和晶体学特性复制到薄膜上，实现薄膜的同组分沉积。这不仅是 PLD 沉积薄膜的特点，也是 PLD 沉积薄膜的最大优点。在 2000 年，Willmott 等人报道了在 Si(001)基片上异质外延生长掺 Nd 和 Cr 的 $Gd_6Sc_2Ga_6O_{12}$，该材料不仅包括 6 种不同的元素，而且每个晶胞内还包含 160 个原子，充分发挥了 PLD 同组分沉积薄膜的优势。

PLD 主要有以下特点：

(1) 激光加热可达极高温度，可蒸发任何高熔点材料，且获得很高的蒸发速率。

(2) 由于采用了非接触式加热，激光器可安装在真空室外，既避免了来自蒸发源的污染，又简化了真空室，非常适宜在超高真空下制备高纯薄膜。

(3) 利用激光束加热能够对某些化合物或合金进行"闪烁蒸发"，有利于保证膜成分的化学比或防止待蒸发材料分解；又由于材料气化时间短，不足以使四周材料达到蒸发温度，所以激光蒸发不易出现分馏现象。因此，激光闪蒸是沉积介质膜、半导体膜和无机化合物薄膜的好方法。

(4) 背景气压具有很宽的范围（从高真空到几 kPa)，且能在气氛中实现反应沉积，形成高质量的多组元薄膜。

(5) 羽辉中高能量的原子或离子有助于在气相或衬底上完成化学反应。

PLD 沉积薄膜也有它自身的缺点，如薄膜表面容易有小颗粒的形成和薄膜厚度不够均匀等，这在一定程度上限制了它的应用。通常人们利用挡板法、离轴沉积和速度过滤器等手段去减少薄膜表面的颗粒。

对于化学结构和组分复杂的过渡金属氧化物，如高温超导铜氧化物和庞磁电阻材料来说，材料的性质与化学组分密切相关，任何组分的微小偏离都会导致材料性质的显著改变。因此，在灵活、随意地改变材料性质的同时必须完全控制薄膜的生长，使其组分与靶材组分完全一致，PLD 恰好就是一种可以实现以上研究目标的薄膜沉积技术。

2.6.3 脉冲激光沉积薄膜技术的改进

脉冲激光沉积的薄膜表面存在着大小不一的颗粒，且面积小、均匀性差。而商业应用要求大颗粒少于 1 个/ cm^2，这是该技术目前难以商业化的主要原因之一。为了克服这些致命缺点，人们针对成膜机理和实验手段进行了大量的研究和改进，其中实验参数的优化和新型超短皮秒或者飞秒激光器的使用是关键。

实验参数的优化是制备优质膜技术的关键所在。其主要参数如激光波长、激光能量强度、脉冲重复频率、衬底温度、气氛种类、气压大小、离子束辅助电压电流、靶—基距离等的优化配置是制备理想薄膜的前提。另外，靶材和基片晶格是否匹配，基片表面抛光、清洁程度均影响到膜—基结合力的强弱和薄膜表面的光滑度。粒子束放电辅助能够筛分沉积到基片的粒子取向、增加薄膜表面的光滑度；采用合适大小的激光能量强度、靶—基距离、基片旋转法、或能过滤慢速大质量粒子的斩波器等均可起到光滑表面的作用。为了能采用 PLD 法制备大面积均匀薄膜，Keyi Caiyomh 激光圆形扫描和激光复合扫描沉积薄膜方式，使激光束可以按一定的轨迹旋转，旋转的激光束射入真空系统中剥离靶材，其等离子体云再作用到以一定角速度旋转的基片上成膜。经过参数优化，可以得到均匀性优于 98%、直径大于 50mm 的大面积薄膜。

通过计算机仿真方法来优化实验参数也是很有指导意义的，主要的仿真方法有数值分析法和蒙特卡罗模拟方法。其中，蒙特卡罗方法是由 Bird 在计算单一气体松弛问题时最先采用的。其实质是用适当数目的模拟分子代替大量的真实气体分子，用计算机模拟由于气体分子运动碰撞、运动而引起的动量和能量的输运、交换、产生气动力和气动热的宏观物理过程，从而可以较数值分析方法更真实地仿真实验的真实情况。Itina 等把 Bird 的思想在脉冲激光沉积薄膜过程模拟方法中进行了一系列比较成功的应用，详细考虑了原子沉积、扩散、成核、生长和扩散原子的再蒸发，及不同背景气体、不同气压对不同质量数的粒子的作用差异，对薄膜沉积速率等做了许多成功的估算。如模拟得出 25Pa 的压强下质量数小(小于 27) 的粒子、40Pa 压强下质量数较大(如 60 左右) 的粒子沉积均匀性可达到最好。

利用飞秒激光作为激光光源可减少薄膜表面颗粒的产生。这是因为在激光与靶材相互作用的瞬间，所有光子的能量在传递给晶格之前就已经全部转移给融蒸材料中的电子了，使融蒸效率更接近于统一，且对融蒸区的周围几乎没有什么损害，从而避免了小颗粒从靶表面上的溅射，但是飞秒激光器的价格昂贵、操作不便等弱点限制了它的使用。

2.6.4 脉冲激光沉积薄膜技术的发展

2.6.4.1 超快脉冲激光沉积技术

随着激光技术的发展，人们发展了用皮秒、飞秒脉冲激光制备薄膜。1997 年，澳大利亚的 Gamaly 等最早提出并设计制成了飞秒脉冲激光沉积薄膜装置。随后皮秒和飞秒脉冲激光沉积技术在美国、欧洲和澳大利亚等多个国家兴起。该技术采用低脉冲能量和高

重复频率的方法达到高速沉积优质薄膜的目的,其主要原因是:

(1) 每个低能量的超短脉冲激光只能蒸发出很少的原子,故可以相应地阻止大颗粒的产生。高达几十兆赫兹的重复频率可以使产生的蒸气和衬底相互作用,可以补偿每脉冲的低蒸发率而在整体上得到极高的沉积速率。同时也能有效阻止传统 PLD 技术沉积过程中由于靶材的不均匀性、激光束的波动性及其他的不规律性产生的大颗粒,是除用机械过滤方法来阻止大颗粒到达基片的措施之外来改善薄膜的表面质量的另一个好方法。故超快 PLD 技术对克服传统 PLD 制备薄膜的表面大颗粒的缺点很有效。

(2) 由于重复频率达几十兆赫兹,使每个脉冲在空间上很近,这样,可以通过使激光束在靶材上扫描、快速连续蒸发组分不同的多个靶材制得复杂组分的连续薄膜。使用超快 PLD 可以用来高效优质地生产多层薄膜、混合组分薄膜、单原子层膜。1997 年,澳大利亚国立大学设计和制成了第一套飞秒脉冲激光沉积设备。结果发现,所制得的类金刚石薄膜微观粗糙度仅在原子厚度范围,比传统 PLD 方法得到了极大改善。这是由于激光脉宽短于 1ps,在脉冲作用时间内就没有电子和离子间的能量交换;而传统 PLD 方法中纳秒级脉宽激光的作用机理是:先是产生蒸气,待蒸气能量在后续脉冲作用下超过能量阈值后再离子化。故相比之下,超快 PLD 没有产生热的激波,所吸收的激光能量高效地转移到被剥离粒子中去了。

超快 PLD 技术的特点如下:

(1) 采用较低的单脉冲能量来抑止大颗粒的产生;

(2) 重复频率足够高,可以快速扫过多个靶材得到复杂组分的连续薄膜,制膜效率较高;

(3) 沉积率是传统 PLD 方法的 100 倍。但在超快脉冲激光与固体交互作用方面仍有许多尚不为人们理解的现象待人们去研究解释,以加速脉冲激光沉积薄膜技术的实用化进程。

2.6.4.2 脉冲激光真空弧技术

脉冲激光真空弧(pulsed laser vacuum arc)技术是结合脉冲激光沉积和真空弧沉积技术而产生的,其原理图见图 2-70。其基本原理为:在高真空环境下,在靶材和电极之间施加一个高电压,激光由外部引入并聚焦到靶材表面使之蒸发,从而在电极和靶材之间引发一个脉冲电弧。该电弧作为二次激发源使靶材表面再次激发,从而使基体表面脉冲形成所需的薄膜。在阴极的电弧燃烧点充分发展成为随机的运动之前,通过预先设计的脉冲电路切断电弧。电弧的寿命和阴极在燃烧点附近燃烧区域的大小,取决于由外部电流供给形成的脉冲持续时间。

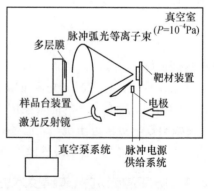

图 2-70 激光真空弧沉积装置原理图

通过移动靶材或移动激光束,可以实现激光在整个靶材表面扫描。由于具有很高的重复速率和很高的脉冲电流,该方法可以实现很高的沉积速率。它综合了前者的可控制性和后者的高效率的优点,可获得一个具有很好可控性的脉冲激光激发的等离子体源。可以实现大面积、规模化的薄膜制备以及一些具有复杂结构的高精度多层膜的沉积。该技术在一些实验研究和实际应用中已经展现出其独特优势,尤其是在一些硬质薄膜和固体润滑材料薄膜的制备方面将有十分广泛的应用,成为一种具有广泛应用前景的技术。

1990 年,德国的 Siemroth 等人首次利用 Laser-arc 技术成功制备了类金刚石薄膜,之后又通过调节参数,制备了从类金刚石、类石墨到类玻璃态等不同类型的碳膜,该技术在合金钢、非合金钢、硬金属、铜、铝合金以及黄铜等基体表面制备高硬度、低摩擦因数和高耐磨的类金刚石薄膜,通过该技术制得的类金刚石薄膜已经达到光学应用标准。Laser-arc 技术已经在工业上如钻头、切销刀具、柄式铣刀、粗切滚刀和球形环液流开关等得到了应用。其可控制性好,阴极靶材表面的激发均匀且有效,使其很适合于复杂和高精度的多层膜的沉积。自 Ti/TiC 多层膜后,在 Al/C、Ti/C、Fe/Ti、Al/Cu/Fe 等纳米级多层、单层膜上的实验都取得成功,制得的多膜层与膜基结合很好,单层膜光滑致密。

2.6.4.3 双光束脉冲激光沉积技术

双光束脉冲激光沉积(DBPLD)技术是采用两个激光器或对一束激光分光的方法得到两束激光,同时轰击两个不同的靶材,并通过控制两束激光的聚焦功率密度,以制备厚度、化学组分可设计的理想梯度功能薄膜,可以加快金属掺杂薄膜、复杂化合物薄膜等新材料的开发速度。其装置图见图 2-71。

日本于 1997 年最早进行了用 DBPLD 方法在玻璃上制备了组分渐变的 Bi/Te 薄膜的研究,即在温度(200~350)℃时,将一束光分为两束,同时轰击 Bi 和 Te 靶,在靶—基距离为 30mm 时制得的薄膜水平面上 10mm 距离内组分分布为 Bi∶Te = 1∶1.1~1∶1.5,电热系数和阻抗系数分别约为 170 $\mu V/K$ 和 $2 \times 10^{-3} \Omega \cdot cm$。新加坡的 Ong 等用 DBPLD 技术同时对 YBCO 和 Ag 靶作用,通过精确控制两束光的强度,实现了原位掺杂,在膜上首次观察到 150μm 的长柱状 Ag 结构,这对制备常规超导体和金属超导 Josephson 结有实用意义。德国的 Schenck 和 Kaiser 采用

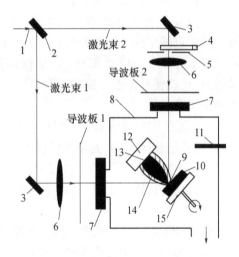

图 2-71 双光束脉冲激光沉积装置图
1—激光束;2—分束器;3—反射镜;4—光束能量控制器;5—掺杂孔;6—聚焦镜;7—激光窗口;8—PLD 沉积腔;9—掺杂靶;10—靶材;11—通气管;12—衬底加热器;13—衬底;14—等离子体羽辉;15—靶台。

DBPLD 技术用 $BaTiO_3$ 和 $SrTiO_3$ 为靶材制备了 BST 系列陶瓷薄膜。通过控制各个光束的能量强度和作用时间可望制备出组分渐变的掺杂梯度薄膜。如果能成功地辅以温度、气氛种类和压强、光强,采用可旋转多靶座的装置,可望解决用普通方法制备复合薄膜时反复制备组分不同的靶材如 $YBCO_x$、$Ba_x Sr_{1-x} TiO_3$ 等的问题,可以大大提高制备薄膜的效率。

2.6.4.4 激光分子束外延(LMBE)

激光分子束外延(Laser MBE)技术是近年来发展起来的一项新型薄膜制备技术,它

将 MBE 的超高真空、原位监测的优点和 PLD 的易于控制化学组分、使用范围广等优点结合起来,制备高质量外延薄膜,特别是多层及超晶格膜的有效方法。它的装置如图 2-72 所示。

激光分子束外延设备主要由以下四部分组成:

(1) 激光系统:高功率紫外脉冲激光源通常采用准分子激光器(如 KrF、XeCl 或 ArF),激光脉冲宽度约为 20ns～40ns,重复频率 2Hz～30Hz,脉冲能量大于 200mJ。

(2) 真空沉积系统:由进样室、生长室、涡轮分子泵、离子泵、升华泵等组成。进样室内配备有样品传递装置,生长室内配备有可旋转的靶托架和基片衬底加热

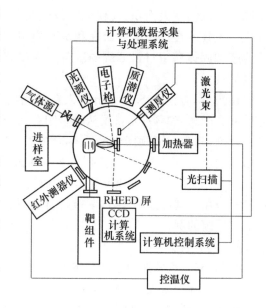

图 2-72 激光分子束外延沉积薄膜装置图

器。其中进样室的真空度为 6.65×10^{-4} Pa;外延生长室的极限真空度为 6.65×10^{-8} Pa,靶托架上有 4 个～12 个靶盒,可根据需要随时进行换靶;样品架可实现三维移动和转动;加热器能使基片表面温度达到 850℃～900℃,并能在较高气体分压(如 200mTorr)条件下正常工作。

(3) 原位实时监测系统:配备有反射式高能电子衍射仪(RHEED)、薄膜厚度测量仪、四极质谱仪(QMS)、光栅光谱仪或 X 射线光电子谱(XPS)等。

(4) 计算机精确控制,实时数据采集和数据处理系统。激光光束经过反射聚焦后通过石英窗口打在靶面上,反射镜由计算机控制进行转动以便光束打在靶面上实现二维扫描。

激光分子束外延生长薄膜或超晶格的基本过程是,将一束强脉冲紫外激光束聚焦,通过石英窗口进入生长室入射到靶上,使靶材局部瞬间加热蒸发,随之产生含有靶材成分的等离子体羽辉,羽辉中的物质到达与靶相对的衬底表面而沉积成膜,并以单原子层或原胞层的精度实时控制膜层外延生长,交替改换靶材,重复上述过程,则可在同一衬底上周期性的沉积多层膜或超晶格。通常聚焦后的激光束以 45°角入射到靶面上,能量密度为 $1J/cm^2$～$5J/cm^2$,靶面上的局部温度可高达 2000K～3000K,从而使靶面加热蒸发出原子、分子或分子团簇。这些在靶面附近的原子、分子进一步吸收激光能量会立即转变成等离子体,并沿靶面法线方向以极快的速度($\sim 10^5$ cm/s)射向衬底而沉积成膜。衬底与靶的距离在 3cm～10cm 之间可调。对不同基片和靶材料,沉积过程中衬底表面加热温度也不同,大约在 600℃～900℃范围内变化。一般地,薄膜沉积完成之后,还要经过适当的退火处理,达到所需要的晶相,并改善晶格的完整性。通过适当选择激光波长、脉冲重复频率,控制最佳的能量密度、反应气体气压、基片衬底的温度以及基片衬底与靶之间的距离等,得到合适的沉积速率和最佳成膜条件,则可制备出高质量的薄膜或超晶格。

当薄膜按二维原子层方式生长时,在位监测的 RHEED 谱随膜层按原子尺度的增加将发生周期性的振荡。当新的一层膜开始生长时,RHEED 谱强度总是处于极大值,其振荡周期对应的膜厚就是每一新的外延层的厚度。此外,如发射光谱法、质谱仪、高速 CCD 摄影法、光电子能谱仪、石英晶体振荡膜厚监测仪等也常用于制膜过程中等离子体诊断和结构、成分的实时监控分析。

激光分子束外延集中了传统 MBE 和 PLD 方法的主要优点,又克服了它们的不足之处,具有显著的特点:

(1) 根据不同需要,可以人工设计和剪裁不同结构从而具有特殊功能性的多层膜(如 $YBa_2Cu_3O_7/BaTiO_3/YBa_2Cu_3O_7$)或超晶格,并用 RHEED 和薄膜测厚仪可以原位实时精确监控薄膜生长过程,实现原子和分子水平的外延,从而有利于发展新型薄膜材料。

(2) 可以原位生长与靶材成分相同化学计量比的薄膜,即使靶材成分很复杂,包含五六种或更多种的元素,只要能形成致密的靶材,就能制成高质量的薄膜。比如可以用单个多元化合物靶,以原胞层尺度沉积与靶材成分相同化学计量比的薄膜;也可以用几种纯元素靶,顺序以单原子层外延生长多元化合物薄膜。

(3) 使用范围广,沉积速率高(可达 10nm/min~20nm/min)。由于激光羽辉的方向性很强,因而羽辉中物质对系统的污染很少,便于清洁处理,所以可以在同一台设备上制备多种材料的薄膜,如各种超导膜、光学膜、铁电膜、铁磁膜、金属膜、半导体膜、压电膜、绝缘体膜甚至有机高分子膜等。又因为其能在较高的反应性气体分压条件下运转,所以特别有利于制备含有复杂氧化物结构的薄膜。

(4) 便于深入研究激光与物质靶的相互作用动力学过程以及不同工艺条件下的成膜机理等基本物理问题,从而可以选择最佳成膜条件,指导制备高质量的薄膜和开发新型薄膜材料。例如,用四极质谱仪和光谱仪,可以分析研究激光加热靶后的产物成分、等离子体羽辉中原子和分子的能量状态以及速率分布;用 RHEED、薄膜测厚仪和 XPS,可以原位观测薄膜沉积速率、表面光滑性、晶体结构以及晶格再构动力学过程等。

(5) 由于能以原子层尺度控制薄膜生长,使人们可以从微观上研究薄膜及相关材料的基本物理性能,如膜层间的扩散组分浓度、离子的位置选择性取代、原胞层数、层间耦合效应以及邻近效应等对物性起源和材料结构性能的影响。

2.6.4.5 脉冲激光液相外延法

激光液相外延法主要利用激光脉冲辐射靶材表面,产生含有中性原子、分子、活性基团以及大量离子和电子的等离子体羽辉,等离子体羽辉在一个激光脉冲周期内吸收激光能量,成为处于高温高压高密度状态的等离子体团,等离子体团与液相体系发生能量交换,并随着激光脉冲的结束而碎灭。在此过程中,体系中的活性粒子相互碰撞发生反应,生成产物与激光能量和反应条件有关。脉冲激光液相外延法不仅具有脉冲激光沉积法所具有的特点,而且拥有液相外延法的优势。但该方法的主要缺点是晶格的错配度小于 1‰时才能生长出表面平滑、完整的薄膜,外延层的组分不仅和液相的组分有关,还和元素的分配系数有关,而且该方法对大液滴的抑制不够理想。1999 年龚正烈等采用该方法在硅基上制备了 Ni-Pd-P 纳米薄膜。2004 年朱杰等采用脉冲激光液相法制备出浓度和均匀度相对较好的纳米硅颗粒。

2.6.4.6 脉冲激光诱导晶化法

脉冲激光诱导晶化法常被用来晶化大面积非晶硅薄膜,其晶化过程可以实现瞬态处理,晶化后晶体薄膜具有较低的缺陷态密度。2003年李鑫等将传统等离子体增强化学气相沉积法制备的无机发光薄膜,用脉冲激光诱导晶化法处理,即先使用能量密度为779mJ/cm^2 的激光诱导,然后通过900℃常规热退火处理30min,制备出了高密度、尺寸可控的纳米硅量子点薄膜。2004年乔峰等报道了脉冲激光诱导法制备的纳米—硅二氧化硅多层膜,结果表明,通过改变原始沉积的α—Si硅子层厚度,可以得到精确可控的纳米硅颗粒尺寸,而且晶化比率较高。荧光发射光谱显示,位于650nm处的发光峰值强度随着激光辐照能量密度的升高而增加。

2.6.4.7 直流放电辅助脉冲激光沉积法

直流放电辅助脉冲激光沉积法的基本原理是脉冲激光烧蚀靶材,形成等离子体,然后通过在等离子体运动路径上实行强电流放电以进一步推动和加热等离子体,同时采用磁场过滤器滤除中性粒子。直流放电辅助脉冲激光沉积法突破传统脉冲激光沉积法的局限,通过直流放电,提高了等离子体的平均动能,有效降低了脉冲激光的输出能量。2002年郭建等报道了在不同的负直流衬底偏压下,用脉冲激光沉积法在单晶硅和K9玻璃衬底上沉积水晶碳膜。2004年童杏林等详细研究了直流放电辅助脉冲激光沉积法制备的硅基GaN薄膜。其结果显示,提高沉积气压有利于提高GaN薄膜的结晶质量,在入射激光脉冲150mJ~220mJ能量范围内,随着入射激光脉冲能量的提高,GaN薄膜表面结构得到改善。在700℃衬底温度、20Pa的沉积气压和220mJ的入射激光脉冲能量的优化工艺条件下,所沉积生长的GaN薄膜具有良好的质量。

习题与思考题

1. 设计一个实验,通过常规的薄膜沉积法和表征设备来测定金属气化热的实验值。
2. 假如将铁放在1550℃、面积为1cm^2 的表面上加热蒸发,可以采用提高温度100℃的方法来达到需要的蒸发速率,但是这样的话会烧毁表面材料。除了提高温度,加强表面的哪些因素可以使蒸发速率达到要求?
3. 一分子束外延设备上有两个面积为4cm^2 且相互分离的Al和As蒸发源,蒸发源距(100)GaAs衬底10cm。将Al源加热到1000℃,将As源加热到300℃。AlAs的生长速率是多少Å/s?[注:AlAs具有和GaAs相同的晶体结构和点阵常数(5.661Å)]
4. 在25℃的真空中以1μm/min的速度沉积Al薄膜,估计薄膜中含有10^{-3} 的氧,则该系统中的氧气分压是多少?
5. 沉积YBa$_2$Cu$_3$ 合金薄膜需将Y、Ba、Cu制成3个点状的蒸发源。这3个点置于一个边长为20cm的正三角形的3个顶点上。将一块小的衬底置于该三角形质心的正上方和三角形所处的面保持平行;整个沉积系统构成一个边长为20cm的正四面体。

   (1) 如果将Y蒸发源加热到1740K能产生10^{-3} Torr的蒸气压,那么需要将Cu蒸发源加热到什么温度才能保持薄膜的化学组分?

   (2) 若用将Cu的点蒸发源换成一个面蒸发源,需要将Cu蒸发源的温度变为多少才能保证薄膜的化学组分？

(3) 若需要沉积 $YBa_2Cu_3O_7$ 超导薄膜,则至少需要有多大的氧分压？(原子量:Y=89,Cu=63.5,Ba=137,O=16)

6. 一种沉积特定厚度的金属薄膜的方法:将金属制成蒸发源然后加热蒸干(即:将金属放入坩埚蒸发至无残留),现需在一个直径 30cm 的半球壳的内球面上沉积 5000Å Au 膜。

(1) 请设计两种不同的蒸发源配置(蒸发源类型和放置的位置)生长出均匀的薄膜。

(2) 两种方法各需多重的 Au？(假定完全蒸干)

7. 假设电子冲击电离和由离子产生二次发射电子的过程控制某溅射系统中的电流 J。根据 Townsend 方程：

$$J = \frac{J_0 \exp\alpha d}{1-\gamma[\exp(\alpha d)-1]}$$

式中　J_0——由外部源产生的主要电流密度；
　　　α——由电子产生的单位长度内的离子数；
　　　γ——每个入射离子所发射的二次电子数；
　　　d——极间距。

(1) 若薄膜溅射沉积速率和 JS 的产量成比例,计算 Cu 的比例系数。沉积速率为 200Å/min 0.5keV 的 Ar 离子。假定 $\alpha=0.1$ion/cm，$\gamma=0.08$electron/ion，$d=10$cm，$J_0=100$mA/cm^2。

(2) 若用 1keV Ar 当 $\alpha=0.5$ion/cm，$\gamma=0.1$ electron/ion 时的沉积速率是多少？

8. 某直流平面磁电管系统在 1000V 的电压下工作,它两极间的距离为 10cm。需要多大的磁场才能将电子捕获在靶上 1cm 的范围内？

9. 以何种速率在 Si 衬底上沉积 In 将导致薄膜在 1min 内熔化？(In 的熔点为 155℃)

10. (1) 在以 1 keV 的电压溅射镀金时,假设 Au 原子和 Ar 原子会发生两次碰撞后才能沉积。那么沉积中的 Au 原子的能量是多少？

(2) 气相原子运动 x 的距离而不发生碰撞的可能性为 $\exp(-x/\lambda)$，λ 为两次碰撞间的平均自由程。假定 Au 在 1mTorr 压强的 Ar 中 λ 为 5cm。若靶和阳极之间的距离为 12cm,那么在多大的工作压强下 99% 的 Au 原子将在沉积前发生碰撞？

11. 需要在 1m 宽的钢带上连续的镀上 2 μm 厚的 Al 涂层。在钢带的 $x-y$ 面上沿着 y 方向排着一列电子束枪蒸发器,在钢带宽向上保持均匀的涂层厚度。若蒸发器能每秒蒸发掉 20g 的 Al,那么需要以多快的速度将钢带送过表面蒸发源？(假定 Eq.3-18 决定了 x 向的涂层厚度,蒸发源和钢带之间的距离是 30cm)

12. 为以下各种应用选择适当的薄膜沉积工艺(蒸发,溅射等,源材,靶材等)

(1) 在大型望远镜的镜片上镀一层 Rh；

(2) 在薯片的包装袋上镀一层 Al 膜；

(3) 在集成电路上沉积 Al—Cu—Si 薄膜内部连线；

(4) 在人造宝石上沉积多层 TiO_2—SiO_2 以增强其色泽和反光度。

13. 理论指出当中性原子从表面被溅射出来时,其动能和角度分布可由以下函数给出

$$f(E,\theta) = CS \frac{E}{(E+U)^3}\cos\theta$$

式中 U——表面原子的结合能;

C——常数;

θ——溅射出来的原子和正常表面间的夹角。

(1) 简述在两个不同 U 值的情况下,$f(E,\theta)$ 和 E 的关系。

(2) 指出在 $E=U/2$ 时能量分布的最大值。

14. 为了更好的表示 ICB 过程中的团聚成核,

(1) 若表面张力为 $1000erg/cm^2$ 形成 1000 个 Au 原子的团聚需要多大的过饱和蒸气压?

(2) 如果这样一个团聚被离子化并加速到 10keV 的能量,每个团聚原子将给予基底多少能量?

第三章 薄膜的化学制备工艺学

3.1 概 述

在薄膜的化学制备工艺技术中,应用广泛且非常重要的是化学气相沉积(CVD)。它是薄膜化学制备工艺的基础。按照反应容器内的压力、沉积温度、反应容器壁的温度和沉积反应的激活方式的不同,可将化学气相沉积分为若干类。如:按反应容器内的压力可分为常压 CVD 和低压 CVD;按沉积温度,可分为低温(200℃～500℃)CVD、中温(500℃～1000℃)CVD 和高温(1000℃～1300℃)CVD;按反应容器壁的温度可分为热壁式 CVD 和冷壁式 CVD;按反应激活方式可分为热激活 CVD 和等离子体激活 CVD 等。

另一类采用化学法制备薄膜的技术是化学溶液制膜技术。它是利用相关试剂的溶液,采用化学反应或电化学反应等技术在基片表面沉积薄膜的工艺技术。这种技术不需要真空环境,设备价廉,工艺易于掌握,因而有较大的推广价值。在化学溶液制膜中,近年发展起来的软溶液制备技术(Soft Solution Processing,SSP),受到人们广泛的关注,特别是 SSP 中水热—电化学技术,更为人们所瞩目,有可能发展成为一种环境友好的、几乎能达到零污染和零排放的薄膜制备技术。此外,利用朗缪尔－布洛奇特(Langmur-Blodgett)方法发展起来的 L－B 技术,近年也有很大发展。

3.2 化学气相沉积

3.2.1 化学气相沉积简介

化学气相沉积(CVD)是基于化学反应的一种薄膜沉积方式,其基本特征是,参与化学反应的反应物(前驱体)是气体,而生成物之一(通常是所希望制备的薄膜)是固体。CVD 中的化学反应包括热分解反应、还原与置换反应、氧化或氮化反应、水解反应、歧化反应等。在大多数情况下,这些反应都依靠热激发,因此,对反应温度,特别是基片温度,需要严格控制。一般来说,在一定的温度范围内,基片温度高,有利于反应的顺利进行。

在 CVD 制膜过程中,可以将薄膜形成的过程分为以下四个主要阶段:

(1) 反应气体向基片表面扩散;
(2) 反应气体吸附于基片表面;
(3) 反应气体在基片表面发生化学反应,形成所需的固体薄膜;
(4) 反应气体在基片表面反应后所产生的气相附产物脱离基片表面,扩散到基片外或被真空泵抽走,留下反应所生成的不挥发固体反应产物——薄膜。

显然,要使 CVD 制膜能够顺利进行,必须要有合适的、能产生所需反应气体的前驱物;与薄膜组分相关的反应气体能按所需比例引导到基片表面,并在一定的基片温度下发生指定的化学反应。上面所列的 CVD 制膜的四个阶段，是依次进行的，其中最慢的过程限定了利用该种化学反应制膜的速率。

CVD 制膜过程涉及反应化学、反应热力学、反应动力学、输运过程、薄膜生长机制、反应器工程等多学科领域。要深入研究 CVD 制膜并希望获得良好的制膜条件，需要对沉积过程进行仔细的热力学分析，找出化学反应过程按预期方向进行的条件，以及动态平衡时可能得到的最大固相产额（或转换效率）。

3.2.2 CVD 的基本原理

CVD 过程是一个涉及与化学反应有关的反应热力学和反应动力学的复杂过程。按照热力学原理，化学反应的自由能变化 ΔG_r 可用反应生成物的标准自由能 G_f 来计算：

$$\Delta G_r = \Sigma \Delta G_f (\text{生成物}) - \Sigma \Delta (G_f (\text{反应物})) \tag{3-1}$$

ΔG_r 与反应系统中各分压强有关的平衡常数 K_p 之间有如下关系：

$$\Delta G_r = -2.3RT \lg(K_p) \tag{3-2}$$

在实际化学反应中，动力学问题包括反应气体对表面的扩散、反应气体在表面的吸附、表面的化学反应和反应副产物从表面解吸与扩散等过程。当基片温度较低时，反应速率 τ 随温度按如下指数规律变化：

$$\tau = A e^{-\Delta E/RT} \tag{3-3}$$

式中，A 为有效碰撞的频率因子，ΔE 为活化能。当基片温度较高时，反应物及副产物的扩散速率成为决定反应速率的主要因素，此时，反应速率 τ 与温度的关系可表示为

$$\tau \sim T^{1.5-2.0}$$

CVD 技术主要涉及如下七种类型的化学反应：

1) 热分解反应

许多元素的氢化物、羟基化合物和有机金属化合物可以以气态存在，且在适当的条件下会在基片上发生热分解反应生成薄膜。热分解方法一般在简单的高温炉中，在真空或惰性气体保护下加热基体至所需的温度后，导入反应物气体使之发生热分解，最后在基片上沉积出薄膜。热分解反应的通式为

$$AB(g) \rightarrow A(s) + B(g)$$

在这一反应式中，A、B 代表两种元素（或化合物），s 表示固相，g 表示气相。一个比较典型的例子是，SiH_4 热解沉积多晶硅和非晶硅的反应：

$$SiH_4(g) \xrightarrow{700℃ \sim 1100℃} Si + 2H_2 \uparrow$$

另外，在传统的镍提纯过程中使用的羰基镍热分解生成金属 Ni 的反应也属于热分解反应：

$$Ni(CO)_4(g) \xrightarrow{180℃} Ni(s) + 4CO(g)$$

热分解反应是最简单的沉积反应，目前已用这方法沉积了多种类型的薄膜。

2) 化学合成反应

多数沉积过程都涉及到两种或多种气态反应物在一个加热基体上发生化学反应,这类反应称为化学合成反应。较为普遍的是用氢还原卤化物来沉积各种金属和半导体薄膜。此外,选用合适的氢化物、卤化物或金属有机化合物来沉积绝缘薄膜,也属于化学合成反应。如:

$$SiCl_4 + 2H_2 \xrightarrow{1150℃ \sim 1200℃} Si + 4HCl; \quad SiCl_4 + CH_4 \xrightarrow{1400℃} SiC + 4HCl$$

化学合成反应法比热分解法应用范围更为广泛。可以用热分解法沉积的化合物并不多,但任意一种无机材料在原则上都可以通过合适的化学反应合成出来。

3) 还原反应

许多元素的卤化物、羟基化合物、卤氧化物等虽然也可以气态存在,但它们具有相当的热稳定性,因而需要采用适当的还原剂才能将其置换出来,如利用 H_2 还原 $SiCl_4$ 制备单晶硅外延层的反应:

$$SiCl_4(g) + 2H_2(g) \xrightarrow{1200℃} Si(s) + 4HCl(g)$$

以及各种难熔金属如 W、Mo 等薄膜的制备:

$$WF_6(g) + 3H_2(g) \xrightarrow{300℃} W(s) + 6HF(g)$$

适用于作为还原剂的气态物质比较容易获取,利用得最多的是 H_2。

4) 氧化反应

与还原反应相反,利用 O_2 作为氧化剂对 SiH_4 进行的氧化反应可以制备 SiO_2 薄膜,其反应式为

$$SiH_4(g) + O_2(g) \xrightarrow{450℃} SiO_2(s) + 2H_2(g)$$

另外,还可以采用

$$SiCl_4(g) + 2H_2(g) + O_2(g) \xrightarrow{1500℃} SiO_2(s) + 4HCl(g)$$

来实现 SiO_2 的沉积。这两种方法各适用于半导体绝缘层和光导体纤维原料的沉积。前者要求低的沉积温度,而后者的沉积温度可以很高,但要求沉积速度较快。

5) 歧化反应

某些元素具有多种气态化合物,其稳定性各不相同,外界条件的变化往往可促使一种化合物转变为稳定性较高的另一种化合物,这就是歧化反应的基本含义。在 CVD 薄膜制备中,可以利用歧化反应来实现薄膜的沉积,比如:

$$2GeI_2(g) \xrightarrow{300℃ \sim 600℃} Ge(s) + GeI_4(g)$$

有些金属卤化物具有这类特性,即其中的金属元素往往可以以两种不同的化合价的形式构成不同的化合物。升高温度有利于增加低价化合物的稳定性。因此可以通过调整 CVD 反应室的温度,实现 Ge 的转移和沉积。

6) 可逆反应

与上述歧化反应相似,利用某些元素的同一化合物的相对稳定性随温度变化的特点

也可以实现物质的转移和沉积。例如：

$$As_4(g) + As_2(g) + 6GaCl(g) + 3H_2(g) \xrightarrow{750℃\sim 850℃} 6GaAs(s) + 6HCl(g)$$

在高温（850℃）下上式倾向于向左进行，而在低温（750℃）下会转向右进行。利用这一特性，可用 $AsCl_3$ 气体将 Ga 蒸气载入，并使其在适宜的温度与 As_4 蒸气发生反应，从而沉积出 GaAs。

7) 化学输运反应

将需要沉积的物质当作源物质（非挥发性物质），借助于适当的气体介质与之发生反应而形成一种气态化合物，这种气态化合物经化学迁移或利用载体（载气）传输而输运到与源区温度不同的沉积区，并在基片上再发生逆向的反应，使源物质重新在基片上沉积出来，这种反应过程称为化学输运反应。其中的气体介质叫输运剂。此方法最早用于稀有金属的提纯，如

$$Ge(s) + I_2(g) \underset{T_2}{\overset{T_1}{\rightleftharpoons}} GeI_2$$

在源区（温度为 T_1）发生传输反应（向右进行），源物质 Ge 与 I_2 作用生成气态的 GeI_2；气态生成物被输运到沉积区之后在沉积区（温度为 T_2）则发生沉积反应（向左进行），Ge 将重新沉积出来。类似的反应还有许多，如

$$2CdTe(s) \underset{T_2}{\overset{T_1}{\rightleftharpoons}} 2Cd(g) + Te_2(g)$$

上述各种类型的反应，在大多数情况下依靠热激发，所以，高温是 CVD 法的一个重要特征，但这使得基片材料在选用上受到一定的限制。

图 3-1 给出了硅卤化物的氢还原型 CVD 反应的自由能变化[参见式(3-1)]与温度的关系曲线。由图 3-1 可以看出，一个反应之所以能够进行，其反应自由能的变化

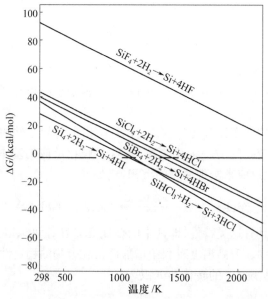

图 3-1 硅卤化物的氢还原反应自由能变化与温度关系

(ΔG_r)必须为负值,且随温度的升高,相应的 ΔG_r 值下降,因此升温有利于反应的自发进行。表 3-1 列出了可以用 CVD 法制取的一些金属、合金、氧化物、氮化物、炭化物、硅化物、硼化物等薄膜的材料情况。

表 3-1 一些用 CVD 法制备的薄膜

薄膜		源材料		反应温度/℃	输运或反应气体
		名称	气化温度/℃		
金属	Cu	$CuCl, CuCl_3, CuI$	500~700	500~1000	H_2 或 Ar
	Be	$BeCl_3$	290~340	500~800	H_2
	Al	$AlCl_3$	125~135	800~1000	H_2
		$AlCH_2CH(CH_3)_2$	~38	93~100	H_2 或 Ar
	Ti	$TiCl_4$	20~80	1100~1400	H_2 或 Ar
	Zr	$ZrCl_4$	200~250	800~1000	H_2 或 Ar
	Ge	GeI_2	250	450~900	H_2
	Sn	$SnCl_4$	25~35	400~550	H_2
	V	VCl_4	50	80~1000	H_2 或 Ar
	Ta	$TaCl_5$	250~300	600~1400	H_2 或 Ar
	Sb	$SbCl_3$	80~110	500~600	H_2
	Bi	$BiCl_3$	240	240	H_2
	Mo	$MoCl_5$	130~150	500~1000	H_2
		$Mo(CO)_6$		150~160	H_2 或 Ar
	Co	$CoCl_3$	60~150	370~450	H_2
	W	WCl_6	165~230	600~700	H_2
		$W(CO)_6$	50	350~600	H_2 或 Ar
	Cr	CrI_2	100~130	1100~1200	H_2
		$Cr[C_5H_4CH(CH_3)_2]_3$		−400	H_2 或 Ar
	Nb	NbI_3	200	1800	H_2
	Fe	$FeCl_3$	317	650~1100	H_2
		$Fe(CO)_4$	102	140	H_2 或 Ar
	Si	$SiCl_4$	20~80	770~1200	H_2
		SiH_2Cl_2	20~80	1000~1200	H_2
	B	BCl_3	−30~0	1200~1500	H_2
	Ni	$Ni(CO)_4$	43	180~200	H_2 或 Ar
	Pt	$Pt(CO)_2Cl_2$	100~120	600	H_2 或 Ar
	Pb	$Pb(C_2H_5)_4$	94	200~300	H_2 或 Ar
合金	Ta/Nb	$TaCl_5+NbCl_5$	250	1300~1700	H_2 或 Ar
	Ti—Ta	$TiCl_4+TaCl_5$	250	1300~1400	H_2 或 Ar
	Mo—W	$MoCl_6+WCl_6$	130~230	1100~1500	H_2 或 Ar
	Cr—Al	$CrCl_3+AlCl_3$	95~125	1200~1500	H_2 或 Ar
氧化物	Al_2O_3	$AlCl_3$	130~160	800~1000	H_2+H_2O
	SiO_2	$SiCl_4$	20~80	800~1100	H_2+H_2O
		SiH_4+O_2		400~1000	H_2+H_2O
	Fe_2O_3	$Fe(CO)_5$		100~300	N_2+O_2
	ZrO_2	$ZrCl_4$	290	800~1000	H_2+H_2O

(续)

薄膜		源材料		反应温度/℃	输运或反应气体
		名称	气化温度/℃		
氮化物	BN	BCl_3	−30～0	1200～1500	N_2+H_2
	TiN	$TiCl_4$	20～80	1100～1200	N_2+H_2
	ZrN	$ZrCl_4$	30～35	1150～1200	N_2+H_2
	HfN	$HfCl_4$	30～35	900～1300	N_2+H_2
	VN	VCl_4	20～50	1100～1300	N_2+H_2
	TaN	$TaCl_5$	25～30	800～1500	N_2+H_2
	AlN	$AlCl_3$	100～130	1200～1600	N_2+H_2
	Si_3N_4	$SiCl_4$	−40～0	～900	N_2+H_2
		SiH_4+NH_3		550～1150	Ar 或 H_2
	Th_3N_4	$ThCl_4$	60～70	1200～1600	N_2+H_2
碳化物	BeC	$BeCl_3+C_6H_5CH_3$	290～340	1300～1400	Ar 或 H_2
	SiC	$SiCl_4+CH_4$	20～80	1900～2000	Ar 或 H_2
	TiC	$TiCl_4+C_6H_5CH_3$	20～140	1100～1200	H_2
		$TiCl_4+CH_4$	20～140	900～1100	H_2
		$TiCl_4+CCl_4$	20～140	900～1100	H_2
	ZrC	$ZrCl_4+C_6H_5$	250～300	1200～1300	H_2
	WC	$WCl_5+C_6H_5CH_3$	160	1000～1500	H_2
硅化物	MoSi	$MoCl_5+SiCl_4$	−50～13	1000～1800	H_2
	TiSi	$TiCl_4+SiCl_4$	−50～20	800～1200	H_2
	ZrSi	$ZrCl_4+SiCl_4$	−50～20	800～1000	H_2
	VSi	VCl_4+SiCl_4	−50～50	800～1100	H_2
硼化物	AlB	$AlCl_3+BCl_3$	−20～125	1100～1300	H_2
	SiB	$SiCl_4+BCl_3$	−20～0	1100～1300	H_2
	TiB_2	$TiCl_4+BCl_3$	20～80	1100～1300	H_2
	ZrB_2	$ZrCl_4+BBr_3$	20～30	1000～1500	H_2
	HfB_2	$HfCl_4+BBr_3$	20～30	1000～1700	H_2
	VB_2	VCl_4+BBr_3	20～75	900～1300	H_2
	TaB_2	$TaCl_5+BBr_3$	20～100	1300～1700	H_2
	WB	WCl_6+BBr_3	20～35	1400～1600	H_2

3.2.3 CVD 法的主要特点

与其他薄膜制备技术相比，CVD 法具有如下的一些特点：

（1）既可以制作金属薄膜、非金属薄膜，还可按要求通过对不同气源流量的调节制作多成分的合金薄膜，并能制作混晶和结构复杂的晶体。

(2) 成膜速度快,每分钟可达几个 nm 甚至达到数百 nm。通过对多种气体原料的流量进行调节,能够在同一炉中在较大范围内控制产物的组成,也就是说,利用 CVD 法可以在相当大的基板上制备薄膜,也可以在同一炉中放置大量基片。

(3) CVD 反应在常压或低真空中进行,反应气体前驱物的绕射性好,特别是对于形状复杂的表面或工件的深孔、细孔都能均匀镀覆。

(4) 能得到纯度高、致密性好、残余应力小、结晶良好、平滑的薄膜镀层。由于薄膜生长的温度比膜材料的熔点低得多,可以得到纯度高、结晶完全的膜层。在薄膜沉积过程中,反应气体、反应产物和集体表面原子间要发生相互扩散,相对而言,薄膜的附着力较好。

(5) 所沉积的薄膜表面比较光滑,表面粗糙度小,而且由于采用气相反应沉积,薄膜的辐射损伤低。

利用 CVD 技术制膜的主要缺点是:反应温度较高,甚至要达到 1000℃,而许多基体材料不能承受这样的高温,因而限制其使用。当采用金属有机化学气相沉积(MOCVD)时,要选用合适的反应前驱物,有时前驱物可能没有市售产品需要自己合成,而且在整个制备过程和废气的处理过程中,都要考虑不要对环境和操作者造成危害。

近年来,CVD 技术发展很快,已成为薄膜制备中一个相当重要的方法,在微电子材料、光电子材料、机械材料、航空航天材料等方面都有重要应用。

3.2.4 几种主要的 CVD 技术简介

根据 CVD 技术中反应容器内的压力、薄膜的沉积温度、反应容器壁的温度和反应的激活方式,可将化学气相沉积分为若干类,以适应不同应用的需要。选择何种 CVD 反应和反应容器决定于很多因素,主要是薄膜的性质、质量、成本、设备大小、操作方便以及原料的纯度和成本及安全可靠等。但所用的反应体系,都应满足以下三个条件:

(1) 在沉积温度下,反应物必须有足够高的蒸气压,要保证能以适当的速度被引入反应室;

(2) 反应产物除了所需要的沉积物为固态薄膜之外,其他反应物必须是挥发性的;

(3) 沉积薄膜本身必须有足够低的蒸气压,以保证沉积的薄膜在整个沉积反应过程中都能保持在受热的基体上;基体材料在沉积温度下的蒸气压也必须足够低。

因此,CVD 装置一般包括以下几个基本组成部分:

(1) 反应气体和载气的供给和气体的计量装置;

(2) 必要的加热和冷却系统;

(3) 反应附产物气体的排除装置。

本节对几种主要的沉积技术作一概括介绍。

3.2.4.1 常压 CVD

这是 CVD 反应容器中最常用的一种类型。这类反应器通常在常压下操作,因而装料、卸料方便。整个装置一般包括气体净化系统、气体测量和控制部分、反应器、尾气处理系统和真空系统等,如图 3-2 所示。

当选择常压 CVD 技术时,原料不一定在室温下都是气体。若用液体原料,需加热使其产生蒸气,再由载流气体携带入反应室;若用固体原料,加热升化后产生的蒸气由载流

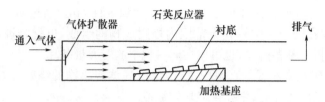

图 3-2 常压 CVD 装置反应器示意图

气体带入反应室。这些反应物在进入沉积区之前,一般不希望它们之间相互反应。因此,在低温下会发生相互反应的物质,在进入沉积区之前应隔开。

常压 CVD 的工艺特点是能够连续供气和排气,物料的运输一般是通过不参加反应的惰性气体来实现的。由于至少有一种反应产物可连续地从反应区排出,这就使反应总处于非平衡状态,从而有利于形成薄膜层。另外,常压 CVD 的沉积工艺容易控制,工艺重复性较好,工件容易取放,同一反应器配置可反复多次使用。

3.2.4.2 低压 CVD(LPCVD)

与常压 CVD 技术对应的是低压 CVD 技术。在低于 0.1MPa 的压力下工作的 CVD 装置属于低压(Low Pressure)CVD(简写为 LPCVD)。降低反应室的压力可以提高反应气体和反应产物通过边界层的扩散能力;同时,为了部分抵消压力降低对薄膜制备的影响,可以提高反应气体在气体总流量中的浓度比。与常压 CVD 装置相比,低压 CVD 装置工作的压力常低至 100Pa,因而使反应气体的扩散加剧。

典型的低压 CVD 装置示意图在图 3-3 中给出。它与一般常压 CVD 装置的主要区别在于低压 CVD 装置需要一套真空泵系统维持整个系统在较低的气压下工作。

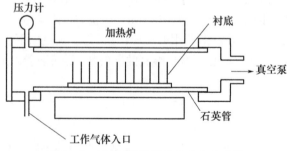

图 3-3 低压 CVD 装置反应室示意图

3.2.4.3 高温和低温 CVD

利用 CVD 技术制备薄膜时有两个最重要的物理量:一个是气相反应物的过饱和度,另一个就是沉积温度。这两个物理量决定了薄膜在沉积过程中的成核率、薄膜的沉积速度和薄膜微观结构的完整性。通过调整上述两个参数,获得的沉积产物可以是单晶状态的,多晶状态的,甚至是非晶状态的。

要想得到高度完整的单晶沉积,一般的条件是需要气相的过饱和度较低,而沉积温度较高,相反的条件则促进多晶甚至非晶材料的生成。因而,若在应用中对于强调材料的完整性,多采用高温 CVD 系统,当特别关注薄膜材料的低温制备条件时,多使用低温 CVD 系统。

高温 CVD 系统被广泛应用于制备半导体外延薄膜,以保证材料的制备质量。这类系统可分为热壁式和冷壁式两类,如图 3-4 所示。这类装置的特点是使用外加热器将反应室加热至较高温度。

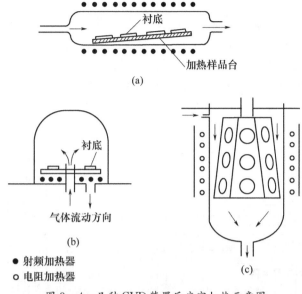

图 3-4 几种 CVD 装置反应室加热示意图
(a)、(b)冷壁式 CVD;(c)热壁式 CVD。

图 3-4 所示的前两种装置属于冷壁式系统,它的特点是使用感应加热装置对具有一定导电性的样品台从内部进行加热,而反应室的器壁则由导电性较差的材料制成,且由冷却系统冷至较低温度。图 3-4(c)给出了热壁式 CVD 装置示意图。在该装置中,采用电阻加热器对反应室进行加热。

在半导体工业中,低温 CVD 装置被广泛用于各类绝缘介质膜,如 SiO_2、Si_3N_4 等的沉积。高温 CVD 装置除了用于半导体材料的外延生长之外,还广泛应用于金属部件耐磨涂层的制备。

3.2.4.4 等离子增强 CVD

在低压化学气相沉积过程进行的同时,利用辉光放电等离子体对反应过程施加一定影响的技术称为等离子体增强 CVD 技术,简称为 PECVD。在 PECVD 装置中,工作气压大约为 5Pa~500Pa 的范围,电子和离子密度可达 10^9 个/cm³~10^{12} 个/cm³,平均电子能量可达 1eV~10eV。

PECVD 方法区别于其他 CVD 方法的特点在于等离子的存在可以促进气体分子的分解、化合、激发和电离的过程,促进反应活性基团的生成,因而显著降低了反应沉积的温度范围,使得某些原来需要在高温进行的反应过程得以在低温条件下实现。

由于 PECVD 方法的主要应用领域是一些绝缘介质薄膜的低温沉积,因而其等离子体的产生方法多采用射频方法。射频电场可采用两种不同的耦合方式,即电感耦合和电容耦合。图 3-5 是电容耦合的射频 PECVD 装置的典型结构。在此装置中,射频电压被加在相对安置的两个平板电极上,在其间通过反应气体并产生相应的等离子体。在等离子体各种活性基团的参与下,在基片上实现薄膜的沉积。例如由 SiH_4 和 NH_3 反应生成 Si_3N_4 的 CVD 过程,在常压 CVD 装置中是在 900℃左右进行,在低压 CVD 装置中要在

750℃左右进行。而应用 PECVD 装置可在 300℃的低温条件下实现 Si_3N_4 介质膜的均匀、大面积沉积。同时,由于这一装置也工作在较低气压条件下,提高了活性基团的扩散能力,因而薄膜的生长速度可以达到每分钟数十微米。

  电感耦合的 PECVD 装置示意图在图 3-6 中给出。该装置中的高频线圈放置于反应容器之外,它产生的交变磁场在反应室内诱发交变感应电流,从而形成气体的无电极放电。正是由于这种等离子体放电的无电极特性,因而可以避免电极放电可能产生的污染。表 3-2 列出了应用 PECVD 法制作薄膜的典型例子。

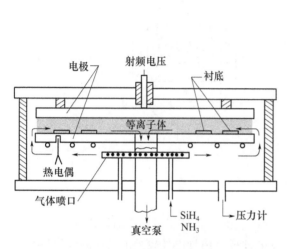

图 3-5 电容耦合的射频 PECVD 装置示意图　　图 3-6 电感耦合射频 PECVD 装置示意图

表 3-2　PECVD 的典型应用示例

薄膜应用	薄膜成分	气体原料
绝缘膜及纯化膜	SiO_2	$SiCl_4+O_2$
		$Si(OC_2H_5)_4$
	Si_3N_4	SiH_4+NH_3
	Al_2O_3	$2AlCl_3+3CO_2+3H_2$
非晶硅太阳电池、电子感光照相静电复印	$\alpha-Si$	$SiH_4(SiH_2Cl_2)+B_2H_6(PH_3)$ 或采用混合气体
		$SiH_4+SiF_4+Si_2H_6$
等离子聚合	有机化合物	—
耐磨抗蚀膜	TiC	$TiCl_4+CH_4$
	TiN	$TiCl_4+N_2$
	TiC_xN_{1-x}	$TiCl_4+CH_4+N_2$
其他薄膜	SiC	$SiH_4+C_2H_2$
		Si_4+CH_4(或 CF_4)
	Al_2O_3	$AlCl_3+O_2$
	BN	$B_2H_6+NH_3$
	P_3N_5	$P+N_2$

这里需要着重指出,利用 PECVD 技术沉积薄膜包括了非常复杂的过程,既包括了化学气相沉积过程,又有辉光放电过程以及等离子体对薄膜生长的增强过程,换句话说,存在着极其复杂的等离子体化学反应。用于激发 CVD 的等离子体有射频类、直流类、脉冲类、微波类、电子回旋共振类等多种,这些不同类型的等离子体分别由射频、直流高压、脉冲高压、微波和电子回旋共振激发稀薄气体进行辉光放电而得到,反应室中放电气体的压强一般为 1Pa～600Pa。

3.2.4.5 电子回旋共振(ECR)等离子体 CVD

PECVD 的另一种常见的改进形式如图 3-7 所示。这种被称为电子回旋共振(ECR)方法的 PECVD 装置使用微波频率的电源激发产生等离子体。微波能量由微波波导耦合进入反应容器并使得其中的气体产生等离子体击穿放电。为了促进等离子体中电子从微波场中的能量吸收,在装置中还设置了磁场线圈以产生具有一定发散分布的磁场。电子在微波场和磁场中运动时发生回旋共振现象。ECR 方法所使用的真空度较高,一般为 10^{-1} Pa～10^{-3} Pa。因此 ECR 方法获得的等离子体的电离度比一般的 PECVD 方法要高出 1～3 个数量级。这意味着其等离子体具有很高的活性,甚至可认为是另加一个离子源。

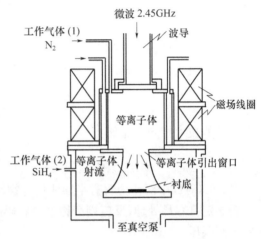

图 3-7 电子回旋共振 PECVD 沉积装置示意图

此外,电子回旋共振型 PECVD 还具有其他优点,如低气压低温沉积、沉积速率高、无电极污染、等离子体可控性好等,使得 ECR 技术正逐渐广泛应用于薄膜沉积及薄膜刻蚀。

3.2.4.6 激光辅助 CVD

激光辅助 CVD 技术是采用激光作为辅助的激发手段,促进或控制 CVD 过程进行的一种薄膜沉积技术。激光作为一种强度高、单色性和方向性好的光源,在 CVD 过程中发挥着重要的作用,其中主要作用有两种:

(1) 热作用:激光能量对基片的加热作用可以促进衬底表面的化学反应,从而在对基片加热不太高时也能达到化学气相沉积的目的。

(2) 光作用:高能量光子可以直接促进反应物气体分子的分解。由于许多常用反应物分子(如 SiH_4、CH_4 等)的分解要求的光子波长均小于 220nm,因而一般只有紫外波段的准分子激光才具有这一效应。图 3-8 给出了激光辅助 CVD 技术中激光束作用的两种机理。

激光辅助 CVD 技术的另一个特点是,利用上述热效应和光活化效应,可以实现反应物在基体表面的薄膜选择性沉积,即只在需要沉积的地方才用激光束照射基体表面,从而获得所需的沉积图形。此外,利用激光辅助 CVD 技术,可有效地降低 CVD 过程的基体温度。如采用激光辅助的方法,在 50℃ 的基体温度下即可实现 SiO_2 薄膜的沉积。

激光辅助 CVD 技术已被广泛用于金属和绝缘介质薄膜的沉积。前者直接利用了某些金属化合物在光作用下的分解,而后者则利用了多种气体分子在光子促进作用下的化

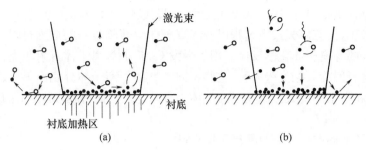

图 3-8 激光束在 CVD 沉积基片表面的两种作用机理
(a)热解；(b)光活化。

学反应。

3.2.4.7 金属有机化合物 CVD(MOCVD)

金属有机化合物气相沉积(简称 MOCVD)是一种利用金属有机化合物的热分解反应以及随即发生的化学合成反应进行气相外延生长薄膜的 CVD 技术。该方法目前在化合物半导体薄膜的气相生长中得到了比较广泛的应用。其原理与利用 SiH_4 热分解得到硅外延生长的技术相同。比如：

$$(CH_3)_3Ga + AsH_3 \xrightarrow{630℃ \sim 675℃} GaAs + 3CH_4$$

在 MOCVD 中对作为含有半导体化合物元素的原料化合物必须满足以下条件：在常温下较稳定且容易处理；反应副产物不应妨碍晶体生长、不污染生长层；在室温附近具有一定的蒸气压。

MOCVD 是近十几年迅速发展起来的新型外延技术，成功地用于制备超晶格结构、超高速器件和量子阱激光器等。其主要优点是沉积温度低，应用范围广，几乎可生长所有的化合物和合金半导体；MOCVD 技术比较容易控制沉积速率，有利于沉积在膜厚方向成分变化大的薄膜，也可以多次沉积不同成分的极薄的薄膜层，因而可以用来制造超晶格材料和外延生长各种Ⅲ-Ⅴ族和Ⅱ-Ⅵ族化合物半导体异质结薄膜，其最近的应用还包括高温超导陶瓷薄膜的制备。图 3-9 为以生长 $Ga_{1-x}Al_xAs$ 为例的 MOCVD 装置原理结构图。

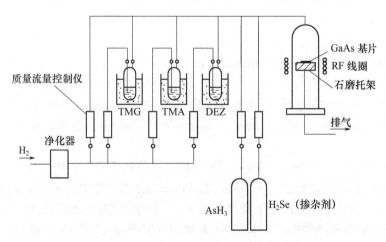

图 3-9 制备 $Ga_{1-x}Al_xAs$ 薄膜的 MOCVD 装置原理图

但是传统 MOCVD 工艺采用气态金属有机物先驱体,对于组分复杂的金属氧化物薄膜,往往不能获得相应的气态先驱体,或者气态先驱体成本太高。考虑到很多薄膜材料的金属有机物液态先驱体容易制备或获得,近年来发展了液态源 MOCVD(Liqued Source MOCVD,LSMOCVD)。LSMOCVD 作为一种新方法已经应用于制备多组元金属氧化物薄膜,它能够很好地避免多源输送面临的复杂性问题,将各种源溶入有机溶剂,得到混合良好的先驱体溶液,然后送入汽化室得到气态源物质,再经过流量控制送入反应室,或者直接向反应室注入气体,在反应室内气化、沉积。这种方式的优点是简化了源输送方式,对源材料的要求降低,便于实现多种薄膜的交替沉积以获得超晶格结构等。

利用各种 MOCVD 技术已经可以制备性能优良的超导薄膜、铁电薄膜、半导体超晶格及多层薄膜等。

3.2.4.8 热丝化学气相沉积法(HWCVD)

热丝化学气相沉积法(HWCVD),是一种新近发展起来的薄膜制备方法。它采用高温热丝分解前驱气体,通过调节前驱体组分对比和热丝温度而获得大面积的高质量沉积膜。热丝化学气相沉积法具有装置简单、沉积温度低、不引入等离子体等优点。如采用热丝化学气相沉积法在 Si(100)衬底上,于较低的衬底温度(400 ℃)下制备出良好结晶的立方碳化硅薄膜。近年来,HWCVD 技术发展较快,例如,使用 HWCVD 工艺制备了 $\mu c-SiC$ 薄膜。掺入 N 型材料的电导率为 5S/cm,P 型材料的电导率可提高到 1×10^{-2} S/cm。$\mu c-GeC$ 薄膜的吸收谱,移向较高光子能量侧(与晶体 Ge 比较)。这些数据说明,$\mu c-SiC$ 和 $\mu c-GeC$ 是很有希望的新一代薄膜太阳能电池材料。

除了上述常用的各种 CVD 方法外,还出现了其他 CVD 技术,在此不再一一描述。

3.3 薄膜的化学溶液制备技术

薄膜的化学溶液制备技术指的是在溶液中利用化学反应或电化学反应等化学方法在基片表面沉积薄膜的一种技术。它包括化学反应沉积、溶胶—凝胶法、阳极氧化、电镀等。这种技术不需要真空环境、所需设备少,可在各种基体表面成膜,原材料较易获得,因而在电子元件,表面涂覆和装饰等方面得到了广泛的应用。

3.3.1 化学反应镀膜

化学反应镀膜是溶液制膜中较重要的一类,主要是利用各种化学反应(如氧化还原、置换、水解反应)在基片沉积薄膜。

3.3.1.1 化学镀

化学镀通常称为无电源电镀,它是利用还原剂使金属盐中的金属离子还原成原子状态并在基片表面上沉积下来从而获得膜层的一种方法。它与化学沉积法同属于不通电而靠化学反应沉积的镀膜方法。两者的区别在于:化学镀的还原反应必须在催化剂的作用下才能进行,而且沉积反应只发生在镀件的表面上,而化学沉积法的还原反应却是在整个溶液中均匀发生的,只有一部分金属层镀在镀件上,大部分则成为金属粉末沉积下来。也就是说化学镀的过程是在有催化条件下发生在镀层(基片)上的氧化还原过程。在这种镀膜过程中,溶液中的金属离子被生长着的镀层表面所催化,并且不断还原而沉积在基体表面上。因此基体材料表面的催化作用相当重要,周期表中Ⅴ、Ⅲ族金属元素都具有在化学镀过程中所需的催化效应。

上述的催化剂主要指的是敏化剂和活化剂,它可以促使化学镀过程发生在具有催化活性的镀件表面。如果被镀金属本身不能自动催化,则在镀件的活性表面被沉积金属全部覆盖之后,其沉积过程便自动停止;相反,像Ni、Co、Fe、Cu和Cr等金属,其本身对还原反应具有催化作用,可使镀覆反应得以继续进行,直到膜厚达到所需厚度并取出镀件,反应才会停止。这种依靠被镀金属自身催化作用的化学镀称为自催化化学镀。一般的化学镀均是这类自催化化学镀。自催化化学镀具有以下特点:

(1) 可在复杂的镀件表面形成均匀的镀层;
(2) 膜层孔隙率低;
(3) 可直接在塑料、陶瓷、玻璃等非导体上镀膜;
(4) 不需要电源,没有电极;
(5) 镀层有特殊的物理、化学性质。

在化学镀中,所用还原剂的电离电位,必须比沉积金属电极的电位低,但二者电位差又不宜过大。常用的还原剂有次磷酸盐和甲醛,前者用来镀Ni,后者用来镀Cu。还原剂必须提供金属离子还原时所需电子,即

$$M^{+n} + ne^- \rightarrow M$$

这种反应只能在具有催化性质的镀件表面上进行,才能得到镀层,并且,一旦沉积开始,沉积出来的金属就必须继续这种催化功能,沉积过程才能继续进行,镀层才能加厚。因此,从这个意义上讲,化学镀必然是一种受控的自催化的化学还原过程。

化学镀镍是利用镍盐溶液在强还原剂次磷酸盐的作用下,使镍离子还原成金属镍,同时次磷酸盐分解析出磷,在具有催化表面的基体上,获得镍磷合金的沉积膜。其反应过程为

$$H_2PO_2^- + H_2O \longrightarrow HPO_3^{2-} + H^+ + 2H$$
$$Ni^{2+} + 2H \longrightarrow Ni + 2H^+$$
$$2H \longrightarrow H_2 \uparrow$$
$$H_2PO_2^- + H \longrightarrow H_2O + OH^- + P$$

由此得出次磷酸的氧化和镍离子的还原的反应式为

$$Ni^{2+} + H_2PO_2^- + H_2O \longrightarrow HPO_3^{2-} + 3H^+ + Ni$$

3.3.1.2 置换沉积镀膜

这种方法又称浸镀。其原理是在待镀金属盐类的溶液中,靠化学置换的方法,在基体上沉积出该金属,无需外部电源。例如:当电位较低的基体金属铁浸入到电位较高的金属离子的铜盐溶液时,由于存在电位差并形成了微电流,将在电位较低的金属铁表面上析出金属铜,其反应为

$$Fe + Cu^{2+} \longrightarrow Cu + Fe^{2+}$$

习惯上称这类反应为置换反应。在这种条件下,析出的金属附在基体金属表面形成

了镀层。

置换沉积本质上是一种在界面上,固、液两相间金属原子和离子相互交换的过程。它无需在溶液中加入还原剂,因为基体本身就是还原剂。为了改善膜层疏松多孔而且结合不良的缺陷,可加入添加剂或络合剂来改善膜层的结合力。

3.3.1.3 溶液水解镀膜法

这种方法的实质是将元素周期表中Ⅳ族和Ⅲ、Ⅴ族中某些元素合成烃氧基化合物,以及利用一些无机盐类,如氧化物、硝酸盐、乙酸盐等作为镀膜物质。将这些成膜物质,溶于某些有机溶剂,如乙酸或丙酮中便成为镀液,将其放在镀槽中旋转的平面玻璃镀件表面上,因发生水解作用而形成了胶体膜,然后再进行脱水,最后便获得该元素的氧化物薄膜。例如:用钛酸乙酯[$Ti(OC_2H_5)_4$]和硅酸乙酯[$Si(OC_2H_5)_4$]制作 $\lambda/4-\lambda/2-\lambda/4$ 三层宽带增透膜及其他光学膜等即属此方法。这种方法和下面将要介绍的溶胶—凝胶法比较接近。

3.3.2 溶胶—凝胶法(Sol-Gel)法

采用适当的金属有机化合物溶液水解的方法,也可获得所需的氧化物薄膜。这种溶液水解镀膜方法的实质是将某些Ⅲ、Ⅳ、Ⅴ族元素合成烃氧基化合物,以及利用一些无机类如氧化物、硝酸盐、乙酸盐等作为镀膜物质,将这些成膜物质溶于某些有机溶剂,如乙酸丙酮或其他有机溶剂中成为溶胶,采用浸渍和离心甩胶等方法将溶胶涂覆于基体表面,因发生水解作用而形成胶体膜,然后进行脱水而凝结为固体薄膜。膜厚取决于溶液中金属有机化合物的浓度、溶胶液的温度和黏度、基片的旋转速度、角度以及环境温度等。

溶胶—凝胶工艺的主要步骤为:先将金属醇盐溶于有机溶剂中,然后进行脱水而加入其他组分(可为无机盐形式,只要加入后能互相混溶即可),制成均质溶液,在一定温度下发生水解聚合反应,形成凝胶。其主要过程包括以下的水解聚合反应:

水解反应 $\quad M(OR)_n + H_2O \rightarrow (RO)_{n-1}M-OH + ROH$

聚合反应

$$(RO)_{n-1}M-O + RO-M(OR)_{n-1} \rightarrow (RO)_{n-1}M-O-M(OR)_{n-1} + ROH$$

式中,M 为金属元素,如下钛(Ti)、锆(Zr)等;R 为烷氧基。例如,以钛酸乙酯制备 TiO_2 薄膜的反应过程为

$$Ti(OC_2H_5)_4 + 4H_2O \rightarrow H_4TiO_4 + 4C_2H_5OH$$

$$H_4TiO_4 \xrightarrow{120℃} TiO_2 + 2H_2O \uparrow$$

采用溶胶—凝胶法制备薄膜具有多组分均匀混合、成分易控制、成膜均匀、能在较大面积上制备较薄的薄膜、成本低、周期短、易于工业生产等优点。目前已用于制备 TiO_2、Al_2O_3、SiO_2、$BaTiO_3$、$PbTiO_3$、PZT、PLZT 等薄膜。

3.3.3 阳极氧化法

阳极氧化法是将某些金属或合金(如铝、钽、钛、钡等),在相应的电解液中作阳极,用石墨或金属本身作阴极,加上一定的直流电压时,由于电化学反应会在这些金属的表面上形成氧化物薄膜,这个过程称为阳极氧化,其制膜方法称为阳极氧化法。它和其他的电解

过程一样,也遵循法拉第定律,即将一定的电量严格定量地转化为金属的氧化物。然而,在阳极氧化过程中,会有一定数量的氧化物又溶解在电解液中,所以金属表面上的氧化膜的有效质量要比理论值偏低一些。也就是说,阳极氧化过程存在着金属溶解和氧化膜形成两个相反的过程,而成膜则是两者的综合结果。因此氧化膜的形成是一种典型的不均匀反应,在镀膜中存在以下反应:

金属 M 的氧化反应　　　　$M+nH_2O \longrightarrow MO_n+2nH^++2ne$

金属的溶解反应　　　　　$M \longrightarrow M^{2n+}+2ne$

氧化物 MO_n 的溶解反应　　$MO_n+2nH^+ \longrightarrow M^{2n+}+nH_2O$

利用以上同时存在的反应生成阳极氧化物膜。在膜生成的初期,同时存在膜生成反应和金属溶解反应。溶解反应产生水合金属离子,生成由氢氧化合物或氧化物组成的胶状沉淀氧化物。氧化物覆盖表面后,金属活化溶解将停止,持续氧化反应是金属离子和电子穿过绝缘性金属氧化物在膜表面继续形成氧化物。为了维持离子的移动而保证氧化物薄膜的生长,需要外加一定的电场。阳极氧化膜的成分及其结构与电解液的类型和浓度,以及工艺参数等多种因素有关。

3.3.4　电镀法

电流通过电解盐溶液引起的化学反应称为电解,利用电解反应在位于负极的基片上进行镀膜的过程称为电镀。由于电镀和电解是在水溶液中进行的,而真空蒸镀、离子镀和溅射是在真空中进行的,所以前者也可以称为湿式镀膜技术,后者称为干式镀膜技术。随着电镀技术的发展,电镀也可在非水溶液中(如熔盐中)进行。

电镀是在含有被镀金属离子的水溶液中通过直流电流,使正离子在阴极表面放电,得到金属薄膜。电镀主要是指水溶液的电镀,并已得到广泛应用。在电镀过程中利用外加直流电场使阴极的电位降低,达到所镀金属的析出电位,才有可能使阴极表面镀上一层金属膜。同时,必须提高阳极电位,只有在外加电位比阳极电位大得多时,阳极金属才有可能不断溶解,并使溶解速度超过阴极的沉积速度,才能保证电镀过程的正常进行。电镀过程遵循法拉第提出的两条基本规律:

(1) 化学反应量正比于通过的电流;

(2) 在电流量相同的情况下,沉积在阴极上或从阳极上分解出的不同物质的量正比于它们的物质的量。

电镀时所采用的电解溶液为电镀液,一般用来镀金属的盐类有单盐和络合盐两类。含单盐的电镀液如氯化物、硫酸盐等,含络盐的薄膜电镀液如氰化物等。前者使用安全、价格便宜,但膜层质量差,比较粗糙;络盐价格贵、毒性大,但镀层表面光亮。可根据不同的要求,选择不同的种类的镀液。通常镀镍、铂等多使用单盐镀液,而采用络盐来镀铜、金等。

在电镀过程中,对电镀层的基本要求是:具有细密的结晶、镀层平整、光滑牢固、无针孔等。由于电镀在常温下进行,所以镀层具有细致紧密、平整、光滑、无针孔等优点,并且厚度容易控制,因而在电子工业中得到了广泛的应用。

此外,化学溶液制膜还有电泳沉积法等,限于篇幅,这里不再详述。

3.3.5 喷雾热分解法

3.3.5.1 喷雾热分解法的基本特点

金属有机物化学气相沉积法(MOCVD)制备薄膜沉积温度较低,沉积速率高,制备的薄膜均匀,并能生长多元复合薄膜,与半导体工艺兼容,因此广泛地用于制备半导体、铁电、超导等薄膜材料。但由于 MOCVD 法所用的金属有机物源(MO 源)为高蒸气压的液体或气体,制备和提纯困难;目前制备的种类有限,且易水解,使用和运输不便,在一定程度上限制了 MOCVD 的发展。为了克服 MOCVD 法的不足,人们发展出了一种新的化学制备薄膜的方法——喷雾热解(Spray Pyrolysis, SP)法。喷雾热解法在一定程度上结合了液相法和气相法制备薄膜技术的优点,显示较广泛的应用前景。

喷雾热解法采用类似于金属有机物热解法(MOD)或溶胶—凝胶法(Sol-gel)中的有机溶液或水溶液为气体,将气体溶液雾化为液滴,用类似于 CVD 的方法将液滴用载气送入反应室,在加热基片上反应沉积薄膜。根据雾化方式的不同,喷雾热解法制备薄膜技术可分为压力雾化沉积、超声雾化沉积和静电雾化沉积,虽然在雾化方式上有所不同,但各系统均包括液态气体的输运、气体的雾化、雾化液滴的输运、基片加热以及薄膜沉积等几部分。

自从 1966 年 Chamberlin 和 Skarman 用 SP 法制得太阳能电池用 CdS 薄膜以来,SP 法已广泛用于制备单氧化物、尖晶石型氧化物、钙钛矿型氧化物以及硫化物、硒化物等。SP 法还用于制备多化学组分的陶瓷粉体。

SP 法制备薄膜技术主要有如下优点:

(1) 工艺设备简单,不需要高真空设备,在常压下即可进行;
(2) 能大面积沉积薄膜,并可在立体表面沉积,沉积速率高,易实现工业生产;
(3) 可选择的前驱物较多,容易控制薄膜的化学计量比;掺杂容易并可改变前驱物溶液中组分的浓度制备多层膜或组分梯度膜等;
(4) 通过调节雾化参数可控制薄膜的厚度,克服溶胶—凝胶法难于制备厚膜的不足;
(5) 沉积温度大多在 600℃以下,相对较低。

不过无论采用何种方式雾化,SP 法制备薄膜均是由雾滴或细粉体颗粒沉积生长而成,所制备薄膜的表面不如 MOCVD 制备的薄膜光滑平整,薄膜中的气孔率也较高。而且,雾化液滴的大小及分布,溶液性质以及基片温度等工艺条件对 SP 法制备薄膜的表面形貌影响很大。因此喷雾热解法不容易制备光滑、致密的薄膜,在沉积过程中,薄膜中易带入外来杂质,而且主要限于制备氧化物、硫化物等材料。

3.3.5.2 喷雾热分解法的改进技术

为了改善 SP 法所制备薄膜的表面形貌和性能,主要的研究工作集中在如下三方面:一是改进气体的雾化技术,如脉冲间歇喷雾以及纳米射流;二是对源物质和溶剂的选择,改进气体的配制;三是采用新的加热沉积手段,如采用微波加热、热等离子体雾化、冷等离子体气氛沉积等。

等离子体增强喷雾热解的类型根据产生等离子体的方式不同主要有:电晕放电喷雾热解;微波放电等离子体喷雾热解;射频放电等离子体喷雾热解。

1) 电晕放电喷雾热解

电晕放电等离子体是弱电离的,其中性粒子要比离子多得多($10^4 \sim 10^7:1$),电子的温度较低,而离子的温度更低。由于传统的压力喷雾热解沉积效率低,采用电晕放电的方法将雾滴带电而控制雾滴向基片沉积,提高了沉积效率。如采用超声雾化技术将气体雾化,用氮气作为载气,通过将 20kV~60kV 的高电压加在固定在气雾流上方的刀刃上,产生电晕放电等离子体,使雾化液滴带电,荷电液滴在接地基片上产生定向沉积,将沉积效率提高到 80%。

2) 微波放电等离子体喷雾热解

微波放电是将微波的能量转换为气体分子的内能,使之激发、电离以发生等离子体的一种放电形式,通常采用的频率为 2.45 GHz,与射频放电有许多类似之处。微波放电无需在放电空间设置电极而功率却可以局部集中,因此能获得高密度的等离子体。在微波等离子体喷雾热解制备薄膜的过程中,雾滴质量比带电粒子的质量大得多,因此微波能量通过碰撞转移到雾滴上的能量非常少,很难使源物质颗粒气化和离化。研究表明,由于频率达 2.45 GHz 的微波耦合到小液滴的功率不够强,因此将微波直接耦合到盐溶液雾滴上不能达到目的。人们用微波等离子体喷雾热解法合成了氧化铝和氧化锆陶瓷粉体,并与用焰热解制备的粉体的形貌进行了比较,发现两者实际上无明显差别,证明粉体的生成机制基本相同,表明所进行的等离子体热解过程是一个纯粹的热过程,等离子体增强化学反应对粉体的表面形貌影响很小。

3) 射频感应等离子体喷雾热解(Spray-ICP Technique)

由于射频电感耦合等离子体(Inductively Coupled Plasma,ICP)是温度高于 5000K 的高温等离子体,能将几乎所有的源物质气化和离化,用于沉积薄膜。常用的射频电源的工作频率为 13.56 MHz,采用金属线圈将电能耦合到等离子体中。Spray—ICP 制备薄膜技术是将气体溶液雾化为液滴,用载气将雾滴引入到等离子体炬中,雾滴经历干燥、气化、分解和离化等过程,最后反应生成的粒子在基片上沉积薄膜。该技术主要用于制备金属氧化物粉体、氧化物薄膜和外延沉积厚膜。但是该法中因为基片通过等离子体炬尾焰加热,温度较高,且存在较强的电磁场干扰,基片温度难于准确测量和控制,所以薄膜中各组分的化学计量受基片温度和基片位置的影响,较难控制。

3.4　薄膜的软溶液制备技术

3.4.1　软溶液制备技术的基本原理

为了既能大量地且对环境也友好地开发先进的功能材料,又能实现社会经济的可持续发展,不少研究者提出了新的工艺技术概念和选择新的工艺技术流程。日本东京工业大学的吉村昌弘(Masahiro Yoshimura)教授在多年研究陶瓷薄膜制备工艺技术的基础上于 20 世纪末提出了一种新的制备先进无机材料的工艺技术——软溶液工艺技术(Soft Solution Processing,SSP)。该工艺技术为先进的无机粉体、晶体和薄膜的制备指出了一条新的与环境相协调的材料制备技术发展方向。

从地球上生态材料的循环和能量循环中来看,溶液工艺路线应该是对环境最友好的工艺路线。图 3-10 给出了无机陶瓷材料不同制备工艺过程的温度—压力($P-T$)关系图;图 3-11 给出了单元系统陶瓷材料几种制备工艺的自由能—温度关系图($G-T$)。

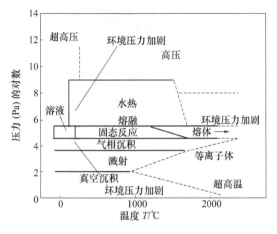

图 3-10 无机陶瓷材料不同制备
工艺过程的温度压力图($P-T$)

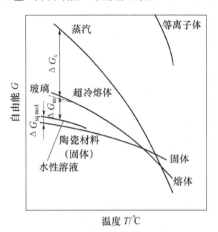

图 3-11 单元系统陶瓷材料几种
制备工艺的自由能温度($G-T$)图

由图 3-10 可以看出:水溶液工艺位于 $P-T$ 图中的范围和特点正好满足地球上的生命活动条件,而所有的其他工艺路线都与更高的温度和更高(或更低)的压力有关,因而它们是环境受迫的(或与环境不协调的)。从图 3-11 可以看出,在所有工艺路线中,水溶液系统是总能量消耗最少的。图 3-10 和图 3-11 的结果表明,SSP 概念的基本出发点,是基于对与材料工艺相关的问题进行热力学分析和研究的理论结果得出的。

SSP 的概念可以认为与 "Soft Chemistry" 或 "Mild Chemistry"(软化学)或 "Biomimetic Process"(生物模拟工艺)相似,该工艺技术有以下主要优点:

(1) 在陶瓷材料制备中可以一步(或直接)成型或定向沉积;
(2) 能耗小;
(3) 就制备技术看可望制备任意形状和尺寸的材料;
(4) 整个处理是在一个封闭体系中进行,因此容易装料,分离及循环和再循环;
(5) 有相对较高的产率;
(6) 可望做成多功能产品。

SSP 工艺技术有多种,前面讲的一些技术,如水热技术,电化学技术,也属于软溶液技术;此外,聚合物螯合法(Polymerized Complex)、缔合物聚合法(Complexing Polymer)或聚合物前驱体法(Polymer Precursor)等,也属于软溶液技术。

3.4.2 水热电化学

由于单独的水热法需要较高的温度和压力;而单独的电化学工艺由于电解槽不能很好地密封,某些类型的材料特别是钙钛矿型的介电陶瓷薄膜的制备尚有很大的困难,而且其电化学成膜的速率较低。因此,把水热法和电化学法有机结合起来,形成水热电化学方法是很有潜力的。目前,该方法已经成功地用于钙钛矿型(ABO_3)铁电陶瓷薄膜的制备。图 3-12 给出了水热电化学反应的装置原理示意图。它是在水热釜里加入直流电场,在水热条件和电场作用下进行陶瓷薄膜的制备。图 3-13 给出了流动系统的水热电化学装

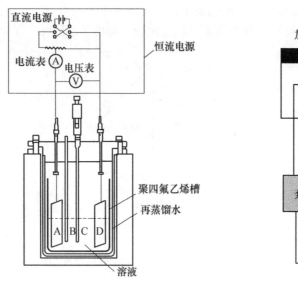 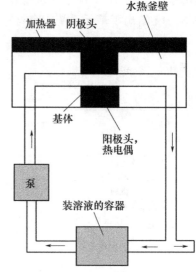

图 3-12 水热电化学反应的装置示意图　　图 3-13 流动系统的水热电化学装置示意图

置示意图。

水热电化学技术的基本原理是：在特制的密闭反应容器（高压釜）里，采用水溶液作反应介质，通过对反应容器加热，创造了一个高温、高压的反应环境，使得通常难溶或不溶的物质溶解或溶解度增大。一方面，在水热条件下水的黏度、介电系数和膨胀系数会发生相应的变化。在稀薄气体状态，水的黏度随温度的升高而增大，但被压缩成稠密状态时，其黏度却随温度的升高而降低。水热溶液的黏度较常温常压下溶液的黏度约低 2 个数量级。由于扩散与溶液的黏度成正比，因此在水热溶液里存在着十分有效的扩散，从而使得晶核和晶粒较其他水溶液体系有更高的生长速率，界面附近有更窄的扩散区等，为制备好的薄膜材料创造了条件。

3.5　超薄有机薄膜的 LB 制备技术

3.5.1　概述

LB(Langmuir—Blodgett)薄膜技术是一种精确控制薄膜厚度和分子结构的制膜技术。这种技术是 20 世纪 30 年代由美国科学家 I. Langmuir 及其学生 K. Blodgett 建立的一种单分子膜制备技术，即在水—气界面上将不溶解的分子加以紧密有序排列，形成单分子，形成单分子膜，然后再转移到固体表面上的制膜技术。由此可见，LB 薄膜是一种有序的有机分子薄膜。

某些有机物质，当放入水的表面时，在空气与水的界面上具有形成一个分子厚度的薄膜的能力，最典型的有机化合物的例子就是硬脂酸，即十八烷酸，这类材料都是两嗜性分子，或称为双亲分子，即分子的一头是亲水基团，它溶于水；分子的另一头是疏水的，它不溶于水，是亲油的。

为了得到一个单分子膜，固态材料必须首先溶解于一种适当的溶剂中，而溶剂必须能够溶解适当数量的单分子材料。溶剂是用来扩展单分子层的，所以它同单分子材料不能起化学反应，当然也不能溶解于底相溶液，溶剂最终能在适当的时间内蒸发掉，而丝毫也不残留在凝聚的单分子压缩层内。常用的溶剂有三氯甲烷、正已烷等。

通常，将溶解好的溶液滴到适当的液体底相（一般选用超纯水）上。此时，滴在底相表面上的溶液立即向外扩展，而在扩展过程中，有机溶剂挥发掉，便在底相液面上留下了所溶解的凝聚态材料的无序分布的分子。若能将这种凝聚态的无序分子有序化，并将它们转移到所需的基片（或其他基体）上，便可获得单分子薄膜。

3.5.2 LB 薄膜技术

漂浮的凝聚态下的单分子膜能用多种不同的方法转移到固体基片上，最常用的方法就是 LB 薄膜技术，这种技术是在保持单分子层表面压不变的情况下，让固态基片（如硅片或玻璃片）以一个合适的速率往返穿过单分子层与水的界面，在力的作用下将分子膜逐层转移到固体基片表面上。目前主要的 LB 薄膜设备的公司有英国 Nima 公司、芬兰的 KSV 公司、德国的 Meyer 公司、中国的中科仪公司等。

用于制备 LB 膜的装置示意图如图 3-14 所示，装水的容器叫做 Langmuir 槽，它由以下几部分组成：

(1) 一个铺展单分子层的水槽，槽表面通常用惰性材料（如聚氟乙烯）涂覆，便于清洗，不易被污染；

(2) 独立的可动滑障，其目的是使单分子层固定在一定的面积以内。该滑障可由马达来驱动，以改变液面表面的压力和面积；

(3) 监测表面压的压力传感器，如 Wilhelmy 吊片法或 Langmuir 浮片法；

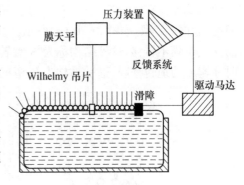

图 3-14 LB 薄膜制备装置示意图

(4) 提拉机构，用来固定衬底片，速度可调，平稳往复穿过单分子膜—水界面运动，典型的拉膜速度为(0.5~10)mm/min；

(5) 电路控制反馈系统，将表面压测试、屏带驱动马达及提拉机构相联系，实现拉膜过程中表面压恒定和漂浮的单分子膜面积自动调整；如果制备两种不同材料的交替膜，水槽内设计成两个独立的表面区域，分别控制每个区域内的表面压。

图 3-15 为制备单分子膜的操作过程示意图。首先，选择合适的溶剂溶解成膜物质（两亲分子）并配置成一定浓度的铺展溶液（步骤一）；然后，在 LB 槽内注满亚相的溶液，使用微量注射器(10μL~100μL，并依次用氯仿、乙醇清洗)移取一定体积的铺展溶液在靠近亚相溶液表面上缓慢均匀地进行滴加，注意避免铺展溶液关于集中而沉入亚相的底部（步骤二）；待铺展溶液重点溶剂完全挥发完毕后(15min~30min)，缓慢移动滑障压缩亚相表面即可形成单分子膜。

根据单分子膜的排列顺序，LB 薄膜可分为 X，Y，Z 型薄膜。通常基片经过化学处理，使它的表面呈疏水性或亲水性，以保证在第一层分子转移时的更强的结合力。如一个亲

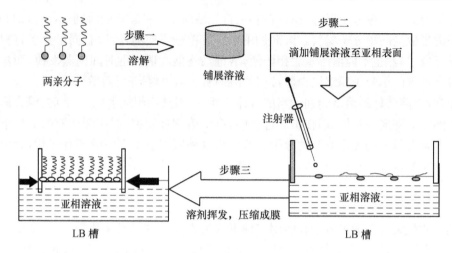

图 3-15 单分子膜的制备过程示意图

水处理的基片,向上通过漂浮层时,亲水端被固定沉积到基片上,并带着疏水端及整个分子,取向是垂直于基片平面;接着基片向下穿过单分子膜层,第二层被沉积上,此时第二层的疏水端连接在第一层上;接着再向上沉积第三层,依次类推,可以转移许多层,这种转移的结构称为 Y 型,如图 3-16(a)所示。如果仅仅向下运动通过单分子层时才进行转移,而向上时膜不转移,这种结构称为 X 型转移;而若在交替地沉积转移时,仅仅在每次上升时才能成功地转移膜,这种结构为 Z 型沉积,如图 3-16(b)、(c)所示。

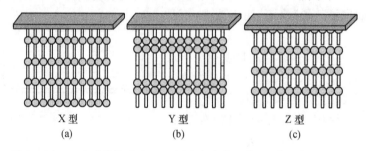

图 3-16 不同型式转移的 LB 膜(球代表亲水部分,棒代表疏水部分)

习题与思考题

1. (1) 写出由 $AlCl_3 + CO_2 + H_2$ 组成的混合气体,通过 CVD 形成 Al_2O_3 薄膜的化学方程式。
   (2) 若需在直径为 2cm 的衬底上镀一层 $2\mu m$ 的膜,衬底放在一长 50cm,直径 5cm 的管状反应器中,计算 $AlCl_3$ 的最少用量。
   (3) 若用 $VCl_4 + C_6H_5CH_3 + H_2$ 混合气制备 VC 薄膜,再计算上面两个问题。
2. 考虑下面的 CVD 反应

$$A_g \underset{T_2}{\overset{T_1}{\rightleftharpoons}} B_s + C_g \ (T_2 > T_1)$$

在 1atm 的压强下($P_A+P_C=1$),该反应的自由能为 $\Delta G^0=\Delta H^0-T\Delta S^0$。

(1) 将 $\Delta P_A=P_A(T_1)-P_A(T_2)$ 化为 T_1,ΔH,ΔS 的函数。

(2) 作出 ΔP_A—ΔH 的图像。

(3) 用 ΔH 的函数来描述气体的运动方向及量值。

3. 在制备外延 Ge 薄膜的过程中,热力学数据如下:

$I_{2(g)}=2I_{(g)}$ $\Delta G^\circ=-38.4T$(mol)

$Ge_{(s)}+I_{2(g)}=GeI_{2(g)}$ $\Delta G^\circ=-1990-11.2T$(mol)

$Ge_{(s)}+GeI_{4(g)}=2GeI_{2(g)}$ $\Delta G^\circ=36300-57.5T$(mol)

(1) $Ge_{(s)}+2I_{2(g)}=GeI_{4(g)}$ 的 ΔG° 是多少?

(2) 设计一个反应装置并指出哪部分更热,哪部分更冷?

(3) 粗略估计一下反应器的工作温度。

(4) 如何改变反应器的设计,使它能用于制备多晶薄膜。

4. (1) 在 1200℃ 时,各种气体制备 Si 薄膜的生长速率由下表给出。

气 体	生长速率/(μm/min)	气 体	生长速率/(μm/min)
SiH_4	1	$SiHCl_3$	0.3
SiH_2Cl_2	0.5	$SiCl_4$	0.15

(2) 1000℃ 时,观察到各种气体在 SiO_2 衬底上形成多晶硅薄膜时的晶核密度如下:
SiH_4—$10^{10}\,cm^{-2}$,SiH_2Cl_2—$5\times10^{-7}\,cm^{-2}$,$SiHCl_3$—$3\times10^6\,cm^{-2}$.

(1)和(2)的结果一致么? 如何解释这两个发现?

5. 假定你参加了一个制备 ZnS/CdS 红外涂层的项目。热力学数据显示:

$$H_2S_{(g)}+Zn_{(g)}\rightarrow ZnS_{(s)}+H_{2(g)}$$
$$\Delta G=-76400+82.1T-5.9T\ln T\text{(mol)}$$
$$H_2S_{(g)}+Cd_{(g)}\rightarrow CdS_{(s)}+H_{2(g)}$$
$$\Delta G=-50000+85.2T-6.64T\ln T\text{(mol)}$$

(1) 这些反应是吸热的还是放热的?

(2) 实际上,反应 1,2 分别在 680℃ 和 600℃ 下发生。根据 Zn 和 Cd 在此温度下的蒸气压,估算 P_{H_2}/P_{H_2S} 的比值,假定处于平衡状态。

(3) 设计一个反应装置可以用来制备 ZnS 和 CdS,应包含加入反应物和衬底加热的方法。

6. WF_6 在通过一个含有 Si 和 SiO_2 的衬底时观察到以下现象:

(1) W 会在 Si 上沉积而不在 SiO_2 上沉积。

(2) 当 W 膜连续沉积到一定厚度时(如 100Å~150Å),反应会自动受限,W 不能继续沉积了。

提出一种方法,可以制备更厚一点的 W 膜。

7. $Si+SiCl_4=2SiCl_2$ ($\Delta G^\circ=83000+3.64T\log T-89.4T$(mol))可逆反应在一个直径 15cm 的封闭的管状大气压反应器内发生。Si 在距反应源 25cm 的一保持 750℃ 的衬底上沉积,反应源的温度是 900℃。衬底和反应源之间保持热力学平衡,计算 $SiCl_2$ 的

流量。气体的黏度是 0.08cP。【提示：参考问题 2】

8. 找出下面薄膜的化学方程式：
   (1) PECVD 法制备氮化硅，含有 20 at% 的 H，Si 和 N 的比例是 1.2。
   (2) LPCVD 法制备氮化硅，含有 6 at% 的 H，Si 和 N 的比例是 0.8。
   (3) LPCVD 法制备 SiO_2，密度：$2.2g/cm^3$，含 H 量：$3\times10^{21} atoms/cm^3$。

9. 含 0.5% 四氯化硅的氢气流以 20cm/s 的速度充入一直径 12cm 的管状 CVD 反应器。在反应器内有一平底盘，上面水平放置了一个硅片。若在 1200℃ 时，气体的黏度是 0.03cP，
   (1) 气流的雷诺数是多少？
   (2) 估算盘下方 50cm 处的边缘层厚度。
   (3) 若外延硅膜以 1 μm/min 的速度沉积，估算 Si 向边缘层的扩散速率。

10. 在 540℃ 时，多晶硅以 30Å/min 的速率沉积。若薄膜沉积的激活能是 1.65eV，则 625℃ 时，沉积速率应为多少？

11. 某长管型 CVD 反应器在发生第一化学反应时，同时保持稳态扩散和对流过程。假定浓度 $C(x)$ 满足以下方程：

$$D\frac{d^2C}{dx^2} - v\frac{dc}{dx} - KC = 0$$

   K 是化学速率常数，x 是反应器内的距离。
   (1) 若 $C(x=0)=1, C(x=1m)=0$，推出 $C(x)$ 的表达式。
   (2) 若 $C(x=0)=1, dC/dx(x=1m)=0$，推出 $C(x)$ 的表达式。
   (3) 若 $D=1000cm^2/s, v=100cm/s, K=1s^{-1}$ 算出浓度的表达式。

12. 选择任一种薄膜材料（如半导体，氧化物，氮化物，碳化物，合金等），分别用 PVD 和 CVD 制成薄膜。比较两种方法产物的结构，化学组成和性质，并写成报告。

第四章 薄膜制备中的相关技术

在薄膜的制备过程中,除了薄膜沉积技术外,为了获得性能良好的薄膜及薄膜器件,还有不少特殊的技术需要掌握并熟练运用。

4.1 基 片

由于薄膜的厚度很小,一般都不能支持本体,而必须为它提供一个载体。理想的载体或"基片"除了要有足够的附着力以支持薄膜外,还不应与薄膜相互作用。另外基片必需与沉积工艺和随后的全部工艺以及应用薄膜需要的工艺相适应。此外,基片的成本也是需要考虑的。因此,一个理想基片所希望的性能如表4-1所列。由于基体需要机械强度高、电阻率高、热稳定性好,因此,一般用来制备薄膜的基片多为玻璃、陶瓷、单晶材料等。一般的金属、有机塑料、半导体材料等只能用于特定的条件下。

表4-1 理想基片的性能

要求的性能	理由	要求的性能	理由
表面粗糙度达到原子的数量级	为获得薄膜的均匀性	抗热冲击	防止在工艺过程中损坏
完全平坦	为获得掩模的清晰度	热稳定性	允许在工艺过程中加热
没有气孔	防止过多的除气处理	化学稳定性	工艺过程中使用的化学试剂可不受限制
机械强度	防止薄膜碎裂		
热胀系数与沉积膜层的相等	防止薄膜应力	高电阻	使电路元件绝缘
高热导	防止电路元件过热	低成本	允许大量应用

4.1.1 各种基片的性质

4.1.1.1 玻璃

玻璃是一种透明的具有平滑表面的稳定性材料,可以在小于500℃温度下使用。玻璃的热性质和化学性质随其成分不同而有明显变化。如透明石英玻璃,其杂质总含量小于100ppm,在 $0.18\mu m \sim 4\mu m$ 波长范围内,其为透明状态,在20℃~1000℃温度范围内,其热膨胀系数很小,为 $5.4 \times 10^{-7} ℃^{-1}$。

表4-2列出了典型的玻璃基片的成分(wt%)。不同厂家生产的玻璃基片的精确组成有所不同。

石英玻璃在化学耐久性、耐热性和耐热冲击性方面都是最优异的。普通玻璃板和显微镜镜片玻璃为碱石灰系玻璃,容易熔化和成型,但其膨胀系数大。可以将普通玻璃板中的 Na_2O 置换成 B_2O_3,以减小其膨胀系数。

表 4-2 各种玻璃组成(wt%)

玻璃种类	SiO_2	Na_2O	K_2O	CaO	MgO	B_2O_3	Al_2O_3	备注
透明石英玻璃	99.9							熔凝的石英
96%石英玻璃	>96	<0.2	<0.2			2.9	0.4	Vycor(商标)
低膨胀系数的硼硅酸盐玻璃	80.5	3.8	0.4			12.9	2.2	Pyrex(商标)
铝代硅酸盐玻璃	55	0.6	0.4	4.7	8.5	4	22.9	Jena supermax CGW 1270#
铝代硼硅酸盐玻璃	74.7	6.4	0.5	0.9	(BaO)2.2	9.6	5.6	理化实验用
低碱玻璃	49.2	<0.2	<0.1		(BaO)25.0	14.5	10.9	CGW 7059#
普通玻璃板	71~73	13~15		8~12	1~3		1~2	

石英玻璃采用熔融石英法制成,以水晶为原料时得到的是透明石英玻璃,以石英砂和石英为原料时得到的是不透明石英玻璃。除透明性不同外,这两种玻璃的物理性质和化学性质几乎没有什么不同。表 4-3 列出各种石英玻璃的纯度。用四氯化硅做原料采用韦纳伊(Verneuil)火焰熔融法制成的石英玻璃纯度最高。从表 4-3 看出,纯度由矿物质含量决定。当氧化铁含量高于 100ppm 时,则明显看到 Fe^{3+}、Fe^{2+} 分别吸收 $0.38\mu m$ 近紫外线和 $1.1\mu m$ 近红外线;当为板状试样时,试样断面呈绿色。在强氧化气氛中熔化的玻璃原料,其 Fe^{2+} 减少,这时玻璃断面呈淡褐色。无杂质玻璃为纯白色。

表 4-3 各种石英玻璃的杂质含量(ppm)

原料形态	Al_2O_3	Fe_2O_3	TiO_2	Na_2O	K_2O
$SiCl_4$	<3	<1	<1	<1	<1
水晶	30~100	1~5	1~10	1~6	1~5
石英	200~500	20~100	10~20	20~50	10~30
石英砂	500~3000	100~1000	10~100	20~100	20~100

表 4-4 列出了透明石英玻璃的物理性质。其密度、泊松比和比热容等均比普通玻璃板小。电阻率除受温度影响外,还易受其含水量和杂质的影响。石英玻璃的常用温度一般为 1100℃,但玻璃含水量较多时,把使用温度再降低 50℃~100℃ 则可安全使用。各种玻璃高温使用的临界温度大致为其黏度等于 $10^{13.5}\rho$ 时的翘曲变形温度。

表 4-4 透明石英玻璃的性质

密度(g/cm³)		2.203	电阻率(Ω·cm) (20℃)	10^{19}
抗拉强度(kgf/cm²)		490	(500℃)	10^8
杨氏模量(kgf/cm²)		7.78×10⁵	介电常数(1MHz)	3.6
刚性系数(kgf/cm²)		3.41×10⁵	折射率(λ=5891)	1.458
泊松比		0.14	色散系数	67.62
线膨胀系数℃⁻¹ (小于1000℃)		5.4×10⁻⁷	板的可见光透射率	93.3%
			板的可见光反射率	6.7%
比热容(kcal/g·℃)		0.251		

注:kgf 和 cal 是非法定计量单位,但工程上仍在使用。
1kgf=9.80665N,1cal=4.1855J

4.1.1.2 陶瓷基片

氧化铝和镁橄榄石等绝缘性陶瓷,即使在高温条件下对高频电力也具有优异的绝缘电阻、耐压和介电损耗等性能。陶瓷绝缘材料的主要用途见表4-5,其性能见表4-6。

陶瓷性能受到下面许多因素影响:主要成分的晶体类型,非主要成分组成,杂质,玻璃质中间物,气孔数量和分布状态,在结晶过程中产生的成分偏离和结构缺陷等。高精细陶瓷材料,在功能、材质特性、与金属连接的加工复杂性、尺寸精度和形状精度等方面,均能满足现代薄膜制备与薄膜器件的需要。

表4-5 陶瓷绝缘材料的用途

用途	元件	材质
混合集成电路	厚膜用基片,薄膜用基片,蓝宝石基片	A,F
半导体大规模集成电路	陶瓷多层封装,陶瓷双列式封装放大器,多层陶瓷微型组件,蓝宝石基片	A
半导体	多层基片	A
	晶体管基极,二极管基极	A,S
	功率晶体管基极	B,A
电子管	磁控管管壳,可控硅整流器管壳	A
	电子枪部件,管内绝缘物	A,F
	阴极射线显像管外壳	F

注:A:氧化铝,F:镁橄榄石,S:滑石质高频绝缘材料,B:氧化铍

表4-6 陶瓷绝缘材料的性质

	氧化铝92%	氧化铝96%	氧化铝99%	蓝宝石	镁橄榄石
相对密度性能	3.6	3.7	3.8	4.0	2.8
弯曲强度(MPa)	320	280	310	1300	150
热膨胀系数($\times 10^{-6}℃^{-1}$)(40~400℃)	6.5	6.7	6.8	7	8.8~0.6
热导系数[cal/(cm·s·℃)]	0.04	0.05	10.06	0.1	0.01
绝缘强度(kV/mm)	10	10	10	48	10
电阻率($\Omega·cm$)					
(20℃)	$>10^{14}$	$>10^{14}$	$>10^{14}$	10^{16}	10^{14}
(300℃)	10^{13}	10^{14}	10^{14}	10^{14}	10^{13}
(500℃)	10^{10}	10^{11}	10^{11}	10^{11}	10^{10}
介电常数(1MHz)	8.5	9.4	9.7	10	6.5
介电损耗($\times 10^{-4}$)(1MHz)	3	2	2	1	3

氧化铝基片的制造技术发展很快,纯度92%~99%的氧化铝陶瓷得到了广泛的应用。薄膜电路主要使用研磨的氧化铝基片、在氧化铝基片上涂玻璃釉的涂釉基片、光洁的高纯度氧化铝基片以及研磨的蓝宝石基片。

蓝宝石基片不管是在电绝缘性能、化学热稳定性能;还是导热性能和表面粗糙度等均

是性能优异的薄膜基片。蓝宝石基片应用范围很广,除用作电子材料外还可以用作光学材料、机械零件材料和装饰材料。过去一直采用韦纳伊氢氧焰熔融法(Verneuil)和切克劳斯基(Czochralski)单晶控制法生产这种基片,但1975年以后日本京塞拉公司采用边缘固定的膜馈送成长法(EFG)制造出薄膜基片、硅用蓝宝石(SOS)基片和硅—蓝宝石晶片。

由于蓝宝石在GHz内的介电损耗小、热导率大,因此它作为微波用薄膜基片是很优异的。另外蓝宝石表面极光洁,因此可以用作需要进行微细图形加工的混合集成电路基片和精密薄膜电阻的基片。表4-7列出现在成批生产的用作基片的蓝宝石和具有其他形状的蓝宝石的尺寸。

表4-7 EFG法生产的蓝宝石的标准形状及尺寸规格

形状	尺寸	可制造的尺寸/mm
片状	宽度	75(最大)
	长度	150(最大)
	厚度	0.25～3.0
	结晶面	R面、A面、C面
	表面粗糙度	双面镜面,一面镜面一面研磨面
棒状	直径	1.0～10
	长度	1000(最大)

为了满足高密度集成电路的需要,在多层陶瓷基片上可以制备高密度、高可靠性和高速度的多芯片微型组件。多层陶瓷基片常采用生片叠层法,厚膜叠层印制法或薄膜叠层法制备,如图4-1所示。

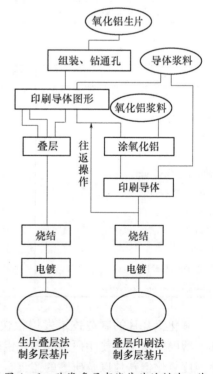

图4-1 陶瓷多层布线基片的制造工艺

镁橄榄石($2MgO \cdot SiO_2$)具有高频下介电损耗小、绝缘电阻大的特性,它容易获得光洁表面,因此可以作为金属薄膜电阻、碳膜电阻和缠绕电阻的基片或芯体,还可以作为晶体管基极和集成电路基片。其介电常数比氧化铝小,因此信号传送的延迟时间短。其膨胀系数接近玻璃板和大多数金属,且随其组成发生变化,因此它不同于氧化铝,很容易选择匹配的气密封接材料。

氧化铝陶瓷的热导率虽然较高,但因为其价格高,粉末和蒸气对人体有害,从而限制了它的应用。

高导热绝缘碳化硅是兼有高热导率数[25℃下为0.65(cal/cm·s·℃)]和高电阻率(25℃下为$10^{13}\Omega \cdot cm$)的优异材料。另外,其抗弯强度和弹性系数大,热膨胀数接近硅单晶体(在25℃～400℃条件下为$3.7 \times 10^{-6}/℃$),因而适于装载大型元件。碳化硅的介电常数较大约为40，由于信号延迟时间正比于介电常数的平方根，因此碳化硅信号延迟时间为氧化铝的二倍，这是它的缺点。可以用Cu、Ni使碳化硅金属化，利用它这一特点，可以开发出许多应用领域如集成电路基片和封装等。

4.1.1.3 单晶体基片

单晶体基片对外延生长膜的形成起着重要作用。各种外延膜的许多性能是由所用的单晶体基片决定的。表4-8列出了常用的单晶体基片的基本性质。为了能在高温基片上生长外延膜，需要很好的了解单晶体基片的热性质。晶体基片由于各向异性会产生裂纹，基片与薄膜间的热膨胀系数相差很大时，会在薄膜内残留大的应力，这样使薄膜的耐用性显著下降。因此在使用单晶基片时要注意以下几个问题：

表4-8 常用的单晶体基片性质

材料名称	蓝宝石			金红石		
化学名称	$\alpha-Al_2O_3$			TiO_2		
晶系	六方			正方		
晶格常数(Å)	$a_0=4.758$ $c_0=12.991$			$a_0=4.584$ $c_0=2.953$		
密度(kg/m³)	3970			4240		
熔点(K)	2326			2143		
解理面	—			(110)		
弹性常数($\times10^{10}$N/m²)	C_{11}49.6；C_{12}10.9；C_{33}50.2；C_{13}4.8；C_{44}20.6；C_{14}3.8			—		
介电常数(298K，10^6Hz)	9.34$\perp$c，11.54//c					
热膨胀率 $\Delta L/L$(%)	T(K)	$\Delta L/L$//c	$\Delta L/L\perp$c	T(K)	$\Delta L/L$//c	$L/L\Delta L\perp$c
	100	−0.078	−0.060	100	−0.155	−0.120
	293	0	0	500	0.197	0.150
	1000	0.593	0.552	1000	0.740	0.570
	1900	1.555	1.440	1400	1.200	0.927
热导率 λ[W/(m·K)]	T(K)	λ//c	$\lambda\perp$c	T(K)	λ//c	$\lambda\perp$c
	5	410		1	(2.6)	(2.3)
	15	8700		5	313	265
	30	20700^M		12	2060^M	1700^M
	40	12000		20	1000	690
	1000	10.5		50	66	45
比热容 c_p[cal/(kg·K)]	T(K)	c_p				
	533	263				
	672	272				
	1088	297				
	1227	306				

1) 热膨胀率 $\Delta L/L$

表中用 $\Delta L/L(\%)$ 热膨胀率取代通常使用的热膨胀系数 $\alpha(\text{℃}^{-1})$，这样做有如下好处。对各种材料，可将 $\Delta L/L(\%)$ 表示成如下光滑曲线

$$\Delta L/L = C_0 + C_1 T + C_2 T^2 + C_3 T^3 \tag{4-1}$$

式中，C_0、C_1、C_2、C_3 是使值 $\Delta L/L$ 的测定精度控制在 $\pm 5\%$ 以内而得到的材料常数。使用表中给出的 $\Delta L/L$ 四个值就可以由式(4-1)求出任意温度下的热膨胀率。另外从 $\alpha = (\Delta L/L)\Delta T$ 关系式也可求出热膨胀系数 α。

2) 热导率 λ

在晶体的 x 方向上存在 dT/dX 温度梯度，假设由这一温度梯度产生的热流密度为 Q_x，而可用 $\lambda = -Q_x/(dT/dX)$ 来定义热导率 λ。对于理想的绝缘晶体，其热导率曲线一般形状如图 4-2 所示，它具有极大值。表 4-8 中符合这一曲线形状的材料有 C、Si、Ge、MgO、LiF、NaCl、MgAlO$_4$、Al$_2$O$_3$、TiO$_2$ 和石英等。表 4-8 中自上而下的数值系指图 4-2 中 A、B、M、C、D 各温度下的热导率。另外对不符合图 4-2 曲线的材料如 InAs、InSb、石英玻璃和云母等。

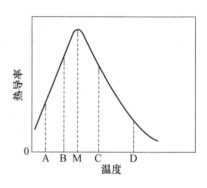

图 4-2 绝缘晶体热导率的一般曲线

3) 比热容 c

比热容是将单位质量的物质提高 1℃ 所需的热量，它一般随温度变化。比热容可区分定压比热容 c_p 和定容比热容 c_v 两种。对于固体和液体，这两种比热容的差约为 c_v 的 $3\% \sim 10\%$。

4.1.2 基片的清洗

4.1.2.1 原理

任何基片使用之前都必须充分清洗。所使用的清洗方法与基片性质、污染的性质和所需清洁度有关。污染包括制造过程的污染、人的接触(如蛋白质)、空气中飞扬的灰尘、纤维和油分子等。清洗意味着破坏基片和污染之间的吸附键而不损坏基片本身。进行这一步骤所需的能量可以直接由加热或离子轰击提供，或者由化学反应或溶解提供，也可以由机械擦洗提供。

具体的沉积薄膜基片的清洗方法主要根据薄膜生长方法和薄膜使用目的选定。基片表面状态会严重影响基片上生长出的薄膜结构和薄膜物理性质。基片清洗方法一般分为去除基片表面上物理附着的污物的清洗方法和去除化学附着的污物的清洗方法。

一般采取的清洗方法是：先在溶剂中进行机械擦洗，然后进行化学反应和溶解，最后进行加热、离子轰击(一般在真空中进行或采用真空解理等)。

对经不同方法清洗过的表面的检查，可采用低能电子衍射(LEED)、反射高能电子衍射(RHEED)和俄歇谱(AES)等方法。另外，实际上还可通过制得的薄膜的各种性能来评定基片表面是否合乎要求。

4.1.2.2 实验室所用的清洗方法

一般实验室所用的清洗基片表面的方法大致有化学清洗法、超声波清洗法、离子轰击清洗法、加热清洗法等。在实际清洗基片表面时也可把各种清洗方法进行适当组合。

1) 洗涤剂清洗法

去除基片表面油脂成分等的清洗方法是,首先在煮沸的洗涤剂中将基片浸泡 10min 左右,随后用流动水充分冲洗,再在乙醇中浸泡之后用干燥机快速烘干。基片经洗涤剂清洗以后,为防止人手油脂附着在基片上,需注意用竹镊子等工具夹持。简便的清洗方法是将纱布用洗涤液很好浸透,再用纱布充分擦洗基片表面,随后如上所述对基片进行干燥处理。

2) 化学药品和溶剂的清洗法

为去除玻璃等表面油脂,一般实验室清洗方法是在铬酸和硫酸混合液中将玻璃等浸泡几小时,但处理清洗废液很麻烦且会污染环境。现在采用的清洗溶剂,特别是清洗半导体表面时多是强碱溶液。

在用丙酮等溶液清洗时,一般多采用前面清洗方法中规定的清洗顺序。另外,还可用溶剂蒸气对基片表面进行脱脂清洗,采用异丙醇溶剂能极有效地进行这种清洗。溶剂蒸气的清洗方法优于超声波清洗方法。

3) 超声波清洗法

超声波清洗法是利用超声波在液体介质中传播时产生的空穴现象对基片表面进行清洗的。针对不同的清洗目的,一般多采用溶剂、洗涤液和蒸馏水等作为液体清洗介质,或者将这些液体适当组合成液体清洗介质,有的也按着第一种方法中的规定进行干燥处理。

4) 离子轰击清洗法

离子轰击清洗法是用加速的正离子撞击基片表面,把表面上的污染物和吸附物质清除掉。这种方法是在抽真空至 10^{-1}Torr～10Torr 的试样制作室中,对位于基片前面的电极施加电压 500V～1000V,引起低能量的辉光放电。但要注意,过高能量离子会使基片表面产生溅射,会使存在于制作室内的油蒸气发生部分分解,生成分解产物,这反而会使基片表面受到污染。

5) 加热清洗方法

如果基片具有热稳定性,则在尽量高的真空中把基片加热至 300℃ 左右就会有效除去基片表面上的水分子等吸附物质。这时在真空排气系统中最好不使用油,因为它会造成油分解产物吸附在基片表面上的危险。

4.1.2.3 清洁度检验

基片清洗后,需进行检验和评定。评定清洁度有许多方法,如呼气成像检验法、液滴检验法、静摩擦检验法等。但检验时必须采用符合清洁度等级要求的检验方法。

1) 呼气成像检验法

当对玻璃板表面呼气时,水就附着在表面上。经火焰清洁处理的玻璃板表面(为清洁状态)在呼气时形成均匀水膜,构成对光不产生漫反射的黑色呼气像。未经清洁处理的玻璃板,其表面不被水湿润,这时形成灰色的呼气像。这种呼气成像法是最简易的清洁度检验法。将试样罩在清洁的热蒸汽上,观察水附着状态和附着水的蒸发状态,这种方法也称为蒸汽检验法。如表 4-9 所列,这种方法检验石英板表面可以达到微量污染的半定量检查。

表 4-9 蒸汽检验结果与接触角 AES 分析

蒸汽检验结果 （清洁度外观等级状态）	附在研磨石英上的水状态	接触角(°)	污染物单分子层数
极清楚条纹	附着、蒸发时形成均匀的虹状干涉条纹	4	<0.1
清楚条纹	附着时形成均匀的干涉条纹，蒸发时形成不均匀干涉条纹	4	<0.1
不清楚条纹	附着时形成不均匀干涉条纹	4	≤0.1
桔皮状	无色,可见大水滴,呈透明	5~10	0.1~1
浊斑	有很多小水滴存在,呈半透明	>10	>1

2）液滴检验法

液滴检验法是将水或乙醇等液体置于基片表面上，用液体在表面上的扩散程度、浸润性和接触角大小等参量来判断表面清洁度。利用接触角参量检验表面清洁可实现定量检查，它用于非沾水污染的评定。接触角检验法能有效地检查出单分子层等级的污染。玻璃清洗方法与液滴接触角的关系见图 4-3。

3）静摩擦因数检验法

当表面上有油脂等物质时表面的静摩擦因数会变小。实际检验时，在被测表面上放置加有载荷的玻璃，对玻璃水平拉引，当玻璃开始移动时求出拉引力，或者使基片慢慢倾斜，当其基片上面的小片开始滑动时求出倾斜角度。用不同方法清洗玻璃时玻璃表面的静摩擦因数大小见表 4-10。

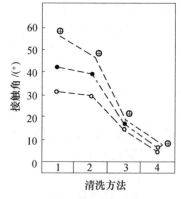

图 4-3 玻璃基片清洗方法与水接触角的关系
1—研磨干燥；2—有机溶剂清洗；
3—铬酸清洗；4—辉光放电处理。

表 4-10 玻璃基片不同清洗法与静摩擦因数关系

清　　洗	静摩擦因数/μ_s
①异丙醇蒸气清洗	0.5~0.64
②三氯乙烯蒸气清洗	0.39
③Teepol 阴离子界面活性洗涤剂清洗,以后用布擦干	0.07
④Teepol 阴离子界面活性洗涤剂清洗,以后辉光放电处理	0.8
⑤Teepol 阴离子界面活性洗涤剂清洗,以后用乙醇清洗,用木棉擦干	0.33
⑥⑤以后再经辉光放电处理	0.8
⑦①以后再经辉光放电处理	0.8
⑧⑤以后再经火焰加热处理	0.11

4) 放射性同位素检验方法

这种检验方法是用放射性同位素示踪方法计数检查污染物质,优点是该方法与基片表面粗糙度无关,对微量污染物能大面积检查。例如有的用 ^{14}C 示踪硬脂酸污染物,结果发现,用一般有机溶剂清洗和超声波清洗不能完全去除硬脂酸,还会残存0.1分子层。

5) 表面分析检验方法

这一检验方法是利用X射线光电子能谱(XPS)或化学分析电子能谱(ESCA),X射线微量分析(XMA),俄歇电子能谱(AES)和离子微量探针质谱分析(IMA)等的表面分析方法,对污染表面进行微观分析。

4.1.3 超清洁表面

4.1.3.1 超清洁表面的定义

在高性能薄膜实验中,要求基片表面的杂质应在表面第一层原子数的百分之几以内,而且基片表面应为缺陷很少的平滑结构。这种超清洁表面一般也称为原子级清洁表面。

4.1.3.2 超清洁表面的制取

实际制取超清洁表面的方法大体上有两种,一种是制取没有被污染的新生表面,另一种是用清洁方法去除残存于表面上的杂质。下面就这两种方法加以说明。

(1) 新生表面的构成方法:破碎;解理;形成薄膜。

(2) 杂质的清洗方法:机械磨削和化学清洗;离子轰击;电场致蒸发;高温加热;激光辐照。

使用上述方法得到的清洁表面,也会由于吸附气体分子和杂质原子向表面扩散而很快被污染。对于进行多次反复实验,由第(1)种方法得到的表面使用一次后再不能使用,而由第(2)种方法得到的表面,试验后可再清洗几次而加以使用,因而其利用次数比第(1)种方法多。但是第(2)种清洗处理容易引起表面结构和表面元素组成的变化,因而这样的清洁表面不一定适于氧化物的研究。清洁表面的各种制取方法、特征和应考虑的有关问题见表4-11。

表4-11 取得超清洁表面的各种方法及其特征

方法	优点	缺点
(1)新生面的构成方法		受过污染的面再不能形成新生面
①破碎方法 用电磁锤将试样粉碎(数千次),构成解理面为主的试样	能得到大的表面积($\approx 1 m^2/g$)	表面取向不明确,缺陷多,难以得到很规则表面,不能反复使用
②解理法 用WC等硬质材料刃具劈开,把刀刃对准上下面,或者一面用铜板支撑。劈开刀刃成30°斜角,支撑刀刃成90°、120°	所用时间短 可准确保证清洁性和元素组成	适用解理性物质,仅限于解理面要求一定尺寸的单晶体 解理反复次数最多4次~5次
③形成薄膜	能得到大表面积($\approx 10^2 cm^2$) 对物质不加限制	需具有关于薄膜制作、薄膜性质的知识,为不降低制作真空度,需要放气时间

(续)

方法	优点	缺点
(2)去除杂质方法		容易改变化合物组成
①机械磨削 用旋转刀具和锉刀等对表面磨削	对低熔点的软材料，采用其他方法无效时可采用该法	难以实现镜面精加工 易造成缺陷 磨削刀具杂质可能侵入表面
②离子轰击法 用 Ar^+($\approx 500V, 5\mu A/cm^2$)溅射几分钟，之后修补缺陷，进行退火处理以放出羼入表面的 Ar，退火温度为熔点 2/3 左右	除少数例外，得到广泛应用	因产生缺陷必须退火 化合物的选择性溅射作用造成元素组成不一致，需充入稀薄气体，需排气时间
③电场致蒸发	可以观察污物剥落情况	只限于管状试样 需加高电压($\approx 10^4$V)
④高温加热 不同试样要求不同的加热温度 加热至 1000K～2500K，保温时间 10min 至几百 h	容易操作 在氧气、氢气中进行，有利于去除污物	不适于低熔点材料，对高熔点材料也有不成功的，有时产生小刻面放气。免除再污染所需抽空时间长(几日至一周)
⑤激光辐照(脉冲激光) 红宝石激光、Nd：YAG 激光等，一般采用具有几十毫微秒宽度的脉冲激光，输出功率 $1J/cm^2 \sim 2J/cm^2$	在极短时间内可完成清洗，再污染危险性小	加热冷却时间短，易引起变形 不适于透光材料 光源成本高 有时残留百分之几杂质

从表 4-11 可以看出，每种方法都各有优点和缺点，其中应用最广泛的是离子轰击法。由于分子束外延生长(MBE)技术的进步，用薄膜构成清洁表面的方法近年来得到很好应用。最近，制取清洁表面的趋向是用分子束外延生长技术制备单晶体，并对其表面进行清洗。制备超清洁表面的各种方法中，离子轰击法的利用率约为 50%，解理法和高温加热法的利用率各为 25%、15%。其余各种方法利用率总计为百分之几，其中破碎法、机械磨削法、电场致蒸发法具有特殊性质，因而应用上受到限制。

4.1.3.3 超清洁表面的主要制取技术

解理法、离子轰击法、高温加热法和激光辐照法是目前制取超清洁表面的最主要的方法。

1) 解理法

解理法是制取超清洁固体表面的最理想方法，但仅适用于能够应用的物质和结晶表面上，现主要用于制取化合物清洁面。好的解理面像镜面，在解理面上沿劈开方向存在阶梯线，很难得到大原子平坦表面。即使对解理面，为保持其超清洁状态也需在真空中进行劈开操作。解理法得到的超清洁表面晶体如表 4-12 所列。制取解理面的各种方法的示意图如图 4-4 所示；其中图 4-4(a)为标准方法，即在晶体的解理面打入楔子，使晶体内产生大于断裂极限的应变。

表 4-12 解理法得到的超清洁表面物质

晶体结构		晶体	解理面
单体物质	密排六方结构	Zn	(0001)
	金刚石结构	Si(2×1①), Ge(2×1①)	(111)
	石墨结构	C	(0001)
	砷结构	As, Sb	(111)
	碲结构	Te(2×1①)	(10$\bar{1}$0)
双原子化合物	NaCl结构	(1) LiF, NaF, NaCl, KCl; LiI (2) MgO, CaO, MnO, CoO, NiO, EuO (3) PbS, PbSe, PbTe (4) TiC, UC	(001)
	闪锌矿结构	(1) ZnS②, ZnSe②, ZnTe, CdTe (2) HgTe, Cd$_x$Hg1$_{-x}$Te(x=0.2, 0.31, 0.39) (3) GaP, GaAs, GaSb (4) InP, InAs, InSb	(011)
	纤锌矿结构	ZnO, CdS③, CdSe	(0001), (10$\bar{1}$0) (11$\bar{2}$0)
		PbO	(001)
		GaSe	(0001)
多原子化合物		MoS_2(0001) $BaTiO_3$(001) VO_5(001) $Bi_2(Te_{1-x}S_x)_3$(0001) ReO_3(011) 云母④(001)	

①与块体晶体不同的周期排列(参考 LEED 的有关内容)。②也存在纤锌矿结构。
③也存在闪锌矿结构。④多形态物质(已确认有多种晶体结晶)

图 4-4(c)是为得到阶梯少的解理面而想出的方法,即著名的 Gobeli-Allen 方法。这种方法是将切制成 L 型的试样固定在试验台面上,劈开前在试样表面上加工出研磨孔,用冲击棒冲击试样而使其开裂。阶梯面从开始裂处向各方向扩大,但不向角隅处蔓延,使角隅处的阶梯较少。在图 4-4(d)中,将刀刃压在试样中间位置,使开裂从试样内面发生,同时夹持试样的两个夹头旋转 90°,使两解理面处于同一方向。图 4-4(e)是劈开云母等层状材料的设备,对层状材料的劈开不使用刀刃,消除了刀刃与试样接触而产生的污染。

2) 离子轰击法、高温加热法和激光辐照法

表面上粘有少许尘埃污物时用水冲洗就可得到光洁表面。要去除表面上长年牢固粘附的污物,必须将表面层剥去。高温加热法或激光辐照法适于去除少许尘埃污物。离子轰击法适于去除牢固粘附的污物,为剥离表面上的污物,不可避免地会对污物下面的基片有所损伤。用离子轰击法剥离锈蚀物的清洁处理中,基片表面上总是容易生成茶色的锈蚀物,因此不让这种现象发生的较好方法是,电离惰性气体,加快离子速度,轰击基片表面。在轰击以后呈月面形大起伏表面,使晶格排列混乱,因此需要对基片进行加热退火以使晶格整齐,由此看出:加热退火处理是离子轰击清洗不可缺少的。离子轰击法可有效地

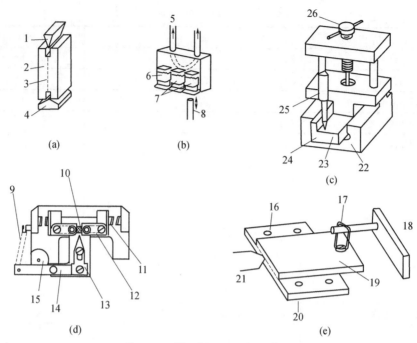

图 4-4 制取解理面的各种装置

(a)标准方法;(b)在低温下可劈开三个试样的装置;(c)制取阶梯少的解理面的方法;
(d)使解理面在同一方向的机构;(e)不用刀刃劈开层状材料的设备。

1—30°楔子;2—试样;3—预计解理面;4—120°楔子(或 90°楔子或无氧铜板);5—液体氮;6—解理面;7—解理前试样;8—冲击棒;9—弹簧;10—试样;11—弹簧;12—试样夹头;13—楔子;14—楔子驱动杆;15—锤子导轨;16—支持台固定用孔;17—吊把;18—支持棒;19—试样;20—支持台下降;21—预计解理面;22—支持架;23—阶梯少的部位;24—试样;25—冲击棒;26—试样固定螺栓。

用于不易解理的金属材料和化合物的非解理面的清洁处理上。离子加速电压和离子电流的选择应考虑尽量减少对表面的损伤和不影响表面的成分比。

高温加热法适于可承受高加热温度的高熔点材料和在适当的前处理中即使温度较低也能在表面上形成易挥发的化合物的材料。有时在氧气或氢气环境下实施的高温加热比只在真空中实施的高温加热效果更好。

激光辐照清洁处理方法是近几年发展起来的新方法,具有能对表面进行局部加热的优点,以及由于激光可采用断续方式,使不需加热部分不会因升温而放出气体,因此应用前景可观。这种方法的缺点是,试样表面温度难于测量,温度难于控制,由于温度的瞬时作用在表面上会存在较大应变。因此需要进行更深入研究。激光辐照过的表面晶格排列周期大多与其他方法处理的表面不同,表面性质也有不少待研究的问题。

4.2 薄膜厚度的测量与监控

几乎所有的薄膜性质都与膜厚有关系,因此薄膜的厚度直接影响着薄膜的各种性能。不仅需要在薄膜形成过程中对薄膜厚度进行实时监控,还需要对所制得的薄膜厚度进行精确测量。

薄膜厚度的测量主要是通过测量变化时所引起薄膜的某些物理性质的变化而进行的。常用的膜厚测量方法包括力学方法、电学方法和光学方法三大类。

4.2.1 力学方法

4.2.1.1 石英晶体法

石英晶体谐振法是一种最常用的力学方法薄膜厚度测量技术,也是一种动态实时测量方法,已广泛地用于真空蒸镀的膜厚测量与检测。其基本原理示于图4-5和图4-6。

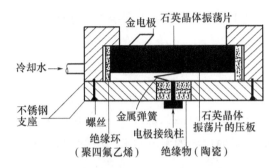

图4-5 石英晶体振荡法的测量元件
(冷却水在支座环中流动)

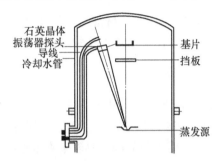

图4-6 石英晶体振荡器探头在
真空室中安装的位置

利用石英晶体的压电效应,在将源材料蒸镀到基片的同时,也将其镀在与振荡电路相连接的石英片上,根据石英晶体谐振频率的新变化,来计算薄膜的厚度。石英晶体的弹性模量E_0和它的质量m_0及固有特征频率之间的关系为:

$$f_0 = N\left(\frac{E_0}{m_0}\right)^{1/2} \quad (4-2)$$

式中,N是与石英晶体片的切割方式和尺寸大小有关的一个比例常数。如果在晶片的表面沉积上其他物质,上式中m_0会增加,从而使石英晶体的谐振频率发生了变化,即

$$df = -\frac{1}{2}NE_0^{1/2}\left(\frac{1}{m_0}\right)^{3/2}dm \quad (4-3)$$

式中负号表示石英晶体谐振频率f随沉积物质的增加而下降,由式(4-2)和式(4-3)得:

$$df = \left[-\frac{1}{2}\frac{f_0}{m_0}\right]dm = k \cdot dm \quad (4-4)$$

设在工作面积为S的石英晶体上,沉积有密度为ρ、厚度为d的薄膜,则有$dm = \rho S d$,

$$df = K\rho S d \quad (4-5)$$

因此,当测得频移量之后,由上式可得到膜厚d:

$$d = \frac{1}{kS}\frac{1}{\rho}df \quad (4-6)$$

当然由于薄膜的密度ρ一般要略小于相应块材的密度,当用块材密度代替薄膜密度ρ时,会有误差产生。

对于产生较大的频移量df,式(4-4)中df与dm之间不再是线性关系,可用下式进行修正:

$$(f_0 - \mathrm{d}f)^2 \approx f_0(f_0 - 2\mathrm{d}f) \tag{4-7}$$

石英晶体法的特点是简洁灵敏,可以测定金属、半导体和介质膜的厚度,其主要缺点是测试方法属于间接测量法,石英探头在 $\mathrm{d}f$ 太大时易产生电击。

4.2.1.2 微量天平法

用灵敏厚度达 $10^{-8}\mathrm{g/m}^2$ 量级的微量天平,分别称出基片成膜前后的质量,也可以测定在给定面积上薄膜质量 m。根据薄膜的块材密度便可计算出薄膜厚度:

$$d = m/(S\rho) \tag{4-8}$$

同样,由于用块材密度代替膜材密度,由上式计算的膜厚实际上会偏小。这种方法的测量精度取决于所用天平的精度。

4.2.2 电学方法

4.2.2.1 电阻测量法

电阻测量法是测定金属(包括半导体)薄膜厚度较简单的一种方法,它利用电阻值与形状有一定关系的这个原理来测量膜厚。根据测得的薄膜的面电阻 R_s 和成膜物质的电阻率 ρ,便可求出薄膜厚度:

$$d = \rho/R_s \tag{4-9}$$

用于成膜的块材的电阻率具有确定的数值,它与材料的形状无关。但是,薄膜的电阻率并不是确定值,它与物体的形状有关,其值随膜厚的变化有很大的变化。这是由于薄膜的结构与块材不同,它存在着较多的各种晶格缺陷,以及薄膜界面的散射效应、附着与吸收的残余气体等因素对电阻的影响等,因此,用块材的电阻率来计算薄膜厚度会引起很大的误差。

用电阻法测量薄膜厚度时,为了得到更符合实际的膜厚,可事先在基片上蒸镀较厚的一层(约 200nm)与所镀膜相同的物质,然后在它表面上再蒸镀所要测量的薄膜。由于金属导电膜的电阻随膜厚的增加而下降,因此,根据电阻减少的量就可以决定出薄膜的厚度。设最初薄膜的面电阻值为 R_s,再镀上一层薄膜后,其面电阻变化 ΔR_s,与此对应的膜厚变化为 Δd,将式(4-9)微分后得到:

$$\Delta d = \Delta R_s(-\rho/R_s^2) \tag{4-10}$$

这是用电阻测量膜厚的基本公式。

电阻测量法也可用来监控薄膜结晶过程中的膜厚。如图 4-7 所示。将一监控片作为惠斯顿电桥的一个组成部分并装入真空镀膜室中,此监控片的两端各备有厚度为 200nm 左右的导电带供电接触器用。当蒸发沉积薄膜时,由电桥的不平衡便可求出电流计上流过的电流。

$$1 = \alpha \frac{R_s - r}{R_s + \rho} \tag{4-11}$$

式中 $\alpha = V\dfrac{R_3}{R_1R_2 + R_2R_3 + R_3R_1 + \gamma(R_3 + R_1)}$;

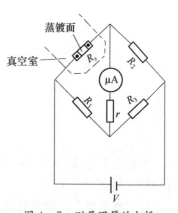

图 4-7 测量膜厚的电桥

$$\rho = R_2 \frac{R_3 R_1 + \gamma(R_3 + R_1)}{R_1 R_2 + R_2 R_3 + R_3 R_1 + \gamma(R_3 + R_1)};$$

$$\gamma = \frac{R_1 R_2}{R_3}。$$

如果最初是处于平衡的,则 $r=R_s$,将式(4-11)微分整理后可得:

$$\Delta R_s = \frac{(R_s + \beta)^2}{\alpha(\beta + \gamma)} \Delta I = \frac{R_s + \beta}{\alpha} \Delta I \quad (4-12)$$

故有:

$$\frac{\Delta R_s}{R_s} = \left(1 + \frac{\rho}{R_{s0}}\right) \frac{\Delta I}{\alpha} \quad (4-13)$$

电流计中电流的变化也就是相应的薄膜面电阻的变化,因此,当电阻变化到所需要的数值时即可停止蒸发,便可得到所需厚度的薄膜。

电阻测量法适用于测量相当宽范围的膜厚,尤其适用于具有较高沉积率和低残余气压的蒸发镀膜。

4.2.2.2 电容测量法

电介质薄膜的厚度可以通过测量它的电容量来确定,图4-8 为这种原理的测量装置。薄膜蒸发到电极上使被测电容发生了变化。

若已知薄膜的相对介电常数 ε_r 和电极面积 S,则膜厚为

$$d = \frac{\varepsilon_r S}{3.6\pi C}(\text{cm}) \quad (4-14)$$

式中电容 C 的单位为 pF,S 的单位为 cm^2。

在淀积介质膜时,也可用电容法来进行监控,通过测量特制的监控用的平板电容器的电容量变化来监控薄膜厚度。

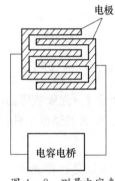

图 4-8 测量电容来监控薄膜厚度

4.2.2.3 品质因素(Q 值)变化测量法

如图4-9所示,在距厚度为 d 的金属膜不远的 h 处置放一个半径为 r,通有交流电的线圈,那么在金属膜中感应的涡流电流就会损耗掉线圈中的一部分电能。因此线圈的 Q 值与谐振频率都要发生变化。根据变化前后的 Q 值,以及所使用的电容器 C 值和频率值,就可以算出薄膜的电阻值,再用式(4-9)便可求出薄膜的厚度。Q 值变化测量法的优点在于是非破坏性的测量,因而受到人们的重视,它同样可以用来监控蒸发过程。

4.2.2.4 电离法

电离法以测量蒸镀材料蒸气电离产生的离子电流为基础,并假设达到基片的所有粒子都在其表面上凝聚。用电离法测量出其蒸气流,便能计算出薄膜的厚度。最常用的测量系统是一个放在蒸镀材料的蒸气流中的电离规,如图4-10所示。从阴极发射的电子被正栅极加速,与蒸气分子流发生碰撞而使它们电离。离子是由一个电位相对阴极为负的收集器所收集,由此便可测量出离子电流。但是,当蒸气流通过电离室时,残余气体同时也会被电离,所以必须将蒸镀材料的离子与残余气体的离子区分开来才行。可使用一振动挡板和旋转挡板来调制蒸气流,使得离子流有两个分量,一个是残余气体产生的直流分量,另一个为由待测蒸气所产生的调制分量。后者经选频放大器被记录下来,这种离子流是沉积速率的线性函数。

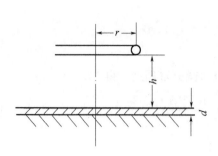

图 4-9　用 Q 值变化来监控膜厚时，薄膜上方线圈的位置

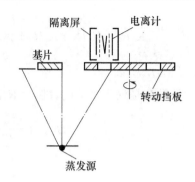

图 4-10　带有电离规的薄膜厚度监控仪

蒸气产生的离子流 I_+ 和蒸气分子密度(即蒸气压 P)的关系为

$$I_+ = SpI \tag{4-15}$$

式中 S 为电离计的灵敏度(1/Torr)，I 为电子电流(A)，根据上式和有关蒸发速率公式等就可求出薄膜的厚度。

4.2.3　光学方法

4.2.3.1　光吸收方法

平面波经过一种材料后其强度衰减可用朗伯定律来描述，即

$$I = I_0 e^{-\alpha d} \tag{4-16}$$

式中，I_0 是初始光强，I 是通过厚度为 d 的物质后的光强，α 是吸收系数。设强度为 I_0 的光从空气中垂直入射到厚度为 d 的薄膜样品，通过该样品后的透射光强度为 I_t，则透射系数 T_t 可定义为 I_t 与 I_0 之比，即

$$T_t = I_t/I_0 \tag{4-17}$$

如果样品的吸收系数为 α，反射系数为 R，则在第一个界面上反射的光强变为 RI_0，而通过第一个界面进入样品的光为 $(1-R)I_0$。由于样品的吸收，到达膜厚为 d 的第二个界面时光强为 $(1-R)I_0\exp(-\alpha d)$，通过第二个界面进入空气的光强为 $(1-R)^2 I_0 \exp(-\alpha d)$。

在第二个界面上向样品内反射回去的光强度为 $R(1-R)^2 I_0 \exp(-\alpha d)$，这一反射光又在样品内部向第一个界面射去，在样品中又被吸收一部分，而在第一个界面上又将发生透射及反射过程。如此多次发生样品内的反射和向样品外的透射。当反射次数很多时，可得到：

$$I_t = \frac{(1-R)^2 \exp(-\alpha d)}{1 - R^2 \exp(-2\alpha d)} \tag{4-18}$$

当 αd 值足够大或 R^2 较小以致满足 $R^2 \exp(-2\alpha d) \ll 1$ 时，可以略去上式分母的第二项，因此：

$$I_t \approx (1-R)^2 \exp(-\alpha d) \tag{4-19}$$

由此得到：

$$I_t \approx I_0(1-R)^2 \exp(-\alpha d) \qquad (4-20)$$

因此,对于给定的光照射,若 α 和 R 已知,测得 I_t 和 I_0 便可算出薄膜厚度 d。此法也适合于控制蒸镀过程和监控沉积速率。但是吸收系数大小与所采用的光波有关,光波波长不同,吸收系数差别可高达几个数量极。

4.2.3.2 光干涉法

如用光照射薄膜,由于空气和薄膜的折射率不同,直接从膜表面反射回来的光线与经过膜层从基片表面反射回来的光线就存在着光程差,因此两束光便产生了光的干涉,而透射进入基片的光波也同样会产生干涉。

利用薄膜的光干涉来测量薄膜厚度,已有一套完整的方法,如干涉测量膜厚法和等厚干涉条纹法,即多光束干涉法(MBI)法。它适用于测量厚度从 1/8 到 4 或 5 个波长的膜厚。

1) 干涉测量膜厚法

在光垂直入射薄膜的情况下,当薄膜的光学厚度 nd(即薄膜的折射率 n 和膜厚 d 之积)为 $\lambda/4$ 的奇数倍时,反射光强出现极值。假定空气和基片的折射率分别为 n_0 和 n_c,若 $n_0 < n > n_c$,反射光强出现极小值。如果 $n_0 < n < n_c$,反射光强则出现极大值。当薄膜的光学厚度为 $\lambda/2$ 的奇数倍时,则反射光的强弱与薄膜的折射率无关,即与基片未镀膜时一样,透射光的情况则与此相反,若反射光强时则透射光就弱,而反射光弱时则透射光就强。所以反射光和透射光两者都随薄膜的光学厚度发生周期性变化,呈现出一系列的极大和极小。光的强度可以用光学方法进行测量。图 4-11 给出了沉积在

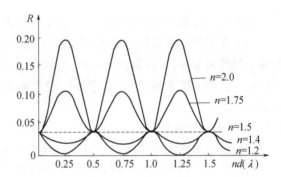

图 4-11 对于反射率不同的几种材料、反射率 R 随光学厚度 nd(以波长为单位)的变化

折射率 $n_c = 1.5$ 的玻璃基片上的各种折射率薄膜的反射率随其光学厚度的周期性变化的情况。

薄膜表面的反射光与薄膜—基片界面的反射光二者之间形成的光程差

$$\delta = 2d(n^2 - n_0 \sin^2 \varphi)^{1/2} \qquad (4-21)$$

式中 d 和 n 分别为薄膜的厚度和折射率,n_0 为薄膜上方空气的折射率,其值为 1,φ 为光进入薄膜表面时的入射角。根据光干涉产生极大条件,式(3-22)可表示为

$$\delta = 2d(n^2 - \sin^2 \varphi)^{1/2} - k\lambda \qquad (4-22)$$

式中 k 为描述干涉阶数的一个整数,λ 为波长。

在光垂直入射时($\varphi=0$),如果第 k 级极大值出现在波长 λ_1 处,第 $(k+1)$ 级极大值出现在波长 λ_2 处,则有:

$$2nd = k\lambda_1 \qquad (4-23)$$

$$2nd = (k+1)\lambda_2 \qquad (4-24)$$

用 λ_2 和 λ_1 分别乘以以上两式,然后两式相减可得:

$$2nd = \frac{\lambda_1 \lambda_2}{\lambda_1 + \lambda_2} \qquad (4-25)$$

如果已知薄膜折射率，根据光谱仪测各的 λ_1、λ_2 值，便能得到薄膜的厚度 d。

2) 等厚干涉条纹法

等厚干涉条纹法测量膜厚，是根据劈尖干涉原理，将平行单色光垂直照射到薄膜上，经多次反射干涉而产生鲜明的干涉条纹，然后再根据条纹的偏移，就可求出薄膜的厚度。这也是膜厚测量中普遍采用的方法之一。

用这种方法测量膜厚须把薄膜做成台阶状，为此需要事先在被测表面上，用高反射率物质制成具有台阶状的薄膜，作为膜厚测量用的比较片，将比较片放置在待成膜的基片附近，以使两者在完全相同的制膜条件下形成浅薄膜，并用具有锐利边缘的板遮盖比较片的一部分。如果单色光照射在成膜后的比较片上，由于发生干涉，产生了明暗相间的平行条纹，如图 4-12 所示。这时光在比较片上的干涉就可看成光在劈尖形状上薄膜的干涉了。根据条纹间距 L 和薄膜台阶处条纹发生的位移 ΔL，以及单色光的波长 λ，可得膜厚 d：

$$d = \frac{\Delta L \lambda}{2L} \qquad (4-26)$$

即条纹的偏移量对条纹间隔的比值乘以半波长就是台阶的高度，即薄膜的厚度。

用干涉法测量膜厚具有简单、快速，不损伤膜层的优点。但它要求薄膜必须具有高反射和平坦的表面才行，否则会影响所测精度。用干涉法可测量的最小膜厚可达 2.5nm±0.5nm，而用等厚干涉条纹法可测的最小膜厚为 20nm。用干涉法可测的最大厚度为 2000nm。

4.2.3.3 椭圆偏振法

利用光的干涉现象可以在一定范围内测量出膜厚，但精度不高。目前人们所说的光学法测量膜厚是指利用偏振效应测量膜厚的方法，也称为椭圆偏振法。

椭圆偏振法的基本原理如图 4-13 所示。在入射角比较大时，测量沿平行入射平面偏振的反射光振幅和垂直入射平面偏振的反射光振幅之比与两者间的相移之差。测量时将单一波长激光束经过起偏器和 1/4 波长，转变为椭圆偏振光，并以一定角度入射到试样表面，经反射后，偏振状态发生改变，然后测其相对振幅衰减($\tan\varphi$)和位相转动之差 Δ，利用 φ、Δ 与膜的折射率 n、厚度 d 之间的关系，依据光源波长和入射角便可确定薄膜的折射率和薄膜的厚度。

图 4-12 等厚干涉条纹法中薄膜台阶处条件的位移

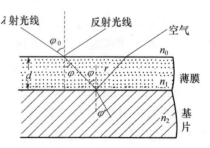

图 4-13 椭圆偏振法测量膜厚基本原理图

椭圆偏光解析法又简称为偏光解析法。这种方法是把由薄膜反射的椭圆偏光进行解析,由此测定薄膜的折射率的厚度。椭圆偏光解析法是振动面分割型的干涉测光法,具有以下优点:

① 光路容易调整;
② 振动强度稳定,能高精度测定;
③ 不需要相干光源。

考虑在试样上有与试样表面成 45°角的直线偏光入射,由于入射面上平行的 p 偏光成分和垂直的 s 偏光成分,它们的振幅相等,设都为 1,相对于各成分反射光的振幅反射系数分别等于 r_p 和 r_s。单层膜的 $r_{p,s}$ 一般用复数表示:

$$r_{p,s} = \rho_{p,s}\exp(-i\delta_{p,s}) \quad (4-27)$$

由于通常 $\delta_p \neq \delta_s$,T_p 和 T_s 所形成的电场矢量的前端,在和光线垂直的面内扫描的轨迹为椭圆。椭圆形图形的两个振幅之比可由下式确定:

$$\frac{T_p}{T_s} = \frac{\rho_p}{\rho_s}\exp\{-i(\delta_p - \delta_s)\} = \tan\varphi\exp(i\Delta) \quad (4-28)$$

偏光解析法是测定这种椭圆的形状并由此为评价试样的折射率和膜厚的方法。

利用计算机处理有关数据,可以很快地测定薄膜的厚度和光学常数,而且也是测量沉积在金属表面上的超薄透明薄膜的厚度和光学常数的唯一可行方法。

4.2.4 其他膜厚监控方法

4.2.4.1 光电法

光学膜的厚度监控采用光电法最为适宜,也比较直观。监控的主要方法是单色法、波长扫描法和双色法。

如果薄膜对入射光不吸收,则在入射光强 I 为定值时,薄膜的反射光强 I_r 与透射光强 I_t 之和就等于入射光强,即 $I_r + I_t = I$。它们的光强与光学薄膜厚度的关系,服从正弦变化规律。以透射光强 I_t 为例,有

$$I_t = \frac{(1-R^2)^2 I}{1+R^4 - 2R^2\cos 4\pi \frac{d}{\lambda}} \quad (4-29)$$

式中,R 为薄膜的反射系数,λ 为光波长,d 为厚度。

由上式可知,透光强度 I_t,在薄膜厚度 d 为四分之一波长的奇数倍时极弱,而在四分之一波长的偶数倍时极强,于是就可以作为监控点。

4.2.4.2 触针法

这种方法是把表面粗糙度的测量方法直接用于膜厚测量,如图 4-14 所示。将表面粗糙度计的触针垂直地在被测的薄膜表面上进行扫描,由于针在表面上下移动,使感应线圈感应的电信号发生变化,并经放大而测得膜厚。触针是一直径为 $0.7\mu m \sim 2\mu m$ 的钻石细针,使用时施以 50MPa 的压力压在薄膜表面上,这一方法能够迅速地测定出表面上

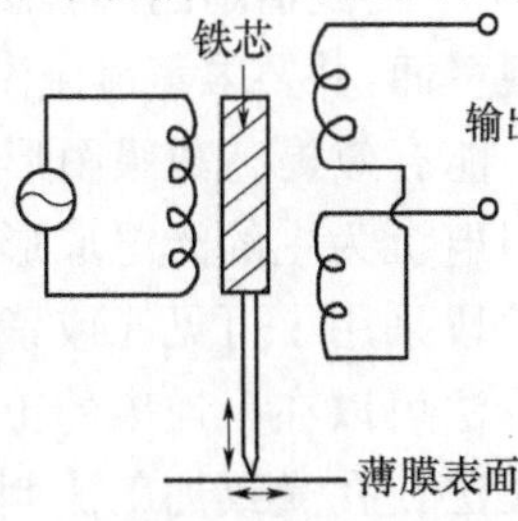

图 4-14 差动变压器和粗糙度计的触针部分

的厚度分布和表面结构,并具有相当的精度,而且对薄膜表面的损伤也很小,它记录的最小厚度差约为2.5nm。与干涉法相比,触针法得到的结果与干涉法的测量结果十分吻合,但触针法不必在试样表面镀上附加膜层。不过触针法不能记录薄膜表面上窄的裂纹和裂缝。

此外,还有其他的膜厚监控方法,如辐射—吸收法;辐射—发射法;功函数变化法等,在此不一一介绍。

4.3 薄膜图形制备技术

利用薄膜制备电子元件和电路,需要在薄膜上制备一定的几何图案。在沉积薄膜时,利用掩模的方法,使薄膜只在基片上一定的地方沉积下来;或者先在基片上全部镀上薄膜,然后有选择地进行腐蚀,留下所需的薄膜图案。采用这两种方法,都可产生图案。两种方法都要用载有图案的掩模才能把图案转移到基片上。

4.3.1 薄膜图形加工的主要方法

在基板表面上形成所要求的薄膜图形的方法大致有以下三种:

(1) 用丝网印制术印制或者用感光树脂(光刻胶)在基板表面上形成负图像,然后采用真空蒸镀、溅射、CVD等方法进行全表面镀膜,接着把基板浸泡在溶解负像物质的溶剂中,这样在把形成负像物质泡胀溶解的同时,将镀在基板上面的薄膜取下来,最后在基板表面上就会留下所要求的正像薄膜图形。

(2) 按照上述的蒸镀等方法在全基板表面上镀膜后,用丝网印制术印制或者将光刻胶在基板上形成正像,然后,将相当于负像部分(露出部分)的薄膜用化学(湿法)蚀刻或者干法蚀刻除掉,并将残留在其正像上面的丝网印制用的墨水或光刻胶用相应溶剂溶解或者经干燥处理清除掉,最后在基板上形成所要求的薄膜正像。

(3) 将具有负像的掩模贴在基板上,然后用上述蒸镀等方法将薄膜镀在全部表面上,取下掩模后即可获得所要求的薄膜正像。

以上三种方法各有优点缺点,如表4-13所列。在实际使用的过程中可以灵活地掌握。在形成薄膜图形中具有最少工序的方法是上述的第三种方法,即所谓"掩模法",但该法所用的蒸镀掩模需要用特别的方法制作。蒸镀用掩模最好选用在蒸镀受热时(通常为300℃)具有很小伸缩性能的材料,因此多使用钼、钴之类的金属以及石墨和玻璃等。另外,为了得到清晰的薄膜图形,镀掩模时应紧紧地贴在基板表面上,不使蒸镀的蒸气进入掩模里面,并要求蒸镀掩模要平坦光滑。

能有效提高薄膜图形的加工尺寸精度的方法有化学刻蚀(湿法刻蚀)、干法刻蚀以及以电沉为主的光电成形法,由于化学刻蚀和干法刻蚀在制版阶段即图形发生的最开始阶段采用了可见光或紫外光曝光,所以一般把这些方法称为光刻法。光刻法和光电成形法可以在一连串的工序中单独或者适当组合完成微细加工,统称这种加工为光致加工法。在光致加工法制作蒸镀掩模的工艺中,首先需制作所要求的薄膜图形原版。为制作原版,在具有小温湿度变形特性的胶片上扩印(原图),然后用缩微照相机按其加工尺寸缩制原图,最后反拍在照相干版上或胶片等感光材料上制作出原版。再用分步重复相机将这种基础原版多次复制。另外可以读出底图的坐标(数据),将坐标数据输入到电子计算机中,经过电子计算机处理之后,按所要求尺寸将原版输出,并通过自动绘图机自动绘图制版。

光电成形法实质上是一种电铸法,选择金属等导体或者导电的非金属作为支撑体,然后将该支撑体的表面清洗干净均匀地涂上一层光刻胶并经过干燥处理。其后的曝光和显影均按前述的光刻程序进行,只是导电性支撑体底面上所形成的光刻胶的像要设法做成负性像。其次,为了提高支撑体底面的抗电镀能力,应将其加热并把导电性支撑体作为阴极进行电镀。当均匀地电解析出达到所要求的厚度以后,从支撑体底面上剥下电析金属层即可得到蒸镀用掩模。支撑体底面只要不损坏光刻胶的像便可多次使用,可以制造出许多块同一圆形的蒸镀用掩模。

表 4-13 薄膜图形形成的主要方法

方　法	优　点	缺　点
(1)反向刻蚀法 (削蚀法)	①可用于化学蚀刻(湿法蚀刻)但干刻有困难的薄膜 ②适用范围广	①用丝网印刷法时线宽、线间距最小 0.08mm ②刻线无锐特性 ③用光刻胶制版时线宽、线间距最小 0.03mm ④表面上多残留夹杂物
(2)一般光刻法	①通用范围广 ②容易实现清洁作业 ③可以微细加工,加工精度也决定于基板平直度等,线宽、线间距最小可达 0.005mm ④可制作岛状(孤立的)图形	①多层膜的加工复杂 ②干刻时半导体等基片材料和薄膜材料存在离子碰撞损伤 ③干刻时难选择磨蚀性小的光刻胶用过量蚀刻细线宽很难控制
(3)掩模法	①适用于化学蚀刻(湿式)和干刻有困难的薄膜材料 ②在同一工艺中能使蒸镀掩模保持精度一致 ③薄膜图形工序简单 ④适用范围广 ⑤薄膜图形尺寸精度重复性好	①需要开发一种缩小基片与蒸镀掩模之间间隙的技术 ②提高蒸镀掩模相互的尺寸位置的精度(对准)有困难,且很难实现自动化 ③制作岛状(孤立的)图形需要花时间

4.3.2 光刻法

光刻法是一种将复印图像和化学腐蚀相结合的表面微细加工技术,其过程为先用照相复印的方法,将光刻掩模上的图形精确地印制在涂有光致抗蚀剂的薄膜或金属箔表面,然后利用光致抗蚀剂的选择保护作用对薄膜或金属箔进行腐蚀而刻蚀出相应图形。

4.3.2.1 光刻工艺

光刻工艺一般包括涂胶、前烘、曝光、显影、坚膜、腐蚀、去胶等工序,图 4-15 为光刻工艺的流程图。首先将零件在待加工的表面上涂上感光性的光致抗蚀剂，经过适当烘干，用一具有所需图形的挡光物质做的掩模遮掩在抗蚀剂上面，然后进行曝光。与掩模透光区域相对应的抗蚀剂涂层发生光化学反应，而被掩模不透光区域所遮住部分仍未起变化。利用光致抗蚀剂感光和未感光部分的溶解性能的明显差别，根据所采用的光致抗蚀剂的光化学反应特性，用适当的溶液，可以把未感光的部分溶解除去，见图4-15(a)，或者把感光部分溶解除去，见图4-15(b)。此后将所得的具有一定图形的抗蚀剂涂层进行适当的加热固化，即可进行保护腐蚀。腐蚀结束后，抗蚀剂涂层完成了它的作用，便可将其去除，从而在薄膜或金属箔上得到所需要的图形。

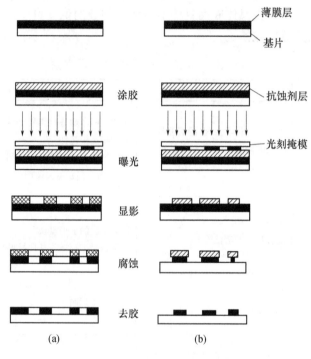

图4-15 光刻工艺的一般过程

4.3.2.2 光致抗蚀剂

光致抗蚀剂是由感光性树脂材料作主体，加上增感剂、溶剂等附加材料配制而成，实质上是一种经光照射后能发生交联分解或聚合等光化学反应的高分子溶液。按光化学反应机理与曝光时性质改变的特点可将光致抗蚀剂划分为正性和负性两类，前者在涂有光致抗蚀的基片上得到了和掩模板上的挡光图形完全相同的抗蚀涂层；而后者则相反，得到的抗蚀涂层却和掩模板上未挡部分的图形完全相同。

光刻工艺对光致抗蚀剂的要求是：应尽可能形成准确的圆形，对其后处理应有足够的稳定性，不随热及机械条件的变化而变形，不含对元件电学特征及可靠性有害的因素，在最后的去胶处理中可干净地去除掉，不留有残渣。这些要求应尽可能全部满足，否则会给刻蚀带来不利影响。由于负性光致抗蚀剂具有针孔少、耐腐蚀、感光度高、稳定等特点，已成为现阶段光致抗蚀剂的主流。表4-14列出了光致抗蚀剂应具备的一些必要条件。

表 4-14 光致抗蚀剂应具备的条件

特性	序号	抗蚀剂应具备的必要条件
光学特性	1	照射能量的弥散小
	2	吸收率大
光化学特性	3	感度高
	4	γ大
	5	不容易受周围气氛影响
图形形成的特性	6	即使膜较厚,分辨力也高
	7	图形边缘的直线性好
	8	尺寸重复性好
	9	显影处理后,无残留底膜及边缘锯齿
药品特性	10	即使是薄膜,也很少有针孔等缺陷
	11	对各种腐蚀剂的抗蚀性强
	12	经各种药品处理不变质
	13	容易剥离,不会留有残渣
机械特性	14	脆性小
	15	与衬底的黏附性好
	16	在涂布膜的表面上黏附性不好
热特性	17	在前烘中热底膜小
	18	在后烘中下层没有尺寸变化
大量生产特性	19	在材料质量、生产技术方面稳定,没有偏差
	20	工艺容许度宽
杂质	21	不含有对元件特性有不好影响的杂质

4.3.2.3 曝光的类型

曝光就是通过对涂有光致抗蚀剂的基片进行选择性曝光,使光照的校膜从光中吸收能量后发生光化学反应,以形成所需图形的"潜影"。曝光的方式对光刻工艺的精度,尤其是图形的分辨力有很大的影响。目前常用的曝光形式有紫外线曝光、电子束曝光和X射线曝光等。图 4-16 为这三种曝光技术的比较。紫外线曝光操作简便,经济适用,使用很普遍,但是存在掩模—抗蚀剂—衬底界面的衍射、反射和干涉,因此分辨力受到限制,适于制作微米级线条的图形。电子束曝光的波长短,能量大(约 5eV~20eV),可聚焦尺寸为 0.01 μm~0.5 μm 的细束径且容易偏转,因而可制作 1 μm 以下尺寸的精度的图形。但它所需的曝光时间长,二次效应大,设备价格高。X 射线曝光其波长约需零点几纳米,可忽略光的衍射、反射和干涉问题,它的透射性强,受尘埃的影响小,有利于提高元器件的成品率。同时由于二次效应小,可以得到清晰的抗蚀剂图形。但它不像电子束那样容易聚焦和偏转。

另外,近几年来出现了离子束曝光,它与电子束曝光相比,有更高的分辨力和灵敏度,几乎无邻近效应,对抗蚀剂的作用几乎为电子束的 100 倍,因而可以使曝光时间缩短,实际分辨力小于 0.5 μm 量级甚至更小的电路图形,因而受到极大关注。

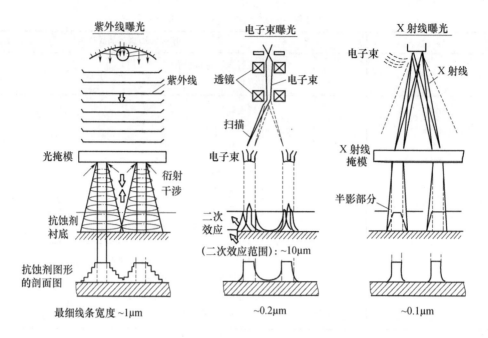

图 4-16 各种曝光技术的比较

当然,由于曝光形式的不同,使用的抗蚀剂也相应不同。为了得到更高的分辨力和灵敏度,根据曝光形式可分别采用光致抗蚀剂和电子束抗蚀剂。影响光刻精度的主要因素是光掩模板的材料质量及精度、光致抗蚀剂特性、图形的形成方法及装置精度、曝光时的位置对准方法及装置精度、腐蚀方法等。

4.3.2.4 腐蚀

通过上述曝光、显形后,在衬底上得到了被抗蚀剂保护的图形,除去衬底上暴露区域处膜材的工艺过程就称为腐蚀。腐蚀在光刻工艺中是十分重要的一环,其质量的好坏直接影响到图形的分辨力和精度。

1) 湿法腐蚀

在生产中广泛使用的是用腐蚀液的化学腐蚀法,即湿法腐蚀。这种方法简单,适于大量生产和操作,比较容易制作 $3\pm0.3\mu m$ 左右的图形,因此使用普遍。比如 SiO_2 膜材使用腐蚀液为 HF 酸,其反应为

$$SiO_2 + 4HF = SiF_4 \uparrow + 2H_2O$$

从而可以除去暴露在腐蚀液中的膜材。一些膜材及相应的腐蚀液见表 4-15。

表 4-15 湿法刻蚀的实例

被刻蚀的材料	刻蚀的药液
Si	$HF-HNO_3-CH_3COOH$;KOH;$N_2H_4+CH_3CHOHCH_3$
Al	$H_3PO_4-HNO_3-CH_3COOH$;$KOH-K_3[Fe(CN)_6]$;HCl;H_3PO_4
Mo	$H_3PO_4-HNO_3$
Ti	HF;H_3PO_4;H_3PSO_4;$CH_3-COOH(I_2)-HNO_3-HF$

(续)

被刻蚀的材料	刻蚀的药液
Ta	HNO_3-HF
W,Pt	HNO_3-HCl
Au	I_2-KI
Ag	$Fe(NO_3)_3-$乙二醇(ethylene glycol)
Cu	$FeCl_3$
SiO_2	加缓冲剂的 $HF-NH_4F$
PSG	HF
BSG	$HF-HNO_3$
SiN_4	H_3PO_4;HF;$HF-CH_3COOH$
Al_2O_3	H_3PO_4;$H_2SO_4 \rightarrow BHF$

2) 干法腐蚀

由于湿法腐蚀容易发生钻蚀现象，因此要制作尺寸较小、精度较高的图形是非常困难的，同时会产生大量废弃溶液需要处理，于是就产生了不用腐蚀液的干腐蚀技术，又称干法刻蚀，包括离子刻蚀、等离子体刻蚀和反应离子刻蚀三种。

(1) 离子刻蚀。

离子刻蚀包括离子束刻蚀和溅射刻蚀两种。它们都是利用惰性气体（如 Ar 气）离子轰击基片表面时所发生的溅射而进行剥离腐蚀的方法，基本上是一种物理过程。离子束刻蚀与前面介绍的离子束来溅射成膜基本相同。采用热阴极电子冲击型离子源来产生氩气等离子体 Ar^+ 离子从离子室中引出并加速聚焦成大直径离子束后进入高真空样品室，随后离子束从中和阴极中获得电子而变成中性原子束，打到样品上，使样品受到溅射而剥离，从而达到腐蚀的目的。溅射刻蚀的装置基本上一种平板电极系统，基片放在阴极上，气体放电形成的离子在阴极偏压作用下直接轰击基片而引起刻蚀。

在离子刻蚀中需要使用具有一定图形、刻蚀速度小的掩模，把它放在固体样品上，然后对样品进行均匀的离子束照射，以实现对样品表面的选择性溅射腐蚀。其刻蚀速度与离子加速电压、入射角、样品种类等因素有关，但刻蚀速率都较低。由于离子或离子束的轰击有确定的方向，所以这种刻蚀有明显的方向性，不会产生钻蚀，可形成微米或亚微米量级的微细图形。

(2) 等离子体刻蚀。

等离子体刻蚀是利用气体辉光放电中等离子体所引起的化学反应来达到刻蚀目的。它使用的是低温等离子体，图 4-17 为一种等离子体刻蚀示意图。在反应室中引入合适的气体，并维持一定的压力，再加上高频功率就可得到等离子体。这种低温等离子体的电离度小，气体粒子大部分是中性的原子和分子，其中相当部分是处于激发态的原子和分子。这种处于激发态的原子和分子，具有很强的化学活性，因此，在这种气体等离子体中放入固体样品时，固体样品表面的原子同等离子体中的激发原子和分子之间就会发生化学反应,其反应结果,产生了挥发性物质,即也就是从固体样品表面腐蚀掉原子,这就是等离子体刻蚀原理。

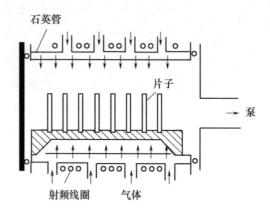

图 4-17 等离子体刻蚀装置示意图

由于等离子体刻蚀效应主要由放电产生的活性原子团的化学反应所引起,一般无法控制激活性基团作用于基片的方向,因而这种刻蚀与湿法腐蚀相似,是各向同性的,会引起较严重的钻蚀。但是,这种刻蚀通过选择不同的气体和气体混合物就可获得较大的选择性。

(3) 反应离子刻蚀。

反应离子刻蚀与溅射离子刻蚀的装置基本上都是平行板电极系统。反应离子刻蚀与溅射刻蚀的主要区别在于:溅射刻蚀用惰性气体的离子束,而反应离子刻蚀用碳卤化合物等活性气体。反应离子刻蚀与平板形等离子体刻蚀的主要区别在于射频电源与电极的耦合方式和反应气体的压力不同。反应离子刻蚀不仅有离子轰击的物理效应,而且也存在等离子体活性粒子的化学反应。但是这里所指的离子轰击效应不同于离子刻蚀中的纯物理过程,它对化学反应将产生显著的增强作用,所以这种方法又称为增强等离子体刻蚀。图 4-18 为反应离子刻蚀的装置示意图。

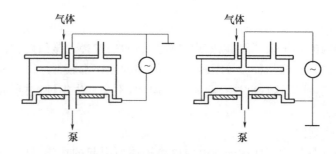

图 4-18 反应离子刻蚀的装置示意图

4.3.2.5 各种腐蚀方法的比较

表 4-16 列出了离子刻蚀、反应离子刻蚀、等离子体刻蚀及湿法腐蚀的基本机理。表 4-17 是这几种腐蚀方法各种特性的比较。

湿法腐蚀和干法腐蚀相比,有利于进行微细加工,精度高、危害少、工艺清洁度高等。湿法腐蚀和等离子体刻蚀都是化学腐蚀。但在湿法腐蚀时,抗蚀剂与衬底交界面有腐蚀剂渗入的问题。为了抑制腐蚀液的渗入,显形后要焙烘进行坚膜,由此常常引起抗蚀剂的变形,不利于微细加工。离子刻蚀几乎是纯物理的作用。由于侧向腐蚀小,所以是微细加工的有力手段。这种方法最大的缺点,是对不同材料的刻蚀速率差异小,因而限定了掩模材料,同时容易引起被刻蚀的膜下面的一层也被腐蚀。反应离子刻蚀则兼有物理和化学的腐蚀作用,总的性能较好。因此在具体的工艺中,应综合考虑各种因素及要求合理选用腐蚀法进行腐蚀加工。

表 4-16　腐蚀法及其基本性质

反应机制	腐蚀法	工艺
物理的	离子刻蚀	干式
化学的	反应离子刻蚀	
	等离子体刻蚀	
	湿法腐蚀	湿式

表 4-17　三种腐蚀方法特性比较

腐蚀法 项目	离子刻蚀	等离子体刻蚀	湿法腐蚀
工作环境	好		不好
废物物理	容易		难
清洁度	高		低
自动化	稍难	容易	难
控制化	高	中	低
装置	大	稍大	简单
样品选择性	小		大
腐蚀速度	小		大
钻蚀/侧蚀	小	中	大
腐蚀剂渗透	无		大
黏性造成的问题	无		有
损伤	大(原子的)	中(电子的)	无
温度上	大		小

4.4 薄膜制备的环境

4.4.1 尘埃与针孔

镀膜时,环境中的气泡、水分和尘埃会影响薄膜质量。一般而言,在普通城市里,即使是比较清洁的状态下,0.5 μm 以上的尘埃高达 177000 个/L。大气中的尘埃粒子的大小范围如图 4-19 所示。显然,如果直接在这样的环境下制备薄膜,其薄膜的质量会很差的。因此,要制备精细产品和元器件,除掉灰尘,保持清洁,是十分重要的。

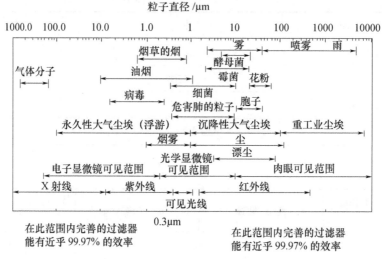

图 4-19 大气中的尘埃粒子的大小

4.4.2 超净工作间标准与级别

在洁净的环境下制备薄膜,是保证薄膜质量的关键技术之一。净化间的定义最初是由美国开发的联邦标准 209 版(Federal Standard 209)。后来发展为以单位体积中存在一定直径以上的颗粒数为基础的净化间级别的定义。净化间级别的米制版如表 4-18 所列。图 4-19 的纵坐标表示单位体积中的粒子数,右边对应英制,左边对应米制。按照联邦标准 209E,每立方英尺中 0.5 μm 以上的粒子数 100 个、10000 个、100000 个分别对应于 FS100,FS10000 和 FS100000。这就是我们常用到的 100 级、10000 级和 100000 级。

随着对净化间的要求越来越高,对净化间标准规定的越来越细。近年来,规定按每立方米中 0.1 μm 以上的粒子数,分别对应为新 1 级(10 个)、新 2 级(100 个)、新 3 级(1000 个)、新 4 级(10000 个)等,见图 4-20 的左边。

在薄膜制备中,采用什么环境最合适。需要根据具体情况而定。如对于半导体、集成电路等的薄膜制作,应该在新 5 级(FS100)~新 6 级(FS1000)的洁净室进行基片清洗,在优于新 3 级(FS1)的洁净环境中进行镀膜。因此,必须从制备薄膜的需要来确定清洁度和设计工作间。

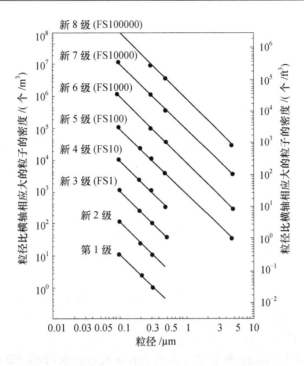

图 4-20 空气的洁净度与尘埃粒子的直径关系
($1ft^3 = 2.831685 \times 10^{-2} m^3$)

表 4-18 联邦 209E 版关于空气中微粒净化级别的公制定义

级别	每立方米的颗粒数				
	$0.1\mu m$	$0.2\mu m$	$0.3\mu m$	$0.5\mu m$	$5\mu m$
M1	3.5×10^2	7.57×10^1	3.09×10^1	1.00×10^1	
M1.5	1.24×10^3	2.65×10^2	1.06×10^2	3.53×10^1	
M2	3.5×10^3	7.57×10^2	3.09×10^2	1.00×10^2	
M2.5	1.24×10^4	2.65×10^3	1.06×10^3	3.53×10^2	
M3	3.5×10^4	7.57×10^3	3.09×10^3	1.00×10^3	
M3.5		2.65×10^4	1.06×10^4	3.53×10^3	
M4		7.57×10^4	3.09×10^4	1.00×10^4	
M4.5				3.53×10^4	2.47×10^2
M5				1.00×10^5	6.18×10^2
M5.5				3.53×10^5	2.47×10^3
M6				1.00×10^6	6.18×10^3
M6.5				3.53×10^6	2.47×10^4
M7				1.00×10^7	6.18×10^4

习题与思考题

1. 在一薄衬底的两面镀上等厚的金属薄膜,实验发现薄膜中具有残余张力。将一面的薄膜用反溅的方法完全除去。定性描述剩余的薄膜—衬底将怎样变形。
2. 断层周围存在应力场导致发生了矩阵变形。
   (1) 在薄膜内有一列同向的边缘位错产生在衬底界面附近并与衬底界面平行。说明此时薄膜的内应力。
   (2) 若那些位错是螺位错,那么薄膜的应力应有何不同?
   (3) 通过退火,一些位错会爬升,一些位错会消失。这对内应力将有何影响?
3. 需在500℃时,在AlSb衬底上生长GaSb外延薄膜。
   (1) 500℃时预期点缺陷是什么?
   (2) 若$E_{GaSb}=91.6GPa$,$v_{GaSb}=0.3$,薄膜20℃时的热应力应是多少?
4. 若$S=Kd^n$以d的函数描述了薄膜的应力(σ_f)和厚度(d)的性质。(K和n都是常数)比较各种薄膜的应力和对d的瞬时应力。
5. SiO_2的内应力是$10^{10}dyn/cm^2$。在900℃~1500℃的范围内,若SiO_2薄膜的黏度系数$\eta(T)=1.5\times10^{-8}expE_v/RT$($E_v=137kmol$)。在1000℃时,薄膜达到其最终应力的一半时需要多少时间?(假定$E=6.6\times10^{11}dyn/cm^2$)
6. 某工程师想确定在20℃时,硅晶片上镀$1\mu m$厚的SiO_2薄膜或镀$1\mu m$厚的Si_3N_4薄膜,那种薄膜的弯度更大。两种薄膜都是在500℃时沉积到硅衬底上的。在此沉积温度时,两种材料的内应力分别是SiO_2:$-3\times10^9dyn/cm^2$,Si_3N_4:$-6\times10^9dyn/cm^2$。若两种材料各自的模量分别是$E_{SiO_2}=7.3\times10^{11}dyn/cm^2$,$E_{Si_3N_4}=15\times10^{11}dyn/cm^2$,以及热膨胀系数分别是:$\alpha_{SiO_2}=0.55\times10^{-6}℃^{-1}$,$\alpha_{Si_3N_4}=3\times10^{-6}℃^{-1}$,分别计算两个晶片的曲率。【注:$E_{Si}=16\times10^{11}dyn/cm^2$,$\alpha_{Si}=4\times10^{-6}℃^{-1}$】
   假定薄膜和衬底的泊松比是0.3。直径15cm的晶片的曲率半径应为多少?晶片中央和边缘的高度有什么区别?
7. 依次沉积的薄膜,其厚度和衬底相比非常薄,每一种薄膜都独立引入一个弯矩和曲率。
   (1) $\frac{1}{R_1}+\frac{1}{R_2}+\cdots+\frac{1}{R_n}=\frac{1-v_s}{E_s}\frac{6}{d_s^2}(\sigma_1d_1+\sigma_2d_2+\cdots+\sigma_nd_n)$,1,2,$\cdots$,$n$表示薄膜的层数,$\sigma_n$和$d_n$表示薄膜的应力和厚度。
   (2) 在直径12.5cm,0.5mm厚的硅片上沉积一层5000Å的Al薄膜。沉积的温度为250℃,这样在冷却到20℃时不会发生应力松弛。将Al—Si系统加热到500℃,此时Al将完全松弛。将$2\mu m$厚的Si_3N_4薄膜以700MPa的内压应力沉积到衬底上。冷却到20℃后最终的曲率半径是多少?注意以下材料性质。

	Si	Al	Si_3N_4
E/GPa	160	66	150
$\alpha/℃^{-1}$	4×10^{-6}	23×10^{-6}	3×10^{-6}

假定所有材料的 $v=0.3$。

8. 对于相邻的两层薄膜 1 和 2，相应的薄膜厚度、模量和未张紧的点阵常数为 $d_1, E_1, a_0(1)$ 和 $d_2, E_2, a_0(2)$。薄膜界面上的点阵常数为 $\overline{a_0}$。
   (1) 各薄膜的应变是多少？
   (2) 相应的应力是多少？
   (3) 若各力达到平衡，求证：
   $$\overline{a_0} = a_0(1)a_0(2)\left(1 + \frac{E_2}{E_1}\frac{d_2}{d_1}\right)/a_0(2) + \frac{E_2 d_2}{E_1 d_1}a_0(1)$$

9. 考虑某厚度为 d_s 的衬底，其包含有一层厚度为 d_f 的薄膜，薄膜的张力是均匀的，大小为 σ_f。假定薄膜和衬底的弹性系数相等。
   (1) 测定衬底所受的应力，假定其受力平衡。
   (2) 指出在上述条件下，关于衬底中心一轴的净力矩消失。
   (3) 某层薄膜经完全退火后，其应力消失，该过程未影响衬底和其他薄膜。则其合力是多少？其合力矩是多少？
   (4) 外界抑制消失后，薄膜—衬底将发生弹性形变以达到新的应力平衡和力矩平衡。需要 1 个力或力矩来补偿(3)中的机械不平衡。这个力对剩余薄膜产生的应力有多大影响？这个力矩对剩余薄膜产生的最大影响是多少？
   (5) 剩余薄膜中的最大应力是多少？

10. 空穴和空隙常可在断层、化合物、扩散，以及薄膜和衬底间的界面上观察到。区分这些界面上产生这些缺陷的来源。哪种界面上容易产生微裂？为什么？

第五章 薄膜的形成与生长

薄膜的形成与生长过程大体可分为外来原子在基底(或称为基片、基板或衬底)上的凝结、扩散、成核、晶核生长、原子或粒子团的接合及连接成膜等阶段。薄膜的形成与生长过程不仅与薄膜材料和基底材料有关,还受原子和离子的状态及能量、沉积速率、基底温度、杂质等多种因素的影响。薄膜的生长过程将决定薄膜的微观组织与结构,而薄膜的微观组织与结构直接决定薄膜的物理化学性能。因此,在讨论薄膜结构和性能之前,先研究薄膜的形成与生长是十分必要的。虽然薄膜的制备方法多种多样,薄膜形成的机理各不相同。但在许多方面,不同的制膜方法和薄膜的形成与生长过程仍具有许多相同的特点。在本章中,我们主要以真空制膜为例进行讨论。

5.1 凝结过程与表面扩散过程

凝结过程是指从蒸发源中或溅射靶上被蒸发或溅射出来的原子、离子或分子入射到基底表面之后,从气相到吸附相,再到凝结相的一个相变过程,它是薄膜形成的第一个阶段。

5.1.1 吸附过程

固体表面与固体内部在晶体结构上的重大差异就是原子或分子间的化学键中断。原子或分子在固体表面形成的这种中断键称为不饱和键或悬挂键。这种键具有吸引外来原子或分子的能力。入射到基体表面的气相原子被这种悬挂键吸引住的现象称为吸附。如果吸附仅仅是由原子电偶极矩之间的范德华力起作用称为物理吸附;若吸附是由化学键结合力起作用则称为化学吸附。固体表面的这种特殊状态使它具有一种特殊的能量为表面自由能。吸附现象会使表面自由能减小。伴随吸附现象的发生而释放的一定的能量称为吸附能。将吸附在固体表面上的气相原子除掉称为解吸,除掉被吸附气相原子的能量称为解吸能。

从蒸发源或溅射靶入射到基底表面的气相原子都有一定的能量。它们到达基片表面之后可能发生三种现象:

(1) 与基底表面原子进行能量交换被吸附;

(2) 吸附后气相原子仍有较大的解吸能,在基底表面作短暂停留后再解吸蒸发(再蒸发或二次蒸发);

(3) 与基底表面不进行能量交换,入射到基底表面上立即反射回去。

吸附过程的能量曲线如图 5-1 所示。当入射到基底表面的气相原子的动能较小时,处于物理吸附状态,其吸附能用 Q_p 表示。当这种气相原子的动能较大但小于或等于激

活能 E_a 时则可产生化学吸附。达到完全化学吸附的数量，E_d 与 E_a 的差值 Q_c 称为化学吸附能。因为 Q_0 大于 Q_p，所以只有动能较大的气相原子才能和基体表面产生化学吸附。当这种气相原子具有的动能大于 E_d 时，它将不被基体表面吸附，通过再蒸发或解吸而转变为气相。因此 E_d 又称为解吸能。

吸附的气相原子在基体表面上的平均停留时间 τ_a 与吸附能 E_d 之间的关系为

$$\tau_a = \tau_0 \exp(E_d/kT) \tag{5-1}$$

式中 τ_0 是单层原子的振动周期，数值大约为 10^{-11} s～10^{-12} s，k 是玻耳兹曼常数，T 是热力学温度。

在室温下，不同吸附能 E_d 与平均停留时间 τ_a 间的关系如表 5-1 所列。从表中看到，当 E_d 大于 20kcal/mol 时，τ_a 值急剧增大。

表 5-1　吸附能 E_d 与平均停留时间 τ_a 关系

E_d(kcal/mol)	τ_a/s
2.5	6.6×10^{-12}
5	4.4×10^{-10}
10	1.6×10^{-6}
15	8.5×10^{-3}
20	3.8×10
25	1.7×10^5
30	7.3×10^8

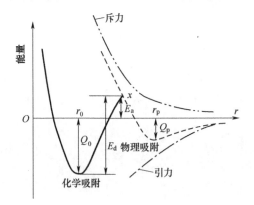

图 5-1　吸附过程能量曲线

5.1.2　表面扩散过程

入射到基底表面上的气相原子在表面上形成吸附原子后，它便失去了沿表面法线方向的动能，只具有与表面水平方向相平行运动的动能。依靠这种动能，吸附原子可以在表面上作不同方向的表面扩散运动。在表面扩散过程中，单个吸附原子间相互碰撞形成原子对之后才能产生凝结。因此凝结就是指吸附原子结合成原子对及其以后的过程。所以吸附原子的表面扩散运动是形成凝结的必要条件。表面扩散能 E_D 比吸附能 E_d 小得多，大约是吸附能 E_d 的 $1/6 \sim 1/2$。

吸附原子在一个吸附位置上的停留时间称为平均表面扩散时间并用 τ_D 表示。它和表面扩散能 E_D 之间的关系是

$$\tau_D = \tau'_D \exp(E_D/kT) \tag{5-2}$$

式中 τ'_D 是表面原子沿表面水平方向振动的周期，大约为 10^{-13} s～10^{-12} s，k 是玻耳兹曼常数，T 是热力学温度。一般认为 $\tau_D = \tau'_D$。

吸附原子在表面停留时间经过扩散运动所移动的距离(从起始点到终点的间隔)称为平均表面扩散距离并用 $\bar{x}$ 表示。

$$\bar{x} = (D \cdot \tau_a)^{1/2} \tag{5-3}$$

式中 D 是表面扩散系数。

式中 a_0 表示相邻吸附位置的间隔,则表面扩散系数定义为 $D=a_0^2/\tau_D$。这样,平均表面扩散距离 $\bar{x}$ 可表示为

$$\bar{x} = a_0 \exp[(E_d - E_D)/kT] \tag{5-4}$$

从式(5-4)可看出,E_d 和 E_D 值的大小对凝结过程有较大影响。表面扩散能 E_D 越大,扩散越困难,平均扩散距离 $\bar{x}$ 也越短。吸附能 E_d 越大,吸附原子在表面上停留时间 τ_a 越长,则平均扩散距离 $\bar{x}$ 也越长。这对形成凝结过程非常有利。

5.1.3 凝结过程

设热源蒸发原子的速度遵从 Boltzmann 分布,处在速度 v 到 $v+dv$ 中的原子数为

$$Nf(v)dv = C\exp\left(-\frac{mv^2}{2kT}\right)dv \tag{5-5}$$

式中,N 是单位体积中的原子数,$f(v)$ 是原子具有速度 v 的概率,m 是原子质量,C 是常数。若垂直基底表面的速度分量为 v_z,dt 时间内入射到基底表面面积元 ds 的原子数为

$$dN = Nf(v)v_z ds dt \tag{5-6}$$

沉积到基底表面的原子速率为 R_d,可表示为

$$R_d = C\int_{v_z>0} v_z \exp\left(-\frac{mv^2}{2kT}\right)dv \tag{5-7}$$

原子与表面弹性碰撞时,每个原子交出的动量为 $2mv_z$,由此得到压强为

$$P = C\int_{v_z>0} 2mv_z^2 \exp\left(-\frac{mv^2}{2kT}\right)dv \tag{5-8}$$

在式(5-7)和式(5-8)中,对 dv 的积分从 0 到 ∞,即原子从一边入射到基底表面。这样,沉积速率 R_d 与压强 P 之比为

$$\frac{R_d}{P} = \frac{\int_0^\infty v_z \exp\left(-\frac{mv^2}{2kT}\right)dv}{\int_0^\infty 2mv_z^2 \exp\left(-\frac{mv^2}{2kT}\right)dv} = \left(\frac{1}{2\pi mkT}\right)^{\frac{1}{2}} \tag{5-9}$$

式(5-9)给出了沉积速率 R_d 与压强 P 的关系。

蒸发的气相原子入射到基体表面上,除了被弹性反射和吸附后再蒸发的原子之外,完全被基体表面所凝结的气相原子数与入射到基体表面上总气相原子数之比称为凝结系数,并用 α_c 表示。

当基体表面上已经存在着凝结原子时,再凝结的气相原子数与入射到基体表面上总气相原子数之比称为粘附系数,并用 α_s 表示,

$$\alpha_s = \frac{1}{J}\frac{dn}{dt} \tag{5-10}$$

式中 J 是入射到基片表面气相原子总数，n 是在 t 时间内基体表面上存在的原子数。在 n 趋近于零时 $\alpha_c = \alpha_s$。

表征入射气相原子（或分子）与基体表面碰撞时相互交换能量程度的物理量称为热适应系数，并用 α 表示

$$\alpha = \frac{T_i - T_\tau}{T_i - T_s} \tag{5-11}$$

式中 T_i、T_τ 和 T_s，分别表示入射气相原子、再蒸发原子以及基底的温度。

吸附原子在表面停留期间，若和基底能量交换充分到达热平衡（$T_\tau = T_s$），$\alpha = 1$ 表示完全适应；如果 $T_s < T_\tau < T_i$ 时，$\alpha < 1$ 表示不完全适应；若 $T_i = T_\tau$，则入射气相原子与基体完全没有热交换，气相原子全反射回来，$\alpha = 0$ 表示完全不适应，属于弹性反射情况（没有损失能量）。

当 $\alpha = 1$ 时，是所有入射原子全部被基底接纳。当入射到基底上的原子失去它的全部过剩能量时，它的能量状态完全由基底温度决定。若入射原子的能量接近于基底表面的吸附能时，则热适应系数实际上等于 1。通常，吸附能是 1eV～4eV，相应入射原子的等效温度约 10^5 K，它远超过一般所有的蒸发源的温度。原子在表面开始是物理吸附，吸附原子在表面的居留时间为

$$\tau_s = \frac{1}{\nu_s} \exp\left(\frac{E_d}{kT}\right) \tag{5-12}$$

式中，ν_s 是吸附原子的表面振动频率；E_d 是在给定基底上原子的吸附能；T 是原子的等效温度，其值通常是在蒸发源温度和基底温度之间。

当具有高吸附能，即 $E_d \gg kT$ 时，τ_s 很大，这样入射原子能迅速达到温度的平衡，居留在表面的原子被局限于某一位置，或将跳跃式徙动；若 $E_a \approx kT$ 时，居留原子不能迅速达到平衡温度，因此保持了过热状态，结果居留原子在表面扩散。

在凝结过程中，吸附能 E_d 和表面扩散能 E_D 是重要参量。某些材料的 E_d 和 E_D 值在表 5-2 中给出。

表 5-2 某些元素原子与基底材料的吸附能（E_d）和表面扩散能（E_D）

凝结材料	基底	E_d/eV	E_D/eV	凝结材料	基底	E_d/eV	E_D/eV
Ag	NaCl		0.2	Cu	玻璃	0.14	
Al	NaCl	0.6		Cs	W	2.8	0.61
Al	云母	0.9		Hg	Ag	0.11	
Ba	W	3.8	0.65	Pt	NaCl		0.18
Cd	Ag	1.6		W	W	5.83	1.21
Cd	玻璃	0.24					

从实验研究中得到有关凝结系数 α_c、黏附系数 α_s，与基底温度、蒸发时间及膜厚的关系，分别如表 5-3 和图 5-2 所示。

表 5-3 气相原子的凝结系数与基体温度和膜厚的关系

凝结物	基底	基底温度/℃	膜厚/Å	凝结系数 α_c
Cd	Cu	25	0.8	0.037
			4.9	0.26
			6.0	0.24
			42.2	0.26
Au	玻璃、Cu、Al、Cu	25	刚能观察出膜厚	0.90~0.99
	Cu	350		0.84
	玻璃	360		0.50
	Al	320		0.72
	Al	345		0.37
Ag	Ag(0)	20	刚能观察出膜厚	1.0
	Au(0.18)	20		0.99
	Pu(3.96)	20		0.86
	Ni(13.7)	20		0.64
	玻璃	20		0.31

为了保证凝结初核的形成,沉积速率必须足够大,否则原子在遇到另外一个粒子以前将再蒸发。若入射原子速率为 R_i,基底上原子浓度随时间的变化为

$$\frac{dn}{dt} = R_d - \frac{n}{\tau_s} \quad (5-13)$$

假设沉积开始时,$t=0, n=0$,积分上式得基底表面上的原子浓度为

$$n = R_d \tau_s \left[1 - \exp\left(-\frac{t}{\tau_s}\right) \right]$$

$$(5-14)$$

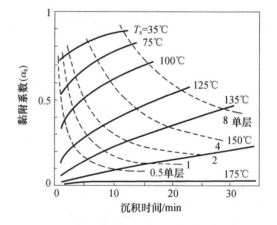

图 5-2 不同基底温度下黏附系数 α 与沉积时间的关系(虚线为等平均膜厚线)

式中,t 是吸附时间。若 $t \to \infty$,则有 $n = R_d \tau_s$,这意味着原子入射速率 R_d 等于原子再蒸发速度 R_e。这时由式(5-9)和式(5-12)求得沉积速率为

$$R_d = n \nu_s \exp\left(-\frac{E_a}{kT}\right) = P(2\pi mkT)^{-\frac{1}{2}} \quad (5-15)$$

沉积速率与再蒸发速率之比 R_d/R_e 称为过饱和度。对于凝结过程这是个重要参量。沉积速率决定于给定的源的蒸发速率(例如,Ag 的蒸发速率为 1Å/s 时,近似在一个基底原子上每秒钟落上一个 Ag 原子,它相应于压强 $P \approx 10^{-4}$ Pa),而再蒸发速率取决于基底

温度下的平衡蒸气压(Ag 在 300K 时,压强 $P \approx 10^{-38}$ Pa)。对于沉积到基底上的原子,其凝结情况决定于入射原子的吸附能 E_a 和升华能 E_u。可能会出现下列情况:

① 若 $E_a \ll E_u$,这时不需要过饱和就发生凝结。

② 若 $E_a \cong E_z$,中等程度的过饱和,即能发生凝结。用热力学理论可讨论这个范围内的成核问题。

③ 若 $E_a \gg E_u$ 只有高过饱和度才能出现凝结,通常情况下只有很小的基底表面覆盖度。这种情况下成核问题的讨论需要用原子理论。

5.2 薄膜晶核的形成与生长

在基底表面上吸附的气相原子凝结之后,吸附原子在其表面上扩散迁移而形成晶核。晶核再结合其他吸附气体原子逐渐长大,最后便形成了薄膜。因此薄膜的形成是由成核开始的,由核生长而形成薄膜。

5.2.1 晶核形成与生长的物理过程

晶核形成与生长的物理过程可用图 5-3 来表示。从图中可以看出核的形成与生长的四个阶段:

(1) 从蒸发源蒸发出的气相原子入射到基片表面上,其中一部分因能量较大而弹性反射回去,另一部分则吸附在基片表面上。在吸附的气相原子中有一小部分因能量较大而再蒸发,回到气相。

(2) 吸附气相原子在基底表面上扩散迁移,互相碰撞结合形成原子对或小原子团并凝结在基片表面上。

(3) 原子对或小原子团和其他吸附原子继续碰撞结合,一旦原子团中的原子数超过某一个临界值,则原子团进一步与其他吸附原子碰撞结合,向着长大方向发展形成稳定的原子团。含有临界值原子数的原子团称为临界核,稳定的原子团称为稳定核。

(4) 稳定核再捕获其他吸附原子,或者与入射气相原子相结合使它进一步长大成为小岛。

核形成过程若在均匀相中进行则称为均匀成核;若在非均匀相或不同相中进行则称为非均匀成核。在固体或杂质的界面上发生核形成时都是非均匀成核。

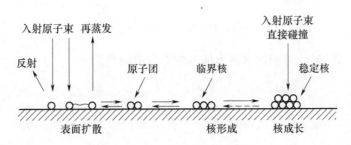

图 5-3 核形成与生长的物理过程

5.2.2 晶核形成理论

薄膜生长过程的理论研究的主要内容包括核形成的条件和生长速度。在研究核形成过程时，比较成熟的理论有热力学界面理论和原子聚集理论。

5.2.2.1 热力学界面能理论

热力学界面能理论又称毛细管作用理论，这种理论模型的基本思想是基于热力学的概念，利用宏观物理量来讨论成核问题，将一般气体在固体表面上凝聚成微液滴的核形成理论应用到薄膜形成过程中的核形成研究。这种理论采用蒸气压、界面能和浸润角等宏观物理量，对原子数量较多的粒子团是适用的，而对原子团含有的原子数量少的情况，一些宏观物理量的含义是不明确的。

1) 临界核

假设在基底表面上形成的核为球帽形，如图 5-4 所示。核的曲率半径为 r，核与基片表面的浸润角为 θ，核单位面积自由能为 ΔG_v，核与气相界面的单位自由能为 σ_1，基片表面与气相界面单位面积自由能为 σ_2。

核与气相界面面积为 $2(1-\cos\theta)$，核与基底表面界面面积为 $\pi r^2 \sin^2\theta$，因此核表面和界面的总自由能变化为

$$\Delta G_s = 2\pi r^2 (1-\cos\theta)\sigma_0 + (\sigma_1 - \sigma_2)\pi r^2 \sin^2\theta \tag{5-16}$$

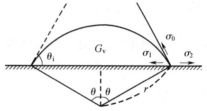

图 5-4 基片表面形成的球帽形核

在热平衡状态下，

$$\sigma_1 + \sigma_0 \cos\theta = \sigma_2 \tag{5-17}$$

将式(5-17)代入式(5-16)经过换算整理得：

$$\Delta G_s = 4\pi r^2 \sigma_0 f(\theta) \tag{5-18}$$

其中

$$f(\theta) = \frac{2 - 3\cos\theta + \cos^3\theta}{4}$$

称为几何形状因子。

此外，由于形成原子团，体积自由能 ΔG_v 将发生变化，而原子团的体积为 $4\pi r^3/3$，所以球帽形核的体积自由能变化为

$$\Delta G_v = \Delta G_v \cdot \frac{4}{3}\pi r^3 \cdot f(\theta) \tag{5-19}$$

由式(5-18)和式(5-19)相加可得出体系的总自由能变化为

$$\Delta G = 4\pi r \cdot f(\theta) \cdot \left(r^2 \cdot \sigma_0 + \frac{1}{3} r^3 \cdot \Delta G_v \right) \tag{5-20}$$

将上式对核曲率半径 r 求导数，并令其等于零，可求出临界核半径 r' 为

$$r' = \frac{-2\sigma_0}{\Delta G_v} \quad (\Delta G_v < 0) \tag{5-21}$$

将 r' 代入式(5-20)可求出总自由能变化值

$$\Delta G^* = \frac{16\pi\sigma_0^3 f(\theta)}{3(\Delta G_v)^2} \tag{5-22}$$

由式(5-21)可知,临界核半径 r' 与浸润角 θ 无关,这是因为浸润角 θ 对表面界面能 σ 的影响和对体积自由能 ΔG_v 的影响相同。但是总自由能变化值 ΔG^* 却与浸润角 θ 有关。

当 $\theta = 0°$ 时,$\Delta G^* = 0$。这是完全浸润的情况。当 $\theta = 180°$,$f(0) = 1\Delta G^*$ 最大,这是完全不浸润的情况。它表明此时为了形成稳定核需克服的势垒最高。

将 ΔG 与 r 的函数关系描绘成曲线如图 5-5 所示。由图 5-5 可知,原子团半径比 r' 大时,r 越大则 ΔG 越小,表示原子团越容易生长。相反如果 r 比 r' 小,r 的增加就要引起自由能的增加,这种情况是不稳定的,因此原子团容易消失。具有 r' 大小的原子团称为临界核,比临界核大的核是稳定的,容易长大。ΔG^* 可看作是生长稳定核时所需要的活化能,ΔG_v 可看作是蒸发时生成饱和蒸气所需要的能量,则有

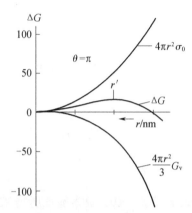

$$\Delta G_v = -\left(\frac{kT}{V}\right)\ln\left(\frac{P}{P_e}\right) \tag{5-23}$$

式中 k 是玻耳兹曼常数,T 是热力学温度,V 是气相原子体积,P 是过饱和蒸气压,P_e 是平衡状态下蒸气压,P/P_e 称为过饱和度。

图 5-5 总自由能变化 ΔG 与核半径 r 的关系曲线

将式(5-23)代入式(5-21)可得

$$r' = \frac{-2\sigma_0}{\Delta G_v} = \frac{2\sigma_0 V}{kT\ln(P/P_e)} \tag{5-24}$$

由此可以看出,过饱和度 P/P_e 较大时,临界核半径 r' 较小。反之,当过饱和度较小时,临界核半径 r' 较大。这是因为入射到基片表面上的蒸发气相原子强度 J 与过饱和蒸气压 P 有关系,即

$$J = \frac{P}{(2\pi \cdot m \cdot kT)^{1/2}} \tag{5-25}$$

式中的 m 是气相原子质量。

2) 成核速率

成核速率是指形成稳定核的速率或临界核长大的速率。因此,成核速率的定义是单位时间内在单位基底表面上形成稳定核的数量。

临界核长大的途径有两个:一是入射的蒸发气相原子直接与临界核碰撞相结合,另一个是吸附原子在基片表面上扩散迁移碰撞相结合。若基片表面上临界核的数量较少,临界核的长大主要依赖于吸附原子的表面扩散与迁移碰撞相结合。在这种情况下,成核速率与单位面积上临界核数量、每个临界核的捕获范围和所有吸附原子向临界核运动的总速度有关。

临界核密度是指单位面积上的临界核数量。假定在基片表面上有相同吸附能的吸附位置是均匀分布的。各种尺寸的聚集体都处在吸附着单个原子的准平衡状态。临界核中含有的原子数 i^* 为

$$i^* = \frac{4}{3}\pi \cdot r'^3 \cdot \frac{f(\theta)}{V} \qquad (5-26)$$

根据玻耳兹曼方程可求出临界核密度 n_i^* 为

$$n_i^* = n_1 \exp(-\Delta G^*/kT) \qquad (5-27)$$

式中 n_1 是吸附单个原子密度,即单位面积上吸附单原子数。

在开始形成核的时候,$n_1 = J \cdot \tau_a$,τ_a 是吸附原子平均表面停留时间,J 是入射到基片表面上的蒸发气相原子总数。

临界核的捕获范围是

$$A = 2\pi \cdot r' \cdot \sin\theta \qquad (5-28)$$

吸附原子在基片表面上扩散迁移速度为

$$v = \frac{a_0}{\tau_0} = \frac{a_0}{\tau_0} \exp(-E_D/kT) \qquad (5-29)$$

式中 a_0 是吸附点之间的距离。由此可计算出所有吸附单位原子向临界核运动的总速度 v 为

$$v = J \cdot a_0 \exp[(E_d - E_D)/kT] \qquad (5-30)$$

上式中,E_d 为原子脱离基片所需激活能,E_D 为原子在基片上扩散所需的激活能。将式(5-27)、式(5-28)和式(5-30)相乘就得到成核速率 I

$$I = Z \cdot n_i^* \cdot A \cdot V = Z \cdot n_1 2\pi r' \cdot \sin\theta \cdot J \cdot a_0 \exp\left(\frac{E_d - E_D - \Delta G^*}{kT}\right) \qquad (5-31)$$

式中 Z 是 Zeldovich 非平衡修正因子,约为 10^{-2}。上式就是非均匀核的成核速率,它是在平衡条件下推出的。虽然有非平衡因子作修正,但在求 n_1 时仍是按平衡态处理的,所以最后的结果与实际情况仍有一定差距。

5.2.2.2 原子聚集理论

原子聚集理论即原子核形成的统计理论研究核形成时,将核看做一个大分子聚集体,用聚集体原子间的结合能或聚集体原子与基体表面原子间的结合能代替热力学自由能。在原子聚集理论中,临界核和最小稳定核的形状与结合能的关系如图 5-6 所示,它不是连续变化而是以原子对结合能为最小单位的不连续变化。

1) 临界核

当临界核尺寸较小时,结合能 E_i 将呈现不连续性变化,几何形状不能保持恒定不变。因此无法求出临界核大小的数学解析式,但可以分析它含有一定原子数目时所有可能的形状,然后用试差法确定哪种原子团是临界核。下面我们假定沉积速率恒定不变,以面心立方结构金属为例,来分析临界核大小随基体温度的变化规律。

(1) 在较低的基体温度下,临界核是吸附在基体表面上的单个原子。在这种情况下,每一个吸附原子一旦与其他吸附原子相结合都可形成稳定的原子对形状稳定核。由于在临界核原子周围的任何地方都可与另一个原子相碰撞结合,所以稳定核原子对将不具有单一的定向性。

(2) 在温度大于 T_1 之后,临界核是原子对。因为这时每个原子若只受到单键的约束是不稳定的,必须具有双键才能形成稳定核。在这种情况下,最小稳定核是三原子的原子

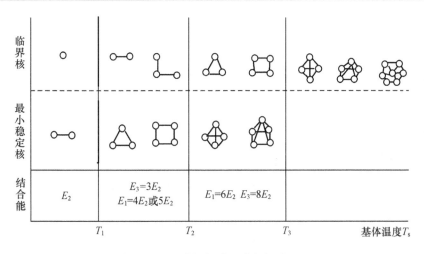

图 5-6 临界核与最小稳定核的形状

团。这时稳定核将以(111)面平行于基片。

另一种可能的稳定核是四原子的方形结构,但出现这种结构的概率较小。

(3) 当温度升高到大于 T_2 以后,临界核是三原子团或四原子团。因为这时双键已不能使原子稳定在核中。要形成稳定核,它的每个原子至少要有三个键。这样其稳定核是四原子团或五原子团。

(4) 当温度再进一步升高达到 T_3 以后,临界核显然是四原子团和五原子团,有的可能是七原子团。

上述情况均反映在图 5-6 中。图中的温度 T_1、T_2 和 T_3 称为转变温度或临界温度。在热力学界面能成核理论中,描述核形成条件采用临界核半径的概念。由此可看到两种理论在描述临界核方面的差异。

详细的理论计算可求出 T_1 和 T_2 如下:

$$T_1 = \frac{-(E_d + E_2)}{k \cdot \ln(\tau_0 J/n_0)}; T_2 = \frac{-\left(E_d + \frac{1}{2}E_3\right)}{k \cdot \ln(\tau_0 J/n_0)} \tag{5-32}$$

2) 成核速率

成核速率等于临界核密度乘以每个核的捕获范围、再乘以吸附原子向临界核运动的总速度。对于临界核密度 n_i 的计算如下:假设基体表面上有 n_0 个可以形成聚集体的位置,在任何一个位置上都吸附着几个单原子($n_0 \geqslant n$)。这几个单原子分别被几个单原子形成的聚集体吸附,被 n_2 个双原子组成的聚集体吸附,被 n_3 个三原子组成的聚集体吸附,……,被 n_i 个 i 原子组成的聚集体吸附。因此有

$$\sum (n_i \times i) = n \tag{5-33}$$

对于 n_i 来说,若在 n_0 个任意吸附位置上有 n_i 个和 $(n_0 - n_i)$ 个聚集体,n_i 的衰减量如下:

$$n_0 C_{n_i} = \frac{n_0!}{n_i!(n_0 - n_i)!} \tag{5-34}$$

如果 $n_0 \gg n_i \gg 1$，那么上式近似等于为 $n_0^{n_i}/n_i!$。如果 $n_0 \gg \sum n_i$，那上式对所有的 i 都成立。

若单原子吸附时结合能为 E_i，i 个原子组成聚集时结合能为 E_i，则处于这种聚集体的状态数为

$$\frac{n_0^{n_i}}{n_i!} \cdot \exp\left(\frac{n_i E_i}{kT}\right) \tag{5-35}$$

全部聚集体的状态数为

$$W = \prod \left(\frac{n_0^{n_i}}{n_i!}\right) \cdot \exp\left(\frac{n_i \cdot E_i}{kT}\right) \tag{5-36}$$

假设 W 达到最大值的 n_0 就是实际状态，薄膜总系统中的原子数为 n，就得到如下结果：

$$\sum i \cdot n_i = n \tag{5-37}$$

所以计算临界核密度 n_i 就是求在公式(5-37)条件下 W 或 $\ln W$ 的最大值。为此，假设 C 为某一未知常数，并令

$$\ln W + n \cdot \ln C = L \tag{5-38}$$

这样就变成求 L 的最大值。如果将 W 和 n 值代入式(5-38)中，再求微分就得到

$$\frac{\partial L}{\partial n_i} = \ln n_0 + \frac{E_i}{kT} - \ln n_i + i \ln C$$

令 $\partial L/\partial n_i = 0$，可得到

$$n_i = \left[n_0 \cdot \exp\left(\frac{E_i}{kT}\right)\right] \cdot C^i \tag{5-39}$$

假设 $i=1$ 可得到

$$C = \frac{n_1}{n_0} \exp\left(\frac{-E_1}{kT}\right) \tag{5-40}$$

将式(5-40)代入(5-39)中可得到

$$n_i = n_0 \left(\frac{n_1}{n_0}\right)^i \cdot \exp\left(\frac{E_i - iE_1}{kT}\right) \tag{5-41}$$

因为 E_1 是单原子吸附状态下的势能，若将它作为能量基准(零点)，那么临界核密度 n_i 可表示为

$$n_i = n_0 \left(\frac{n_1}{n_0}\right)^i \exp\left(\frac{E_i}{kT}\right) \tag{5-42}$$

它与热力学界面能理论得到临界核密度公式(5-27)相对应。

吸附原子向临界核运动的总速度仍可用公式(5-30)，临界核捕获范围为 A，则成核速率

$$\begin{aligned} I &= n_i \cdot V \cdot A \\ &= n_0 \left(\frac{n_1}{n_0}\right)^i \exp\left(\frac{E_i}{kT}\right) \cdot J \cdot a_0 \exp\left(\frac{E_d - E_D}{kT}\right) \cdot A \end{aligned}$$

$$= A \cdot J \cdot n_0 \cdot a_0 \left(\frac{J \cdot \tau_a}{n_0}\right)^i \exp\left(\frac{E_i + E_d - E_D}{kT}\right)$$

$$= A \cdot J \cdot n_0 \cdot a_0 \left(\frac{\tau_0 \cdot J}{n_0}\right)^i \exp\left[\frac{E_i + (i+1)E_d - E_D}{kT}\right] \quad (5-43)$$

式(5-43)中没有非平衡修正因子 Z 是因为过饱和度比较小,可以忽略非平衡因素的影响。

从上面的讨论可以看出,两种理论所依据的基本概念是相同的。所得到的成核速率公式的形式也基本相同;所不同之处在于两者使用的能量不同和所用的模型不同。

热力学界面能理论适合于描述大尺寸临界核。因此,对于凝聚自由能较小的材料或者在过饱和度较小情况下进行沉积,这种理论是比较适合的。相反,对于小尺寸临界核则原子聚集理论比较适宜。

5.3 薄膜的形成与生长

薄膜的形成过程是指形成稳定核之后的过程;薄膜生长模式是指薄膜形成的宏观形式。薄膜的生长模式大体上可分为三种:岛状生长模式、层状生长模式和层岛结合的生长模式。

5.3.1 薄膜生长的三种模式

薄膜的三种生长模式示意图如图 5-7 所示。

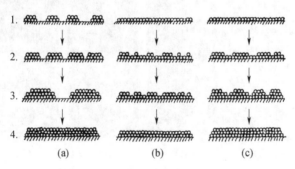

图 5-7 薄膜生长过程分类示意图

5.3.1.1 岛状生长模式

在岛状生长模式下,到达基片上的原子首先凝聚成无数不连续的小核,后续飞来的原子不断集聚在核附近从而使核在三维方向不断成长,最终形成连续的薄膜。因此岛状生长模式又称为核生长模式。大部分薄膜的形成过程都属于这种生长类型。这种生长模式的过程如图 5-7(a)所示。岛状生长模式的生长过程可以分成如下几个阶段。

1) 成核阶段

到达基片上的原子,其中的一部分与基片原子交换能量后,仍具有相当大的能量,可以返回气相。而另一部分则被吸附在基片表面上,这种吸附主要是物理吸附,原子将在基片表面停留一定的时间。由于原子本身还具有一定的能量,同时还可以从基片得到热能,因此原子有可能在表面进行迁移或扩散。在这一过程中,原子有可能再蒸发、也可能与基片发生化学作用而形成化学吸附,还可能遇到其它的蒸发原子而形成原子对或原子团。发生后两种情况时,原子再蒸发与迁移的可能性极小,从而逐渐成为稳定的凝聚核。

2) 小岛阶段

当凝聚晶核达到一定的浓度以后,继续蒸发就不再形成新的晶核。新蒸发来的吸附原子通过表面迁移将聚集在已有晶核上,使晶核生长并形成小岛,这些小岛通常是三维结构,并且多数已具有该种物质的晶体结构,即已形成微晶粒。

3) 网络阶段

随着小岛的长大,相邻的小岛会互相接触并彼此结合,结合的过程类似两小液滴结合成一个大液滴的情况,这是由于小岛在结合时释放出一定的能量,这些能量足以使相接触的微晶状小岛瞬时熔化,在结合以后,由于温度下降所生成的岛将重新结晶。随着小岛的不断结合,将形成一些具有迷津结构的网络状薄膜。

4) 连续薄膜

随着蒸发或溅射的继续进行,吸附原子将填充岛与岛之间的间隔,也有可能在岛与岛之间生成新的小岛,由小岛的生长来填充空沟道,最后形成连续薄膜。

不同的物质经历这四个阶段的情况是不同的。例如铝膜和银膜都是岛状生长类型的,但是铝膜只有在生长的最初阶段呈现岛状结构,然后在薄膜很薄时就能形成连续薄膜,而银膜则要在薄膜较厚时才能形成连续薄膜。图 5-8 是 MoS_2 基片上银膜形成过程示意图,图 5-8 中(a)是晶核阶段,(b)是小岛阶段,(c)是网络阶段,(d)是沟道逐渐被填充而形成连续薄膜。

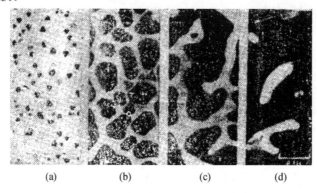

图 5-8 MoS_2 基片上银膜的形成过程

5.3.1.2 层状生长模式

当被沉积物质与衬底之间浸润性很好时,被沉积物质的原子更倾向于与衬底原子相键合。因此,薄膜从成核阶段开始即采取二维扩展模式即层状生长模式(又称 Frank-van der Merwe)。这种生长方式的特点是,蒸发原子首先在基片表面以单原子层的形式均匀地覆盖一层,然后再在三维方向生长第二层、第三层……。层状生长方式多数发生在基片原子与蒸发原子间的结合能接近于蒸发原子间结合能的情况下。如在 Au 单晶基片上生长 Pd,在 Pds 单晶基片上生长 PbSe,在 Fe 单晶基片上生长 Cu 薄膜等,最典型的例子则是同质外延生长及分子束外延。

层状生长的大致过程为:入射到基片表面上的原子,经过表面扩散并与其他原子碰撞后形成二维的核,二维核捕捉周围的吸附原子便生长为二维小岛,这类材料在表面上形成的小岛浓度大体是饱和浓度,即小岛间的距离大体上等于吸附原子的平均扩散距离。在小岛成长过程中,小岛的半径小于平均扩散距离,因此,到达岛上的吸附原子在岛上扩散以后,都被小岛边缘所捕获。在小岛表面上吸附原子浓度低,不容易在三维方向上生长。也就是说,只有在第 n 层的小岛已长到足够大,甚至小岛已互相结合,第 n 层已接近完全形成时,第 $n+1$ 层的二维晶核或二维小岛才有可能形成,因此薄膜是以层状形式生长的。层状生长时,靠近基片的薄膜其晶体结构通常类似于基片的结构,只是到一定的厚度时才能逐渐由刃位错过渡到该材料固有的晶体结构。层状模式的生长过程如图 5-7(b)所示。

5.3.1.3 层—岛结合生长模式

层状—岛状结合生长(又称 Stranski-Krastanoy)模式如图 5-7(c)所示。在最开始一两个原子层厚度的层状生长之后,生长模式转化为岛状模式。导致这种模式转变的物理机制较复杂,往往在基片和薄膜原子相互作用特别强的情况下,才容易出现这种生长模式。首先在基片表面生长1层~2层单原子层,这种二维结构强烈地受到基片晶格的影响,晶格常数有较大的畸变。然后再在这原子层上吸附入射原子,并以核生长的方式生成小岛,最终形成薄膜。在半导体表面上形成金属薄膜时,常常是这种层—岛生长型,如在 Ge 的表面蒸发 Gd,在 Si 的表面蒸发 Bi、Ag 等都属这种类型。

5.3.2 薄膜形成过程

这里以岛状生长模式详细讨论薄膜的形成过程。在稳定核形成以后,岛状薄膜的形成过程如图 5-9 所示。从图中可以看出,岛状薄膜的形成过程可分为四个主要阶段:

5.3.2.1 成核阶段

在透射电子显微镜观察到的薄膜形成过程照片中,能观测到最小核的尺寸约为 20Å~30Å 左右。在核进一步长大变成小岛过程中,平行于基片表面方向的生长速度大于垂直方向的生长速度。这是因为核的生长主要是由于基片表面上吸附原子的扩散迁移碰撞结合,而不是入射蒸发气相原子碰撞结合决定的。这些不断捕获吸附原子生长的核逐渐从球帽形、圆形变成多面体小岛。对于岛的形成可用热力学宏观物理量如表面自由能,也可用微观物理量如结合能来判别。

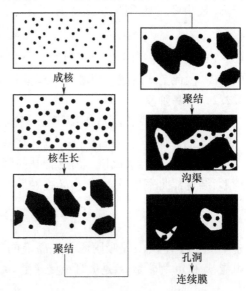

图 5-9 岛状薄膜的形成过程

用热力学界面能研究核形成时,有如下的表达式:

$$\sigma_2 = \sigma_1 + \sigma_0 \cdot \cos\theta \tag{5-44}$$

由此得到

$$\cos\theta = \frac{\sigma_2 - \sigma_1}{\sigma_0} \qquad (5-45)$$

因为 θ 角应满足 $0<\theta<\pi/2$，故 $\cos\theta<1$，则下式必然成立：

$$\sigma_2 - \sigma_1 < \sigma_0 \qquad (5-46)$$

在基片和薄膜不能形成合金的情况下 $\sigma_1>0$，因为，如果 $\sigma_2<\sigma_0$，那么上述关系当然会被满足。如果清楚地知道薄膜和基片不能形成化合物，即使 σ_1 的大小不清楚，可以预想它还是按照三维岛的方式生长。所以式(5-46)就是利用宏观的物理量预测三维岛成长的条件。

当用微观物理量来判别三维岛成长时，认为薄膜和基片之间晶格常数有差异。在薄膜和基片之间界面上引起晶格失配的能量 E_s 可忽略不计时，吸附原子在基片表面上的吸附能 E_{ad} 可用下式表示：

$$E_{ad} = (\sigma_2 + \sigma_0 - \sigma_1) \cdot S + E_s \cdot S \qquad (5-47)$$

式中 S 是原子的投影面积。

吸附原子之间的结合能 E_b 与核的表面自由能 σ_0 之间有下述关系：

$$E_b = \frac{2 \cdot \sigma_0 \cdot S}{Z_C} \qquad (5-48)$$

式中 Z_C 是核表面上空键(悬挂键)的数目，将式(5-47)和式(5-48)代入到式(5-46)中可得到

$$E_{ad} < Z_C \cdot E_b + E_s \cdot S \qquad (5-49)$$

由于 E_s 较小可忽略不计，上式变为

$$E_{ad} < Z_C \cdot E_b \qquad (5-50)$$

式(5-71)说明当核与吸附原子间的结合能大于吸附原子与基片的吸附能时，就可形成三维的小岛，因此上式就成为用微观物理量判别岛成长的条件。

5.3.2.2 小岛阶段

随着小岛不断成长，小岛间距离逐渐减小，最后相邻小岛可相互结合并成为一个大岛，如图 5-10 所示。小岛合并长大后，在基片表面上占据面积减小，表面能降低，基片表面上空出的地方可再次成核。岛的合并与固相烧结相类似。假设两个小岛都是半径为 r 的球形，结合部曲率半径为 r'，小岛接触后经历时间为 t，它们之间的关系可用下式表示：

$$\frac{r'^n}{r^m} = \frac{56 \cdot \sigma \cdot V^{4/3}}{kT} \cdot D \cdot n \cdot t \qquad (5-51)$$

式中 V 是原子体积，n 是吸附原子在岛上的表面密度，D 是吸附原子扩散系数，σ 是表面自由能，n 和 m 为常数，k 是玻耳兹曼常数，T 是绝对温度。

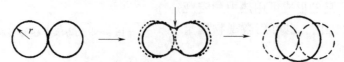

图 5-10　合并过程中岛的变化

对于表面扩散 $m=3,n=7$；对于体扩散 $m=2,n=5$。基片温度对岛的合并起着重要作用。虽然小岛合并的初始阶段很快，但合并后的一个相当长时间内，新岛继续改变它的形状。所以在合并时和联合并后，新岛面积不断变化。在最初阶段，由于合并使基片表面上的覆盖面积减小，然后又逐渐增大。在合并初始阶段，为了降低表面自由能，新岛的面积减小而高度增大。根据基片表面、小岛的表面与界面自由能的情况，小岛将有一个最低能量的形状，它是具有一定高度与半径比的构形。

5.3.2.3 网络阶段

在小岛合并为新岛的生长过程中，它的形状变为圆形的倾向减小，只是在新岛进一步合并的地方才继续发生较大的变形，当岛的分布达到临界状态时互相聚结形成一种网状结构。在这种结构中不规则的分布着宽度为 $50Å\sim200Å$ 的沟渠，随着沉积的继续进行，在沟渠中会发生二次或三次成核，当核长大到与沟渠边缘接触时就合并到网状结构的薄膜上。与此同时，在某些地方，沟渠被联成桥形，并以类似液体的形式很快地被填充。其结果是大多数沟渠很快被消除，薄膜由沟渠就变为有小孔洞的连续状结构。在这些小孔洞处再发生二次或三次成核。有些核直接与薄膜合并在一起，有些核长大后形成二次小岛，这些小岛再合并到薄膜上。

因为核或岛的合并都有类似液体的特点。这种特性能使沟渠和孔洞很快消失。最后消除高表面曲率区域，使薄膜的总表面自由能达到最小。

5.3.2.4 连续膜阶段

在沟渠和孔洞消除之后，再入射到基片表面上的气相原子便直接吸附在薄膜上，通过合并作用而形成不同结构的薄膜。有些薄膜在岛的合并阶段，小岛的取向就发生显著变化。对于外延薄膜的形成，其小岛的取向相当重要。在形成多晶薄膜时，除了在外延膜中小岛合并时必须有相互一定的取向之外，在合并时还出现一些再结晶现象。以致薄膜中的晶粒大于初始核之间的距离。即使基片处在室温条件下，也有相当数量的再结晶发生。每个晶粒大约包含 100 个或更多的初始核区域。由此可以看出，薄膜中晶粒尺寸的大小取决于核或岛合并时的再结晶过程，而不取决于初始核的密度。

5.3.3 溅射薄膜与外延薄膜的生长特性

用溅射法和外延法获得的薄膜，由于成膜条件不同，薄膜的生长情况有其特殊性。

5.3.3.1 溅射薄膜的生长

用溅射法制备薄膜时，到达基片的溅射粒子的能量比蒸发法的要大得多，因此会给薄膜的形成带来一系列的影响，除了使膜与基片的附着力增加外，还会由于高能离子轰击薄膜表面使其温度上升而改变薄膜的结构，或使薄膜内部应力增加等。溅射粒子的能量与溅射电压、基片与靶的距离、真空室气体的压强等密切相关，因此薄膜的形态及结构就与上述因素有关。图 5-11 给出了工作气体压强和基片温度与薄膜结构之间的关系。区域 Ⅰ 为多孔柱状区，呈现葡萄状结构；有较多的气孔；区域 Ⅱ 为致密纤维状区，比区域 Ⅰ 致密，气孔少；区域 Ⅲ 为完全致密的柱状晶粒区；区域 Ⅳ 为高温导致柱状晶变为等轴晶粒区。溅射薄膜常常呈现柱状结构，犹如许多直径约为几百埃的小柱体紧密地聚集在一起而形成的。这种柱状结构被认为是由于原子或分子在基片上具有有限的迁移率所引起的。这种柱状结构由于在小柱体之间留下了很多类似毛细孔的空隙，将使薄膜的性能容易变化。

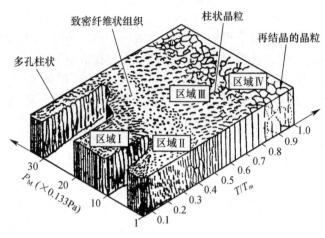

图 5-11 溅射薄膜的结构
T—基片温度；T_m—膜材的熔点。

1) 沉积粒子的产生过程

真空蒸发是一种热过程，即材料由固相变到液相再变到气相的过程，或者从固相升华为气相的过程。通过这种热过程产生的沉积粒子(原子)都具有较低的热运动能量。在一般的蒸发温度下，其能量约为 $0.1\text{eV}\sim 0.2\text{eV}$。

溅射过程则是以动量传递的离子轰击为基础的动力学过程。具有高能量的入射离子与靶原子产生碰撞，通过能量传递，使靶原子获得一定动能之后脱离靶材表面飞溅出来。因此，从靶材中溅射出来的粒子都有较高的功能。比从蒸发源蒸发出来的气相原子动能高 1 个～2 个数量级。

对于点状或小面积蒸发源，蒸发气相原子飞向基片表面时是按余弦定律定向分布的。对于阴极溅射，在入射的 Ar 离子能量较大且靶由多晶材料组成时，可将溅射靶看作点状源，溅射出来的原子飞向基片表面时才符合余弦规律分布，或者是以靶材表面法线为轴的对称分布。对于单晶靶材，因不同晶面上原子排列密度不同，表面结合能不同，不同晶面的溅射强度也不同。这种现象称为择优溅射效应。

从蒸发源蒸发出的气相原子几乎都是不带电荷的中性粒子，或者有很少的带电粒子(因热电子发射造成)。但溅射过程则不同，这时除了从靶材中溅射出中性原子或原子团之外，还可溅射出靶材的正离子、负离子、二次电子和光子等多种粒子。

在蒸发合金材料时，由于合金中各组分的蒸气压不同会产生分馏现象。蒸气压的组分蒸发速度快，造成膜层成分同蒸发源材料组分的偏离。但在溅射合金材料时，尽管各组分的溅射速度率有所不同(各种金属溅射速率的差异远小于它们蒸气压的差异)，在溅射的初期形成的合金膜成分与靶材组分稍有差别。但由于靶材温度不高，经过短暂时间后，靶材表面易溅射的组分呈现不足，从而使溅射速率小的组分在薄膜中逐渐增多起来。最终得到与靶材组分一致的溅射薄膜。

2) 沉积粒子的迁移过程

在真空蒸发时真空度较高，一般在 $10^{-2}\text{Pa}\sim 10^{-4}\text{Pa}$，气体分子平均自由程比蒸发源到基片之间的距离大。蒸发气相原子在向基片的飞行过程中，蒸发气相原子间或与残余气体分子间的碰撞机会很少。它们将基本上保持离开蒸发源时所具有的能量、能量分布和直线飞行轨迹。

在阴极溅射时,由于充入工作气体 Ar 气,真空度较低,在 10^0 Pa～10^{-2} Pa 左右,气体分子平均自由程小于靶与基片之间的距离。溅射原子从靶面飞向基片时,本身之间互相碰撞和 Ar 原子及其他残余气体分子相互碰撞,不但使溅射粒子的初始能量减少,而且还改变溅射粒子脱离靶面时所具有的方向。到达基片表面的溅射粒子可来自基片正前方整个半球面空间的所有方向。因此,溅射方法比蒸发较容易制备厚度均匀的薄膜。

3) 成膜过程

从蒸发源或溅射靶中出来的沉积粒子到达基片表面之后,经过吸附、凝结、表面扩散、迁移、碰撞结合形成稳定晶核。然后再通过吸附使晶核长大成小岛,岛长大后互相联结聚集,最后形成连续薄膜。在这样的成膜过程中,蒸发法和溅射法的主要区别是:

对于真空蒸发法,其入射到基片上的气相原子对基片表面没有影响,成核条件不发生改变。在蒸发过程中,基片和薄膜表面受残余气体分子或原子的轰击次数较少,大约 10^{13} 次/cm²·s。所以杂质气体掺入到薄膜中的可能性较小。另外,蒸发的气相原子与残余气体很少发生化学反应。基片和薄膜的温度变化也不显著。

对于溅射法,入射到基片表面的离子和高能中性粒子对基片表面影响较大,可使基片表面变得比较粗糙、产生离子注入、表面小岛暂时带电以及与残余气体分子发生化学反应等。所以成核条件就有明显变化,成核中心形成过程加快,成核密度显著提高。工作气体分子、残余气体分子、原子和离子都可对基片表面产生量级为 10^{17} 次/cm²·s 的轰击。这显然比蒸发过程中出现的要大得多。因此杂质气体或外部材料掺入薄膜的机会较多,在薄膜中容易发生活化或离化等化学反应。另外,由于入射的溅射粒子有较大动能,基片和薄膜的温度变化也比较显著。

5.3.3.2 外延薄膜的生长

外延生长的基本参数之一是基片温度,对于基片与薄膜材料之间,都有一个临界外延温度,高于此温度的外延生长是良好的,而低于此温度的外延生长则是不完善的。此外,生长速率 R 与基片温度 T 有关,根据实验结果可得

$$R = Ae^{-E_D/kT} \tag{5-52}$$

式中 A 是常数,E_D 是表面扩散激活能,k 是玻耳兹曼常数,上式表明外延薄膜生长的速率与吸附原子的扩散能力有关。

如吸附原子在与另一个原子碰撞结合之前能进入稳定的平衡位置,外延便能顺利进行。显然基片温度升高会促进外延生长,它使表面原子具有更多的机会到达平衡位置,使表面扩散和体扩散都增强,结晶过程变得较容易进行,从而促进了单晶薄膜的生长。

基片的晶体结构对于外延薄膜的结构及取向有着十分重要的影响,同质外延时两者的结构是一样的,异质外延时两者的结构也密切相关。异质外延时常用失配度来描述基片结构与薄膜结构的关系。失配度为

$$m = \frac{b-a}{a} \times 100\% \tag{5-53}$$

其中 a 是基片的晶格常数,b 是薄膜材料的晶格常数。当同质外延时,$m=0$;当 m 相当大时也可实现外延生长。在各种基片上外延生长薄膜的情况如表 5-4 所列。

表 5-4 各种基片上生长外延膜的情况

薄膜	基片	m/%	外延温度/(℃)	薄膜	基片	m/%	外延温度/(℃)
Au	NaCl(100)A	−28	400	GaAs	GaAs	0	700~850
	NaCl(100)V	−28	200	Cu	NaCl(100)A	−36	300
	云母	−44	400		NaCl(100)V	−36	100
	MoS$_2$	+9	180		Ag(100)F		0
	Ag(100)F		−100	Ag	LiF		340
	MgO		−190		NaCl(100)A	−31	150
Ge	CaF		225		NaCl(100)V	−31	室温
Si	Si(100)	0	室温		KCl		130
		0	380		KI		80
	Si(11)	0	450		Ag(100F)		−196
		0	550				

在大多数情况下,薄膜中晶粒的晶体结构与块状晶体是相同的,只是晶粒取向和晶粒尺寸与块状晶体不同。除了晶体类型之外,薄膜中晶粒的晶格常数也常常和块状晶体不同。产生这种现象的原因有两个:一是薄膜材料本身的晶格常数与基片材料晶格常数不匹配;二是薄膜中有较大的内应力和表面张力。由于晶格常数不匹配,在薄膜与基片的界面处晶粒的晶格发生畸变形成一种新晶格,以便和基片匹配。若薄膜与基片的结合能较大,晶格失配度近似等于 2% 时,薄膜与基片界面处晶格畸变层的厚度为几个埃;当失配度为 4% 左右时,可达几百个埃;当失配度大于 12% 时,晶格畸变达到完全不匹配。

薄膜表面张力使薄膜晶格常数发生变化的情况可用下面的理论计算来表示。假设基片表面上有一个半球形晶粒其半径为 r,单位面积的表面自由能为 σ_0。由于表面张力作用,对这个晶粒产生的压力为 $f=2\pi r\sigma$,承受这个力的面积为 $S=\pi r^2$,因此压强为

$$P = 2\pi r \cdot \sigma/\pi r^2 = 2\sigma/r \tag{5-54}$$

由虎克定律有

$$\frac{\Delta V}{V} = 3\frac{\Delta a}{a} = -\frac{1}{E_v} \cdot P \tag{5-55}$$

由此可得到晶格常数的变化比为

$$\frac{\Delta a}{a} = -\frac{2\sigma}{3 \cdot E_v \cdot r} \tag{5-56}$$

式中:E_v 是薄膜的弹性系数,a 是晶格常数。

由上式可以看出,晶格常数的变化比(即应变)与晶粒半径成反比,也就是晶粒越小,晶格常数变化越大。这清楚表明薄膜中晶粒的晶格常数不同于块状材料中晶粒的晶格常数。

5.3.4 非晶薄膜的生长特性

非晶态是一种近程有序结构。就是在 2 个~3 个原子距离内原子排列是有秩序的,

大于这个距离其排列是杂乱无规则的。例如,非晶硅的每个原子仍为四价共价键,并且与最近邻原子构成四面体,仍是有规律的。非晶态的另一个特点是,其自由能比同种材料晶态的自由能高,即处于一种亚稳态,有向平衡态(稳定态)转变的趋势。但是从亚稳态转变为自由能低的平衡态,必须克服一定的势垒。因此,非晶态及其结构具有相对的稳定性。这种相对稳定性直接关系着非晶态材料的使用寿命和应用。典型的非晶态材料是玻璃,此外,由蒸发、溅射、CVD 等方法在基片温度较低时制得的许多薄膜都属于非晶态。

相对于体材料来讲,在制备薄膜材料时,比较容易获得非晶态结构。这是因为薄膜制备方法可以比较容易地造成非晶态结构的外界条件,即较高的过冷度和低的原子扩散能力,这两个条件也正是提高相变过程的过冷度,抑制原子扩散,从而形成非晶态结构的条件。可以通过降低基片温度、引入反应性气体和掺杂方法实现上述条件。例如,对于硫化物和卤化物薄膜在基片温度低于 77K 时可形成无定形薄膜。有些氧化物薄膜(TiO_2、ZrO_2、Al_2O_3 等),基片温度在室温时都有形成无定形薄膜的趋向。引入反应性气体的实例是在 $10^{-2}Pa\sim10^{-3}Pa$ 氧分压中蒸发铝、镓、铟和锡等薄膜,由于氧化层阻挡了晶粒生长而形成无定形薄膜。在 83% ZrO_2 - 17% SiO_2 和 67% ZrO_2 - 33% MgO 的掺杂薄膜中,由于两种沉积原子尺寸的不同也可形成无定形薄膜。

除了制备条件之外,材料形成非晶态的能力主要取决于其化学成分。一般来说金属元素不容易形成非晶态结构。这是因为金属原子间的键合不存在方向性,因而要抑制金属原子间形成有序排列,需要的过冷度较大。合金或化合物形成非晶态结构的倾向明显高于单一组元,因为化合物的结构一般较复杂,组元间在晶体结构、点阵常数、化学性质等方面存在一定差别,而不同组元之间的相互作用又大大抑制了原子的扩散能力。在单一组元之中,Si、Ge、C、S 等非金属元素形成非晶态结构的倾向性较大。这是因为这类元素形成共价键的倾向大,只要近邻原子配位满足要求,非晶态与晶态物质之间的能量差别较小。例如,在有氢存在的条件下,Si 原子将形成大量的 H 键,因而在 800K 沉积出的 Si 薄膜仍可能具有非晶态结构。

无定形结构薄膜在环境温度下是稳定的。它既包含有不规则的网络结构(玻璃态),也包括随机密堆积的结构。前者主要出现在氧化物薄膜、元素半导体薄膜和硫化物薄膜之中,后者主要出现在合金薄膜之中。可以认为,不规则的网络结构是两种互相贯通的随机密堆积结构组成。用衍射法研究时,这种结构在 X 射线衍射谱图中呈现很宽的散射峰,在电子衍射图中则显示出很宽的弥散形光环。

非晶态薄膜材料的薄膜生长也可以采取柱状的生长方式。如 Si、SiO_2 等材料在较低的温度下,都可以形成非晶的柱状结构。对 Ge、Si 等薄膜材料进行深入研究时,发现这类材料的柱状形貌的发育可以被划分为纳米级的、显微的,以及宏观的三种柱状组织。图 5-12 是非晶态 Ge 薄膜中各层次的柱状形貌的示意图和组织形貌图。30% Au-70% Co 合金薄膜是典型的非晶态薄膜,在平衡状态下,这一成分的固态合金组织应为 Au、Co 两组元固溶体的混合物。为抑制晶体核心的形成,将衬底温度降低至 80K 后进行蒸发沉积。在沉积后将薄膜加热至不同的温度并观察其组织变化。

图 5-13(a)是沉积态合金组织的形貌及选区电子衍射图。这时,合金的形貌没有任何特征,相应的衍射图为一晕环。这表明薄膜的结构为非晶态的,其结构有序的范围不超过几个原子间距。但这还不能确定薄膜的结构是完全意义上的非晶态还是所谓的微晶结构。

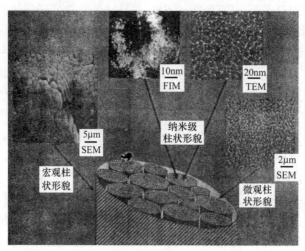

图 5-12 溅射制备的非晶态 Ge 薄膜
中各层次的柱状显微形貌及其示意图

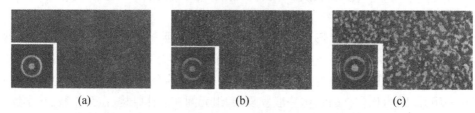

图 5-13 沉积态 300K(a)和经 470K(b)以及 650K(c)
处理后 Au—Co 合金的组织形貌及电子衍射图

对薄膜进行不同温度的退火处理对组织形貌的影响如图 6-2(b)、(c)所示。经 470K 处理后，薄膜组织转化为面心立方结构的微晶状态，对衍射环的分析表明，这是一种相图上没有的亚稳态结构。在 650K 处理后，薄膜结构又转变为稳定的 Co、Au 两相结构。

与上述结构变化相对应的是薄膜的电阻率 ρ 随温度的变化情况，如图 5-14 所示。从图 5-14 中的电阻率-温度曲线可以看出，在温度提高的过程中，当温度分别是为 420K 和 550K 时各出现了一个电阻率的不可逆变化。这两个变化点分别与薄膜结构的变化相对应。这证明，制备的合金薄膜为非晶态结构。非晶态薄膜的电阻率较高，这是因为原子排列的无序状态对电子的运动构成强烈的散射。

5.3.5 影响薄膜生长特性的因素

薄膜的生长特性受沉积条件的影响，其中主要的因素有沉积速率、基片温度、原子入射方向、基片表面状态及真空度等。

对于不同类型的金属，沉积速率的影响程度是不同的，这是由于真空沉积的金属原子在基片上的迁移率与金属的性质和表面状况有关。即使是同一种金属，在不同的工艺条件下，沉积速率对薄膜结构的影响也不完全一致。一般说来，沉积速率会影响膜层中晶粒的大小与晶粒分布的均匀度以及缺陷等。

在低沉积速率的情况下，金属原子在基片上迁移的时间比较长，容易到达吸附点位

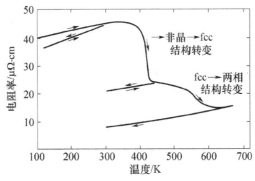

图 5-14 38%Au-62%Co(摩尔比)合金薄膜的电阻率随温度的变化

置,或被处于其他吸附点位置上的小岛所俘获而形成粗大的晶粒,使得薄膜的结构粗糙,薄膜不致密。同时由于沉积原子到达基片后,后续原子还没有及时到达,因而暴露在外时间比较长,容易受残余气体分子或沉积过程中引入的杂质的污染,以及产生各种缺陷等,因此,沉积速率高一些好。高沉积速率可以使薄膜晶粒细小,结构致密,但由于同时凝结的核很多,在能量上核处于能量比较高的状态,所以薄膜内部存在着比较大的内应力,同时缺陷也较多。

低沉积速率使膜层结构疏松,电子越过其势垒产生电导的能力弱,加上氧化和吸附作用,所以电阻值较高,电阻温度系数偏小,甚至为负值。随着沉积速率的增大,电阻值也由大到小,而温度系数却由小到大,由负变正。这是由于低沉积速率的薄膜由于氧化而具有半导体特性,所以温度系数出现负值;而高沉积速率薄膜趋向于金属的特性,所以温度系数为正值。因此,一般情况下,也希望有较高的沉积速率。但对特定的材料要从具体的实验中正确选择最佳的沉积速率。

基片温度对薄膜结构也有较大影响。基片温度高,使吸附原子的动能随着增大,跨越表面势垒的几率增大,容易结晶化,并使薄膜缺陷减少,同时薄膜内应力也会减小。基片温度低,则易形成无定形结构的薄膜。基片温度的选择要视具体情况而定。一般说来,如果沉积的膜层比较薄,当基片温度比较低时,沉积室内的金属原子很快失去动能,并在基片表面上凝结,这时的膜层比较均匀致密,当基片温度过高时反而会出现大颗晶粒,使膜层表面粗糙。如果沉积比较厚的膜层,一般要求基片温度适当高一些,可以减少膜的内应力。

薄膜结构与沉积原子的入射方向也有关。原子入射角的大小对薄膜结构有很大影响,使薄膜产生各向异性。随着结晶颗粒的增大,而入射的沉积原子就逐渐沿着原子的入射方向长大,于是会产生所谓的自身影响效应,从而使薄膜表面出现凹凸不平,缺陷较多,并出现各向异性。这种沿原子入射方向生长的倾向,在入射角越大时,表现得越严重。

沉积的薄膜,经过热处理可以改善其结构和性能。对于单一金属薄膜,经过热处理可使晶格排列较整齐些。对于合金材料和氧化物材料,经过热处理会使各组分相互扩散,获得所需的固溶体。热处理可以部分地消除晶格缺陷,改善薄膜热稳定性,又可清除内应力,增强薄膜与基片的附着力,同时还可消除膜层中气体分子的吸附,在薄膜表面生成一层氧化保护层,从而保护膜层免受侵蚀和污染。

基片的表面状态对薄膜的结构质量也有很大影响。如果基片表面粗糙度低、表面清洁,则所获得的膜层结构致密,容易结晶,否则相反,而且附着力也差。

真空度的高低也直接影响薄膜的结构和性能,真空度低,材料受残余气体分子污染严重,薄膜性能变差,即使在高真空的情况下,薄膜中也免不了有吸附气体分子,提高温度有利于气体分子的解吸。

5.4 薄膜形成过程的计算机模拟

随着计算机科学的发展,从 20 世纪 70 年代开始,国际上许多研究工作者用计算机模拟方法研究薄膜的形成过程。利用计算机模拟薄膜形成过程时大体可以采用两种方法:蒙特卡罗方法和分子动力学方法。

蒙特卡罗(Monte Carlo)方法又称随机模拟法或统计试验法。用这种方法处理问题时,首先要建立随机模型,然后产生一系列随机数用以模拟这个过程,最后再作统计性处理。在模拟薄膜形成过程时,将气相原子入射到基体上、吸附、解吸;吸附原子的凝结、表面扩散、成核、形成聚集体和形成小岛等都看为独立过程并作随机现象处理。

分子动力学(molecular dynamics)方法是一种较老的方法。在这种方法中对系统的典型样本的演化都是以时间和距离的微观尺度进行的。

在两种方法中,处理原子和原子间相互作用时可采用球对称的 Lennard-Jones 势能 $V(r)$

$$V(r) = 4\varepsilon \left[\left(\frac{\sigma}{r} \right)^{12} - \left(\frac{\sigma}{r} \right)^{6} \right] \tag{5-57}$$

式中,r 是距离,即原子和原子之间的距离,ε 是 Lennard-Jones 势能高度,σ 与 r 有相同量纲。势能 $V(r)$ 在 $r=2.5\sigma$ 处截断,原子间相互作用时间间隔 $\Delta t = 0.03\sigma/(m/\varepsilon)^{1/2}$,$m$ 是薄膜原子的质量。

在处理离子和原子,特别是惰性气体离子和原子相互作用时采用排斥的 Moliere 势能 $\Phi(r)$

$$\Phi(r) = \frac{Z_1 \cdot Z_2 \cdot e^2}{r} = 0.35\exp\left[-\frac{0.3r}{a}\right]$$
$$+ 0.55\exp\left[-\frac{1.2r}{a}\right] + 0.1\exp\left[-\frac{6.0r}{a}\right] \tag{5-58}$$

式中,a 是 Firsoov 屏蔽长度,$a=0.4683[Z_1^{1/2}+Z_2^{1/2}]^{-2/3}$,$Z_1$ 和 Z_2 分别是离子和薄膜原子的原子序数,r 是原子间距离。

5.4.1 蒙特卡罗法计算机模拟

5.4.1.1 蒙特卡罗模拟薄膜生长的算法分类

薄膜生长是一个随机过程,利用 Monte Carlo 算法模拟薄膜的生长过程是研究其生长机理的有效途径。目前,Monte Carlo 法模拟薄膜生长主要有 3 种算法:

1) 指定事件的 Kinetic Monte Carlo(KMC)

这种方法指定几类可能会发生的事件,但不允许其他类型的事件发生。例如规定允许被吸附的原子可以在某个晶面内或沿边缘迁移,不允许其他类型的事件,如跨晶面或跨边界迁移。这种方法的优点是可以准确地知道发生的事件及其概率;缺点是有可能忽略某些重要类型的事件,造成模拟结果不准确。

2) 键计数 KMC

该方法用原子迁移时的激活能来确定某一事件的发生概率。激活能由迁移原子初始位置的最近邻的数目确定,或者由迁移原子初始位置最近邻的数目和迁移目标位最近邻的数目之差来确定。这种方法的优点是在所建立的模型比较合理时,能够准确地研究原子的环境变化。但是,激活能的计算并不是简单地由迁移原子的初始环境和目标位置环境所决定,迁移过程中可能会出现能量变化的鞍点。由于这种方法实际上没有考虑到迁移过程的中间状态,对激活能的计算看似合理但并不准确。

3) 全表法 KMC

在这种方法中,对每一种可能的原子迁移都要枚举,建立了一个包括各种可能发生的事件,以及每个事件对应的激活能的大表。这是一种比较准确的方法,但这种方法在具体应用中非常复杂。例如当初始位置和目标位置各有 12 个最近邻时,在迁移过程中总共就要涉及到 18 个晶位,那么就有 218 种可能的事件,并要求计算相应的概率(还未考虑次近邻的影响)。因此建立该表非常困难,而且这种方法的通用性不强。

对以上 3 种算法而言,键计数 KMC 的适用性更强、更普遍。

5.4.1.2 Monte Carlo 模拟薄膜生长的模型

一般而言,薄膜有 3 种生长类型,即 Volmer-Weber(VW)型(核生长型)、Frank-van der Merwe(FM)型(单层生长型)、Stranski-Krastanov(SK)型。VW 型是在基体表面上形核、核生长、合并进而形成连续的膜,沉积膜中大部分属于这种类型;FM 型是沉积原子在基体表面上均匀地覆盖,以单原子层的形式逐次形成;SK 型是在最初 1 层~2 层的单原子层沉积之后,再以形核长大的方式进行。

1) 模型的建立

薄膜沉积过程是一个非常复杂的物理化学变化过程。薄膜生长的整个过程不仅涉及到晶粒的生长、晶粒间的相互作用、边界运动等因素的机理,也涉及空间填补的拓扑几何机理。因此,要对此进行实际真实的模拟是不可能的,只能是针对研究的目的,建立合适的理想模型,以此了解微观世界所发生的事件。采用 Monte Carlo 模拟方法来考察粒子沉积在基体表面发生的随机过程,需对整个沉积过程做以下处理:

(1) 虽然沉积粒子所释放的动能和结合能将导致沉积原子附近局部温度升高,但整个基体的温升是极其微小的,因此可认为薄膜生长是等温生长过程。

(2) 当入射粒子在基体表面上的能量足够大时,该粒子不但可以在膜层表面进行迁移运动,甚至可以在垂直方向进行运动,若其下层有空位,还可以穿越到下层填补空位。

(3) 在实际过程中,单个粒子的再蒸发率较高,而一旦 1 个粒子与其他粒子相遇并结合成团后,其再蒸发概率将大为降低,因此可以近似地认为,只有单个粒子可以被再蒸发到基体外部,而多个粒子被再蒸发和分解的可能性很小。

(4) 粒子在基体表面上的运动分为 3 种情况:①吸附:粒子被吸附在基体表面。②扩散:粒子在基体表面上迁移,其迁移方向应使系统整体能量降低。扩散包括单个粒子自由扩散和沿簇团边缘扩散。③蒸发:粒子在特定的条件下脱离基体表面。

2) 模型的处理方法

(1) 周期性边界。Monte Carlo 模拟薄膜生长多采用周期性边界条件,即设想所计算的正方形衬底无限重复出现,使之铺满整个平面。由于每个正方形衬底内均发生完全相同的运动,即若有1个粒子向右走出某个正方形时,则该正方形左邻的那个正方形的相应位置必然也有1个粒子向右走出,它恰恰就是从左面进入该正方形的粒子。这样就可以用有限范围内的计算结果描述宏观尺度(微观无限大)的样品。因此在实际运算中,当粒子从左边扩散出去后,相应地从右边相应位置会进来1个粒子;当粒子从上边出去后,会从下边相应位置进来1个粒子。同理,当左右、上下边界的相对位置都有粒子存在时,认为在这些粒子的相应近邻处也有粒子存在,统计成团情况时应将其计算在内。

(2) 粒子间的作用势。Monte Carlo 模拟薄膜生长时可以选用 Lenard—Jones 势,也可选用 Morse 势。Morse 势的形式如下:

$$\Phi_{ij} = D\left\{\exp\left[-2a\left(\frac{r_{ij}}{r_0}-1\right)\right]-2\exp\left[-a\left(\frac{r_{ij}}{r_0}-1\right)\right]\right\} \qquad (5-59)$$

其中:r_{ij} 是编号为 i、j 两粒子间的距离,D 和 a 分别为相互作用的强度和范围,r_0 为势能最低点的位置,即平衡位置。其中 D 可用参数 E_{ff}、E_{fs} 和 E_{ss} 等表示。E_{ff} 表示成膜粒子间的结合能;E_{fs} 表示成膜粒子与衬底粒子间的结合能;E_{ss} 表示衬底粒子之间的结合能。

薄膜生长模式主要是由能量参数而不是沉积情况所决定。当 $E_{ff} < E_{fs}$ 时,为 FM 型;当 $E_{ff} > E_{fs}$ 时,为 VW 型;当 E_{ff} 接近 E_{fs} 时,所成的核变得非常扁平,两种生长模式之间的区别变得很不明显。改变 a 值才观察到第3种生长模式,得到典型的 SK 型生长模式。

(3) 作用范围。当 a 不同,Morse 势的作用范围 R 也不同。因此,在考虑粒子间的相互作用时,并不是简单地取其最近邻点或次近邻点予以考虑,而是考虑在整个作用范围 R 内的所有点。R 的具体数值可根据具体情况及精度要求来决定。

(4) 衬底结构。利用周期性边界条件,一般衬底可选为一个 100×100 的二维方格点阵,根据前面的讨论可知,入射粒子的坐标为随机选择的点阵坐标,因此粒子扩散的步长为点阵常数。当讨论的衬底为某种具体材料时,衬底结构就不一定是方格点阵,这时可以通过改变坐标系来构建新的衬底结构,以使其更符合实际情况。

科学家们利用 Montre Carlo 方法,对薄膜的生长过程进行计算机模拟,已经取得了一些比较满意的结果,如薄膜的退火过程、Au (001)薄膜的生长过程、多晶材料在正常晶粒和异常晶粒的生长、氧化银薄膜的形态结构、无定性碳膜在红外的光学特性、二维 Ge 岛成核过程、半导体量子点生长过程中的应变控制、半导体量子点的成核及生长停顿过程等等。实现了薄膜生长过程可视化,对薄膜生长中的连续和不连续形态进行了模拟研究。

5.4.2 分子动力学计算机模拟

分子动力学的出发点是对物理系统的确定的微观描述。系统可以是一个少体系统,也可以是一个多体系统,描述系统可以是哈密顿描述或拉格朗日描述,也可以是直接用牛顿运动方程表示的描述。其实质是用运动方程来计算系统的性质,结果既可以得到系统的静态特性,也有动态特性。分子动力学方法计算一组分子的相空间轨迹,其中每个分子的运动使用运动方程描述,服从经典运动定律,可以借助计算机来求解。

对于一个系统中的一个微观粒子,其运动方程为

$$m \frac{\mathrm{d} r_i}{\mathrm{d} t} = p_i \tag{5-60}$$

$$\frac{\mathrm{d} p_i}{\mathrm{d} t} = \sum_{i<j} F(ij) \tag{5-61}$$

m 为粒子质量,p_i 为第 i 粒子动量,r_i 为第 i 粒子的位置,F_{ij} 为第 j 粒子对第 i 粒子作用,t 为时间。上式为微分方程,不能使用计算机求解,必须使用离散化方法(泰勒变换)使之转化为数值加法的形式,因此式(5-60),式(5-61)经过处理可以得到离散的形式:

$$\frac{\mathrm{d}^2 r_i}{\mathrm{d} t^2} = \frac{1}{h^2}[r_i(t+h) - 2r_i(t) + r_i(t-h)] = \frac{1}{m} F_i(t) \tag{5-62}$$

h 为时间间隔,$F_i(t)$ 为 t 时刻第 i 粒子受力大小;式(5-62)表明 $t+h$ 时刻的位置,可以由 $t-h$ 和 t 时刻位置及粒子受力情况推导求出。式(5-62)经过改写可以得出式(5-63)和式(5-64)两式,式中 v_i^n 为第 i 粒子,第 n 步的速率:

$$r_i^{n+1} = 2r_i^n - r_i^{n-1} + \frac{1}{m} h^2 F_i^n \tag{5-63}$$

$$v_i^n = (r_i^{n+1} - r_i^{n-1})/2h \tag{5-64}$$

如上,使用分子动力学模拟方法,对于可观测量的测量会被表述成为体系中粒子的位置与动量的函数,最终将使用牛顿运动方程描述的系统中粒子的运动转变为由一系列时间间隔为 h 的步骤组成的离散数值解。利用式(5-63)和式(5-64),再指定一定的初始条件,选定一定的势能函数,如对势、泛函数、组合势能等,就可以计算出系统中 N 个粒子在时间 t 之后的位置和动量,可以求解出可观察量的平均值。

分子动力学模拟方法往往用于研究大块物质的性质,而实际计算模拟不可能在几乎是无穷大的系统中进行。为了将有限体积内的模拟扩展到真实大系统,通常采用周期性边界条件,构造出一个准无穷大的体积来更精确地代表宏观系统。周期性边界条件的表示形式为

$$A(x) = A(x + nl) \tag{5-65}$$

其中 A 为任意可观测量,n 为任意整数,l 为原胞长度。这个边界条件就是使基本分子动力学原胞完全等同地重复无穷多次。

分子动力学模拟的条件还需知道原子间的相互作用势。原子间相互作用势的选择直接影响着模拟结果的准确性。假定沉积的气相球状原子或分子是随机到达基体表面的,然后它们或者粘附在它们到达基体表面的位置上(迁移率为零),或者移动到由三个原子支持的最小能量位置上(对应于非常有限的迁移率)。对于研究二维生长情况,沉积原子不是三点支持的球状原子,而是二点支持的圆。对于零迁移率的假设,可模拟出松散聚集

的链状结构薄膜,这种链状的分枝和合并则是随机的。对于有限迁移率假设,可模拟出直径为几个分子尺度的从基体向外生长的树枝状结构。这种结构与实际的柱状结构有许多类似之处。用分子动力学模拟不仅可模拟一般的薄膜生长过程,还可模拟薄膜掺杂或离子辅助增强沉积过程。

目前已经使用分子动力学来研究薄膜生长中的众多问题,如研究团簇在薄膜上的沉积、浸润、外延薄膜由于晶格失配而引起的位错、堆垛层错以及临界层厚度、能量沉积粒子对薄膜生长模式的影响、粒子束辅助沉积中能量粒子对薄膜结构的影响、从液态离子型氧化物生长出薄膜等。

利用分子动力学模拟计算了以 CH_3 为沉积源基团,含氢类金刚石(DLC)薄膜的生长过程,通过沉积原子数统计分析、密度分析和杂化分析,考察了含氢 DLC 膜的结构特性。假设 250 个 CH_3 基团依次与金刚石(100)表面进行碰撞沉积 DLC 膜,计算步长设定为 0.5fs,采用正则系统,温度控制在 293K,选用 Berendsen 热浴,每个 CH_3 基团冲击金刚石基底的时间间隔取为 3ps。采用三阶精度的预测—校正法求解运动方程,周期边界条件施加在 $\pm x$ 和 $\pm y$ 方向上。金刚石基底共 1024 个原子,尺寸为 14.24Å×14.24Å×27.59Å,由 32 层碳原子构成,最底下两层固定,以模拟厚基体,最上面 3 层原子不受温度控制限制,仅受势函数作用,中间 27 层原子则与热浴耦合,使基体温度在所控制范围内涨落。

图 5-15 是不同入射能条件下生长的含氢 DLC 膜的结构。从图 5-12(a)可以清楚地观察到在 1eV 入射能下,由于能量太低,注入与浅注入行为均没有发生,只是由于化学吸附作用在基体表面形成了一层薄层的含氢 DLC 膜。

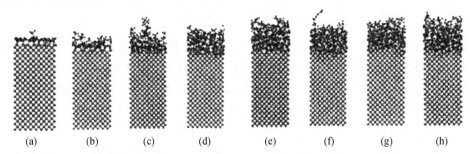

图 5-15 不同入射能下以 CH_3 为沉积源基团生长出的含氢 DLC 膜的结构特性
(a)~(h)分别对应入射能为 1eV、10eV、20eV、35eV、50eV、65eV、80eV 和 100eV
时膜的结构图;灰色原子表示碳原子,黑色小原子表示氢原子;基底为金刚石(100)面。

图 5-16 反映了含氢 DLC 薄膜结构的变化,在 50eV 处薄膜密度增长趋于平缓,此时氢含量达到 56.1%,说明在 50eV 入射能附近(35eV~65eV)存在最优沉积参数值,此时总沉积原子数达到最大值,薄膜平均密度值接近饱和值,氢含量也较高(47.7%~61.5%),正是生长出含氢 DLC 薄膜结构所必需的条件。

图 5-17 是 50eV 入射能下分别以环形 $C_3H(c-C_3H)$ 和线形 $C_3H(l-C_3H)$ 为沉积源基团生长含氢 DLC 膜的最终分子构型图。由于碳原子反应性强于氢原子,故随着源基团内碳含量的增加,含氢 DLC 膜越致密均匀。但是,由于含氢 DLC 薄膜中必须要有大量的氢存在,氢的含量越高,超低摩擦特性越明显。

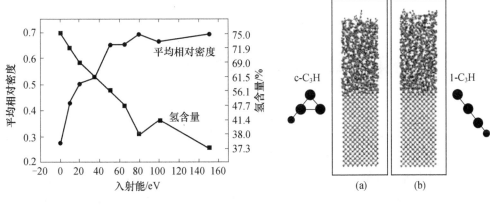

图 5-16 含氢 DLC 膜中平均
相对密度和氢含量随入射能的变化关系

图 5-17 以 c-C_3H(a) 和 l-C_3H(b) 为沉积
源基团时生长含氢 DLC 膜的最终分子构型图

习题与思考题

1. 一种原子模型在凝固时固液界面速率满足：$v=a_0^2 v \exp\left(-\dfrac{E_D}{RTa_0}\dfrac{2\Delta G}{RT}\right)$ 计算 Si 的 v 值；假定原子在液体态的扩散率为 $10^{-4} \mathrm{cm}^2/\mathrm{s}$，$v=10^{13}\mathrm{s}^{-1}$，$a_0=2.7\text{Å}$，并且 Si 原子在液态和固态的自由能之差等于熔化潜热。试求出界面速率。

2. 分析用激光工艺在下列 2000Å 薄膜材料复合基体上表面合金化的可能性：Zn—Mo，Mo—W，Fe—Ni，Ta—Cd。

3. 一束 50ns，37.5mW/μm^2 Kr 离子激光脉冲射入 TeGe，TeGe 的 $R=0.65$，$\rho=6.2$ g/cm^3，$\kappa=0.015$cal/cm·s℃，$c=0.08$cal/g.℃，且 $2\sqrt{K_d\tau_P}>\alpha^{-1}$
   (1) 画出升温和冷却过程表面温度以时间为自变量的函数；
   (2) 能达到的最大表面温度是多少？
   (3) 表面的最大淬火速率是多少？

4. 一无定形 Si 薄膜在一平面单晶 Si 片上退火。简略画出下列两种情况的草图并区分生成物的晶粒结构：
   (1) 随机成核生长；
   (2) 用固态结晶工艺固相外延生长。

5. 钢表面分布 Cr 的耐腐蚀性是与厚度有关的常数。连续重叠注入离子可以获得这种效果。考虑下列三种注入，Cr 离子的能量分别为 50keV，100keV 和 200keV。如果峰值浓度都一直保持在 20%Cr（即不锈钢的组成）。配料的比例分别是多少？简略画出生成物的交叠分布的剖面图。

6. 如果原子的扩散时间为 t，退火的薄膜原子的结果满足如下的扩散方程：
$$C(z,t)=\dfrac{\Phi}{\sqrt{2\pi(\Delta R_p^2+2Dt)}}\exp\left[-\dfrac{1}{2}\left(\dfrac{z-R_p}{(\Delta R_p^2+2Dt)^{1/2}}\right)^2\right]$$
说明 $2Dt$ 项和 (ΔR_p^2+2Dt) 项的物理意义。

第六章 现代薄膜分析方法

6.1 概　述

针对不同的研究对象,常常需要采用不同的研究手段,对于薄膜材料的结构或成分分析的研究也如此。对于早期的光学涂层薄膜材料,人们对其研究主要涉及薄膜的厚度、均匀性以及它的光学性能。在电子技术发展以后,人们对薄膜的研究相应地扩展到了薄膜的各种结构特征、成分分布、界面性质以及光学性质。目前,随着薄膜材料运用的多样化,其研究手段和对象也越来越广泛。特别是在对各种微观物理现象利用的基础上,发展出了一系列新的薄膜结构和成分的分析手段,这为薄膜材料的深入研究提供了现实的可能性。表6-1按使用的粒子种类列出了一些现代薄膜研究方法及其涉及到的物理过程与能量范围。

表6-1　薄膜技术中使用的一些物理分析手段

入射粒子	粒子能量/keV	产生的粒子种类	分析手段名称	英文缩写	分析目的
电子	0.02~0.2	电子	低能电子衍射	LEED	表面结构
	5~100	电子	反射式高能电子衍射	RHEED	表面结构
	0.3~30	电子	扫描电子显微术	SEM	表面形貌
	1~30	X射线	X射线电子能谱	EDX	表面成分
	0.5~10	电子	俄歇电子能谱	AES	表面成分
	100~400	电子	透射电子显微术	TEM	结构分析
	100~400	电子	扫描式透射电镜	STEM	结构和成分
	100~400	电子	电子能量损失谱	EELS	区域成分
离子	0.5~2.0	离子	离子散射谱	ISS	表面成分
	1~15	离子	二次离子质谱	SIMS	微量元素深度
	>1	X射线	离子诱发X光发射谱	PIXE	微量元素
	5~20	电子	扫描离子显微术	SIM	表面结构
	>1000	离子	卢瑟福背散射	RBS	成分深度剖面
光子	>1	X射线	X射线荧光分析	XRF	成分
	>1	X射	X射线衍射	XRD	晶体结构
	>1	电子	X射线光电子能谱	XPS	表面成分
	激光	离子	激光探针	—	选区成分
	激光	光子	激光诱发光发射探针	LEM	微量元素分析

6.2 X射线衍射法

6.2.1 X射线衍射原理

X射线是波长在100Å~0.01Å之间的一种电磁辐射，常用的X射线波长约在2.5Å~0.5Å之间，与晶体中的原子间距(~3Å)数量级相同。因此可以把晶体作为X射线的天然衍射光栅，这就使得用X射线衍射进行晶体结构分析成为可能。

X射线衍射法(XRD)中随分析样品的不同又分为劳埃法(适合单晶)、旋转晶体法(粉末材料和薄膜)以及粉末法(粉体材料)。旋转晶体法适合于分析薄膜样品，其工作原理如图6-1所示。图6-1中的X射线束是专用的X射线管中发射的具有一定波长的特征X射线。常用的几种特征X射线是Al的K_α射线(8.34Å)、Cu的K_α射线(1.542Å)、Cr的K_α射线(2.29Å)、Fe的K_α射线(1.94Å)。当X射线沿某方向入射某一晶体的时候，晶体中每个原子的核外电子产生的相干波彼此发生干涉，当每两个相邻波源在某一方向的光程差(Δ)等于波长λ的整数倍时，它们的波峰与波峰将互相叠加而得到最大限度的加强。这种波的加强叫做衍射，相应的方向叫做衍射方向，在衍射方向前进的波叫做衍射波。Δ=0的衍射叫零级衍射，Δ=λ的衍射叫一级衍射，Δ=nλ的衍射叫n级衍射。n不同，衍射方向也不同。

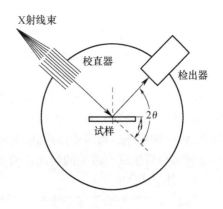

图6-1 旋转晶体法X射线衍射仪原理图

在晶体的点阵结构中，具有周期性排列的原子或电子散射的次生X射线间相互干涉的结果，决定了X射线在晶体中衍射的方向。通过对衍射方向的测定，可以得到晶体的点阵结构、晶胞大小和形状等信息。

伦琴发现X射线之后，1912年德国物理学家劳厄首先根据X射线的波长和晶体空间点阵的量级，理论预见到X射线与晶体相遇后会产生衍射现象，并且成功地验证了这一预见，推出了著名的劳厄定律：

$$\begin{cases} a(\cos\alpha - \cos\alpha_0) = h\lambda \\ b(\cos\beta - \cos\beta_0) = k\lambda \\ c(\cos\gamma - \cos\beta_0) = l\lambda \end{cases} \quad (6-1)$$

式(6-1)中，a、b、c为晶格常数，α、β、γ为晶轴间夹角；h、k、$l = 0, \pm 1, \pm 2$等。

此后不久，布喇格父子在劳厄试验的基础上，导出了著名的布喇格定律：

$$2d \cdot \sin\theta = n \cdot \lambda \quad (6-2)$$

式(6-2)中，θ称为布喇格角或半衍射角，d为晶面间距；n为衍射级次；λ为X射线波长。这一定律表明了X射线在晶体中产生衍射的条件。

6.2.2 X射线衍射的应用

X射线衍射技术发展到今天,已经成为最基本、最重要的一种材料结构分析技术,其应用主要有以下几个方面:

1. 定性分析物相

不同的多晶体物质的结构和组成元素各不相同,它们的衍射花样在线条数目、角度位置、强度上也各不相同。一种特定的物相具有自己独特的一组衍射线(即衍射谱),反之不同的衍射谱代表着不同的物相。若多种物相混合成一个试样,则其衍射谱就是其中各个物相衍射谱叠加而成的复合衍射谱。通过测定试样的XRD图谱,并对其进行分析,可以确定试样由哪几种物质构成。

2. 定量分析物相

利用X射线衍射技术,可以准确测定混合物中各相的衍射强度,从而求出多相物质中各相的含量。其理论基础是物质参与衍射的体积或者重量与其所产生的衍射强度成正比。因而,可通过衍射强度的大小求出混合物中某相参与衍射的体积分数或者重量分数,从而确定混合物中某相的含量。X射线衍射物相定量分析方法有:内标法、外标法、绝热法、增量法、无标样法、基体冲洗法和全谱拟合法等。但是有些方法需要有纯的物质作为标样,而有时候纯的物质难以得到,从而使得定量分析难以进行。从这个意义上说,无标样定量相分析法具有较大的使用价值和推广价值。

3. 测定结晶度

结晶度定义为结晶部分重量与总的试样重量之比的百分数。测定结晶度的方法很多,但不论哪种方法都是根据结晶相的衍射图谱面积与非晶相图谱面积决定。

4. 测定宏观应力

按照布喇格定律可知,在一定波长辐射发生衍射的条件下,晶面间距的变化导致衍射角的变化。测定衍射角的变化即可算出宏观应变,因而可进一步计算得到应力大小。但是,X射线衍射测定应力的原理是以测量衍射线位移作为原始数据,所测得的结果实际上是应变,而应力则是通过虎克定律由应变计算得到。借助X射线衍射方法来测定试样中宏观应力具有以下优点:(1)不用破坏试样即可测量;(2)可以测量试样上小面积和极薄层内的宏观应力,如果与剥层方法相结合,还可测量宏观应力在不同深度上的梯度变化;(3)测量结果可靠性高。

5. 测定晶粒大小

用X射线衍射法测量晶粒尺寸是基于衍射线剖面宽度随晶粒尺寸减小而增宽这一实验现象,这就是1918年谢乐(Scherrer)首先提出的晶粒平均尺寸(D)与衍射线实际宽度之间满足关系:

$$D = \frac{K \cdot \lambda}{B \cdot \cos\theta} \quad (6-3)$$

式(6-3)也称为谢乐公式,其中D为晶粒的平均尺寸;K为接近1的常数;λ为特征X射线衍射波长;B为衍射线剖面的半高宽即半峰宽;θ为布喇格角。

6. 确定晶体点阵参数

点阵参数是晶态材料的重要物理参数之一,精确测定点阵参数有助于研究该物质的键合能和键强、计算理论密度、各向异性热膨胀系数和压缩系数、固溶体的组分和固溶度、宏观残余应力大小,确定相溶解度曲线和相图的相界、研究相变过程、分析材料点阵参数与各种物理性能的关系等。X 射线衍射法测定点阵参数是利用精确测得的晶体衍射线峰位 2θ 角数据,然后根据在不同晶体结构中布拉格定律和点阵参数与晶面间距 d 值之间的关系计算得到点阵参数的值。

7. 测定薄膜厚度

厚度是薄膜的基本参数之一。由于厚度会产生三种效应:衍射强度随厚度而变,膜越薄散射体积越小;散射将显示干涉条纹,条纹的周期与层厚度有关;衍射线随着膜厚度降低而宽化。因此可从衍射强度、线形分析和干涉条纹来测定薄膜的厚度。用 X 射线仪测量单层膜的小角 X 衍射线后用公式:

$$d = \frac{\lambda}{2\Delta\theta} \tag{6-4}$$

便可以计算单层膜的厚度。在式(6-4)中,d 表示膜厚,λ 表示 X 射线的波长,θ 表示掠射角。由两种材料交替沉积形成的纳米多层膜具有成分周期性变化的调制结构,入射 X 射线满足布拉格条件时就可能像晶体材料一样发生相干衍射。由于纳米多层膜的成分调制周期远大于晶体材料的晶面间距,其衍射峰产生于小角度区间。因此小角度 X 射线衍射被广泛用来测量纳米多层膜的周期数。X 射线掠入射衍射(grazing incident diffraction, GID)或散射方法的最大优点在于对表面和界面内原子位移十分敏感,可以通过调节 X 射线的掠入射角来调整 X 射线的穿透深度,从而用来研究表面或表层不同深度处的结构分布,如表面单原子的吸附层、表面粗糙度、密度、膜层次序、表面下约 1000Å 深度的界面结构以及表面非晶层的结构等。

因为特征 X 射线不能用电磁透镜聚焦,它的束斑尺寸较大,另外 X 射线分析样品时它受原子外壳层电子的散射较弱,所以有很强的穿透能力,利用这种方法分析薄膜时适合分析晶粒尺寸较大和膜层较厚的薄膜。

6.3 扫描电子显微镜

6.3.1 扫描电子显微镜的工作原理

扫描电子显微镜(SEM)的原理是利用电子枪采用真空加热钨灯丝,发生热电子束,在 0.5kV～30kV 的加速电压下,经过电磁透镜所组成的电子光学系统,电子束会聚极细电子束,并在样品表面聚焦。末级透镜上边装有扫描线圈,控制电子束从样品的左上方扫描到右下方结束得到一幅图像。工作原理如图 6-2 所示。从电子枪到样品的部分称为电子光学系统或镜筒;与它相连接的真空系统图中未画出;由操测器、放大器及示波器等构成检测显示系统;第四部分是电源和操作控制系统。从图 6-2(b)可以看出,入射电子束与样品表面相互作用可产生许多种信息。其中经常用于薄膜分析的是背散射电子、二次电子和特征 X 射线。前两种信息可用来观测表面形貌,特别是二次电子因它来自样品本身而且动能较小,最能反映样品表面层形貌信息,一般都用它观测样品形貌。特征 X 射线可供分析样品的化学组分,如表 6-2 所列。

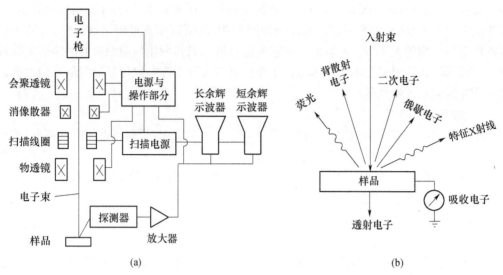

图 6-2 扫描电子显微镜工作原理
(a) 仪器结构；(b) 入射电子束与样品作用产生的信息。

表 6-2 主要信号及其功能

收集信号类别	功能
二次电子	形貌观察
背散射电子	成分分析 晶体学研究
特征 X 射线	成分分析
俄歇电子	成分分析

扫描电镜的设计思想早在 1935 年便已提出，1942 年在实验室制成第一台扫描电镜。1965 年在英国诞生了第一台实用化的商品仪器。此后，荷兰、美国、德国、日本、中国也相继研制出各种型号的扫描电镜。20 世纪 80 年代末，扫描电镜的二次电子像分辨力均已达到 4.5nm。为提高分辨力，主要采取了：(1) 降低透镜球像差系数，以获得小束斑；(2) 增强照明源即提高电子枪亮度（如采用 LaB_6 或场发射电子枪）；(3) 提高真空度和检测系统的接收效率；(4) 尽可能减小外界振动干扰等措施。目前，采用钨灯丝电子枪扫描电镜的分辨力最高可以达到 3.5nm；采用场发射电子枪扫描电镜的分辨力可达 1 nm。到 20 世纪 90 年代中期，SEM 实现了计算机控制和信息处理。通常，SEM 还配有能谱仪（即 X 射线能量色散谱仪，简称 EDS）用于材料的成分分析；电子背散射衍射（EBSD）用于单晶体的物相分析；波谱仪（即 X 射线波长色散谱仪，简称 WDS）用于材料的成分分析等附件。

目前，最先进的采用超导材料生产的 EDS，分辨力达到了 5eV～15eV。能谱仪主要是用来分析材料表面微区的成分，分析方式有定点定性分析、定点定量分析、元素的线分布、元素的面分布。例如夹杂物的成分分析、两个相中元素的扩散深度、多相颗粒元素的分布情况。其特点是分析速度快，作为扫描电镜的辅助工具可在不影响图像分辨力的前提下进行成分分析。分析元素范围为 B5～U92。可测质量分数 0.01% 以上的重元素，对 0.5% 以上的元素有比较准确的结果，主元素的测量相对误差在 5 % 左右。对 B、C、N、O 这些超轻元素则跟波谱仪一样，检测灵敏度较低，难以得到好的定量结果。目前采用超薄窗口甚至是无窗口的探测器,对 B、C、N、O 检测的灵敏度有较大的提高。

EBSD 主要可做单晶体的物相分析,同时提供花样质量、置信水平指数、彩色晶粒图,可做单晶体的空间位向测定、两个单晶体之间夹角的测定、可做特选取向图、共格晶界图、特殊晶界图,同时提供不同晶界类型的绝对数量和相对比例,即多晶粒夹角的统计分析、晶粒取向的统计分析以及它们的彩色图和直方统计图,还可做晶粒尺寸分布图,将多个单晶的空间取向投影到极图或反极图上可做二维织构分析,也可做三维织构即 ODF 分析等。但是 EBSD 会因测试条件而受到各种限制。只有在所测单晶体完整并且没有应力的情况下才会产生背散射衍射花样,试样必须平整并且始终要保持与入射电子 70°的空间位向关系,这样才能保证衍射锥面向接收的探测器。否则,探测器接收不到衍射的信号。

与能谱仪相比较,波谱仪的检测灵敏度更高,在理想工作条件下能达到 100×10^{-6} 的检测能力。但波谱仪对分析条件要求苛刻,如电子束流要大于 $0.1\mu A$、样品要求非常平整并且只能水平放置、准确的成分定量分析还需要相关的标准样品并在相同工作条件下作对比分析、对主机的稳定度也要求极高等。

6.3.2 扫描电子显微镜的应用

扫描电子显微镜的主要优点是:分辨本领高,可达 50Å;景深大,可达 7.5μm,因此用它观察表面时有较强的立体感;放大倍数从几十倍到几万倍连续可调;与 X 射线色谱仪或 X 射线能谱仪相配合,可在分析形貌的同时,进行点、线、面成分分布分析;可进行加热、冷却、断裂、拉伸、加电压等动态分析;制样简单,有分自由度的样品架,可对样品不同部位进行分析。

在扫描电子显微镜中,利用样品发射的特征 X 射线色谱仪或 X 射线能谱仪可进行化学成分分析,其工作原理如图 6-3 所示。用特征 X 射线分析化学成分的理论基础是反映特征 X 射线波长 λ 与原子序数 Z 有直接关系的莫塞莱定律。

$$\sqrt{\frac{c}{\lambda}} = K(Z-\sigma) \tag{6-5}$$

式中:c 是光速,K 和 σ 是常数。

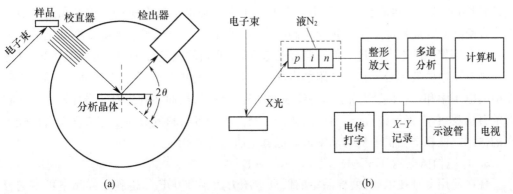

图 6-3 扫描电子显微镜成分分析工作原理
(a) X 射线色谱法原理;(b) X 射线能谱法原理。

由上式可知,只需测量出特征 X 射线的波长 λ 就可求得原子序数 Z,从而测定其化学成分。

在用 X 射线色谱法测量特征 X 射线波长 λ 时仍利用布喇格方程 $2d\sin\theta = n\cdot\lambda$。在

图 6-3(a)中可以看出,分光晶体的 d 值是已知的,θ 角可通过刻度表盘进行测量,于是可求出特征 X 射线波长 λ。检出器将接收的不同波长的特征 X 射线信息转换为电脉冲输给显示记录系统,从而得到样品组分信息。

因为特征 X 射线不但具有光波特性还具有光子能量特性,所以利用光子能量 E 和波长 λ 的依从关系 $E=h \cdot c/\lambda$,以特征 X 射线光子能量为依据,再利用莫塞莱定律确定原子序数 Z 得到样品组分信息称为 X 射线能谱分析技术。在图 6-2(b)中的 pin 二极管是一个计数器,它输出的脉冲高度正比于入射 X 射线光子能量。当这些不同高度的脉冲经过多道脉冲高度分析器分析鉴别后,代表样品中各组分元素的特征 X 射线能量就依次展开,从而得到各组分含量。因为样品中同一元素受激发的概率是相等的,所以含量多的元素输出光子数目也多。记录下相同高度脉冲的数目也就获得这种元素在样品中的含量。与 X 射线色谱技术相比,它更具有分析速度快、灵敏度高、稳定性好和一次能分析全谱的特点。

6.3.3 新型扫描电子显微镜

为了分析导电性不好的材料,发展了低真空和低电压 SEM,随后又出现了模拟环境工作方式的扫描电镜,即环境扫描电镜。

1. 低电压扫描电镜

在扫描电镜中,低电压是指电子束流加速电压在 1 kV 左右。此时,对未经导电处理的非导体试样其充电效应可以减小,电子对试样的辐照损伤小且二次电子的信息产额高,成像信息对表面状态更加敏感,边缘效应更加显著,能够适应半导体和非导体分析工作的需要。但随着加速电压的降低,物镜的球像差效应增加,使得图像的分辨力不能达到很高,这就是低电压工作模式的局限性。

2. 低真空扫描电镜

低真空为是为了解决不导电试样分析的另一种工作模式。其关键技术是采用了一级压差光栏,实现了两级真空。发射电子束的电子室和使电子束聚焦的镜筒必须置于清洁的高真空状态。而样品室不一定要太高的真空,可用另一个机械泵来实现样品室的低真空状态。当聚焦的电子束进入低真空样品室后,与残余的空气分子碰撞并将其电离,这些离化带有正电的气体分子在一个附加电场的作用下向充电的样品表面运动,与样品表面充电的电子中和,这样就消除了非导体表面的充电现象,从而实现了对非导体样品自然状态的直接观察,在半导体、冶金、化工、矿产、陶瓷、生物等材料的分析工作方面有着比较突出的作用。低真空扫描电镜样品室最高低真空压力为 400Pa。

3. 环境扫描电镜(ESEM)

现在使用专利技术,可使样品室的低真空压力达到 2600Pa,也就是样品室可容纳分子更多。在这种状态下,可配置水瓶向样品室输送水蒸气或输送混合气体,若跟高温或低温样品台联合使用则可模拟样品的周围环境,结合扫描电镜观察,可得到环境条件下试样的变化情况。使用时可以在高真空、低真空和环境三个模式中任意选择,并且在 3 种情况下都配有二次电子探测器,都能达到 3.5nm 的二次电子图像分辨力。

ESEM 的特点是:(1)非导电材料不需喷镀导电膜,可直接观察,分析简便迅速,不破坏原始形貌;(2)可保证样品在100%湿度下观察,即可进行含油含水样品的观察,能够观察液体在样品表面的蒸发和凝结以及化学腐蚀行为;(3)可进行样品热模拟及力学模拟的动态变化实验研究,也可以研究微注入液体与样品的相互作用等。

环境扫描电镜技术拓展了电子显微学的研究领域,是扫描电子显微镜领域的一次重大技术革命,是研究材料热模拟、力学模拟、氧化腐蚀等过程的有力工具。

利用SEM,可以对薄膜的组织形貌、表面形貌、微区化学成分分析、显微组织及超微尺寸等进行分析和研究。

6.4 透射电子显微镜

6.4.1 透射电子显微镜的工作原理

1931年6月4日Knoll和Ruska首次报道研制成功第一台透射电子显微镜(TEM),几年后德国、英国和加拿大等国开始研制透射电镜。20世纪70年代具有高分辨力的透射电镜出现后,它的分辨水平日臻细微,功能更趋多样,已成为现代薄膜材料分析中不可或缺的研究晶体结构和化学组成的综合仪器。

透射电子显微镜(TEM)是一种现代综合性大型分析仪器,在现代科学、技术的研究、开发工作中被广泛地使用。TEM的特点在于是利用透过样品的电子束来成像,这一点有别于扫描电子显微镜。

图6-4是现代TEM的结构示意图和成像及衍射工作模式的光路图。可以看出TEM的镜筒(Column)主要由三部分所构成:(1)光源即电子枪;(2)透镜组,主要包括聚光镜、物镜、中间镜和投影镜;(3)观察室及照相机(相机在观察室之下,图中未画出)。

电子枪的作用在于产生足够的电子,形成一定亮度以上的束斑,从而满足观察的需要。透射电子显微镜的电子枪主要有三种类型:(1)钨丝枪;(2)六硼化镧(LaB_6)枪;(3)场发射枪。

由于钨灯丝的寿命极短,连续使用时只有数十小时;而且钨灯丝发出的电子束的单色性很差,亮度也很低。因此,近一二十年来的TEM中已经基本不再使用钨灯丝了。LaB_6灯丝的寿命大大长于钨灯丝,可达半年以上,甚至可以使用数年。LaB_6灯丝的单色性和亮度也都大大地优于钨灯丝,是现在TEM中最为常用的灯丝。近几年来,场发射枪TEM有了逐步普及的趋势。场发射枪的灯丝寿命更可长达一至两年之久,其单色性及亮度均非钨灯丝或LaB_6灯丝所可比拟,因此是一种极好的电子光源。但是场发射枪TEM的价格昂贵。

透镜组的作用在于将电子束会聚到样品上,然后将从样品上透射出来的电子束进行多次放大、成像。现代TEM基本上都是使用磁透镜,只要适当调整磁场强度,就可以得到不同的工作模式。现在TEM最常见的工作模式有两种,即成像模式和衍射模式。在成像模式下,可以得到样品的形貌、结构等信息;而在衍射模式下,可以对样品进行物相分析。目前新一代TEM还都备有一些新的工作模式,如会聚束电子衍射模式和微区电子衍射模式。

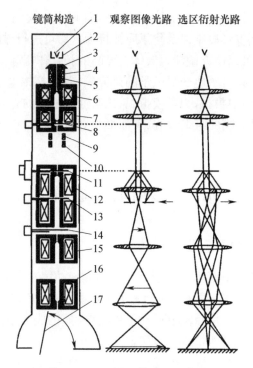

图 6-4 TEM 工作原理示意图

1—灯丝；2—栅极；3—阳极；4—枪倾斜；5—枪平移；6——级聚光镜；7—二级聚光镜；
8—聚光镜光阑；9—光倾斜；10—光平移；11—试样台；12—物镜；13—物镜光阑；
14—选区光阑；15—中间镜；16—投影镜；17—荧光屏。

6.4.2 TEM 的应用

TEM 在材料科学研究中主要用途：

（1）利用质厚衬度（又称吸收衬度）像，对样品进行一般形貌观察；

（2）利用电子衍射、微区电子衍射、会聚束电子衍射物等技术对样品进行物相分析，从而确定材料的物相、晶系，甚至空间群；

（3）利用高分辨电子显微术可以直接"看"到晶体中原子或原子团在特定方向上的结构投影这一特点，确定晶体结构；

（4）利用衍衬像和高分辨电子显微像技术，观察晶体中存在的结构缺陷，确定缺陷的种类、估算缺陷密度；

（5）利用 TEM 所附加的能量色散 X 射线谱仪或电子能量损失谱仪对样品的微区化学成分进行分析；

（6）利用带有扫描附件和能量色散 X 射线谱仪的 TEM，或者利用带有图像过滤器的 TEM，对样品中的元素分布进行分析，确定样品中是否有成分偏析。

6.4.3 TEM 的发展

为获得原子间成键信息，要求 TEM 的能量分辨力达 $0.1eV \sim 0.2eV$，为获得缺陷的原子结构细节，要求 TEM 具有"亚埃"的点分辨力。若要在中等电压的 TEM 中获得"亚埃"和"亚电子伏特"的分辨力,则需要发展配有准单色的电子源、电子束斑尺寸小于 0.2nm 的聚光镜系统、物镜球差校正器、无像差投影镜和能量过滤成像系统等部件的新一代透射电子显微镜。

1. 场发射枪透射电子显微镜

与 W 或 LaB_6 灯丝热电子发射透射电镜相比,场发射电子枪 TEM 具有纳米电子束斑亮度高、束流大、出射电子能量分散小和相干性好等优点,可显著提高电镜的信息分辨力,特别适合于纳米尺度综合分析,如亚纳米尺度成分分析、精确测定原子位置、结构因子和电荷密度等。目前代表性的产品有 FEI 公司的 Tecnai G2 F30、Tecnai G2 F20 和 JEOL 公司的 JEM22100F、JEM23000F、JEM22200FS、JEM23200FS 及 LEO 公司的 SATEM 等。

2. 慢扫描电荷耦合器件

TEM 中通常用照相底板记录电子显微像,具有探测效率较好(DQE = 016)和视场大等优点(像素点尺寸为 $10\mu m \sim 30\mu m$,像素点数为 5000×5000 以上),但也有非线性度大、动态范围小(最大约为 200∶1),不能联机处理和暗室操作不方便等缺点。慢扫描电荷耦合器件(SSCCD)可把显微像的信息转换成数值信号,将信号强度增大几百倍后,把线性放大 20 余倍的显微像直接显示在监视器屏幕或存储在硬盘或光盘中。它的灵敏度、线性度、动态范围(64000∶1)、探测效率(接近 1)和灰度等级明显优于照相底板,而分辨力与照相底板相当。因此,用 SSCCD 可以代替电镜底片,完成优质图像和衍射花样的数值采集和分析、联机图像处理、三维重构、自动调谐(如聚焦、消像散、合轴等)和图像归档等功能,也可以在原子尺度上记录结构演变的动态过程,如单个原子、原子团、晶界或位错等缺陷的迁移,表面扩散、相转变、表面与界面反应和结构及小颗粒的形状和取向的变化等。目前美国的 Gatan 公司和德国 TVIPS 公司生产的商业化的、用于 TEM 的 SSCCD 已经达到像素点数 4096×4096、视场尺寸 $2817mm \times 2817mm$、数据读写速度 8MHz,已经可以实时观察图像。

3. 球差校正器

由于电镜中不可避免地存在球差和色差,因此电子显微镜的分辨力受球差系数的影响,即透射电子显微镜的点分辨力 $d_{Sch} = 0.65 C_S^{1/4} \lambda^{3/4}$,其中 C_S 和 λ 分别为物镜的球差系数和电子波的波长。随着物镜极靴的改进,20 世纪 80 年代末期 C_S 已可减小至 0.5mm,接近极限值。但是直到 1997 年 Haider 等人才首次开发出可用于 TEM 的由两个六极电磁透镜(校正器)和两个传递双透镜组(由并排的两个透镜组成)构成的新型球差校正器。1997 年,美国 Nion 公司 Krivanek 等人又开发出用于 100kV STEM 的由四极-八极电磁透镜组成的球差校正器,这是为 STEM 的暗场像及纳米尺度分析、产生束斑尺寸小且很强的电子束而专门设计的。2001 年 Krivanek 等人又开发了由 4 个四极和 3 个八极电磁透镜组成的第二代球差校正器。该校正器配置在 HB501 STEM 后,可把球差校正至 − 0.026mm,5 级球差的影响调整至最佳状态,在 100kV 采集的 Z 衬度像的分辨力达到 0.123nm,而 C_S 值从 1.3mm 仅增加至 1.5mm。此外,校正球差后显著提高了束斑尺寸为 0.13nm 的 100kV STEM 的束流;也可把 120kV STEM 的电子束斑尺寸从原来的 0.19nm 减小至 0.074nm。

虽然第二代球差校正器配置在 VG STEM 后,但仍然有需要改进的空间。具有 30

多年历史的 VG STEM 的镜筒已经不适合于新一代球差校正器的发展。新的镜筒应包含 3 个聚光镜、球差校正器、校正器与物镜之间的 2 个双透镜系统、1 个聚光镜-物镜主透镜以及为探测器和 EELS 配置的其他透镜。如果全新设计的镜筒系统上配置这种第 3 代球差校正器时,不仅可以使球差校正操作达到最佳状态,而且还可以消除 5 级球差,并把形成电子探针的整个系统的色差控制在 1.2mm,探针尺寸小于 0.05nm。

4. 单色器

为提高电子能量损失谱(EELS)的能量分辨力、减小电子枪发射电子的能量分散,需要在场发射枪之后安装 Wien 过滤器型单色器。在过去 40 多年来,人们提出了多种类型的单色器,如减速 Wien 过滤器、静电 Ω 过滤器和边缘场 Wien 过滤器,其基本原理都是用能量分散单元把具有不同能量的电子分散之后,再用能量选择狭缝排除能量分散度较大的电子。应用于 TEM 的未来的新电子源(基于纳米管的场发射枪)在不使用单色器的情况下,在超高真空下可提供 $\Delta E \sim 0.1 \text{eV}$、高亮度、束流变化不大的电子束。如果同时配置球差校正器和单色器,可以提高分辨力对于像的直接解释有许多优点。但由于电子束流的减小、与样品发生交互作用且对于 HREM 成像做贡献的电子数目明显减小、也导致信号强度和信噪比的降低,不利于定量高分辨电子显微学(QHREM)的精度。因此在定量电子显微学研究中,选择最佳的能量分散很有必要。此外,使用单色器后可以减小色差,但显著降低电子束斑的亮度,因此单色器中能量过滤器狭缝最佳宽度的选择十分重要。

5. 具有高能量分辨力的新一代能量过滤成像系统

在 TEM 中高能电子穿过样品时发生弹性散射和非弹性散射。通常弹性散射电子用于成像或衍射花样,而非弹性散射电子或被忽略或供电子能量损失谱仪进行分析。1986 年 Lanio 等人发展了安置在投影镜系统内的能量过滤器之后,20 世纪 90 年代初,美国 Gatan 公司又在原来的平行电子能量损失谱仪的基础上,发展了能量过滤成像系统。它可以安装在各类电镜的末端,而且成像质量可通过一系列多极透镜的调整得以改善。利用电子能量过滤成像系统,从 EELS 中,不但可以得到样品的化学成分、电子结构、化学成键等信息,还可以对 EELS 的各部位选择成像,不仅明显提高电子显微像与衍射图的衬度和分辨力,而且可提供样品中的元素分布图,其空间分辨率可达 1nm,优于在 STEM 上用 X 射线能量色散谱得到的元素分布图(空间分辨力为几个纳米)。在电子能量损失谱的近边精细结构(Energy Loss Near – Edge Structure,ELNES) 中包含固体中原子的环境及局域成键有关的信息,因为这些精细结构起源于被化学键合调制的最终激发态。因此 ELNES 是在纳米尺度研究物质电子结构的强有力的工具。目前的新一代能量过滤成像系统的能量分辨力已经可以达到 0.1eV,虽然尚不适合于振动谱和声子谱的分析,但对于半导体、纳米颗粒和纳米管等材料电子结构的研究具有重要意义。

6.5 俄歇电子能谱

6.5.1 俄歇电子能谱工作原理

俄歇电子能谱(Auger Electron Spectroscopy 简称 AES)是最主要的薄膜和表面分析

技术之一。它主要用于厚度＜2nm 的表面层内除氢、氦以外的所有元素的鉴定，具有获取信息速度快和高空间分辨能力的特点。

俄歇电子是法国科学家 Auger 在 1926 年发现的。28 年后，J. J. Lander 指出电子激发的俄歇电子可以用于检测表面杂质，但是要从噪声中检测出十分微弱的俄歇电子信号，当时技术上尚无法实现。1968 年，L. A. Harris 提出了相敏检测方法，大大改善了信噪比，使俄歇信号的检测成为可能。随着能量分析器的完善，使俄歇谱仪达到了可以实用的阶段。1970 年通过扫描细聚焦电子束，实现了表面组分的两维分布的分析（所得图像称俄歇图），出现了扫描俄歇微探针。1972 年，R. W. Palmberg 利用离子溅射，将表面逐层剥离，获得了元素的深度分析，实现了三维分析。俄歇电子能谱法是分析薄膜样品的先进分析技术之一，属于表面分析技术。其特点是：适合分析原子序数 Z 小于 13 的轻元素和超轻元素；入射电子束的束斑小，适合分析微区成分；与扫描电镜相配合可在分析样品形貌的同时再进行俄歇电子能谱分析；根据化学位移效应可鉴别元素的化学状态；与溅射离子枪相配合，可对样品一边进行溅射剥离一边进行元素分析，从而得到元素沿深度分布的信息；因俄歇电子动能较小，所获得的信息都来自距表面只有几纳米的表面近层区域。

图 6-5 是以 Si 为例来说明俄歇电子的产生过程和分析原理的示意图。当原子处于基态时，核外电子依次排列在有一定能量的能级 K、L、M 上。在入射电子的作用下，K 能级上的一个电子被激发电离留下空位，原子则处于不稳定的激发状态。要达到稳定状态，假定 L_1 层的一个电子跃迁到 K 层上填补该空位，这时它将释放出多余能量 $(E_K - E_{L_1})$。这部分能量可通过两种方式消耗，一种是发射特征 X 射线光子，另一种是将 L_{23} 层上的电子激发电离，这个电子就是俄歇电子。若俄歇电子的动能为 E，根据能量守恒定律可得到下述关系：

$$E_K - E_{L_1} = E_{L_{23}} + E \quad (6-6)$$

所以俄歇电子动能为

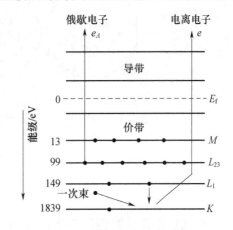

图 6-5　Si 中俄歇电子的产生过程

$$E = E_K - E_{L_1} - W_{L_{23}} \quad (6-7)$$

若认为 E_{L_1} 近似等于 $E_{L_{23}}$，并用 E_L 表示，则俄歇电子动能可进一步表示为

$$E = E_K - 2E_L \quad (6-8)$$

因为对每种元素的原子来说，能量 E_{L_1}，$E_{L_{23}}$ 都有其不同的特征值。所以只要测出俄歇电子动能 E 就可以进行元素鉴定。因此式(6-8)便成为俄歇电子能谱法的基本原理公式。

如果 Si 原子不是处于零价的原子状态 Si^0，而是处于如 SiO_2 中的氧化态 Si^{+4}，这时能级 K、L、M 的能量都发生变化，从而也影响到俄歇电子动能 E 的变化。若从 Si 到 Si^{+4}，K、L_1、L_{23} 和 E 的分化分别为 ΔX、ΔY、ΔZ 和 ΔE，则 Si^{+4} 离子中 L_{23} 俄歇电子动能为

$$E + \Delta E = (E_K + \Delta X) - (E_{L_1} + \Delta Y) - (E_{L_{23}} + \Delta Z)$$

$$= E + (\Delta X - \Delta Y - \Delta Z) \tag{6-9}$$

所以

$$\Delta E = \Delta X - \Delta Y - \Delta Z \tag{6-10}$$

俄歇电子动能 E 的变化量 ΔE 来源于 Si 原子从零价原子态变化到 +4 价的离子态。这是由于 Si 原子化学环境发生变化引起的,所以 ΔE 就称为能量化学位移,简称为化学位移。利用俄歇电子能谱法中的化学位移效应不但可鉴定样品中的组分元素还可测定它的化学状态。这是俄歇电子能谱法的独特优点。

图 6-6 是俄歇电子能谱仪的结构图,它由电子枪、溅射离子枪、电子能量分析器、真空系统和操作显示系统所组成。

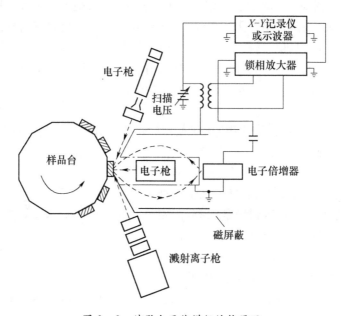

图 6-6 俄歇电子能谱仪结构原理

6.5.2 俄歇电子能谱的应用与发展

1. 定性分析

定性分析的目的是根据测得能谱的位置和形状以识别元素种类。常用的方法是根据测得的峰的能量(在微分谱中以负峰为准)与标准的《手册》进行对比。标准图谱手册提供各元素的主要俄歇电子能量图和标准俄歇谱图,给出各元素的俄歇峰的出峰位置、形状和相对强度。在定性分析中,同时采用上述两种图谱,将使分析工作变得快捷。

定性分析的步骤:

(1) 首选一个或数个最强峰,利用主要俄歇电子能量图,确认数个可能的元素。然后利用标准俄歇图谱进一步对这几种可能元素进行对照分析,确定元素种类。

(2) 确定元素后,再确定测得谱图中的其他峰的元素的归属。在此过程中可以进一步验证步骤的正确性。分析时除考虑峰位能量的绝对值以外,各峰的相对位置,强度大小和形状往往也起作用。在认定峰位时,和标准值发生数电子伏的位移是允许的。

(3) 对未有归属的弱峰再进行步骤(1)和(2)。

(4) 如果最后存在未有归属的峰,它可能不是真正的俄歇峰,设法加以判别。如判别可能遇到的一次电子能量损失峰,要改变一次电子束的能量。它相应地随着改变,则是能量损失峰。相类似,在用 X 光激发俄歇跃迁时区分俄歇峰和光电子峰的方便方法是改变 X 射线能量,俄歇峰是不随 X 射线能量改变而改变的。

(5) 弱峰若被强峰淹没,则它对应的元素(一般是微量杂质)不能被鉴别出,但此情况少见。对有经验的分析人员,可以从谱形的异常察觉这种峰之间的重叠,并进行解叠,从而鉴别出弱峰对应的微量元素。

2. 定量分析

俄歇电子能谱的定量分析是根据测得的俄歇信号强度以确定元素在表面的浓度。俄歇信号强度在直接谱中是指扣除背景后的谱峰高度或谱峰所覆盖的面积;在微分谱中是指峰值。原子百分浓度是指表面区域单位体积内元素 i 的原子数占总原子数的百分比,以 C_i 表示。实用定量分析方法有标准样品法和相对灵敏度因子法,均为相对定量法。

3. 化学效应

化学效应是指俄歇电子峰的出峰位子的能量和峰的形状等因原子的化学环境而引起的改变,它携带了固体表面原子所处的化学环境的信息,可作为化学状态分析的参考。俄歇电子能谱化学效应主要表为:化学位移,谱峰形状变化,主峰强度的变化和伴随主峰的电子能量损失峰的变化。因原子的化学环境改变而引起的俄歇峰出峰能量位置的变化称为俄歇电子能谱的化学位移。由于俄歇跃迁涉及三个能级,情况比较复杂,故其反映的化学信息不如光电子谱直接。若俄歇跃迁仅涉及内壳层或次内壳层能级(统称为芯能级,其俄歇跃迁记为 CCC)而不涉及价带,则可观察到较光电子能谱为大的化学位移,这是由于俄歇过程的终态存在两个空位之故。如 ZnO 相对金属 Zn 的 X 光电子能谱位移为 $0.5eV$,而俄歇能谱可达 $4.2eV$。若俄歇跃迁涉及价带,则被标记为 CVV 或 CCV 跃迁,其中 V 表示价带。对于这类跃迁,其俄歇峰形与价带的电子态密度形状有关。由于价带对原子化学环境的变化反应灵敏,导致峰形随化学状态的变化而变化,并由此引起峰位的移动。

4. 深度剖析

元素的俄歇深度剖面分析(简称深度剖析)是指对分析样品元素的组分及含量随深度的变化的三维分析。深度剖析可分为非破坏性和破坏性两类。对表面电子谱分析技术而言,非破坏性分析方法是基于被分析的出射电子(俄歇电子和光电子)的逃逸深度与它的能量及出射角有关,从而得以探测不同深度处的信息。这种方法的探测深度极限约为出射电子的非弹性碰撞平均自由程的 3 倍。对给定能量的出射电子,当改变出射角时其逃逸深度将发生变化,从垂直表面出射时的最大到掠出射角时的最小,以此方法达到单原子层的分辨是可能的。比较同一元素的具有大小不同能量的两个或数个俄歇峰信号可以用于判断表面元素浓度的变化。破坏性的深度剖析包括有:机械剖面法(如机械磨角法),化学剖面法(以化学试剂腐蚀样品并随后以化学分析法分析被腐蚀下的材料)和广泛用于电子谱术的离子刻蚀剖面法。离子刻蚀和原位的表面分析技术相结合,使它成为一种有力的普适深度剖面分析法。

用俄歇谱仪进行深度剖析时,一般采用能量为 $500eV\sim5keV$ 的离子溅射逐层剥离样品,并同时以俄歇电子谱仪对样品进行分析。有效的剖析深度约为数百纳米。离子溅射深度剖析有两种工作模式,即连续溅射方式和间歇溅射方法。前者是在离子溅射的同时进行测量,此时要注意由于离子激发产生的俄歇电子对电子激发的俄歇电子信号的干扰。间歇溅射方式中溅射和测量是交替进行的,此时要防止溅射形成的活性清洁表面的污染问题。

5. 俄歇电子能谱的发展

一般俄歇电子能谱仪中,使用的激发源是钨灯丝电子枪和六硼化镧电子枪,其束斑直径大($\sim 10^2$ nm)、亮度低,限制了扫描俄歇电子能谱微探针(SAM)的空间分辨力。现代俄歇电子能谱仪中 SAM 功能,一般装备了热场发射电子枪。此电子枪具有亮度高、能量分散度小、稳定性好等优点。用场发射电子枪激发的 AES,称为场发射俄歇电子能谱(FE-AES)。目前电子能谱中所使用的场发射电子枪的束斑可以达到 7nm(能量 25keV,束流 > 1nA)。因此,SEM 像和 SAM 像的分辨力分别可达到 7nm 和 10nm(Cu_{LMM} 俄歇峰)。完全可应用于微电子产品和纳米材料的分析。值得注意的是 SAM 的空间的分辨力总是比 SEM 差。这是因为俄歇电子的能量往往大于真二次电子,在样品中的作用区域较 SEM 大。对于同一材料,随逃逸电子的能量增大,电子逃逸的纵向和横向范围都会扩大。对于同一能量的入射电子,不同元素的 SAM 空间分辨力不同。

6.6 X 射线光电子能谱

6.6.1 X 射线光电子能谱的工作原理

X 射线光电子能谱(X-ray photoelectron spectroscopy,XPS)分析法的工作原理是:当 X 射线与样品相互作用后,激发出某个能级上的电子,测量这一电子的动能,可以得到样品中有关的电子结构信息。XPS 的早期实验室工作可追溯到 20 世纪 40 年代,到了 20 世纪 60 年代末,出现了商品化的 XPS 仪器。随着真空技术的发展,1972 年有了超高真空的 XPS 仪器。在 XPS 的研发过程中,瑞典 Uppsala 大学的 K. M. Siegbahn 教授作出了特殊的贡献,为此他获得了 1981 年的诺贝尔物理学奖。

XPS 分析技术的特点是:对样品没有破坏作用;不消耗样品;能鉴定元素和它所处的化学状态;分析深度较浅,大约在表面以下 25Å~100Å 的范围;可分析分子中原子周围的电子密度;分析元素范围较宽,可从 He 到 U。

应用 XPS 技术,可以测出固体样品中的元素组成、化学价态,得到许多重要的电子结构信息。XPS 在金属、合金、半导体、无机物、有机物、各种薄膜等许多固体材料的研究中都有很多成功应用的实例。

在实际测量中,XPS 的真空一般在 10^{-8} mbar~10^{-11} mbar 范围。XPS 通常用 Al 或 Mg 靶作为 X 射线源,同步辐射源也常用作 XPS 的入射源。由于 X 射线不能聚焦。早期的 XPS 仪器空间分辨力较差。随着科学技术的飞速发展。近年来 XPS 的空间分辨力有很大的提高,可以到几个微米。

用 XPS 可以对选定的某一元素进行定性或定量分析,得到元素的空间分布情况。XPS 技术对样品的损伤很小,基本是无损分析。但是,在 X 射线的长时间照射下,可能引发元素的价态变化。XPS 所探测的样品深度受电子的逃逸深度所限,一般在几个原子层,故 XPS 属表面分析方法。

X 射线光电子能谱的工作原理如图 6-7 所示。入射 X 射线光子能量 $h\nu$ 是已知的,常用的 Mg 靶 K_αX 射线光子能量 $h\nu=1254.6\text{eV}$,Al 靶 K_αX 射线光子能量 $h\nu=1486\text{eV}$。当这种 X 射线入射到自由原子的内壳层上,将某个电子激发电离成光电子。若电子束缚能是 E_b,电离后的动能为 E_K,根据能量守恒定律可得到著名的爱因斯坦光电发射定律:

$$h\nu = E_b + E_K \qquad (6-11)$$

由于 $h\nu$ 已知,光电子动能 E_K 可用电子能量分析器测量,于是光电子束缚能 E_K 便可求得。对于不同原子或同一原子的不同壳层,其 E_b 都有不同数量的特征值。通过 E_b 值便可进行元素鉴定。

对于薄膜等固体样品产生的光电子除考虑束缚能 E_b 之外,还要考虑功函数 φ_s 和原子反冲能量 E_r。这时若光电子动能用 E_k' 表示,则有

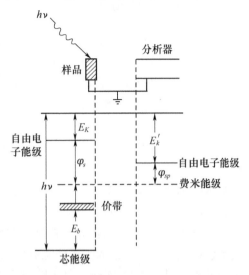

图 6-7 X 射线光电子能谱工作原理

$$h\nu = E_b + \varphi_s + E_r + E_k' \qquad (6-12)$$

因为 E_r 值较小,忽略不计,上式可改为

$$E_k' = h\nu - E_b - \varphi_s \qquad (6-13)$$

当光电子进入谱仪之后,因两者费米能级相同,则有

$$E_k' + \varphi_s = E_k + \varphi_{sp} \qquad (6-14)$$

所以

$$E_k' = E_k + \varphi_{sp} - \varphi_s \qquad (6-15)$$

式中:φ_{sp} 是谱仪材料的功函数,E_K 是光电子在谱仪中的动能。将上式中的 E_k' 代入式(6-13)可得到

$$E_b = h\nu - \varphi_{sp} - E_k \qquad (6-16)$$

式(6-16)是测量固体样品时的基本理论公式。与在俄歇电子能谱中介绍的一样,当原子所处的化学环境发生变化时,束缚能 E_b 也发生变化。束缚能 E_b 的这种变化也称为化学位移。因为 X 射线光电子能谱中光电子的产生只涉及一个电子,俄歇电子的产生则涉及三个电子,所以在 X 射线光电子能谱中的化学位移效应比俄歇电子能谱更显著,因而就常用 X 射线光电子能谱来研究样品中原子的化学状态。

X 射线光电子能谱仪器与俄歇电子能谱仪器基本一样,只要将电子枪改为特征 X 射线发生器并去掉锁相放大部分就是一台 X 射线光电子能谱分析仪器。所以目前世界上除有单一功能的 X 射线光电子能谱仪器外,一般都是将 X 射线光电子能谱仪器与俄歇电

子能谱仪结合起来作成多功能的表面分析仪器。利用一台设备的两种功能同时分析一种样品,便可得到多方面的信息。

6.6.2 XPS的定性分析

定性分析就是根据所测得谱的位置和形状来得到有关样品的组分、化学态、表面吸附、表面态、表面价电子结构、原子和分子的化学结构、化学键合情况等信息。元素定性分析的主要依据是组成元素的光电子线的特征能量值,因为每种元素都有唯一的一套芯能级,其结合能可用作元素的指纹。

1. 元素组成鉴别

要知道样品的表面元素组成可以通过全谱扫描,要鉴别某特定元素的存在可通过窄区扫描。

全谱扫描(Survey scan):对于一个化学成分未知的样品,首先应作全谱扫描,以初步判定表面的化学成分。通过对样品的全谱扫描,在一次测量中就可检出全部或大部分元素。就一般解析过程而言,首先鉴别那些总是存在的元素的谱线,特别是C和O的谱线;其次鉴别样品中主要元素的强谱线和有关的次强谱线;最后鉴别剩余的弱谱线,假设它们是未知元素的最强谱线;对于p、d、f谱线的鉴别应注意它们一般应为自旋双线结构,它们之间应有一定的能量间隔和强度比。鉴别元素时需排除光电子谱中包含的俄歇电子峰。

窄区扫描(Narrows can or Detail scan):对要研究的几个元素的峰,进行窄区域高分辨细扫描,以获取更加精确的信息,如结合能的准确位置、鉴定元素的化学状态或为了获取精确的线形、或为了定量分析获得更为精确的计数、或为了扣除背景或峰的分解或退卷积等数据处理。

2. 化学态分析

一定元素的芯电子结合能会随原子的化学态(氧化态、晶格位和分子环境等)发生变化(典型值可达几个eV),这个变化就是化学位移。这一化学位移的信息是元素状态分析与相关的结构分析的主要依据。XPS主要通过测定内壳层电子能级谱的化学位移可以推知原子结合状态和电子分布状态。元素因为原子化学态变化而产生的化学位移有时可达几个eV,可以在谱图上很明显地分开。但有时化学位移可能只有零点几个eV,这时不同化学态的峰就会相互重叠形成"宽峰"。这时要想准确定出各化学位移峰的位置,就必须把测得的宽峰还原成组成它的各个单峰。这种处理方法就称为谱峰的退卷积,或者解叠。退卷积有两种基本方法:其一,根据谱峰包络线的大致起伏特征,给定单峰的个数、峰位、峰宽等参数后,由计算机经过迭代拟合出其他诸如单峰的强度、面积等参数。计算机拟合的结果是否可信,往往要结合所研究问题的基本物理及化学属性一起考虑。其二,直接从与试验测得的宽峰相关的基本问题着手,通过傅里叶变换剥离仪器分辨力对谱的贡献,还原出本征峰形。

内层电子结合能的化学位移可以反映原子化学态变化,而原子化学态变化源于原子上电荷密度的变化。在有机分子中各原子的电荷密度受有机反应历程中各种效应的影响,因而利用内层电子的光电子线位移,可以研究有机反应中的取代效应、配位效应、相邻基团效应、共扼效应、混和价效应和屏蔽效应等的影响。

6.6.3 XPS 的定量分析

在 XPS 中,定量分析的应用大多以能谱中各峰强度的比率为基础,把所观测到的信号强度转变成元素的含量,即将谱峰面积转变成相应元素的含量。目前定量分析多采用元素灵敏度因子法。该方法利用特定元素谱线强度作参考标准,测得其他元素相对谱线强度,求得各元素的相对含量。大多数分析都使用由标样得出的经验校准常数也就是元素灵敏度因子。对某一固体试样中两个元素 i 和 j,如已知它们的灵敏度因子 S_i 和 S_j,并测出各自特定谱线强度 I_i 和 I_j,则它们的原子浓度之比为

$$\frac{n_i}{n_j} = \frac{I_i/S_i}{I_j/S_j} \tag{6-17}$$

XPS 定量分析除了可以利用相对灵敏度因子计算不同元素的相对原子浓度,对于同一种元素在不同化学态下的原子相对浓度也可以进行分析。这类分析相对来说有一定难度,因为同一元素不同化学态下的原子,它们的 XPS 谱峰峰位很靠近,常常不是形成分立的峰,而是叠加在一起形成"宽峰"。这时要想通过分析这些原子的峰强度(面积)比来获得它们的相对含量,就需要将"宽峰"还原成组成它的各个单峰,也就是退卷积。

由于电子能谱中包含着样品有关表面电子结构的重要信息,可进行表面元素的定性和定量分析,还可进行元素组成的选区和微区分析,元素组成的表面分布分析,原子和分子的价带结构分析,在某些情况下还可对元素的化学状态、分子结构等进行研究,是一种用途广泛的现代分析实验技术和表面分析的有力工具,广泛应用于固体物理学、基础化学、催化科学、腐蚀科学、材料科学、微电子技术及薄膜研究等科学研究和工程技术的诸多领域中。

6.7 二次离子质谱

6.7.1 二次离子质谱发展简介

1931 年,Woodcock 在近似整数质量分辨力下得到了关于 NaF 和 CaF_2 的负离子谱图,这是目前世界上已知的第一张二次离子质谱图。Herzog 和 Viehbock 为第一台 SIMS 仪器的诞生奠定了基础。20 世纪 70 年代,SIMS 形成了两个发展方向:Benninghoven 及其合作者采用大束斑、低密度的离子束,即静态二次离子质谱(Static secondary ion mass spectrometry, SSIMS),进行有机样品的表面分析;Wittmaack 和 Magee 等采用高密度的一次束即动态二次离子质谱(Dynamic secondary ion mass spectrometry, DSIMS),获取无机样品沿纵向方向的浓度剖面和进行痕量杂质鉴定。SIMS 法在近二三十年来得到迅速发展,其检测灵敏度达到 $10^{-6} \sim 10^{-9}$ g/g。分析对象包括金属、半导体、多层膜、有机物以至生物膜,应用范围包括化学、物理学和生物学等基础研究,并很快扩展到微电子、冶金、陶瓷、地球和空间科学、医学和生物工程等实用领域。

6.7.2 SIMS 的原理

二次离子质谱(SIMS)是一种表面离子谱型分析技术,用质谱仪对从样品表面发射出

来的正负二次离子进行质量分析来鉴别表面元素。由于发射出来的二次离子是来自样品表面下面几层的原子，所以这种分析方法可分析薄膜和表面的有关信息。它的信息深度可在一个或几个原子层中变化，主要依赖于离子碰撞特性、入射离子束能量、入射离子和原子的原子序数，原子量及样品的内聚能量等因素。

二次离子质谱的优点是：能检测包括氢在内的全部元素；可以分析同位素；检测灵敏度较高，可检测痕量级杂质；对样品有破坏性但所需样品较少；样品制备简单，对样品不必进行预先处理；以及可测量深度方向的成分分布等。

二次离子质谱的工作原理如图 6-8 所示。在两个平行平面形电磁铁之间是对二次离子进行质量分析的工作区。假设质量为 M、电荷为 e 的二次正离子从样品 S_0 处受到加速电压 V 的作用到达平行电磁铁入口处 S_1。若忽略不计这个正离子的初始能量，它到达 S_1 处的动能为

$$eV = \frac{1}{2}Mv^2 \qquad (6-18)$$

式中：v 是正离子的运动速度。

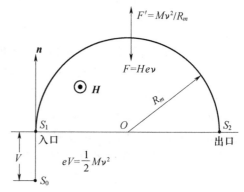

图 6-8 二次离子质谱工作原理示意图

若无外磁场作用（即 $H=0$），它进入 S_1 之后就沿垂直方向作直线前进运动。当电磁铁中产生磁场时（$H \neq 0$），它受到洛伦兹力作用就作曲线运动。当离心力 F' 和向心力 F 相当时，正离子就作圆周运动。离心力 $F'=Mv^2/R_m$，向心力 $F=Hev$，R_m 是正离子作圆周运动轨迹的半径。因为 $F'=F$，所以

$$\frac{Mv^2}{R_m} = Hev \qquad (6-19)$$

经过计算整理得到正离子的质荷比为

$$\frac{M}{e} = \frac{R_m^2 H^2}{2V} \qquad (6-20)$$

经过单位换算有

$$\frac{M}{e} = 4.82 \times 10^{-5} \frac{R_m^2 H^2}{2V} \qquad (6-21)$$

$$R_m = \frac{144}{H}\sqrt{\frac{MV}{e}} \qquad (6-22)$$

式中：V 的单位为伏特，H 的单位为奥斯特，R_m 的单位用厘米，e 的单位为电子电荷，M 的单位是原子质量单位(amu)，其关系为：$1\text{amu}=1.6599 \times 10^{-24}$ g。

式(6-21)和式(6-22)便是二次离子质谱中用元素的质量进行成分分析的基本公式。从公式中可以看到，当加速电压 V 和外磁场 H 确定之后，正离子运动的轨道半径 R_m 与正离子质荷比的平方根 $\sqrt{\frac{M}{e}}$ 成正比。若调整 V 和 H 使某一个 $\sqrt{M/e}$ 恰好满足 R_m 等于 OS_1 和 OS_2，那么，从 S_1 处进入的正离子都可从出口处 S_2 出来。小于或大于 $\sqrt{M/e}$ 的

其他离子均不能从 S_2 处出来。这样便能起到质量过滤作用,这也就是利用离子的质量差异进行样品组分鉴定的依据。

二次离子质谱仪的结构原理如图 6-9 所示。从离子枪产生一次离子(初级离子)经过质量聚焦、电磁聚焦后入射到样品系统称为一次离子光学系统;二次离子从样品发射之后,经过质谱分析和测量称为分析测量系统;用计算机处理、记录仪记录和图谱显示等称为操作显示系统;另外还有真空系统和电源系统等。

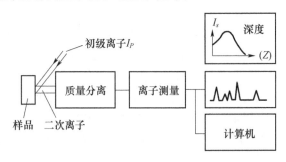

图 6-9 二次离子质谱仪结构原理

6.7.3 SIMS 的应用

1. 元素及同位素分析

利用 SIMS 可以研究矿物中基体效应对轻质元素如氧、碳、硫等同位素比测量的影响。通过对不同能量的二次离子和不同类型的一次束受基体效应影响的研究,建立经验模型来校正质量歧视。

SIMS 对金属器物中的铅同位素比值的测量精度优于 1%,同时还能获得化合物组成的信息,但对非金属物质不适用。SIMS 已成为陨石矿物微量元素研究的主要分析手段。采用能量过滤消除复杂分子的相互影响,通过测量微量元素二次离子与参照主元素二次离子的信号比,根据标准物的有关二次离子产率系数,可计算出待分析矿物的微量元素组成。除微量元素外,SIMS 主要用于同位素组成分析,一些较大颗粒的碳化硅和石墨(几微米)可做多元素同位素分析和化学组成分析。

2. 质谱分析与深度剖析

质谱分析是由一次离子束轰击样品,样品表面溅射出的二次离子按照荷质比的不同被分离开,得到二次离子强度(Y 轴)荷质比(X 轴)的质谱图。SIMS 具有深度剖析的能力,在微电子领域里是一种很有用的分析仪器。一次离子束扫描样品,逐层剥离表面的原子层,提取溅射出的二次离子信号,即可形成二次离子强度(Y)和样品深度(溅射时间 X 轴)的样品深度剖析图。

3. 颗粒物微分析研究

利用 SIMS 可以对颗粒物进行微分析,如利用 SIMS 研究放置在导电基底(如硅片、金属片)上的矿物颗粒以及毛发纤维等微小绝缘物质,发现在控制一次离子注入剂量低于静态 SIMS 限制(约 $10^{12} \sim 10^{13}$ 离子/cm^2)下,通过调节样品台电压,可以找到一个合适的值,使二次离子大多来自待分析样品表面,并克服了基体效应和其他杂质的影响。海湾战争后,为有效监控核活动,需要以高灵敏仪器分析大气颗粒物以监控核活动。SIMS

是分析颗粒物中铀同位素的有效仪器。利用 TOF-SIMS 离子图像功能,并结合扫描电镜(SEM)及能量色散 X 射线谱(EDS)研究经 CsI 溶液浸泡后的土壤颗粒(前苏联切尔诺贝利核电站事故后 Cs 污染造成长期健康问题)。结果证明,仪器可以检测 $160\mu g/g$ 的铯离子(约 0.04 单层厚)。实验中检出限最低可至 $80\mu g/g$,若信噪比为 10,理论上检出限可至 $4\ \mu g/g$,这比检测土壤颗粒中有机物质要低 1 个量级。而 EDS 分析样品距离表面 $2\mu m$,超过一层单分子层厚度。

4. 团簇、聚合物分析及生物医学等方面的研究

SIMS 与 XPS 联用是研究聚合物和有机材料表面组成的强有力工具。XPS 能提供聚合物表面各种元素的组成及其化学状态,缺点是检测灵敏度比较低,检测下限为 0.1%,空间分辨力也比较低。而 SIMS 具有较高的检出灵敏度(ng/g)和较高的空间分辨力(达到 $0.1\mu m$)。XPS 与 SIMS 具有互补的功能,因此更能有效地用来研究聚合物及有机物的表面性质。近年来,随着成像 XPS 的研制成功,其空间分辨力显著提高,测定区域达到了微米级,这使得 XPS 与 SIMS 联用分析微小区域的有机物及聚合物将成为可能。

由于离子延迟引出探测技术和不同基质的出现,科学家们利用 SIMS 成功地观测到几百个甚至两千个碱基对的 DNA 的准分子峰,所需样品量为 fmole 水平,质量测量准确度为 1%。SIMS 与其他化学方法相结合,对阐明蛋白质结构具有显著优势。

6.7.4 SIMS 的新进展

从 SIMS 的发展历程可以看出,可以根据不同分析要求而灵活多样地选择不同类型以及能量的离子作为一次束,是 SIMS 有别于 AES 和 ESCA 等表面分析方法的显著特色,而采用中性原子、光子及等离子体等作为一次束则拓宽了 SIMS 的原始概念。当前 SIMS 一次离子的能量范围已达到从几百电子伏到兆电子伏;一次离子的类型已发展出可聚焦到亚微米的液态金属场发射离子(如 Ga^+)、多原子离子(如 ReO_4^-、SF_5^+)源等;为克服样品的电荷效应,除了使用中和电子枪外,还发展出用中性粒子作为一次束;为克服基体效应,发展出溅射中性粒子的后电离(Post ionization)。不同功率密度的激光束已直接用作一次束,出现了激光解吸电离(Laser desorption ionization)和激光熔融(Laser ablation)电离二次离子质谱,特别是基体辅助激光解吸电离(Matrix assisted laser desorptionionization, MALDI)与离子反射型飞行时间质谱结合,已成功地实现了复杂有机及生物大分子的分析,如为适应新的基因组计划研究需要而推出的基因质谱仪 PE Voyager DEMALDI-TOF 可用于单核苷酸多态性分型分析(Single nucleotide polymorphism, SNP)、DNA 序列测定、DNA 点突变、临床遗传病诊断试验等基因组研究工作。

飞行时间二次离子质谱(TOF-SIMS)具有质谱学的独特性能,如 ppm 量级的灵敏度、能区分同位素、甚至可检测不易挥发的有机分子。TOF-SIMS 的特点是能够并行记录所有质量的粒子、质量范围无限、质量分辨力很高和流通率接近于 100%。这使它成为分析二次离子的理想质谱计,特别是如果样品材料的总量很有限,如小面积和单层成像分析或者微米及纳米分析。当代 TOF-SIMS 的表面单层灵敏度已远优于 ppm 量级,质量分辨力已超过一万,质量精度已优于 ppm 量级,横向和深度分辨力分别低于 100

nm 和 1nm。它们可用于分析任何材料和各种几何形状的样品，对绝缘材料也不需要做任何处理或预处理。TOF-SIMS 兼备很高的横向和深度分辨力及极高的检测灵敏度，能提供质谱学可检测的所有元素、同位素和分子的各种信息，从而使 TOF-SIMS 成为表面和薄膜分析独具特色的手段。这是任何其他表面分析技术，如 EDS、AES 或 XPS 都不可能提供的信息。

6.8 卢瑟福背散射法

6.8.1 基本原理

卢瑟福背散射(Rutherford Backscattering Spectrometry,RBS)是固体表面层和薄膜的简便、定量、可靠、非破坏性分析方法，是诸多的离子束分析技术中应用最为广泛的一种微分析技术。卢瑟福背散射分析的原理很简单：一束 MeV 能量的离子(通常用 ^{4}He 离子)入射到靶样品上。与靶原子(原子核)发生弹性碰撞[见图 6-10(a)]，其中有部分离子从背向散射出来。用半导体探测器测量这些背散射离子的能量，就可确定靶原子的质量以及发生碰撞的靶原子在样品中所处的深度位置。从散射离子计数可确定靶原子浓度。

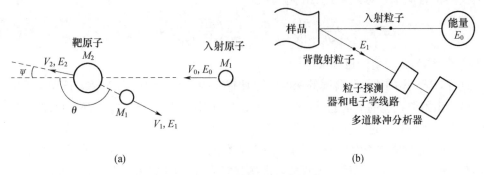

图 6-10　离子背散射示意图
(a) 离子与靶原子的弹性碰撞；(b) 背散射系统。

在弹性碰撞[见图 6-10(b)]中，当入射离子的能量 E_0 和质量 M_1 一定、散射角 θ 确定时，散射离子能量 E_1 只与靶原子质量 $M_2(M_1<M_2)$ 有关，有关系式：

$$E_1 = \left(\frac{M_1\cos\vartheta + \sqrt{M_2^2 - M_1^2\sin^2\theta}}{M_1 + M_2}\right)^2 E_0 = KE_0 \tag{6-23}$$

式中，K 称为背散射运动因子，它仅与 M_1，M_2 和 θ 有关。靶原子质量越重，散射离子能量越大。散射离子能量差越大，越容易区分不同质量的靶杂质原子。

6.8.2 分析方法

一、背散射能量损失因子

离子在贯穿样品时，要与靶原子电子发生非弹性碰撞(即电离和激发)而损失其能量。若入射束和散射束与样品表面法线间的夹角分别为 θ_1 和 θ_2，入射离子在靶样品表面时的

能量为 E_0，则到达样品内一定深度 t 发生碰撞前的离子能量为

$$E = E_0 - \int_0^{t/\cos\theta_1} \left(\frac{dE}{dX}\right)_1 dx \qquad (6-24)$$

式中：$(dE/dX)_1$ 为入射离子在该靶物质中的阻止本领，它是离子能量的函数。

在 t 深度处，能量为 E 的离子与靶原子发生背散射后，其能量为 KE。这些背散射离子贯穿样品时，同样要经受能量损失。在 θ 方向穿出样品表面时的能量 E_1 为

$$E_1 = KE - \int_0^{t/\cos\theta_2} \left(\frac{dE}{dX}\right)_2 dx \qquad (6-25)$$

式中：$(dE/dX)_2$ 为出射离子在靶物质中的阻止本领。

因此，探测器所测到的从样品表面发生背散射的离子能量 KE_0 和从 t 深度处发生背散射的离子能量 E_1 之间的差异 $\Delta E = KE_0 - E_1$：

$$\Delta E = K\int_0^{t/\cos\theta_1} \left(\frac{dE}{dX}\right)_1 dx - \int_0^{t/\cos\theta_2} \left(\frac{dE}{dX}\right)_2 dx \qquad (6-26)$$

ΔE 与深度有关。所以离子背散射分析可获得样品中原子的深度分布和薄膜厚度信息。对于深度（或膜厚度）小于几百纳米的样品分析，$(dE/dX)_1$ 和 $(dE/dX)_2$ 可视为常数。用能量为 E_0 时的 $(dE/dX)_{E_0}$ 替代 $(dE/dX)_1$，用 KE_0 时的 $(dE/dX)_{KE_0}$ 替代 $(dE/dX)_2$，即采用表面能量近似来计算。于是 ΔE 可写成：

$$\Delta E = \left[\frac{K}{\cos\theta_1}\left(\frac{dE}{dX}\right)_{E_0} - \frac{1}{\cos\theta_2}\left(\frac{dE}{dX}\right)_{KE_0}\right] \cdot t = [S_0] \cdot t \qquad (6-27)$$

式中：$[S_0]$ 称为背散射能量损失因子。

这样，RBS 谱的能量与薄膜的深度之间具有线性关系。$(dE/dX)_1$ 和 $(dE/dX)_2$ 也可以用入射和出射路程上的平均能量，即 $E_{in} = 1/2(E_0 + E)$ 和 $E_{out} = 1/2(E_1 + KE)$ 时的 (dE/dX) 值作为近似来计算。进一步近似，可把 E_{in} 和 E_{out} 写成 $E_{in} = E_0 - 1/4(\Delta E)$ 和 $E_{out} = E_1 + 1/4(\Delta E)$。平均能量法比表面近似法准。在许多背散射实验中，入射离子垂直于样品表面入射，即 $\theta_1 = \theta, \theta_2 = \pi - \theta$。以后讨论背散射产额和能谱时，均假定为垂直入射情况。

二、背散射截面

离子发生背散射的几率，可用卢瑟福散射截面公式计算：

$$\sigma = \frac{Z_1^2 Z_2^2 e^4}{4\pi^2 \sin^4\theta} \times \frac{\left(\cos\theta + \sqrt{1 - \left(\frac{M_1}{M_2}\sin\theta\right)^2}\right)^2}{\sqrt{1 - \left(\frac{M_1}{M_2}\sin\theta\right)^2}} \qquad (6-28)$$

式中：Z_1, Z_2 为入射离子和靶原子的原子序数；e 为电子电荷；σ 为微分散射截面（cm^2）；Z_2 越大，σ 越大。因此离子背散射对轻基体中的重杂质分析较为灵敏。

三、背散射产额和能谱

如果用束流积分仪测定的入射离子数为 Q，探测器对样品所张的立体角为 Ω，样品单位面积上的原子数为 Nt，则在散射角度 θ 方向，被探测器所记录的散射粒子计数（产额）为

$$A = Q \cdot \sigma \cdot N \cdot t \cdot \Omega \qquad (6-29)$$

若一单位面积上含有等量的 O、Si、Cu、Ag 和 Au 原子的薄样品，其背散射能谱（横坐

标为散射离子能量,纵坐标为产额计数)为五个分裂的小峰。根据 K 因子公式和 σ 公式,与重元素 Au 发生背散射后的能量最大,计数最多;与 O 散射后的离子能量最小,计数最少。由于探测器系统固有的能量分辨率影响,从这薄样品上各元素散射的离子能谱呈高斯型分布的小峰。

对于有一定厚度的样品,背散射能谱呈矩形状。谱的高能侧(前沿半高处)为对应于从样品表面散射的离子能量 KE_0,低能侧(后沿半高处)对应于从样品后表面(或一定深度处)散射后到达探测器的能量 E_1。根据式(6-26)和式(6-27),由能量宽度 ΔE 可求得样品厚度。根据式(6-27)和式(6-29),能谱上对应于从样品深度 t 处一薄层散射的产额(谱高度)$H(E_1)$ 可写成:

$$H(E_1) = Q\sigma(E)\Omega N \times \frac{\delta(KE)}{[S(E)]}; \delta(KE) = \frac{S(KE)}{S(E_1)}\delta E_1 \qquad (6-30)$$

式中:δE_1 为能谱中每一道所对应的能量,称为道宽,一般为几个千电子伏;$S(KE)$ 和 $S(E_1)$ 分别为能量 KE 和 E_1 的离子在样品中的阻止本领;$[S(E)]$ 为离子能量 E 时的背散射能量损失因子;$H(E_1)$ 与 N 有关。因此卢瑟福背散射分析可给出元素深度分布信息。同样,由于探测器固有能量分辨率、入射束的固有能散和出射束在样品中的能量歧离效应(能量损失的统计涨落)影响,厚样品 RBS 能谱的前沿和后沿谱线不是很陡了。对于无限厚样品,RBS 谱的低能侧一直连续延伸到最低道数处,随着深度的增加入射粒子能量逐渐降低,散射截面增大,因而谱高度逐渐增高。背散射谱的形状和深度分布都可用计算机程序模拟和分析得到。

6.8.3 RBS 的实验设备与样品

卢瑟福背散射分析的实验设备由小型粒子加速器、真空靶室和粒子探测器及电子学线路组成。单级或串列静电加速器提供 MeV 能量的 ^{4}He 离子或质子束,束斑直径 $<$ 1mm 左右,电流几十至几十纳安。靶室真空度为 10^{-4}Pa~10^{-5}Pa,靶室中安装样品、样品平动及转动装置和金硅面垒型半导体探测器。将探测到的背散射粒子信号经前置放大器和主放大器送到微机多道脉冲分析器记录粒子能谱。实验时同时用束流积分仪记录入射到样品上的束流(入射离子数)。

RBS 分析的样品一般都是表面平整、光洁的半导体和金属等薄膜或固体样品。对陶瓷等绝缘材料,为防止表面电荷堆积,应在其表面蒸镀几个至几十纳米的导电层(如 Al 膜)。有机膜材料受束流轰击后易损坏,分析时应尽量使用很小的束流强度做实验。因分析束斑较小,故样品大小只需 5mm×10mm 左右就可以了。样品(包括衬底)的厚度一般在 0.5mm~2mm 之间。常规的背散射分析,可分析的样品深度为几百纳米至 1μm 之间。样品架上一次可同时安装上好几个样品,这样可以不破坏靶室真空,只需移动样品架,就可对这些样品逐一进行分析。图 6-11 是硅基体上 90nmPtSi 薄膜样品的 RBS 谱。从 Pt 的信号谱宽度 ΔE_{Pt} 和 $[S]_{Pt}^{PtSi}$ 因子,按式(6-27)可求得 Pt 膜的厚度。厚度测定的准确度一般为±5%。Pt 和 Si 谱高度随能量减小而逐渐增加,这主要是因为随着深度增加,能量降低,散射截面增大($\sigma \propto 1/E^2$),同时也受 $[S]$ 因子随能量的变化影响谱的高度。此外,RBS 谱也可以进行薄膜的组分分析、杂质分析、表面浓度分析、粒子注入分析等,可以参考其他专门书籍。

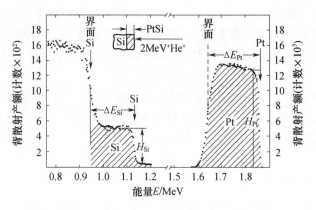

图 6-11　Si 基体上 PtSi 薄膜的 RBS 谱

6.9　原子力显微镜

原子力显微镜(Atomic Force Microscope, AFM)是现代薄膜表面形貌检测领域中最重要的检测仪器之一。AFM 主要从由荣获 1986 年诺贝尔物理学奖的比尼格等(G. Binnig)研制的扫描隧道显微镜(STM)而发展起来的,AFM 更有利于分析薄膜表面的形貌。AFM 的理论基础是 20 世纪 20 年代后期提出的电子隧道发射理论,没有任何电子光学系统,因此可以得到很高的放大倍数而且没有像差。用一个微小的针尖在距样品表面约 10 埃的地方进行扫描,测量其隧道电流就可以得到显微图像。这种仪器可以在各种条件下测量不同物质,能测量出单个表面原子的位置,并且具有三维分辨率。利用这种仪器还可测量表面局域化和非局域化的电子能量以及功函数的能廓图等。AFM 主要包括探针与样品、扫描器、扫描与反馈控制电路、偏转量检测和计算机数据处理等部分。

6.9.1　原子力显微镜的基本原理

原子力显微镜是利用一个对力敏感的探测针尖与样品原子之间的相互作用力来实现表面成像。如图 6-12,将一个对力极其敏感的弹性微悬臂一端固定,当另一端结合的探针针尖在 Z 向逼近样品表面时,探针针尖的原子与样品原子之间将产生一定的作用力,即原子力,其大小约在 10^{-12}N~10^{-9}N 之间。在扫描时控制原子力恒定,使带有针尖的微悬臂对应于针尖与样品表面原子间作用力的等位面而在垂直于样品的表面方向起伏运动。然后通过测得微悬臂对应于扫描各点位置变化的形变,从而测量样品表面的起伏高度。将样品的局域起伏高度对应针尖的水平位置绘图,便可得到样品表面的形貌图像。

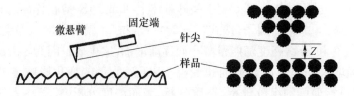

图 6-12　原子力显微镜成像原理

6.9.2 原子力显微镜的成像模式

原子力显微镜的成像模式主要包括接触模式(Contact Mode)、非接触模式(Non-contact Mode)和轻敲模式(tapping Mode)。

非接触模式的针尖始终在样品表面的上方振动而不与样品接触。这种模式较难操作,分辨力也不高,因此较少使用。

接触模式是一种较常用的扫描模式,在接触模式中针尖始终和样品接触,从而产生稳定的、高分辨力的图像。但是对于一些生物大分子、低弹性模量和容易移动变形的样品,接触模式明显存在不足。探针移动时会使这些样品移位或损坏。图 6-13 中的两张照片分别为用接触模式在一外延膜上前后两次扫描后的形貌像。从图中不难看出,由于剪切力的存在,图像的分辨力并不高,而且经第一次扫描过后已经明显地破坏了样品的表面。当然对于大部分样品来说,既不破坏样品,又得到清晰稳定的图像并不是件很困难的事情。

图 6-13 接触模式图像
(a) 第一次扫描;扫描范围 1μm; (b) 第二次扫描;扫描范围 1μm。

在原子力显微镜中,轻敲模式是一种最常用的模式。轻敲模式实际上是通过一压电晶体使探针的悬臂梁在其共振频率附近做受迫振动,当针尖没有与样品接触到时,压电驱动会使悬臂梁以一个较大的振幅振动,这时以较大振幅振动的针尖会接近或敲击样品表面,当针尖和样品接触后悬臂梁的能量降低,振幅减小,针尖于是被抬起。在扫描过程中垂直方向振动的针尖与样品表面之间间断接触,其频率可达到每秒 5 万~50 万次。在轻敲模式中,由于针尖与样品表面接触到的时间非常短暂,它们之间的相互作用力可忽略不记,因此几乎没有剪切力会对样品表面的破坏以及使图像分辨力的下降,图 6-14 中的两个图像分别为一次扫描和二次扫描外延膜后得到的结果,和接触模式图像相比,图像的分辨力得到了提高,而且第一次扫描过后并没有破坏样品。这就使轻敲模式的应用范围大大增加。

图 6-14 轻敲模式图像
(a) 第一次扫描；扫描范围 1μm；(b) 第二次扫描；扫描范围 1μm。

6.9.3 压电响应力显微镜

由于表面不均匀性以及机械约束使铁电材料呈现电畴结构，电畴是铁电晶体内自发极化取向一致的区域，是系统自由能取极小值的结果，它是了解铁电材料许多性质的基础。铁电薄膜电畴的表征主要是采用压电响应力显微镜(Piezoresponse Force Microscopy, PFM)，压电响应模式是一类接触模式成像技术，它对铁电畴成像的原理是基于探测铁电体在外加交流电压的作用下由逆压电效应所引起的局部压电振动。样品通过导电银胶和底座连通，然后接地，针尖和样品必须保持接触状态，以便可以在针尖上施加电压后，针和样品之间形成一个连续的电流回路。当电压施加于探针与样品底电极之间时，探针实际上起到一个可动上电极的作用，而与样品一起产生谐振的微悬臂梁信号可由锁相技术探测。在压电响应成像模式中，成像电压频率远低于微悬臂共振频率以避免微悬臂的机械共振。频率为 ω 的外加电压将使样品产生同频率振动（逆压电效应）及 2ω 的振动（电致伸缩效应）。铁电畴结构可以通过控制一级谐信号（压电响应信号）来观察。压电响应相位取决于压电系数符号（与极化方向有关），并且随压电系数反向而反向，这就意味着极性取向相反的区域在交流电场下彼此反向振动，在压电响应图像上表现为不同衬度的区域。逆压电效应导致铁电体试样在针尖与样品之间的交流电压 $U=U_0\sin\omega t$ 作用下产生膨胀、收缩、剪切等形变现象（如图 6-15 所示），这些形变会摩擦力的形式作用于微悬臂，使得微悬臂梁产生横向振动，振幅和相位决定了极化的方向，通过激光反射微悬臂梁

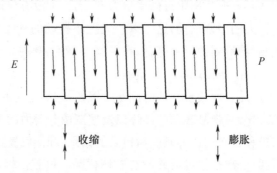

图 6-15 外加电场下铁电薄膜收缩、膨胀示意图

的振动信号到光电探测器中,光电探测器的电压接着被输入到锁相放大器(lock－in amplifier)中,即可得到铁电薄膜的纳米电畴结构。

除了上面所介绍的分析方法之外,适合于薄膜分析的相关技术还有低能离子散射谱、低能电子能量损失谱/低能电子衍能等。限于篇幅,在此不再赘述。

习题与思考题

1. 利用 XRD 可以分析薄膜的哪些性能,其分析精度如何?
2. 利用 SEM 和 TEM 可以分析薄膜的哪些性能,应注意什么原则?
3. 利用 AFM 可以分析薄膜的哪些性能,怎样与 SEM、TEM 对应的分析结果联系起来以获得薄膜更多的信息?
4. RBS 的原理是什么? 如何获得薄膜的元素的分析结果?
5. SIMS 的原理是什么? 如何获得薄膜的成分分布?

第七章 薄膜的物理性质

不同的薄膜(如金属膜、介质膜、半导体膜等)具有不同的性质。了解薄膜的力学、电学、光学、热学及磁学性质,对薄膜的应用有着十分重要的意义。

7.1 薄膜的力学性质

薄膜的力学性质主要包括附着性质、应力性质、弹性性质和机械强度等。薄膜和基片之间的附着性能好坏将直接影响到薄膜的使用性能。在某些情况下还需考虑薄膜的其他力学性能,如主要用于增强基体的硬度与耐摩擦能力的超硬薄膜,则需要考虑耐压强度。

7.1.1 薄膜的附着力

薄膜在基片上的附着性能决定了薄膜应用的可能性和可靠性。附着的定义为:薄膜与基片保持接触,两者的原子互相受到对方的吸附作用的状态。把单位面积的薄膜从基片上准静态地剥离下来所需的力为附着力,所需要的能量为附着能。

7.1.1.1 附着现象与附着机理

薄膜在基片表面上的附着,是范德华力、扩散附着、机械锁合、静电引力等多种因素综合作用的结果。如薄膜材料与基片形成化合物,化学键力成为主要的附着作用力。薄膜的附着力可分为简单附着、扩散附着、通过中间层附着和宏观效应附着等四种类型,如图 7-1 所示。

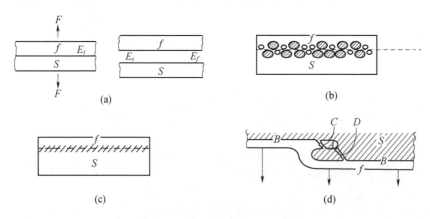

图 7-1 附着的四种类型示意图
(a)简单附着;(b)扩散附着;(c)通过中间层附着;(d)宏观效应附着。

简单附着是在薄膜和基体之间存在一个很清楚的分界面。这种附着是由两个接触面相互吸引形成的。当两个不相似或不相容的表面相互接触时易形成这种附着。

扩散附着是由于在薄膜和基体之间互相扩散或溶解形成一个渐变的界面。当到达基片的原子具有较大的动能（如溅射粒子），它们沉积到基片上时可发生较深的纵向扩散从而形成扩散附着。

通过中间层的附着是在薄膜和基体之间形成一种化合物中间层，薄膜再通过这种中间层与基体间形成牢固的附着。由于薄膜与基体之间有这样一个中间层，所以两者之间形成的附着就没有单纯的界面。

通过宏观效应的附着有机械锁合和双电层吸引等。机械锁合是一种宏观的机械作用。当基体表面比较粗糙，有各种微孔或微裂缝时，在薄膜形成过程中，入射到基片表面上的气相原子便进入到粗糙表面的各种缺陷、微孔或裂缝中形成机械锁合，如果基体表面上各种微缺陷分布均匀适当，通过机械锁合作用可提高薄膜的附着性能。

附着的主要机理是吸附。根据吸附能大小的不同，又可分为物理吸附与化学吸附。

物理吸附包括范德华力吸附和静电力吸附。范德华力是一种短程力，当吸附原子间的距离略有增大时，它便迅速趋向于零。静电力是一种长程力，即使薄膜和基体之间有微小位移其吸引力也不会有较大变化。因此虽然静电力数值小一些，但它对附着力的贡献却较大。物理吸附的吸附能在 0.001eV～0.1eV 范围。

化学吸附是薄膜与基体之间形成化学键结合力产生的一种吸附。化学键的结合有三种：共价键、离子键和金属键。化学键吸引力是一种短程力，但数值上却比范德华力大得多。化学吸附的吸附能在 0.1eV～0.5eV 范围。

附着现象是出现在两种材料的表面上，与基体比表面自由能 σ_s、薄膜比表面自由能 σ_f、薄膜与基体间的界面自由能 σ_{sf} 有关。单位面积上的附着能 E 可表示如下：

$$E = \sigma_s + \sigma_f - \sigma_{sf} \tag{7-1}$$

界面自由能 σ_{sf} 与两种材料的原子种类、原子间距和键合特征等有关。

7.1.1.2 增加附着力的方法

为了增加薄膜的附着力，通常可以采取如下几种方法：

一、清洗基片

如果表面有一层污染层，将使薄膜不能和基片直接接触，范德华力大大减弱，扩散附着也不可能，附着性能极差。解决的方法是对基片进行严格清洗，除去附着在基片上的无机、有机杂质，还可用离子轰击等方法对基片表面进行预处理。

二、提高基片温度

沉积薄膜时，提高基片温度，有利于薄膜和基片间原子的相互扩散，加速化学反应，从而有利于形成扩散附着和化学键附着，使附着力增大。但基片温度过高，会使薄膜晶粒粗大，增加薄膜中的热应力，从而影响薄膜的其它性能。因此，在提高基片温度时应作综合考虑。

三、引入中间过渡层

某种材料与一些物质之间的附着力大，而与另一些物质的附着力却可能很小。例如，二氧化硅在玻璃上淀积时有较大的附着力，而在 KDP 晶体上附着性能不好；金在玻璃基片上附着力很差，但在铂、镍、钛、铬等金属基片上附着力却很好。因此，为了提高薄膜的附着性能可以在薄膜与基片之间加入一种另外的材料，形成中间过渡层。如金膜在玻璃上附着不好，可以先在玻璃上蒸镀一层很薄的铬或镍铬，铬能从氧化物基片中夺取氧形成氧化物，有较强的附着力，附着性能好；然后再蒸发金膜，金膜和铬膜之间形成金属键，也有很大的附着力。

四、采用溅射法增加附着力

选定薄膜材料和基片之后,采用溅射方法比采用蒸发方法沉积的薄膜的附着性能好。这是因为溅射粒子的能量较高,既可排除表面吸附的气体,增加表面活性,又有利于薄膜原子向基片中扩散,因而薄膜的附着力明显提高。

7.1.1.3 附着力的测试方法

附着力的测试方法大体上可分为胶粘法与直接法。

一、胶粘法

胶粘法适用附着力比较小的薄膜,即薄膜与基片间的附着力必须小于薄膜与胶粘剂之间的粘结力。所选用的粘结剂固化后体积的收缩率应该很小,一般可采用环氧树脂类的粘结剂。胶粘法有引拉法、剥离法、剥离法等,这里主要介绍引拉法和剥离法。

1) 引拉法

其原理是在薄膜上粘结一个柱状体的拉杆,在拉杆上施加一垂直于膜面的拉力,实验装置如图 7-2 所示。如果拉掉薄膜的最小拉力为 F,粘结的底面积为 A,则单位面积的附着力为

$$f = \frac{F}{A} \quad (7-2)$$

利用引拉法测量时,拉力的方向一定要和膜面的法线方向一致,即保证加到图 7-2 中的 p_1、p_2 上的力通过基片平面的中心点,否则将产生力矩而出现测量误差。另外要求粘结厚度均匀,且不影响薄膜性能。

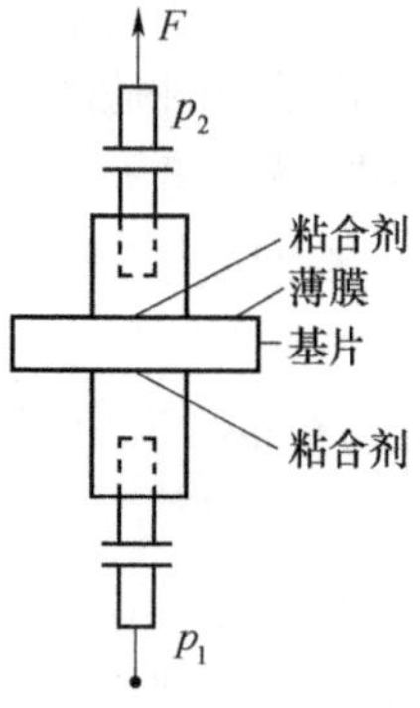

2) 剥离法

这种方法是在薄膜表面粘结上宽度一定的附着胶带,然后以一定的角度对附着胶带施加拉力,把附着胶带拉下来后,可根据薄膜被剥离的情况来判断附着力的大小,其原理如图 7-3 所示。设薄膜单位面积的附着能为 γ,则长度为 a、宽度为 b 的薄膜的总附着能为

$$E = ab\gamma \quad (7-3)$$

图 7-2 引拉法试验装置

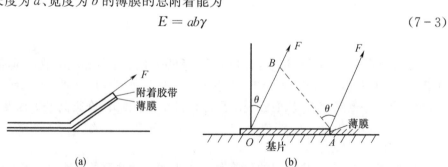

图 7-3 剥离法原理图
(a) 胶带附着薄膜;(b) 受力分析。

用于剥离该薄膜的力 F 所作的功为

$$W_p = (F\cos\theta')2a\cos\theta' = Fa(1-\sin\theta) \quad (7-4)$$

如果认为是静态剥离并忽略薄膜弯曲时所产生的弹性能,则 F 所做的功近似等于薄

膜的总附着能，即 $W_p = E$，于是

$$ab\gamma = Fa(1 - \sin\theta) \qquad (7-5)$$

因此

$$F = \frac{b\gamma}{1 - \sin\theta} \qquad (7-6)$$

式中 F 随 θ 角的变化而变化，不能真正反映薄膜的附着性能。当所加剥离力与薄膜垂直，即 $\theta = 0$ 时，则式(7-6)简化为

$$F = b\gamma \qquad (7-7)$$

根据测所得的 F 便可计算出附着能 $\gamma = F/b$。如果要直接计算单位长度的附着力 f，根据定义并采用上述方法（$\theta = 0$）进行剥离可得 $f = \gamma$。由此可见，附着力的大小和附着能 γ 相同。

二、直接法

如果薄膜的附着力很强，即使粘结面被剥离而薄膜仍然附着，就要将力直接加到薄膜上使其剥离基片，这类测量附着力的方法称为直接法。直接法中有划痕法、摩擦法、离心法等。此处着重介绍常用的划痕法。

划痕法直接测量附着力的原理如图 7-4 所示。将一根硬针的尖端垂直地放在薄膜表面上，钢针尖端的半径是已知的（一般为 0.5mm），在钢针上逐渐加大垂直载荷，直到把薄膜刻划下来为止。一般把刚刚能将薄膜刻划下来的载荷称为临界载荷，并用来作为薄膜附着力的一种量度。用光学显微镜观察划痕以确定临界载荷，其数值一般为几到几百克。

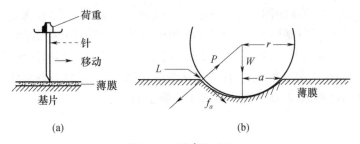

图 7-4 划痕法原理
(a) 测量装置示意图；(b) 球面针尖压薄膜时的情况。

在垂直载荷作用下，钢针尖端下的基片表面严重变形。薄膜因随基片变形而延伸，因此在薄膜和基片之间产生剪切力，其中在压痕 L 处的剪切力最大。当垂直载荷达到临界值 W 时，压痕 L 处的剪切力增大到足以断裂薄膜对基片的附着，这种使单位面积的薄膜从基片上剥离所需要的临界剪切力 f_s 等于附着力，f_s 可根据下式计算：

$$f_s = p\sqrt{\frac{W}{\pi r^2 p - W}} \qquad (7-8)$$

式中 r 是针尖的曲率半径，p 是基片在 L 点处给予针的反作用力。由上式可见，若使薄膜剥离所加的垂直载荷越大，表明膜的附着力越大。当 p 值未知时，则可根据测出的压痕宽度 d，按 $d = 2a = \sqrt{W/(\pi p)}$ 求出 p。但划痕法受薄膜硬度的影响也十分明显，因此它

只能是一种定性的方法。

7.1.2 薄膜的内应力

7.1.2.1 内应力的定义及分类

在薄膜内部任一截面上,单位截面的一侧受到另一侧施加的力称为薄膜的内应力。内应力一般用 σ 表示,其单位为 N/m^2。用真空蒸发、溅射、气相生长等方法制作的薄膜都有内应力,内应力最大时可达 $10^9 N/m^2$,过大的内应力会使薄膜开裂或起皱脱落,使薄膜元器件失效。

内应力可分为张应力和压应力两大类。截面的一侧受到来自另一侧的拉伸方向的力时,称为张应力;而受到推压方向的力时,称为压应力。过大的张应力使薄膜开裂;过大的压应力使薄膜起皱或脱落,一般习惯上对张应力取正号,对压应力取负号。

内应力从其起源来分,可分为热应力和本征应力。在制备薄膜的过程中,薄膜和基片都处于比较高的温度,当薄膜制备完以后,它与基片又都恢复到常温状态,由于薄膜和基片的热膨胀系数有差别,这样在薄膜内部就会产生应力,这种由热效应产生的应力称为热应力。热应力 σ_T 可用下式表示:

$$\sigma_T = E_f(a_f - a_s)\Delta T \quad (7-9)$$

式中,a_s 是基片的热膨胀系数,a_f 是薄膜的热膨胀系数,E_f 是薄膜材料的弹性模量,ΔT 是测量温度与薄膜沉积温度之差。由式(7-9)可见,当薄膜和基片的热膨胀系数与温度无关时,热应力随温度作线性变化,薄膜和基片的热膨胀系数越接近,热应力也就越小。

薄膜的形成过程中由缺陷等原因而引起的内应力称为本征应力。从总内应力减去热应力就是本征应力的值,如图 7-5 所示。本征应力与薄膜厚度有关。其典型变化如图 7-6 所示。在薄膜厚度很小时,构成薄膜的小岛互不相连,即使相连也呈网状结构,此时的内应力较小。随着膜厚的增加,小岛互相连接,由于小岛之间晶格排列的差异以及小孔洞的存在,使内应力迅速增大,并出现最大值。膜厚进一步增加,并形成连续薄膜时,膜中不再有小孔洞存在,此时应力减小并趋于一稳定值。

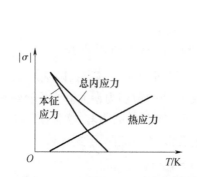
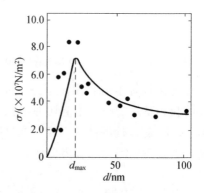

图 7-5 云母片上银膜的本征应力随膜厚的变化　　图 7-6 内应力与基片温度的关系

7.1.2.2 内应力的起因

一般认为薄膜内应力是由热效应、相变、界面应力、杂质效应等因素综合作用的结果。

一、热效应

热效应是内应力的主要来源。因此在选择基片时应尽量选择其热膨胀系数与薄膜相接近的材料,或者选择可使薄膜处于压应力状态的基片材料。基片温度对薄膜的内应力影响很大,它直接影响吸附原子在基片表面的迁移能力,从而影响薄膜的结构、晶粒的大小、缺陷的数量和分布,而这些都与内应力大小有关。

二、相变

薄膜的形成过程实际上也是一个相变过程,即由气相变为液相再变为固相,这种相变带来体积上的变化,从而产生内应力。在薄膜形成过程中,首先是在基片上凝聚成短程有序的类液体固相,这时薄膜并没有本征应力;当类液体固相向稳定的晶相转变以后,由于两相密度不同,就产生了本征应力。例如 Ga 由液相变为固相时体积将发生膨胀,因而薄膜内将产生内应力;Sb 在常温下形成的薄膜一般是非晶态,当膜厚超过某一临界值时将发生晶化,晶化时体积收缩,薄膜内就产生张应力。

三、界面应力

当薄膜材料的晶格结构与基片材料的晶格结构不同时,薄膜最初几层的结构将受到基片的影响,形成接近或类似基片的晶格尺寸,然后逐渐过渡到薄膜材料本身的晶格尺寸。在过渡层中的结构畸变,将使薄膜产生内应力。这种由于界面上晶格的失配而产生的内应力称为界面应力。为了减少界面应力,基片表面晶格结构应尽量与薄膜相匹配。

四、杂质效应

在淀积薄膜时,环境气氛对内应力影响很大。真空室内的残余气体或其它杂质进入薄膜结构中将产生压应力。制备好的薄膜置于大气中,会受到环境气氛的影响,例如铜膜的表面遇到空气会在表面生成一层很薄的氧化层,它也会使薄膜增加压应力。进入薄膜中的残余气体还可能再跑出来,在薄膜中留下空位或微孔,从而出现张应力。由于晶界扩散使杂质进入薄膜中也会产生压应力。

除了以上几种原因以外,在薄膜生长过程中由于小岛的合并、晶粒的合并、缺陷、微孔的扩散等,会引起表面张力的变化,也会引起薄膜内应力的变化。

7.1.2.3 内应力的测量方法

内应力测量方法大体上可分为两类,即机械法和衍射法。机械法测量基片受应力作用后弯曲的程度,衍射法则测量薄膜晶格常数的畸变。在这两大类中又分别有许多不同的方法,下面简单介绍几种常用的方法。

一、悬臂梁法

将薄膜沉积在基片上,基片受到薄膜应力的作用后将发生弯曲。当薄膜的内应力为张应力时,基片表面应为由凹面向蒸发方向弯曲。当薄膜的内应力为压应力时,蒸有薄膜的基片表面就成为凸面,向蒸发方向弯曲。根据这个原理,将长条形基片的一端固定,另一端悬空,形成所谓悬臂梁,如图 7-9 所示。当基片蒸发上薄膜后,受薄膜应力的影响基片发生形变,悬空的一端将发生位移,测量位移量并应用给定的公式就可算出薄膜中的内应力。为了便于测量,并达到较高的灵敏度,要求基片弹性好。厚度均匀、厚度与长度的比值很小。常用的基片是云母片和玻璃片,有时也用硅、铜、铝和镍等金属片。这种方法的灵敏度取决于能检测出的基片一端的最小位移量。

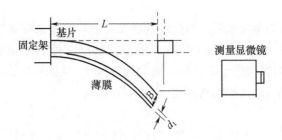

图 7-7 悬臂梁法测理原理图

二、弯盘法

弯盘法的基本原理与悬臂梁法相同,也是利用基片的形变测定内应力的。所不同的是基片为圆形,在沉积薄膜前后测量基片的曲率半径 R_1 和 R_2,然后根据下式计算出薄膜中的内应力:

$$\sigma = \frac{ED^2}{6}\left(\frac{1}{R_2} - \frac{1}{R_1}\right) \qquad (7-10)$$

式中,E、D 分别是基片的弹性模量与厚度。

为了保证测试系经有较高的灵敏度,需要选用合适的基片和检测方法。现在常用的基片是玻璃、石英、单晶硅等,基片的表面要进行光学抛光。

在沉积前后,将基片放在石英板的光学平面上,测量其曲率半径,其中最常用的是牛顿环法,图 7-8 是其检测原理图。把试样放在光学平面上后,用垂直于表面的光照射,这时在试样表面和光学平面之间由于光的干涉而产生牛顿环,测量牛顿环的间隔就可以测定基片的曲率半径,从而算出内应力。

三、X 射线衍射法

用 X 射线衍射法可以测量出薄膜结构的面间距,将测量值与材料的标准面间距相比可以求出薄膜的应变,从而求出薄膜的内应力。为了使衍射峰不过于弥散,薄膜的厚度至少要数十纳米以上。图 7-9 是退火前后金刚石薄膜的 X 射线衍射图。由图可见,薄膜各晶面在退火前的峰位要大于退火后薄膜对应的峰位的角度。根据测得的角度可用布喇格公式

$$2d\sin\theta = \lambda \qquad (7-11)$$

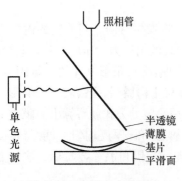

图 7-8 牛顿环法原理图

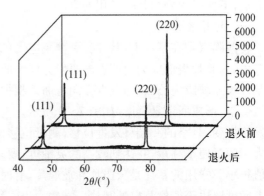

图 7-9 退火前后的金刚石薄膜的 XRD 图谱

算出面间距 d，设标准卡片给出的面间距为 d_0，由此可算出在垂直于膜面方向上的应变

$$\varepsilon = \frac{d-d_0}{d_0} \tag{7-12}$$

再由应力与应变的关系可得出薄膜的内应力

$$\sigma = \frac{E_\mathrm{f}}{2\nu_\mathrm{f}} \cdot \frac{d-d_0}{d_0} \tag{7-13}$$

式中，E_f 和 ν_f 为薄膜材料的弹性模量与泊松比。

图 7-9 还表明，薄膜在退火后衍射峰变窄，这意味着薄膜的内应力变小了。

用 X 射线衍射法测出的是薄膜内晶粒的内应力，不包含膜内无定形区及微晶区的内应力。因此，用这个方法所测出的内应力值，比用悬臂梁法测出的数值偏小。

7.1.3 薄膜的硬度

物质的硬度定义为一种物质相对于另一物质的抗摩擦性或抗刻划性的能力。例如氮化钛薄膜蒸镀在齿轮或刀具的表面，可以延长它们的寿命；硬度极高、耐腐蚀性极好、透光性能优良的类金刚石膜可用于光学器件、太阳能电池的表面保护。

硬度试验方法多种多样，现在最常用的是维氏（Vickers）硬度，其次是库氏（Knoop）硬度和布氏（Brinell）硬度。在此主要介绍维氏硬度试验法。

维氏硬度计是以金刚石压入试样后，用所得压痕对角线的长度值（单位一般为微米）进行计算而求得硬度值的。金刚石压头的形状是一四方角锥体，锥面夹角为 $136°$，它的压痕是一个压下去的四方角锥体。对于薄膜来说，过深的压痕其形变的影响范围有可能达到基片，这时测得硬度就不准确了。因此为了能准确测量薄膜的硬度，基片厚度至少应是压痕深度的 10 倍以上，也就是载荷重量应尽可能地小。如果测得压痕对角线的平均长度 $d(\mu\mathrm{m})$，施加于压头的荷重是 $P(\mathrm{g})$，则维氏硬度

$$\mathrm{HV} = \frac{1854P}{d^2} \quad (\mathrm{kg/mm^2}) \tag{7-14}$$

对薄膜进行硬度试验时，一般都采用显微硬度计，用显微镜测出压痕对角线的长度，此外还应注意载荷大小的选择、加载荷的速度、对角线的测量等。

对薄膜样品进行硬度试验时，多数情况下所加载荷的质量都小于 $1\mathrm{g}$，对于这样小的载荷以尽可能慢的速度加载到试验面上并不容易。为了把载荷能垂直加到试验面上，硬度计还有荷重机构以便承载荷重砝码，荷重机构本身也有重量，如果其重量为 m，移动速度为 v，则动量 mv 将会给测量带来误差，速度越大，压痕越深。研究表明，如果荷重机构可动部分的质量为 $1\mathrm{g}$，荷重砝码为 $10\mathrm{mg}$，为了使荷重误差在 1% 以下，加载到试验面上的速度应小于 $10\mu\mathrm{m/s}$。因此，在试验时必须小心地控制加载速度。

用维氏硬度计进行测量时，应精确测量对角线 d。由于维氏硬度与 d^2 成反比，d 的误差将强烈地影响硬度值。实测的对角线长度往往只有数微米，甚至更短一些，因此即使测量精度可达 $0.1\mu\mathrm{m}$，测量误差也是相当大的。尤其是一些超硬薄膜如金刚石膜，对角线长度很小，用一般的光学显微镜测量误差很大，此时可用扫描电镜进行测量。

7.2 薄膜的电学性质

薄膜的电学性质,如电阻率、电阻温度系数、介电常数等及其与膜厚、外加电场、环境温度等的关系直接决定了薄膜在各种实际应用中的性能。本节主要介绍金属薄膜、介质薄膜、半导薄膜和超导体薄膜的电学性质。

7.2.1 金属薄膜的电学性质

7.2.1.1 块状金属材料的导电性质

对于长度为 L,横截面积为 S 的金属丝,其电阻值 R 可表示为

$$R = \rho \frac{L}{S} \tag{7-15}$$

式中,ρ 是比例系数,称为电阻率,电阻率仅与材料本质有关,而与导体的几何尺寸无关。电阻率 ρ 的倒数称为电导率,并以 σ 表示

$$\sigma = \frac{1}{\rho} \tag{7-16}$$

金属在不发生相变的情况下,其电阻率 ρ 随温度的变化关系如下:

$$\rho_T = \rho_0(1 + aT) \tag{7-17}$$

式中,ρ_T 是温度为 T 时的电阻率,ρ_0 是温度为 0℃ 时的电阻率,α 是电阻温度系数。

由 0℃ 至温度 T 时的平均电阻温度系数为

$$\alpha_T = \frac{\rho_T - \rho_0}{\rho_0 \cdot T} \tag{7-18}$$

对于温度 T 时的真实电阻温度系数为

$$a_T = \frac{d\rho}{dT} \cdot \frac{1}{\rho_T} \tag{7-19}$$

根据量子力学的理论推导出金属电阻率 ρ 的表达式为

$$\rho = \frac{2m}{n \cdot e^2 \cdot \tau} \tag{7-20}$$

式中,m 为电子质量;e 为电子电荷;n 为参与导电的有效电子浓度;τ 为电子波受到相邻两次散射的间隔时间,也常用散射几率 $P=1/\tau$(即单位时间的散射次数)来表示电子波的散射。

在金属晶体中存在多种散射机制,如声子散射、电离杂质散射、中性杂质散射、位错散射、载流子散射和晶粒间界散射等。若上述散射几率分别为 P_1、P_2、P_3、P_4、P_5、P_6 来表示,当它们同时存在时则有

$$P = P_1 + P_2 + P_3 + P_4 + P_5 + P_6 \tag{7-21}$$

其中只有声子散射与温度 T 有关,不同温度时声子散射对电阻率的贡献为

高温时，
$$\rho_T = \frac{2m}{n \cdot e^2} P_1 = \frac{C \cdot T}{4\theta_D} \qquad (7-22)$$

低温时，
$$\rho_T = \frac{124.4CT^5}{\theta_D^5} \qquad (7-23)$$

式中，C 为常数，θ_D 是德拜温度。若将其他散射机制对电阻率 ρ 的贡献归为 ρ_i 一项，则电阻率 ρ 可表示为

$$\rho = \rho_T(T) + \rho_i \qquad (7-24)$$

当温度 T 趋近于 0K 时，ρ_T 也趋近于零，电阻率 ρ 则趋近于 ρ_i。通常将 ρ_i 称为剩余电阻率，式(7-24)称为马修森(Matthiessen)定律。表 7-1 给出了一些有代表性的块状金属导电性能的物理参数。

表 7-1 块状金属导电性的物理参数值

金属	θ_D/K	电阻率 $\rho/(\mu\Omega \cdot cm)$ $T=0°C$	电阻温度系数 $\alpha/(10^{-3}/K)$ $T=$室温	电子浓度 $n/(10^{22}/cm^{23})$	费米能级 E_F /eV
Ag	220	1.49	4.30	5.9	5.5
Al	400	2.50	4.60	18.5	11.8
Au	185	2.06	4.02	5.9	5.5
Bi	80	100	4.45	2.75×10^{-5}	0.0276
Cr	630	13.2	3.01	—	6.3
Cu	310	1.55	4.33	8.5	7.0
Fe	355	8.6	6.51	—	4.4
K	99	6.1	6.73	1.3	1.9
Na	160	4.28	5.46	2.6	2.5
Ni	320	6.14	6.92	—	4.7
Pt	225	9.81	3.96	—	—
Ti	278	42	5.46	6	5.6
W	315	4.89	5.10	—	—

7.2.1.2 连续金属薄膜的导电性质与形状效应

连续金属膜含的各种微缺陷使它在导电性质上与块状金属有较大差异，从而形成了以下几个特点：

(1) 薄膜电阻率 ρ_F 与薄膜厚度 d 有密切关系，电阻率随膜厚的增大逐渐减小并趋于稳定值。薄膜电阻率 ρ_F 始终大于块状金属电阻率 ρ_B。

(2) 薄膜电阻率 ρ_F 的温度系数 α_F、霍耳系数 R_H、热电势都与膜厚有关。

(3) 薄膜电阻率 ρ_F 随薄膜晶粒尺寸的增加逐渐减小并趋于稳定值。

连续金属膜的导电性质与薄膜厚度有关的现象称为形状效应，如图 7-12 所示。设

薄膜厚度 d 沿 z 轴方向，数值上与导电电子平均自由程 λ 相近。长度沿 x 轴方向，宽度沿 y 轴方向。与厚度相比，将薄膜的长度和宽度看为近似于无限大。沿一定方向施加电场 E，在薄膜中导电电子将沿 x 方向运动。若这个电子的运动方向与 x 轴成一定角度 α 或 β，它在 z 轴方向上有一个速度分量 v_z。因此可能在 z 轴方向小于电子平均自由程 λ 之处与薄膜表面相碰撞而改变运动方向。从而影响了沿 x 轴方向的运动速度。当薄膜厚度越小时这种影响越大。

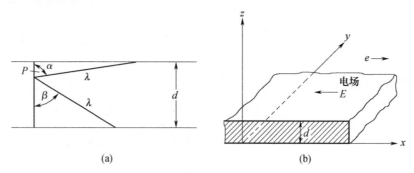

图 7－12 连续薄膜的断面图
(a) 截面图；(b) 薄膜厚度与电场方向示意图。

导电电子与薄膜表面相碰撞时可能产生两种反射：弹性反射和非弹性反射。弹性反射（或称镜面反射）电子总数与总反射电子数之比称为镜面反射系数并用 P 表示，非弹性反射（或扩散反射）电子数与总的反射电子数之比用 $(1-P)$ 表示。

根据这种物理模型求解导电电子分布函数 $f(r,v,t)$ 的玻耳兹曼方程便可得到连续金属膜电阻率 ρ_F 与薄膜厚度 d 之间的函数关系：

$$当 d \gg \lambda 时, 有 \rho_F = \rho_B \left[1 + \frac{3\lambda}{3d}(1-P) \right] \quad (7-25)$$

$$当 d \ll \lambda 时, 有 \rho_F = \rho_B \cdot \frac{3}{4} \cdot \frac{\lambda}{d(1+2P)} \cdot \frac{1}{\ln(\lambda/d)} \quad (7-26)$$

式中 ρ_B 为块金属状电阻率，P 为弹性散射系数。

由以上两式可得到如下结论：

薄膜电阻率 ρ_F 大于块状金属材料电阻率 ρ_B；薄膜电阻率 ρ_F 与膜厚 d 有关，其关系曲线如图 7－13 所示。

7.2.1.3 非连续金属薄膜的导电性质

非连续薄膜指薄膜尚处于小岛阶段，一般厚度低于 5nm 即为非连续薄膜。实验结果表明非连续薄膜导电性的主要特点：

(1) 非连续薄膜的电阻率（或方块电阻）比连续薄膜以及块状材料都高得多；

(2) 非连续薄膜的电阻与温度关系和连续薄膜的完全不同，它具有半导体（或电介质）的温度特性，电阻温度系数 α_F 为负值；

(3) 非连续薄膜的电导率与外加电场关系在低电场时呈现欧姆导电性质，在高电场时呈现非欧姆导电性质，且与激活温度有关。在高电场下有电子发射和光发射现象；

(4) 非连续薄膜的激活能与膜厚有关。

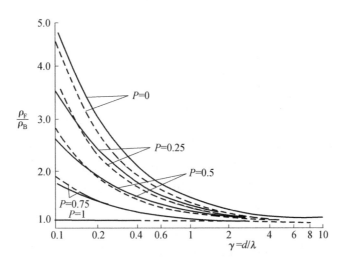

图 7-13 连续金属膜形状效应理论曲线

非连续金属薄膜的电导率与温度之间为指数关系。当忽略小岛间隔随温度变化时，电阻率的温度系数为

$$a = \frac{1}{\rho}\frac{d\rho}{dT} = -\frac{B}{Tk^2} \tag{7-27}$$

式中，T 为温度，k 为玻耳兹曼常数，B 为功函数中的函数。此时，非连续金属薄膜的电阻温度系数是负的。其原因是非连续薄膜的导电与电子发射有关，所以当温度升高时，发射电子数增多，于是电导率增大，电阻率下降，故电阻温度系数为负。但是，当考虑小岛间距随温度变化（特别是基片的热膨胀系数较大）对电阻温度系数的影响时，不连续薄膜的电阻温度系数不一定总是负的，而有可能从负到正。当线膨胀系数 $\beta_c \gg \beta_f$ 时，可得电阻温度系数的一般形式为

$$a = -\frac{d\ln\sigma}{dT} = A\frac{\Delta b}{\Delta T} - \frac{B}{kT^2} \tag{7-28}$$

式中，A 为功函数的函数。Δb 是小岛间距离 b 随温度的变化量。由上式可知 a 可正可负，也可为零。

7.2.2 介质薄膜的电学性质

介质薄膜电学性质主要包括电导性质、介电性质、压电性质、热释电性质和铁电性质等。

7.2.2.1 介质薄膜的电导性质

介质薄膜的电导包括直流电导和交流电导。由于测量介质薄膜电导时必须制作金属电极，形成金属—介质—金属的 MIM 型结构。所以，只有当电极和介质薄膜是欧姆接触时所测量的阻抗或电阻才是介质薄膜的阻抗或电阻。按导电载流子性质来分类，介质薄膜的电导分为离子电导和电子电导两种。按导电载流子的来源又可分为来源于介质薄膜本身的本征电导和来源于杂质及缺陷的非本征电导。

在介质薄膜中通常是离子电导与电子电导同时存在。一般认为离子电导符合下式：

$$\frac{\sigma}{D} = \frac{N \cdot Z^2 \cdot e^2}{kT} \quad (7-29)$$

式中,σ 是电导率,D 是扩散常数,Z 是离子价数,e 是电子电荷,N 是电荷为 Z_e 的离子浓度。

在介质薄膜中的直流电导比块状介质材料大得多,其原因是前者含的缺陷和杂质比后者多。在强电场作用下,介质薄膜中的电导包括有电子电导和离子电导。电子电导主要来源于导带中的电子,其中包括导带中传导电子、隧道效应引起的电导、杂质能级电子电导以及介质薄膜与金属电极界面处的空间电荷等。离子电导有外来的杂质离子和偏离化学计量比造成的离子缺陷等。在弱电场作用下,其电导来源于杂质能级电子电导和离子电导。因为这时介质薄膜导带中几乎没有自由电子,杂质能级电子电导就占主要地位。

当电场强度 $E < 10^5 \text{V/cm}$ 时,离子电导符合欧姆定律。若离子激活能 ϕ,运动距离为 L,当 $(e \cdot E \cdot L) \ll kT$(弱电场)时离子电流密度 J_1 为

$$J_1 = \frac{C}{kT} \exp\left(\frac{-\phi}{kT}\right) \quad (7-30)$$

式中,C 是常数。

当 $(e \cdot E \cdot L) = kT$ 时,外电场使激和能增加,离子电流密度与电场、温度均有关。此时电导为非欧姆性质:

$$J_1 = A \cdot \exp\left[-\left(\frac{\phi}{kT} - \frac{e \cdot E \cdot L}{2kT}\right)\right] \quad (7-31)$$

当 $(e \cdot E \cdot L) \gg kT$ 时属于强电场。缺陷离子等在外电场作用下获得较高能量,以致产生雪崩式碰撞电离而感生出电子电流,电流密度公式更复杂。

图 7-14 是典型的介质薄膜 $\ln\sigma$ 与 $1/T$ 的关系曲线。它表明在不同温度范围内有不同的激活能即不同的电导,机制。在高温下同种材料的曲线斜率相等,其电导称为本征电导。在中、低温情况下,不同温度范围的激活能不相等,它反映出不同的导电机理,这种电导称为非本征电导。

7.2.2.2 介质薄膜的介电性能

虽然介质薄膜的空位、位错、裂缝等缺陷以及氧化物、化学计量比偏离、杂质等缺陷均多于相应的块状材料,但介质薄膜的介电机理、损耗机理与击穿机理等仍可用块状介质材料的相应机理表述。

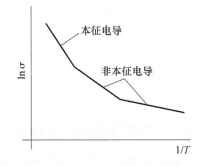

图 7-14 在弱电场下介质薄膜 σ 与 T 关系曲线

一、介质薄膜的极化

当垂直于介质薄膜加一电场时,其表面就有感生束缚电荷出现,称为介质薄膜的极化,其实质就是介质薄膜内的原子核、电子云、离子等在电场作用下发生定向移动和某些具有偶极矩的分子在电场作用下定向排列。常用极化强度 P 来表示束缚电荷的多少。P 就是单位体积中的电矩的矢量和,P 的大小与外加电场成正比。在介质材料中参与极化

的载流子主要有电子、离子、偶极子等。

电子的极化率 α_e 和极化强度 P_e 分别为

$$\alpha_e = 4\pi\varepsilon_0 r^3; \quad P_e = N\alpha_e E \tag{7-32}$$

式中，ε_0 为真空介电常数，r 为原子半径，N 为单位体积的原子数，E 为外加电场强度。

离子的极化率 α_i 和极化强度 P_i 分别为

$$a_i = q^2/(2f) \tag{7-33}$$

$$P_i = N\alpha_i E \tag{7-34}$$

式中，q 为离子电量，f 为离子间作用力常数，N 为正负离子对的浓度，这种极化也称为原子极化。

偶极子的转向极化率 α_d 和极化强度 P_d 分别为

$$\alpha_d = \mu_0^2/(3kT) \tag{7-35}$$

$$P_d = N\alpha_d E \tag{7-36}$$

式中，μ_0 为分子的固有偶极矩，k 为玻耳兹曼常数，T 为温度，N 为偶极子浓度。

介电极化的极化强度为

$$P_f = \frac{\sigma_1\varepsilon_2 - \sigma_2\varepsilon_1}{\sigma_1 + \sigma_2} E \tag{7-37}$$

式中，σ_1、σ_2、ε_1、ε_2 分别为两种介质膜的电导率与介电常数。当 $\sigma_1\varepsilon_2 - \sigma_2\varepsilon_1 = 0$ 时，$P_f = 0$。

介质薄膜的相对介电常数 ε 与极化率 α，极化强度 P 之间的关系为

$$P = \varepsilon_0(\varepsilon - 1)E \tag{7-38}$$

$$\frac{\varepsilon+1}{\varepsilon+2} = \frac{N\alpha}{3\varepsilon_0} \tag{7-39}$$

上式称为克劳修斯—莫索缔方程，简称克—莫方程。另外，由于结构的不同，介质薄膜的介电常数不一定等于相应块状材料的介电常数。

二、介质薄膜的介电常数

根据极化性质的不同，按照介质薄膜的介电常数的大小可将介质薄膜分为两种类型：非极性介质薄膜和极性介质薄膜。非极性介质薄膜的介电常数约为 2~45，其中较低的多为有机聚合物薄膜，较高的多为无机氧化物薄膜。极性介质薄膜的介电常数大约为 3~1000 或者更大，其中介电常数较低的为有机聚合物薄膜，较高的为无机铁电薄膜。

一般来说，介质薄膜的介电常数由本征介电常数和非本征介电常数两部分组成。本征介电常数来源于薄膜本身原子的电子状态，固有偶极矩及晶格结构等。非本征介电常数来源于薄膜的不均匀性、杂质、空位、填隙离子、应力、晶界层上的偏析物、氧化物等。本征介电常数决定于薄膜内部的各种极化机构。其中起主要作用的有电子极化、离子极化、偶极子转向极化、自发极化等。

图 7-15 表示出介质薄膜中介电常数与原子序数的关系。图中分子平均原子序数是指每个氧化物分子中各原子的原子序数之和再除以所含原子数。表 7-2 给出了一些常用介质薄膜材料的介电常数。

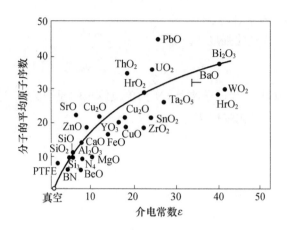

图 7-15 介质薄膜介电常数与分子平均原子序数的关系

表 7-2 常用介质薄膜制备方法与介电常数的关系

介质薄膜	制造方法	介电常数	介质薄膜	制造方法	介电常数
BN	射频溅射	4.0	Ta_2O_5	阳极氧化	45.0
AlN	反应蒸发	8.5	Ta_2O_5	阳极氧化 Ta/N	27.0
Si_3N_4	射频溅射	6.8	Bi_2O_3	射频溅射	25.0
Al_2O_3	阳极氧化	6.0	Bi_2O_3	反应溅射	38.0
SiO_2	气相生长	4.0	$MnTiO_3$	反应溅射	20~120
TiO_2	真空蒸发	100.0	$BaTiO_3$	真空蒸发	130~820
ZrO_2	反应溅射	20.0	$PbTiO_3$	反应溅射	200~400

三、介质薄膜的交流损耗

介质薄膜在交变电场作用下,由于电导和极化方面的原因,必然产生能量损耗。这种损耗值的大小与介质薄膜本身的晶体结构和各种缺陷有关。所以介质薄膜的损耗就是表征介质薄膜质量和性能的重要参数,并用损耗角 δ 的正切值 $\tan\delta$(%)表示。表 7-3 列出了各种介质薄膜的损耗。

表 7-3 各种介质薄膜的制备方法与损耗

介质薄膜	制备方法	$\tan\delta$/(%) (1kHz)	介质薄膜	制备方法	$\tan\delta$/(%) (1kHz)
Si_3N_4	射频溅射	0.1	ZrO_2	阳极氧化	1.0
Al_2O_3	阳极氧化	0.5	ZrO_2	反应溅射	0.8
Al_2O_3	射频溅射	0.4	Ta_2O_5	阳极氧化	1.0
SiO	真空蒸发	0.1	Ta_2O_5	反应溅射	0.9
SiO_2	反应溅射	0.01	$MnTiO_3$	反应溅射	3~17.0
SiO_2	射频溅射	0.1	$BaTiO_3$	真空蒸发	15.0
TiO_2	阳极氧化	3.0	$PbTiO_3$	反应溅射	0.6
TiO_2	反应溅射	6.5			

具有各类极化和电导的介质膜的介电常数和损耗角正切与频率关系为

$$\varepsilon = \varepsilon_\infty + \frac{\varepsilon_s - \varepsilon_\infty}{1+(\omega\tau)^2} \tag{7-40}$$

$$\tan\delta = \frac{\gamma + \varepsilon_0(\varepsilon_s - \varepsilon_\infty)\dfrac{\omega^2\tau}{1+(\omega\tau)^2}}{\omega\varepsilon_0\varepsilon} \tag{7-41}$$

式中,ε_∞ 为极高频率下的介质薄膜的介电常数,ε_s 为直流时的介电常数,ε_0 为真空介电常数,τ 为介质薄膜的弛豫时间,ω 为角频率。

介质薄膜的损耗由三部分组成。第一部分是电导损耗,在直流或交流电场作用下都始终存在。直流电导损耗在低频下比较明显且不随频率变化。第二种损耗是弛豫型损耗。它与交变电场的频率有密切关系。高频弛豫损耗时峰值频率在 1MHz 以上。低频弛豫损耗的峰值频率在 100Hz 以下。第三种损耗是非弛豫型损耗。对于绝大多数介质膜在室温下都能观测到非弛豫型损耗,而且在较低电场下完全为欧姆性导电时也可观察到这种损耗。这种损耗的特征是 $\tan\delta$ 几乎与频率无关。各种介质薄膜的非弛豫损耗的频率特性如图 7-16 所示。这种非弛豫损耗是介质薄膜内部不均匀性造成的,也就是介质薄膜中的各种微观缺陷和杂质的不均匀性导致电子、离子和原子等所处的微观环境不同而造成的。

上述三种损耗与频率的关系,如图 7-17 所示。介质薄膜的直流电导与温度关系为指数关系,弛豫损耗值随温度升高而向高频端移动。所以在高温下,介质薄膜的损耗都以电导损耗占主导地位。

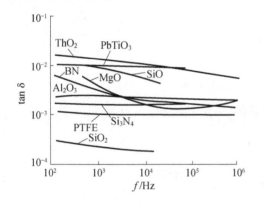

图 7-16 介质薄膜非弛豫损耗的频率特性

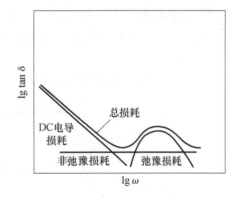

图 7-17 介质薄膜损耗与频率的关系

7.2.2.3 介质薄膜的压电性质

应力作用使晶体表面产生电荷现象称为正压电效应。与此相反,当晶体受到电场作用时,在它的某个方向上发生应变,而且应变与电场强度成线性关系,这种现象称为逆压电效应。一般将这两种现象统称为压电效应。晶体的这种性质称为压电性质。除了一些压电单晶(石英、$LiNbO_3$、$LiTaO_3$、CdS)和压电陶瓷($BaTiO_3$、$PbTiO_3$、$Pb(Zr,Ti)O_3$)等块状材料之外,一些介质薄膜也具有压电性质,如 CdS、ZnS、AlN、ZnO、$LiNbO_3$、PZT 等薄膜。这类薄膜主要用于制造声表面波器件。

一、压电薄膜的结构

压电薄膜在晶体结构上应为无对称中心、且为离子晶体组成的结构,才能呈现出良好的压电性能。真空沉积的压电薄膜都是多晶结构,各微小晶粒之间有程度不同单晶,所以要使压电薄膜具有优良的压电性能,在结构上首先要保证各微晶基本上有相同取向。其次微晶的原子结构应为立方晶体结构的钙钛矿、立方晶体结构的闪锌矿、六方晶结构的纤锌矿等。表7-4列出了典型的压电薄膜结构。

表7-4 典型压电薄膜的晶体结构

介质薄膜	基体	微晶晶型	[0001]方向的择优取向
ZnO	玻璃	六方晶	垂直膜面 倾斜膜面 平行膜面
CdS	云母、岩盐 云母、岩盐 玻璃 玻璃	六方晶 六方晶 六方晶 六方晶	—— 垂直膜面 垂直膜面 与膜面成40°角
ZnS	玻璃	六方晶 六方晶	[111]方向垂直膜面 垂直膜面
AlN	玻璃	六方晶 六方晶	垂直膜面 平行膜面

二、压电性能参数

在表征介质薄膜压电性质时常用以下物理参数:

1) 机电耦合系数 k

机电耦合系数用来描述机电能量换转过程,其定义为

$$k^2 = \frac{\text{通过正压电效应转换所得的电能}}{\text{输入总机械能}} \tag{7-42}$$

或

$$k^2 = \frac{\text{通过逆压电效应转换所得的机械能}}{\text{输入逆电能}} \tag{7-43}$$

2) 压电系数 d

当用应力 σ 和电场 E 为变量时用压电系数 d 来描述单位应力作用下产生的极化强度或单位电场作用下产生的应变。压电系数 d 的单位是库仑/牛顿或米/伏。

正压电效应可用下式描述:

$$P = d\sigma \tag{7-44}$$

式中,σ 为应力,P 为极化强度,d 为压电常数。

逆压电效应可用下式描述:

$$S = dE \tag{7-45}$$

式中,S 为弹性应变,E 为电场强度。

3) 机械品质因素

机械品质因素描述压电材料在谐振时机械能损耗的多少,用 Q_m 来表示。它的定义是:

$$Q_m = 2\pi \frac{\text{谐振时压电振子储存的最大弹性能 } W_m}{\text{每个周期内损耗的机械能}} \quad (7-46)$$

4) 电学品质因数

电学品质因数的定义是通过压电材料的无功电流 I_e 和有功电流 I_R 之比或介质损耗角正切的倒数。即

$$Q_e = \frac{I_e}{I_R} = \frac{1}{\tan\delta} \quad (7-47)$$

7.2.2.4 介质薄膜的热释电性质

具有自发极化的晶体因温度变化而引起自发极化强度发生变化的现象称为热释电效应。晶体材料的这种性能称为热释电性。热释电效应是由于温度变化使某些压电晶体出现正负电荷相对位移形成电极化,从而在晶体两端表面产生异号束缚电荷而引起的。反之,当给热释电晶体施加外电场时,电场的改变会引起晶体温度的变化,这种现象称为电生热效应(或称为电卡效应)。

一、热释电效应的基本参数

当热辐射照射到热释电晶体上时(见图 7-19 所示),晶体的自发极化强度 P_s 随温度 T 的变化 dP_s/dT 将引起晶体表面电荷密度的变化。在负载电阻 R_s 上产生电压信号为

$$V_p = S \cdot R_s \cdot \frac{dP_s}{dT} \cdot \frac{dT}{dt} \quad (7-48)$$

式中,S 是电极有效面积,R_s 是负载电阻,dP_s/dT 是热释电系数(C/cm² · K),dT/dt 是

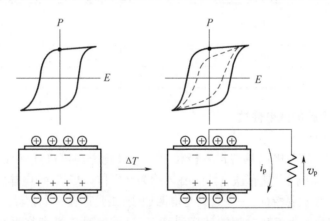

图 7-19 热释电效应测试原理

温度变化速度。在回路中产生的热平衡电流即为

$$i_p = \frac{V_p}{R_s} = S \cdot \frac{dP_s}{dT} \cdot \frac{W}{L \cdot \rho \cdot j \cdot C_p} \quad (7-49)$$

式中,L 是晶体厚度,W 是热辐射功率,ρ 是晶体密度,J 是热功当量,C_p 是晶体比热。

自发极化强度 P_s 随温度 T 的变化率 dP_s/dT 称为热释电系数,并用 p 表示,即

$$p = \frac{dP_s}{dT} \tag{7-50}$$

二、热释电薄膜

热释电材料中的块状材料有单晶材料（$LiTaO_3$、$LiNbO_3$ 等）、陶瓷材料（$PbTiO_3$、PZT、PLZT、BST 等）和有机高分子材料（聚偏二氟乙烯 PVDF）。其中 $PbTiO_3$ 系和（Ba、Sr）TiO_3 等材料制备的热释电薄膜最多。一般说来，热释电薄膜应具有以下性质：①热容量要小；②热释电系数要大，即要求由于温度引起的表面电荷变量要大；③介电常数小，以提高输出电压值；④材料的热扩散系数小，特别是在制作热释电摄像器件时。

表 7-5 热释电材料的物理性质

性质 材料种类	居里温度 T_c /℃	介电常数 ε	热释电系数 $p \times 10^{-8}$ /(C/cm² · K)	热扩散系数 1×10^{-13} /(cm²/s)	测量温度 /℃
硫酸三甘肽（TGS）	49	50	3.5	2.6	25
掺丙氨酸的硫酸三甘肽（LATGS）	49.5	35	7.0	—	25
氘化硫酸三甘肽（DTGS）	62	20	2.7	~2.6	25
氟铍酸三甘肽（TGFB）	73.8	15	2.1	2.0	30
氘化氟铍酸三甘肽（DTGFB）	74.5	12	2.5	2.9~1.7	25
铌酸锶钡（$Sr_{0.48}Ba_{0.52}NB_2O_5$）	105	380	6.5	—	25
锗酸铅（$Pb_5Ge_3O_{11}$）	178	40	1.1	8	25
钛酸铅（$PbTiO_3$）	470	200	6	9.9	25
锆钛酸铅（$PbTi_{0.07}Zr_{0.93}O_3$）	~240	300	2.6	—	25
钽酸锂（$LiTaO_3$）	618	43	1.7	13	25
聚二氟乙烯（PVF_2）	120	11	0.3	0.53	25
钽酸铅（$PbSr_{0.5}Ta_{0.5}O_3$）	−10	1800	24	—	25
钛酸锶钡（$Ba_{0.67}Sr_{0.33}$）TiO_3	21	5000	35	—	25

7.2.2.5 介质薄膜的铁电性质

一、铁电体的特点

晶体在一定温度范围内具有自发极化且自发极化方向可以随外加电场翻转而反向 180°的性质称为铁电性。具有铁电性的晶体称为铁电体。当然，铁电体中并不一定含铁。

铁电体有三个重要特征：一是它具有电滞回线；二是存在一个临界温度即铁电居里温度 T_c，它是晶体顺电相与铁电相的转变温度；三是铁电晶体具有临界特性，它的介电性质、弹性性质、热学性质和光学性质等在临界温度附近出现反常现象。铁电晶体本身是介质晶体、压电晶体和热释电晶体的一个亚族，所以铁电体必然具有介电、压电和热释电性质，对于透光性的铁电晶体还具有电光性质。

二、铁电薄膜的性质

典型铁电材料的性值如表 7-6 所列。但其中较容易制成铁电薄膜并且研究较多的介质材料是 $BaTiO_3$ 和 $PbTiO_3$。

表 7-6 典型铁电材料的性能

材料	T_c/℃	$P_s(\mu C/cm^2)$ [T(℃)]	材料	T_c/℃	$P_s(\mu C/cm^2)$ [T(℃)]
KH_2PO_4	-150	4.8(-177)	$PbTiO_3$	490	>50(23)
硫酸甘氨	49	2.8(20)	$KNnbO_3$	435	30(250)
SbSI	≈20	25(0)	$LiNbO_3$	1210	71(23)
$BaTiO_3$	135	26(23)	$LiTaO_3$	665	23(450)

与块状材料制备工艺相比,铁电薄膜多是多组元氧化物薄膜,因此要重现铁电薄膜的制备工艺,以解决化学组分偏离:

选择适当基片温度;控制均匀性以及注意尺寸效应等。

7.2.2.6 介质薄膜的击穿

当施加到介质薄膜上的电场强度达到某一数值时,介质薄膜便立刻失去绝缘性能,这种现象称为击穿。介质薄膜在发生击穿时绝缘电阻很小。如果电场仍持续地加在介质薄膜上则有较大的电流通过将它烧毁,这种击穿称为硬击穿。有些介质薄膜在击穿时并不被烧毁而是长期稳定地维持低阻状态,这种击穿称为软击穿。一些常用介质薄膜的击穿场强如表 7-7 所列。从表 7-7 可以看出,对于同一介质薄膜,因制造方法不同其击穿场强有较大差异。产生这种差异的原因是不同制备方法在介质薄膜中产生的针孔、微裂纹、纤维丝和杂物质等微结构不同。

表 7-7 介质薄膜的击穿场强(10^6 V/cm)

介质薄膜	制造方法	击穿场强	介质薄膜	制造方法	击穿场强
Si_3N_4	射频溅射	1	ZrO_2	阳极氧化	4
Al_2O_3	阳极氧化	6~8	ZrO_2	反应溅射	4
Al_2O_3	射频溅射	1	Ta_2O_5	阳极氧化	6
SiO_2	真空蒸发	2	Ta_2O_5	反应溅射	1
SiO_2	反应溅射	1.5	Bi_2O_3	反应溅射	0.7
SiO_2	热生长	10	$BaTiO_3$	内光蒸发	0.35
TiO_2	阳极氧化	1	$PbTiO_3$	反应溅射	2.3

若从击穿机理来分类,可分为两类:当外电场超过介质薄膜本身绝缘强度而产生的击穿称为本征击穿;因薄膜缺陷引起的击穿则称为非本征击穿。

本征击穿是在电击穿和热击穿共同作用下产生的击穿。电击穿是介质薄膜中载流子(大部分为电子)在某临界电场 E_c 作用下产生电子倍增过程中使介质薄膜绝缘性急剧下降而形成的电子雪崩击穿,一般都在极短的时间里发生。电子从电场中得到的能量主要用于碰撞电离过程。在电击穿时电流雪崩式增加,产生大量焦耳热,介质薄膜温度迅速上升就转为热击穿。介质薄膜电导随温度上升呈指数规律急剧增大,随后电流又增大,焦耳热增大,介质薄膜温度进一步增高。在很短时间内由于介质薄膜温度高,造成局部地方产生热分解、挥发或熔化，则进一步促成热击穿的产生。

7.2.3 半导体薄膜的电学性质

半导体是指电阻率介于导体和绝缘体之间的一类物质，其电阻率一般为 $10^{-3}\Omega\cdot cm\sim 10^9\Omega\cdot cm$。半导体对杂质和缺陷非常敏感。由于杂质和缺陷会在禁带中引入能级，将会对半导体的物理和化学性质产生较大影响。因此，在光、热、电、磁等外场作用下半导体的电学性质会发生很大变化。本节主要介绍半导体薄膜的电学性质。

7.2.3.1 半导体电导率与光电导

电导率 σ 为电阻率 ρ 的倒数，单位为西门子/米，记为 S/m。迁移率 μ 反映了半导体中载流子导电能力，它表示单位场强下电子的平均漂移速度。半导体的电导率和迁移率之间的关系为

$$\sigma = nq\mu_n + pq\mu_p \tag{7-51}$$

式中，n,p 分别代表电子和空穴的浓度，μ_n 和 μ_p 分别代表电子和空穴的迁移率，q 为电子电量。

从式(7-51)可以看出，同样的掺杂浓度，载流子的迁移率越大，材料的电导率就越大。在不同的半导体中，电子和空穴两种载流子的迁移率是不相同的。对同一种材料，载流子的迁移率还要受到掺杂物质的种类和浓度的影响，掺杂不同，迁移率的大小也不同。载流子的迁移率也随温度而变。由于掺杂半导体的载流子浓度在器件的使用温度范围内基本不变，所以电导率随温度的变化主要来自迁移率。

光电导是指由光照而引起半导体电导率增加的现象，即光照使半导体中形成非平衡附加载流子，而且载流子浓度的增大必然使样品电导率增大。

无光照时，半导体样品的电导率(也称暗电导率)为

$$\sigma_0 = q(n_0\mu_n + p_0\mu_p) \tag{7-52}$$

式中，n_0,p_0 为平衡载流子浓度。

有光照下，试样的电导率为

$$\sigma = q(n\mu_n + p\mu_p) \tag{7-53}$$

式中，$n=n_0+\Delta n$，$p=p_0+\Delta p$，其中 Δn 和 Δp 分别为光注入的附加载流子浓度。于是附加光电导(简称光电导)为

$$\Delta\sigma = q(\Delta n\mu_n + \Delta p\mu_p) \tag{7-54}$$

从式(7-52)和式(7-54)可得出本征光电导的相对值为

$$\frac{\Delta\sigma}{\sigma_0} = \frac{(1+a)\Delta n}{an_0 + p_0} \tag{7-55}$$

式中 $a=\mu_n/\mu_p$。从式(7-55)可以看出，若要制成高灵敏的光敏电阻，应使 n_0 和 p_0 较小。因此，光敏电阻一般由高阻材料制成或者在低温下使用。

7.2.3.2 光生伏特效应

当用适当波长的光照射非均匀半导体(如 PN 结)时，半导体内部会产生电动势，称为光生电压。如将 PN 结短路，则在外电路中会出现电流，称为光生电流。这种效应称为光生伏特效应。光生伏特效应是光电池的基本理论基础。

光电池工作时共有三种电流：光生电流 I_L，在光生电压 V 作用下的 PN 结正向电流 I_F，流经外电路的电流 I_O，I_L 和 I_F 都流经 PN 结内部，但方向相反。根据 PN 结整流方程，在正向偏压 V 作用下，通过结的正向电流为

$$I_F = I_S(e^{\frac{qV}{kT}} - 1) \quad (7-56)$$

式中 V 是光生电压，I_S 是反向饱和电流，k 为玻耳兹曼常数，T 为热力学温度。

当用一定强度的光照射光电池，因存在吸收，光强度随着光透入的深度按指数规律下降，因而光生载流子产生率也随光照深入程度而减小，即产生率 G 是深度 x 的函数。为了简化，用 $\overline{G}$ 表示在结两边的扩散长度（$L_p + L_n$）内非平衡载流子的平均产生率，并设扩散长度 L_p 内的空穴和 L_n 内的电子都能扩散到 PN 结面而进入另一边。这样光生电流 I_L 为

$$I_L = q\overline{G}A(L_p + L_n) \quad (7-57)$$

式中，A 是 PN 结面积，E 为电子电量。光生电流 I_L 从 N 区流向 P 区，与 I_F 反向。

如果光电池与负载电阻接成通路，通过负载的电流应为

$$I = I_L - I_F = I_L - I_S(e^{qV/kT} - 1) \quad (7-58)$$

这就是负载电阻上电流与电压的关系，也就是光电池的伏安特性，其曲线如图 7 - 20 所示。图 7 - 20 中曲线 1 和 2 分别为无光照和有光照射时光电池的伏安特性。

由前面的讨论可得

$$V = \frac{kT}{q}\ln\left(\frac{I_L}{I_S} + 1\right) \quad (7-59)$$

在 PN 结开路情况下（$R = \infty$），两端的电压即为开路电压 V_{oc}。这时，流经 R 的电流 $I = 0$，即 $I_L = I_F$。将 $I = 0$ 代入式（7 - 59），可得到开路电压为

$$V_{oc} = \frac{kT}{q}\ln\left(\frac{I_L}{I_S} + 1\right) \quad (7-60)$$

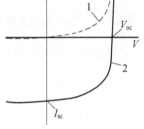

图 7 - 20　光电池的伏安特性

如果将 PN 结短路（$V = 0$），因而 $I_F = 0$，这时所得的电流为短路电流 I_{sc}。短路电流应等于光生电流，即

$$I_{sc} = I_L \quad (7-61)$$

V_{oc} 和 I_{sc} 是光电池的两个重要参数，其数值可由图 7 - 21 中曲线 2 在 V 和 I 轴上的截距求得。显然，两者都随光照强度的增强而增大；I_{sc} 随光照强度线性地上升，而 V_{oc} 则成对数增大，如图 7 - 21 所示。V_{oc} 并不随光照强度无限地增大。当光生电压 V_{oc} 增大到 PN 结势垒消失时，即得到最大光生电压 V_{max}，因此，V_{max} 就等于 PN 结势垒高度 V_D，与材料掺杂程度有关。实际情况下，V_{max} 与禁带宽度 E_g 相当。

7.2.3.3　半导体薄膜电学特性的测量

常用的测量方法有电阻测量法、电容测量法、电压测量法以及其他一些分析方法等。

一、电阻测量法

在半导体薄膜电性能的测量中，最简单最常用的是四端电阻测量法。如检测硅单晶电阻率的主要方法为四探针法，其原理如图 7 - 22 所示，采用一对电流端和一对电压端共

四个电极。这种方法只要在电压测量中采用高输入阻抗的测量仪器就不会受到接触电阻的影响。由于薄膜的厚度相对探针间距 S 很小,因此可看成一个无限薄层。当外侧两端间流过电流为 I、内侧两端间产生的电位差为 V 时,薄膜电阻(又称方块电阻)R_s 就可以根据下式计算:

$$R_s = \frac{\pi}{\ln 2} \frac{V}{I} \tag{7-62}$$

式中 $\frac{\pi}{\ln 2}$ 因子是由于考虑到电流扩展的缘故,R_s 的单位为欧(Ω)。

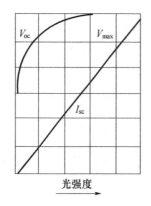

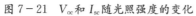

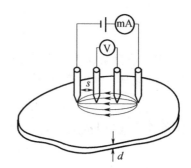

图 7-21　V_{oc} 和 I_{sc} 随光照强度的变化　　　图 7-22　四探针法测量薄膜电阻原理示意图

如果薄膜的电性能在膜厚方向是均匀的,当膜厚为 d 时,薄膜的电阻率则为

$$\rho = R_s d = \frac{\pi}{\ln 2} \frac{V}{I} d \tag{7-63}$$

如果薄膜的电性能在膜厚方向是不均匀的,也可用上式计算电阻率,只不过得到的是平均电阻率。

二、电容—电压法

测量半导体薄膜杂质浓度分布广泛使用的方法是测量表面耗尽层的静电容量。由于半导体 0 面电位所引起的向内扩伸的耗尽层本身不导电,在半导体的内部(即薄膜的内侧)和薄膜表面之间就构成一个电容器。它的电容量与耗尽层宽度成反比,而这个宽度又反映出薄膜内的杂质浓度情况。

为了控制表面电位,需要在电容器的外表面上制成特殊的电极,然后在金属—半导体间加上反向电压。如图 7-23 所示,设耗尽层宽度为 x,并假设偏压增加 ΔV 时,耗尽层宽度增加 Δx,则耗尽层的空间电荷变化为

$$\Delta Q = q N(x) \Delta x \tag{7-64}$$

式中 $N(x)$ 为杂质的浓度分布。因此,耗尽层中电场增量为

$$\Delta E = \frac{\Delta Q}{\varepsilon} \tag{7-65}$$

其中,ε 是半导体薄膜的介电常数。于是,电压的变化部分与耗尽层宽度的变化之间的关系为

$$\Delta V = x \cdot \Delta E = qN(x) \cdot \frac{x}{\varepsilon} \Delta x \qquad (7-66)$$

因此,耗尽层的电容量为

$$C = \frac{\Delta Q}{\Delta V} = \frac{\varepsilon}{x} \qquad (7-67)$$

由以上两式可求出耗尽层的深度

$$x = \frac{\varepsilon}{C} \qquad (7-68)$$

由此可见,只要测出电容量随电压的变化就可得出杂质浓度在深度方向的分布,图 7-24 是用电容—电压测量 GaAs 薄膜所得的杂质浓度结果。其中曲线①是在高浓度的 N 型衬底上用外延生长的 N 型 GaAs 薄膜中的杂质浓度分布情况;曲线②则是在高电阻率 GaAs 衬底上,用同样方法制得的 N 型 GaAs 薄膜中的杂质浓度分布情况。

7.2.3.4 薄膜的超导电性

一、超导电性

导体的电阻是由电子与晶格的碰撞而引起的。当温度降低使晶格热振动减小时,电阻也就减小。但是,即使温度为绝对零度(0K),由于晶格缺陷等原因导体也会有剩余电阻。人们已经发现不少的金属或合金等在液氦温度范围,会出现电阻为零的现象,这就是超导现象。从通常的导电状态转变超导状态的温度为材料的临界温度或转变温度,用 T_C 表示。每种超导体都有一个特定的临界温度,如水银的 T_C 为 4.153K。

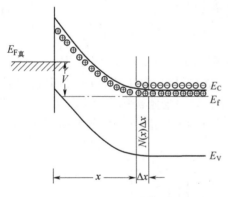

图 7-23 测量 N 型半导体的杂质浓度分布

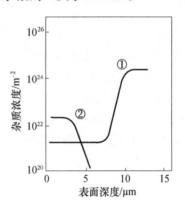

图 7-24 C-V 法测量 N 型 GaAs 薄膜中杂质的结果

超导现象最早是由 K. Onnes 于 1911 年在水银中发现的,超导现象也称为材料的完全导电性。在发现超导现象以后,许多科技工作者为了探求超导机理、导找新超导材料和研究超导体的实际应用,做了大量工作,取得了可喜的成绩。1972 年发现了临界温度为 23.2K 的铌三锗。1986 年 4 月后各国科学家相继宣布发现了 30K 以上的超导体,如钡镧铜陶瓷、锶镧铜陶瓷、钙镧铜、钡钪铜和钇钡铜氧陶瓷等。经过短短一年多的时间,到 1987 年底,氧化物超导材料的转变温度已提高到 100K,如表 7-8 所列。目前,最高的超导临界转变温度为 156K。

表 7-8 某些超导物质的 T_c 和 H_c 值

元素	T_c/K	H_c/Oe	合金或化合物	T_c/K	H_c/Oc**
Al	1.19	98.8	V_3Ga	14.8	25×10^4
In	3.41	285	V_3Si	16.9	24×10^4
La(β)	5.9	1000	Nb_3Sn	18.3	28×10^4
Nb	9.2	2,000*,3,000**	Nb_3Ga	20.2	34×10^4
Pb	7.18	800	Nb_3Ge	22.5	38×10^4
Re	1.70	200	$PbMo_3S_b$	14.4	60×10^4
Sn	3.72	308	NbN	15.7	15×10^4
Ta	4.48	825	$YBa_2Co_3O_7$	93	—
Tc	8.22	—	BiSrCaBCuO	107	—
Th	1.37	161	TlBaCaCuO	120	—
Tl	2.39	170			
V	5.13	1290*,7000**			

* H_{c1}; ** H_{c2}

材料的超导态可由磁场破坏,这个磁场是有一定界限值的,并称之为临界磁场,它与温度有关,可用 $H_c(T)$ 表示。材料在临界温度 T_c 时,$H_c(T)=0$。超导元素的 H_c 与温度之间的关系为

$$H_c = H_0\left[1-\left(\frac{T}{T_c}\right)^2\right] \tag{7-69}$$

式中,H_0 是 $T=0K$ 时的磁场临界值。

超导体的磁学性质如图 7-25 所示,当把超导材料放置在磁场中,温度 $T>T_C$ 时,超导材料处于常导状态,磁通像图 7-25(a) 所示那样通过材料,而在 $T>T_C$ 时却成为超导状态,磁通如图 7-25(b) 所示,完全排斥在材料之外,这一现象被称为迈斯纳效应。人们把材料中完全不存在磁通的现象看成是材料中产生了完全抵消外磁场的反磁场,也是可称之为完全抗磁性。

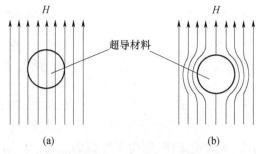

图 7-25 磁场中材料的迈斯纳效应
(a) $T>T_C$; (b) $T<T_C$。

当然,磁通并不是完全被排除到超导体之外。研究表明,磁通可进入超导体表层的一定深度,即穿透深度 λ_s。超导电性的轮廓理论给出 λ_s 的表达式:

$$\lambda_s(T) = \frac{\lambda_s(0)}{\sqrt{1-\left(\frac{T}{T_c}\right)^4}} \quad (7-70)$$

式中，$\lambda_s(0)$ 为 $T=0$K 时的穿透深度，一般 λ_s 为 50nm～100nm。

1957 年，巴丁(Bardeen)、库柏(Cooper)、施里弗(Schrieffer)对材料的超导特性进行了理论解释(即 BCS 理论)。BCS 理论指出：超导状态下，金属的导电电子处于松弛联系并形成电子对(又称库柏对)，它们具有相反方向的自旋和动量矩，电子的迁移是以成对的方式进行的，这种电子对是由这些自旋相反的电子引力形成的。波数矢量 K 状态的向上与向下的两个能级上，或者都被电子所占据或者两者都空着。超导状态就是这些导电电子通过与晶格声子的相互作用发生耦合而表现出来的宏观物理现象。

由于电子耦合较弱，正常态和超导态之间的能量差较小，超导态比正常态的能级要低 2Δ，这样在 $T=0$K 时禁带宽度为

$$2\Delta = 3.5kT_C \quad (7-71)$$

这一预言已为许多超导体所证实。

随着温度的上升，晶格层子运动的幅度的频率加剧，阻碍了库柏电子对之间的声子的运动。电子之间的吸引力减弱，2Δ 也随之减小。在 $T=T_C$ 时，$\Delta=0$。

二、薄膜中的超导电性

由于不能忽视薄膜状态的表面能的影响，所以超导体薄膜的临界磁场 H_{cf} 与块状超导体的 H_∞ 不同。而薄膜厚度为 d 磁通进入薄膜的穿透深度为 λ_L 时，以下关系成立：

$$\frac{H_{cf}}{H_\infty} = \left[1 - \frac{2\lambda_L}{d}\cdot\tan\left(\frac{d}{2\lambda_L}\right)\right]^{-\frac{1}{2}} \quad (7-72)$$

其中进入薄膜的磁通密度 B 与进入深度 x 之间关系为

$$B(x) = B(0)e^{-x/\lambda_L} \quad (7-73)$$

磁通穿透深度 λ_L 约等于 10^{-6}cm。因此，超导体在薄膜状态下可不表现出麦斯纳效应，当薄膜的厚度 d 比 λ_L 小时，磁通几乎均匀地通过薄膜。

某些超导材料(如 In 和 Al 等软超导材料)的临界温度随其薄膜厚度 d 的减小而增高，图 7-26 表示 In 薄膜的这种关系。现已发现超导体薄膜的临界温度 T_{cf} 比同种材料的块状的超导体的临界温度 T_C 高得多。例如，对金属 Al，$T_C = 1.2$K，薄膜 $T_{cf}=4.2$K。对金属 Bi，在块状下不呈现超导状态，但在薄膜状态下 $T_{cf}=15$K。

表 7-9 是某些金属膜的超导特性，表中的沉积方法 V 是指蒸发法(冷基片下)，CS 是指阴极溅射法，EB 是指电子束蒸发法。

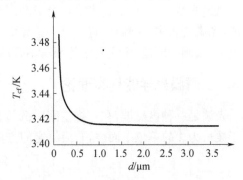

图 7-26 In 薄膜厚度与 T_{cf} 的关系

表 7-9 某些金属薄膜的超导特性

材料	T_{cJ}/T_c	$D/\mu m$	TK	沉积方法
Al	2.6	100	370~400	V
Mo	5	10~400	375	CS,EB
W	400	10~400	315	CS,EB
Sn	1.26	50	110~210	V
In	1.22		100~150	V
Be	800		925	V
Bi	600		111	V

人们还发现薄膜厚度与临界磁场强度 H_{cf} 关系当 $d \ll \lambda_L$（薄膜很薄）时，

$$H_{cf} = 2\sqrt{6H_c}\frac{\lambda_L}{d} \tag{7-74}$$

当 $d \gg \lambda_L$（即薄膜较厚）时，

$$H_{cf} = H_c\left(1 + \frac{\lambda_L}{d}\right) \tag{7-75}$$

以上结果是在磁场方向与薄膜表面平行的情况下得到的，在上述两种情况下，H_{cf} 均随膜厚 d 的增加而下降。当磁场方向与薄膜表面垂直时，则有

$$H_{cf} = \sqrt{2}xH_c \tag{7-76}$$

式中，$x = \frac{\sqrt{2}qH_c\lambda_L^2}{hc}$，称为 Ginzburg Landan 参量，$q$ 为电子电量，h 为普朗克常数，c 为光速。

7.3 薄膜的光学性能

光学性能是薄膜最早使用的性能之一，1817 年夫琅和费（Fraunhofer）用酸腐蚀的方法制成了光学上的减反射膜。利用薄膜的光学性能可以增加或减少光线的反射，可以吸收或透过光线，还可以对色彩进行合成和还原。常见的光学薄膜系统往往是由多层薄膜构成，光束进入多层薄膜中将在每一个界面上反射，产生干涉或吸收。现代彩色摄影、彩色电视、太阳能电池、集成光学等都离不开薄膜技术。

7.3.1 薄膜光学的基本理论

光波是一种电磁波，在三维空间中的传播可以用电矢量 **ε** 和磁矢量 **H** 来加以描述，对于波长为 λ 的单色平面波，若沿给定的方向余弦 (α, β, γ) 传播，则电矢量的波动方程为

$$\boldsymbol{\varepsilon} = \boldsymbol{\varepsilon}_0 \exp\left\{i\left[\omega t - \frac{2\pi n}{\lambda}(\alpha x + \beta y + \gamma z)\right]\right\} \tag{7-77}$$

式中，ω 是光振动的角频率，n 是介质的折射率。

设一束沿着 xz 平面传播的单色平面光，由折射率为 n_0 的介质入射到折射率为 n_1 的

介质上(如图7-27所示),其界为 xy 平面,入射角为 φ_0,则光束将在界面上发生反射和折射。光的入射、反射、折射均在同一平面内进行,并遵循反射定律与折射定律。反射定律表明光从一介质入射到另一介质在界面上反射时,反射角 ϕ_0' 等于入射角 ϕ_0。折射定律的表达式为

$$n_1 \sin\phi_1 = n_0 \sin\phi_0 \tag{7-78}$$

式中,ϕ_1 为折射角,折射定律对透明的或吸收的介质都同样适用。若已知界面两侧物质的折射率 n_0 和 n_1,入射角 ϕ_0,就可由折射定律求出折射角 ϕ_1。

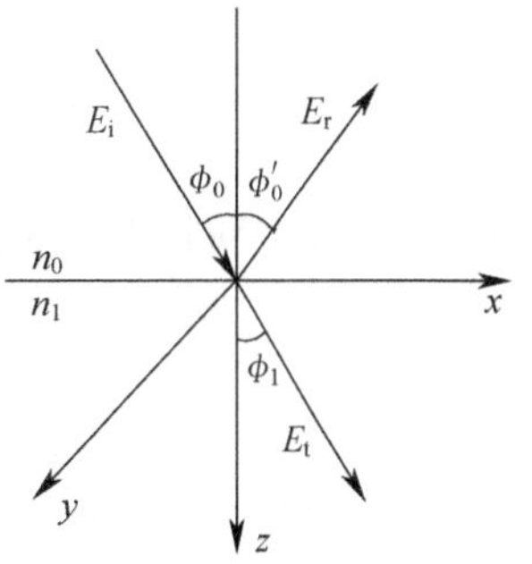

图 7-27 光在界面上的反射和折射

7.3.1.1 反射率和透射率

薄膜的光学性能常常用薄膜的反射率和透射率来表示。先讨论光波入射到两种介质界面上的情况,此时反射率 R 和透射率 T 分别为

$$R = \frac{E_r}{E_i}; \quad T = \frac{E_t}{E_i} \tag{7-79}$$

式中,E_i,E_r,E_t 分别表示入射光、反射光、透射光的能量。

由电磁场理论,经过计算可得到光矢量垂直于入射面的偏振光的反射率和透射率为

$$R_s = \frac{\sin^2(\phi_0 - \phi_1)}{\sin^2(\phi_0 + \phi_1)} \tag{7-80}$$

$$T_p = \frac{n_1 \cos\phi_1}{n_0 \cos\phi_0} \cdot \frac{4\sin^2\phi_1 \cos^2\phi_0}{\sin^2(\phi_0 + \phi_1)} \tag{7-81}$$

光矢量平行于入射面的偏振光的反射率和透射率为

$$R_p = \frac{\tan^2(\phi_0 - \phi_1)}{\tan^2(\phi_0 + \phi_1)} \tag{7-82}$$

$$T_s = \frac{n_1 \cos\phi_1}{n_0 \cos\phi_0} \cdot \frac{4\sin^2\phi_1 \cos^2\phi_0}{\sin^2(\phi_0 + \phi_1)\cos^2(\phi_0 - \phi_1)} \tag{7-83}$$

由以上各式可以看出:

$$R_s + T_s = 1, \quad R_p + T_p = 1 \tag{7-84}$$

表明光在反射和折射时能量是守恒的。

如果入射光是自然光,则光矢量包含垂直于入射面和平行于入射面的两个分量,而且这两个分量的能量都等于入射光能量的一半,即

$$E_{is} = E_{ip} = \frac{1}{2}E_i \tag{7-85}$$

则自然光的反射率为

$$R_n = \frac{E_r}{E_i} = \frac{E_{rs} + E_{rp}}{E_i} = \frac{E_{rs}}{2E_{is}} + \frac{E_{rp}}{2E_{ip}} = \frac{1}{2}(R_s + R_p) \tag{7-86}$$

将式(7-79)和式(7-81)代入上式,可得自然光反射率随入射角度变化的关系为

$$R_n = \frac{1}{2}\left[\frac{\sin^2(\phi_0 - \phi_1)}{\sin^2(\phi_0 + \phi_1)} + \frac{\tan^2(\phi_0 - \phi_1)}{\tan^2(\phi_0 + \phi_1)}\right] \tag{7-87}$$

由上式可知,自然光在 $\phi_0 < 45°$ 的区域内反射率几乎不变,$R_n \approx 0.043$,即约有 4% 的光能量被反射。也就是在只有一个反射面的情况下,能量损失很少,但对一个复杂的光学系统,由于反射面多,光能量的损失还是相当多的。

7.3.1.2 反射和折射产生的偏振

当自然光入射到两种不同介质的分界面时,如果入射角满足 $\phi_0 + \phi_1 = \frac{\pi}{2}$ 关系,则根据(7-34),$R_p = 0$,即反射光中没有平行于入射面的振动分量,因而反射光是完全偏振光,其电矢量的振动只垂直于反射面,这个结论通常称为布儒斯特定律,而这时的入射角称为起偏振角或布儒斯特角,记作 ϕ_B。将 $\phi_B + \phi_1 = \frac{\pi}{2}$ 的关系代入折射定律,可以得到

$$\tan\phi_B = n_1/n_0 \tag{7-88}$$

上式通常称为布儒斯特公式。已知介质的折射率时,由这个公式可以很方便地计算出起偏角。这个公式也为测量折射率提供了一种简单的算法。

7.3.1.3 全反射

如果光波从光密介质射向光疏介质(即 $n_1 < n_0$),根据折射定律 $\frac{\sin\phi_0}{\sin\phi_1} = \frac{n_1}{n_0} < 1$,当 $\sin\phi_1 = 1$,即 $\phi_1 = \frac{\pi}{2}$ 时,所有的光全部反射回第一媒质,这个现象称为全反射。满足 $\sin\phi_0 = \frac{n_1}{n_0}$ 条件的入射角 ϕ_c 称为临界角,相应的折射角 $\phi_1 = 90°$。

全反射时光能全部反射回第一介质,所以许多光学仪器都利用全反射来改变光线的传播方向。在光纤通信和集成光学领域中也利用全反射来传导光能。

7.3.2 薄膜光学性能的测量

判断薄膜性能是否达到设计要求需要测量薄膜的光学性能。所以,薄膜光学性能的测量是十分重要的技术。

7.3.2.1 透射率的测量

透射率一般用分光光度计进行测量,这主要包括光源、分光系统、检测系统等几个部分。图 7-28 是一个简单的透射率测量系统。测量时,首先让光从样品架的空格中通过测得其光强为 I_0。然后把样品插入光路中,让光从样品上通过,测量其光强为 I_1,两次测量结果的比值就是样品的透射率 T,即

$$T = \frac{I_1}{I_2} \times 100\% \tag{7-89}$$

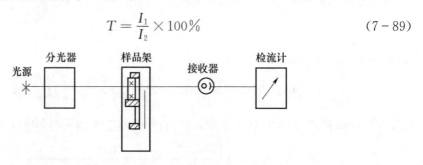

图 7-28 透射率的测量装置简图

7.3.2.2 反射率的测量

反射率是光学薄膜的另一重要参数,测量方法大体有两类。对于反射率较低的膜,可采用和标准样品比较测量的方法,图 7-29 为其测量装置示意图。入射光经反射镜 1,以小角度入射到样品上,从样品上反射的光经反射镜 2 进入分光器和检测器。测量时先把标准样品放在测量架上,测出其反射光强 I_0,再换待测样品,测出其反射光强 I_1,则待测样品的反射率为 $R = \dfrac{I_1}{I_0} R_0$,式中 R_0 是标准样品的反射率,其测量精度主要受标准样品反射率测量精度的影响。

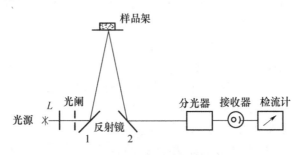

图 7-29 低反射率测量装置简图

对于高反射率的薄膜,一般用图 7-30 所示的测量反射率 R 的绝对方法。测量时先不放待测样品,而把比较样品放在位置①上。这时光从样品上反射后进入检测系统,测出其反射光强度为 I_1;再把待测样品放在样品架上,比较样品放在位置②,于是入射光被待测样品反射两次以后再进入检测系统,测出反射光强为 I_2。两次测得的光强比为

$$\frac{I_2}{I_1} = \frac{I_0 R_1 R^2}{I_0 R_1} = R^2 \tag{7-90}$$

式中,I_0 是入射光强度,R_1 是比较样品的反射率。由此即可求出待测样品的反射率为

$$R = \sqrt{I_2/I_1} \tag{7-91}$$

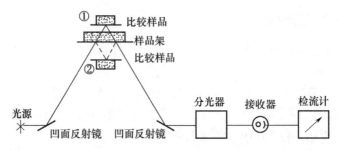

图 7-30 高反射率测量装置简图

由此式可以看出,测量结果只与光强测量的准确度有关,而与比较样品的反射率 R_1 无关,故称为绝对测量。

7.3.2.3 透明薄膜折射率的测量

当光束垂直入射到单层薄膜表面时,反射率为

$$R = \frac{n_0 n_2 - n_1^2}{n_0 n_2 + n_1^2} \tag{7-92}$$

由此式可得

$$n_1 = \sqrt{\left(\frac{1-R}{1+R}\right)n_0 n_2} \qquad (7-93)$$

因此,当已知膜层两边介质的折射率 n_0 和 n_2(通常情况下,n_0 是空气的折射率,n_2 是基片的折射率),只要准确测出垂直入射的反射率 R,就可求出膜的折射率 n_1。这种方法精度虽然不高,却比较实用,是一种常用的方法。

另外一种比较准确的方法是基于布儒斯特定律设计的。在入射面内振动的线偏振光,以布儒斯特角入射时,其反射光强为零,且有 $\tan\phi_B = n_1/n_0$,式中 ϕ_B 是入射角,n_1 是介质的折射率。由此可见,当入射面内振动的线偏振光,以布儒斯特角入射于单层光学膜时,膜的上表面对反射光强无贡献,只有膜的下表面也就是基片才有反射光,这时的反射光光强和光束直接入射到基片上的光强相等。利用这一规律可求出膜的折射率。其方法为:在基片上只部分地镀上膜,用线偏振光入射,一边测反射光强一边改变入射角,直到在镀膜和未镀膜两种界面反射光强相等时为止(如图7-31所示)。这时的入射角就是光从空气进入膜层的布儒斯特角 ϕ_B,并由此可以计算出薄膜的折射率。

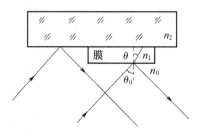

图 7-31 折射率的测量

近年来由于计算机的普及应用和激光光源的采用,利用椭圆偏振法测量薄膜的折射率和膜厚的技术正日益受到重视。其基本原理是将激光器产生的光波合成为椭圆偏振光,并以一定角度入射到待测样品上,经薄膜反射后,反射光的偏振状态要发生改变,就要说入射光的 p 分量和 s 分量的振幅值和其间的位相差,以及反射光的 p 分量和 s 分量的振幅值和其间的位相差之间都发生了一定的改变,通过一组较为复杂的方程,借助计算机,就可间接地测定介质薄膜的折射率及薄膜厚度。

7.3.3 薄膜波导与光耦合

光在薄膜内部传播及可控进入或离开薄膜的方式,对现代光通信技术意义重大。

7.3.3.1 薄膜波导

薄膜波导就是蒸镀在基片上的一层薄膜,它的折射率 n_1 比空气折射率 n_0 与基片折射率 n_2 都高,光线可以在薄膜中以全反射方式进行传播,能以最小的损耗传播很远的距离。如图 7-32 所示,薄膜中有一条向上传播的光线,因为薄膜折射率 n_1 比空气折射率 n_0 要高,当入射角大于临界角 $\phi_{c0} = \arcsin\dfrac{n_0}{n_1}$ 时,将发生上表面的全反射。反射光全部向下表面传播。同理,当入射角大于临界角 $\phi_{c1} = \arcsin\dfrac{n_2}{n_1}$ 时又将在薄膜下表面发生全反射。如此反复进行反射,光在薄膜里将沿"Z"字型路径传播,也称为"Z"形波。

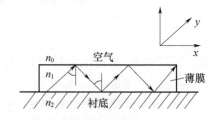

图 7-32 薄膜波导示意图

7.3.3.2 光耦合

由于薄膜非常薄(约 $1\mu m$),要把外面的光直接地对准薄膜边缘射入薄膜非常困难。同理,要将薄膜里传播的光准确而无损失地传播出来也是非常困难的,这就是集成光学中很重要的耦合问题。现在常用的耦合方式是棱镜耦合,其原理如图 7-33 所示。将棱镜放在薄膜上面,在棱镜底面与薄膜上表面之间保持一个很小的空气隙,其厚度约在 $\frac{\lambda}{8} \sim \frac{\lambda}{4}$ 之间。当激光入射到棱镜底面上时发生全反射,在棱镜内形成驻波。在底面法线方向上电场是按正弦函数分布,但衰减的结尾部分是按指数衰减的,并能伸展到棱镜底面以下,同时把棱镜中激光束的能量转移到薄膜中去。反之,薄膜中的能量也能转移到棱镜中去。例如对于图 7-33 中画出射入棱镜的激光束中的四条光线分别射到棱镜底面上的 1,2,3,4 等四点。当第一支光线到达点 1 时,它就在薄膜中正对着点 1 的位置(1′)激起 A 波,这个 A 波以一定的速度传播。当第二支光线到达 2 时,也同样在薄膜中正对着点 2 的位置(2′)激起 A 波。由第一支光线激起 A 波从点 1′传到点 2′需要一段时间,而第二支光线到达点 2 的时刻也相应比第一支光线到达点 1 的时刻滞后了一段时间。如果这两段时间恰好相等,那么当 A 波沿薄膜传播时,由于不断地有同相波加入,将变得越来越强。要使棱镜耦合器有效工作,必须满足这个同步条件,可以借助调整入射到棱镜上激光束的方向来实现。这样,棱镜中的光波就耦合到薄膜中了。因此,棱镜耦合是十分有效的,对均匀空气隙,能有 81%的激光束的能量被耦合到薄膜中(理论上可达 100%)。为了使棱镜耦合有良好的性能,棱镜的直角必须精确地抛光。直角棱镜即使有很小的不规则都会影响耦合器的性能。另外,还有光栅耦合和楔形薄膜耦合两种方式,但它们的耦合效率均比棱镜耦合低。

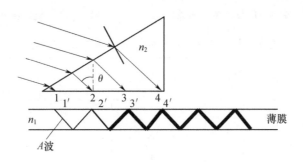

图 7-33 棱镜耦合

7.4 薄膜的磁学性质

磁性薄膜是指其厚度在微米量级且具有磁性的薄膜材料。磁性薄膜的研究发展较早,特别是磁性薄膜材料用作磁记录和信息存储材料在电子信息技术领域很受重视。薄膜的磁学性质主要有饱和磁化强度、矫顽力、磁各向异性、磁畴结构、磁应变、磁共振和磁阻效应等。

7.4.1 薄膜的磁性

磁性材料的基本性能参数是饱和磁化强度 M_s 和居里温度 T_C,当材料的温度高于居里温度时,将失去自发磁化。研究结果表明,只要薄膜结构是连续的,M_s 和 T_C 就和块状材料一样,只有那些呈岛状不连续结构的薄膜,M_s 才与块状材料值有偏离;当薄膜厚度小于 2.7nm 时,M_s 值才与块状材料的值有一定偏离。图 7-34 给出了坡莫合金在室温下其饱和磁化强度与膜厚的关系。

元素(如 Fe,Ni,Co 等)、合金(如 Fe-Ni,Co-Ni 等)、氧化物绝缘体(如镍锌铁氧体、锶铁氧体等)和离子化合物(如 $CrBr_3$,EnS,EnI_2 等),均有磁性。除此之外,非晶体也可有磁性,如溶淬法制备的 $Fe_{80}B_{20}$ 和蒸发沉积的 Co-Gd 薄膜等。

磁化强度 M 与外加磁场 H 之间有磁滞回线关系,如图 7-35 所示。根据矫顽场 H_c 的大小,又可把磁性材料分为软磁材料(H_c 很小)和硬磁材料(H_c 很大)两大类。软磁材料和硬磁材料的性质如表 7-10 所列。

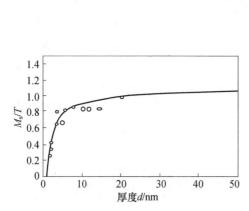

图 7-34 坡莫合金的 M_s 与膜厚 d 的关系

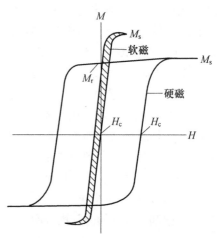

图 7-35 软磁材料和硬磁材料

表 7-10 软磁材料和硬磁材料的磁学性质

	材料	$4\pi M_s$/kG	H_c/Oe	H_k/Oe	应用
软磁材料	坡莫合金	10	0.5	5	计算机存储器/磁阻传感器
	CoZr(非晶)	14	<0.5	2~5	记录磁头
	$Fe_{80}B_{20}$(非晶)	15	0.04	7	—
	$Fe_{72}Sl_{28}$(非晶)	12	0.2	4	—
	$Fe_{72}Sl_{18}C_{10}$(非晶)	16	0.2	7	—
	$Y_3Fe_3O_{12}$	1	~0	1000	磁泡存储器件
硬磁材料	Co-Re	6~9	700		平行磁记录介质
	Co-Pi	10~18	1100~1800		同上
	Co-Ni	10~15	1000~13000		同上
	Co-Ni-W	5.5	650		同上
	Fe_3O_4	5	300		同上
	γFe_2O_3(Co)	3	700		同上
	γFe_2O_3(Co_3)	3	2100		同上
	Cr-Co	4~7	H_c(perpendiculas)		垂直磁记录介质
	TbFe		2000~10000		磁光记录介质
	GdCo	~10	1000~2000		同上
	GdTbFe		1000~3000		同上

注:1Oe=80A/m;1G=10^{-4}T;H_k(各向异性场)=$2K_u/M_s$。

7.4.2 磁各向异性

磁各向异性指的是磁性体内的静磁能随内部的磁化方向而改变,这就是磁各向异性。造成磁各向异性的原因可能是晶体结构或磁性本身的形状效应。薄膜由于在厚度方向上尺寸特别小,这一形状效应使薄膜中存在单轴磁各向异性。单轴磁各向异性在坡莫合金薄膜中显得比较典型,它只在薄膜内的某个特定方向上成为易磁化方向。

在磁场中淀积的磁性薄膜明显地表现出单轴磁各向异性,其易磁化轴与磁场平行,单位体积的各向异性可简单的表示为

$$E = K_u \sin^2\theta \tag{7-94}$$

其中 K_u 是磁各向异性常数,θ 是磁化方向与易磁化轴间的夹角。由于制备工艺的不同,K_u 值可在 $0 \sim 4 \times 10^{-2} \mathrm{J/cm^3}$ 的范围内变化。此外,不同的薄膜制备技术、不同的工艺参数、内应力、逆磁致伸缩效应、晶粒及晶界的形状效应等也会导致薄膜的磁各向异性。

7.4.3 薄膜的磁畴

在块状铁磁材料中通常有许多磁畴,在每一个磁畴里磁化强度有一定的方向。磁畴与磁畴之间被畴壁分隔,畴壁中磁化强度的方向是可以逐渐改变的,由一个磁畴的磁化方向可过渡到另一个磁畴的磁化方向。一般情况下,薄膜中的畴壁和易磁化轴平行,壁的平面与膜面相垂直。畴壁中磁化方向从一个磁畴转变到另一个磁畴时可以有多种形式,在块状材料和非常厚的薄膜中,畴壁中的磁化强度将绕着平行于磁化轴的一个轴转动,因为这种过渡方式具有最低的能量。这样的畴壁称为布洛赫畴壁。由于对称性的原因,布洛赫壁有两种,一种是磁化强度在壁的中部向上指,另一种是磁化强度在壁的中部向下指,总之它们都是在与畴壁平行的面内转动。由于在畴壁和薄膜表面相交的地区出现自由磁极,所以在壁里产生磁化方向相反的杂散场,与这些杂散场有关的静磁能随薄膜的厚度的减小而增加。在非常薄的薄膜中,有另一种静磁能低得多的畴壁,在这种畴壁中,磁化强度平行于膜平面转动,这就是所谓的奈耳畴壁。图 7-36 为布洛赫壁和奈耳壁的示意图。

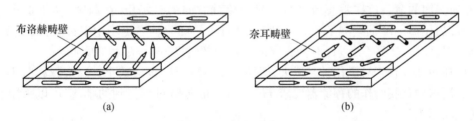

图 7-36 布洛赫畴壁和奈耳畴壁

7.4.4 磁阻效应

1856 年,英国著名物理学家 W. 汤姆逊发现磁场可以使金属的电阻发生改变。这种由磁场引起的金属电阻变化的现象被称为磁电阻(magneto-resistance,MR)效应。表征磁电阻效应大小的公式为

$$\eta = \frac{R_H - R_0}{R_0} = \frac{\Delta R}{R_0} = \frac{\rho_H - \rho_0}{\rho_0} = \frac{\Delta \rho}{\rho_0} \tag{7-95}$$

其中，η 为磁电阻系数，$R_H(\rho_H)$ 为磁场为 H 时的电阻（电阻率）。$R_0(\rho_0)$ 为磁场为零时的电阻（电阻率），多数金属材料的 η 都很小，一般不超过 3%。

1988 年，Baibich 等人发现，在由 Fe，Cr 交替沉积而形成的（Fe/Cr）(N 为周期数）多层膜中，发现了 $y_总 > 50\%$ 的现象。由于多层膜中 Fe 层的 η 总和远小于测量到的 $\eta_总$，故称这种现象为巨磁电阻（Giant Magneto-resistance, GMR）效应。

1993 年，Helmolt 等又在类钙钛矿结构的稀土锰氧化物中观测了 $\eta = \Delta R/R$ 可达 $10^3 \sim 10^6$ 的现象，这称之为庞磁阻（colossal magneto-resistance, CMR）效应。1995 年，在磁性多层薄膜中又发现了隧道磁阻（tunneling magneto-resistance, TMR）效应，美国 IBM 和日本富士通公司已研制出 $\eta = 22\%$ 和 $\eta = 24\%$ 的 TMR 材料。目前已在多层膜、自旋阀、颗粒膜、非连续多层膜氧化薄膜等材料中发现了 GMR 或 CMR 效应。

1994 年，IBM 公司宣布研制成功 GMR 磁头，这使计算机硬磁盘的存储密度一下子提高了十倍！GMR，CMR 和 TMR 效应的理论研究和应用开发将是 21 世纪初相关科学家的重要任务。

7.4.5 薄膜制备条件对磁性能的影响

薄膜的制备条件对薄膜的磁性能，尤其是对各向异性的影响是很明显的。将具有各向异性的磁性薄膜的磁场称为各向异性场，并用 H_k 表示。利用不同的制备条件可获得预定的各向异性场的薄膜。

1) 磁场控制

在薄膜的蒸镀过程中沿相互垂直的两个方向交替地施加磁场，这样在淀积过程中薄膜的易磁化轴就轮流地取这两个方向。由于磁膜的自旋之间具有强铁磁交换耦合，而磁化向量跟不上这样快的磁场变化，因此磁化只有一个平均的各向异性。

2) 磁场退火

制备好了的磁膜的单轴各向异性还可以用磁场退火改变。例如把在基片温度为 270℃时蒸镀的薄膜放在垂直或平行于易磁化轴方向的磁场里，在温度 T_1 下退火一小时，冷却后用 $B-H$ 回线测量 H_k。薄膜在平行于易磁化轴之磁场中退火时，只要 T_1 低于制备温度 T_0，就测不出 H_k 有什么变化，当 T_1 超过 T_0 时，H_k 稍微降低。

但在磁场垂直于易磁化轴时退火，即使温度不高，H_k 也会减小。温度越高减小得越多。若用这种磁膜所作的存储器要求 H_k 值较一般蒸镀过程得到的小，就可以采用有控制的磁场退火。

当退火温度很高并超过制备温度时就会出现再结晶，同时伴随着 H_k 的改变，这些变化是不可逆的。

3) 基片温度

已有理论研究表明，H_k 正比于 $T_C - T_0$，其中 T_C 是材料的居里点，T_0 是退火温度。若用薄膜制备时的基片温度代替退火温度，对坡莫合金薄膜也观察到这个关系。对于基片温度高于 330℃时蒸镀的坡莫合金薄膜，明显地看出用控制基片温度的方法比用控制退火温度的方法更能有效地控制 H_k 值。H_k 随基片温度升高而减小的事实虽可被

用来控制 H_k，但是由于薄膜的其它参数也与基片温度有关，因此这个方法受到一定限制。

4）斜入射各向异性

当基片与入射束成一定角度时，即使没有磁场也会出现单轴磁各向异性。对坡莫合金来说，易磁化轴垂直于蒸气束。蒸气束与基片法线间的夹角越大，基片温度越低，则各向异性场越大，采用这种方法可获得特别高的各向异性场。图 7-37 表示基片温度为 200℃ 时坡莫合金各向异性场与入射角度的关系。当蒸镀角约大于 70℃ 后，H_k 改变符号，易磁化轴位于蒸镀面内。用电子显微镜照片进行研究表明，小角度时产生了垂直于入射面的晶粒链式构型，而大角度入射时观察到平行于入射面的链。因为平行于链段磁化时静磁能量小，所以这些链分别导致了垂直和平行于入射面的易磁化轴。斜入射各向异性目前还没有技术应用，其原因是这种膜有明显的厚度梯度，因此普遍认为斜入射各向异性是一个缺点，有时通过加大蒸发源与基片间的距离来加以克服。

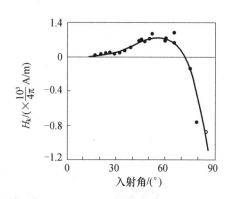

图 7-37 H_k 与入射角的关系

7.5 薄膜的热学性质

功能薄膜在许多方面表现出与块状材料明显不同的热学性质。引起这种现象的主要有两个方面的原因：一是由于薄膜的厚度薄的特点引起的极大的表面体积比；二是由于成膜的过程是逐个粒子的凝聚，这使得薄膜具有特殊的微观物理结构。由于量子效应及巨大的表面及界面效应，薄膜的电导率及热导率均低于宏观情况下的相应值，发生这种现象的原因之一是靠近表面的电子的平均自由程与给定样品的最小尺寸在量级相当时，载流子的输运过程会表现出对样品尺寸效应的依赖性。

因此，准确地对薄膜热学参数进行定量分析对器件的研究和发展具有重要的意义。目前，对薄膜热参数的测试与表征主要集中在热导率、热扩散率、比热容和热膨胀系数等参数方面。

7.5.1 薄膜热导率测量方法

目前，已发展了多种薄膜热导率测试技术：静态法、3ω 方法、瞬态反射测量法、扫描热显微镜技术、光热偏转法、红外成像技术及全息干涉法、光声光热技术等。本节主要简单介绍几种常见的薄膜的热导率的测量方法。

7.5.1.1 静态法

静态法利用一维傅立叶传热方程求解热导率的稳态方法。其关系式为

$$Q = -\kappa \nabla T \tag{7-96}$$

式中 Q 是热流密度矢量,它表示在单位等温面面积上,沿温度降低的方向单位时间内传导的热量。热导率 κ 反映物质导热能力,其单位在 SI 制中为 W/m·K。

当薄膜的传热尺度 L 及传热时间 t 可以和声子的平均自由程 l(10^{-8}m~10^{-7}m 数量级)及平均自由时间 τ(10^{-12}s 数量级)比拟时,将不满足傅里叶传热定律。因此用这种方法测量薄膜热导率,要求被测薄膜的厚度 $L \gg 1$,即薄膜的厚度至少应在微米数量级。

最常见的一种测试薄膜热导率的结构如图 7-38 所示。利用半导体工艺依次在绝缘衬底上(如 SiO_2)生长顶层金属桥 A、被测样品层和底层金属桥 B。金属桥所用材料一般是金属 Al 或 Pt。金属桥 A 通一大电流,同时作加热器和测温元件;金属桥 B 通小电流作测温元件。在顶层金属桥 A 的 1、2 电极上加一恒流 I,金属条上产生焦耳热,其温度升高,热流穿过样品介质层到达底层金属桥 B,最后流入衬底中。边界热损失与传导的热量相比很小,满足一维传热模型。当系统传热达到稳定状态时,顶层金属桥和底层金属桥的温度分别为 T_A 和 T_B。为了保证热导率的常物性测量,应使顶层金属桥温度升高在 10K 的范围内。

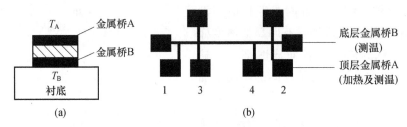

图 7-38 薄膜纵向热导率的测试示意图
(a) 剖面图;(b) 金属桥俯视图。

由式(7-96)可以得到热导率的表达式为

$$\kappa = \frac{d \cdot I \cdot U}{l \cdot W(T_A - T_B)} \tag{7-97}$$

其中 U 为电极 3、4 上的电压值,d 为介质层的厚度,l 和 W 分别为介质层的长度和宽度,温度 T_A 和 T_B 由电压—电流四端法求得。

用这种方法测得的 SiO_2 薄膜的热导率与体材料相比大约减少了 20%,SiO_2 薄膜和金属界面热阻很小,其影响可以忽略。这种方法具有精度较高、数据容易分析处理的特点,误差大约为 5%,适用于绝缘材料和不良导体材料薄膜热导的测量。

7.5.1.2 3ω 方法

3ω 方法最早用于测量各向同性低热导率绝缘体材料的热导率,后来这种方法也应用于沉积在良热导率衬底上的薄膜的热导率的测量。

3ω 方法的测量结构如图 7-39 所示。在良热导体衬底(如 Si)上生长一层厚度为 d 的绝缘待测薄膜(如 SiO_2),薄膜上面制成如图 7-39(b)所示形状的金属桥,其宽度为 b 且满足 $b \gg d$,长度为 l。金属桥同时作热源和测温装置。

在 I_+、I_- 两电极上通一交流电 $I = I_0 \cos\omega t$,此电流在金属桥上产生的焦耳热功率为

$$P(t) = \frac{1}{2} I_0^2 R(1 + \cos 2\omega t) \tag{7-98}$$

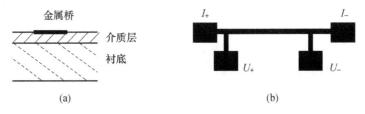

图 7-39 3ω 方法测试结构图
(a) 剖面图；(b) 金属桥俯视图。

则有频率为 3ω 的热波向下扩散，其波长为

$$q^{-1} = \sqrt{D/\omega} \tag{7-99}$$

其中，D 为衬底的热扩散率。在用 3ω 方法测量热导率时，一般取波长 q^{-1} 的值在 10^{-3} m～10^{-5} m 的范围。只有使薄膜的厚度 $d \ll q^{-1}$ 时，薄膜才能被忽略，可以认为温度波完全扩散到衬底中。

当被测膜厚小于 10μm 时，3ω 方法测量膜厚是很有用的方法。3ω 方法的优点是不但由于它对辐射损失不敏感而能有效的降低黑体辐射引起的误差；而且测量所用的时间短；适用温度范围宽，可在室温或更高的温度下进行测量。

7.5.1.3 瞬态反射测量法

瞬态反射测量法是在可视为半无限大的 Si 衬底上用氧化的方法得到一层 10nm～200nm 的 SiO_2 薄膜，SiO_2 上面为 20nm 的铬及 2μm 的铜（或铝），铬层的作用是增加金属铜及 SiO_2 之间的结合性，从而减小它们之间界面处的热阻。

用 $\tau = 6$ns、$E = 50\mu$J 的 Nd：YAG 激光脉冲垂直对 Au 表面加热，使表面下很浅的一层瞬时升温，表面的温度达到最大值。在此时刻以后，表面温度随时间衰减，其衰减周期受表面下复合膜热阻大小的影响，呈指数形式衰减。表面温度用功率为 1mW 的 NeNe 激光器反射的方法测定。

SiO_2 层应满足下面的条件：

(1) SiO_2 层厚度仅为 10mm～200nm，热流在 SiO_2 薄膜中传播的时间 $t \approx d^2/D_{SiO_2}$ （D_{SiO_2} 为 SiO_2 层的热扩散率）很小，其热容可以被忽略。因此，可以把它作为 Si 衬底和金属界面间无厚度的热阻 R_{th} 来处理。

(2) Si 衬底为半无限大平面。

(3) 单位能量的激光在极短的时间内被很薄的一层金属 Cu 吸收而产生热流，其吸收时间和测量时间相比很短，其吸收深度与金属的厚度相比很小。

表面温度随时间的变化关系可表示为

$$T(t) = T_0 + \Delta T \exp\left(\frac{-tG}{hC_V}\right) \tag{7-100}$$

式中，T_0 为样品被加热前的温度，ΔT 为样品被加热后升高的最大值，G 为单位面积上的热导，h 为金属层的厚度，C_V 为金属层的体比热容。由温度衰减周期可以得到温度的衰减时间常数 hC_V/G，从而可以求出单位面积的热导 G，得到 SiO_2 层的热导率的大小。采用瞬时反射法测量热导率，克服了由导线带走热量而造成的误差。其最大的优点是不必准确测出温度值，只需测出温度相对时间的变化即衰减周期即可。

7.5.1.4 微桥法

利用半导体工艺把绝缘材料（如 SiN_x）制成如图 7-40 所示的微桥结构，在悬梁中间蒸发薄层条形金属（Al/Pt）作为加热电极，加热电极和热沉的间距为 L；在距离加热电极 x 处制作热敏电阻或热电偶作为测温装置。在测量时为了减小对流散热，应在真空环境中进行测量。由于热辐射损失的热量小于 0.3%，辐射热损失可以忽略不计。设此时的环境温度为 T_0。在加热器上通一直流电使之产生恒定的热流密度 q，所加电流大小应满足：当热传导达到稳定状态时，测温处的温度 ΔT 升高要小于 10K 从而保障热导率的常物性测量，热流在从悬臂梁的中间向两侧扩散。如果加热器和热沉的间距 L 足够大且热沉具有良好的热导率，可认为热沉和悬臂梁交界处的温度为 T_0。不考虑边界散热，当达到稳定状态时，热传导满足一维传热模型。由式(7-96)得

$$\kappa = \frac{q}{2} \cdot \frac{L-x}{\Delta T} \qquad (7-101)$$

式中，$\Delta T = T_s - T_0$，T_s 为测温装置测得的温度。得到参数 L、x、q、T_s 和 T_0 便可以求出热导率 κ。

在上述单温测量方法的基础上发展了用双热偶测量方法测量薄膜的热导率。在如图 7-40 所示的 SiN_x 薄膜上距离加热器分别 x_1 和 x_2 处制作两个测温热电偶。由式(7-96)得：

$$\kappa = \frac{q}{2} \cdot \frac{x_1 - x_2}{T_2 - T_1} \qquad (7-102)$$

式中，T_1、T_2 分别为两个热电偶测得的温度。

双温测量法与单温测量相比有以下优点：①在测距时省去测量加热器与热沉之间的距离 L，可减小测量难度和测量误差。②单温测量认为热沉和悬臂梁交界处的温度为 T_0，实际上无论热沉有多高的导热率，也不可能在交界处没有温度梯度，所以必定引入误差。采用双热电偶测量温度就可消除由测量方法本身带来的系统误差。

7.5.1.5 扫描热显微技术

扫描热显微镜（Scanning Thermal Microscopy, SThM）是在原子力显微镜基础上发展起来的可用于薄膜表面热测量的装置，其分辨力能达到纳米数量级。扫描热显微镜性能主要取决于不同的热探针。根据感温原理不同总体上可把热探针分为热电偶型和热电阻型两大类。而每一种又可按线型和薄膜分类。目前热电阻型探针已经商品化，热电偶型探针还在研究之中。

扫描热探针显微镜在工作时，热探针和样品表面之间可以接触式测量也可以非接触式测量。无论工作在哪种方式下，其分辨力直接受热探针针尖尺寸决定，目前，其尺寸已能作到 10nm~1μm 范围。

热电阻探针有两种工作模式：被动模式和主动模式。被动模式指在测试电路中没有温度反馈，探针不需要自加热过程，只需通一小电流感应温度的变化。当样品表面有温度分布时，若样品温度高于探针温度，那么样品将向探针传递热量。探针的温度升高，利用电压—电流法测量探针热敏电阻阻值的变化来反映表面温度分布的信息。所以这种方式也称为温度模式。目前，扫描热显微镜的扫描范围已能达到 200μm×200μm，可测量薄膜热导率。此外还可以利用激光加热扫描热显微技术对薄膜的热导率进行测量。

7.5.2 薄膜热扩散率测量方法

热扩散率(又称导温系数),反映了非稳态导热过程中物质的导热能力与沿途物质储热能力之间的关系,其定义为

$$\alpha = \frac{\kappa}{\rho \cdot C_V} \tag{7-103}$$

式中,α 为材料的热扩散率;κ 为材料的导热率;ρ 为材料的密度;C_V 为材料的比热容。

α 值越大,说明物质的某一部分一旦获得热量,该热量能在整个物质内很快扩散,也即物质内部温度容易趋于一致。目前已经发展了很多方法来测试薄膜的热扩散系数,如 O. Paul 等提出了一种基于微桥技术测试薄膜热扩散率,通过分析温度分布的幅值和相位特性来获得热扩散率的信息;Morikawa 等利用傅里叶变换热分析法,根据频率的平方根和温度波的相位延迟的关系提取出薄膜的热扩散率及热容;Irace 等通过分析真空环境下双端固支梁的瞬态特性来测试薄膜的热扩散系数。此外,还有相位敏感技术测薄膜热扩散率、周期性加热测量薄膜的热扩散率、光声法分析幅值和相位的技术、交流量热计测量薄膜的热扩散率、一点两线法也就是用聚集热波技术和交流加热技术等也广泛应用于薄膜材料热特性的测量。这些测试方法大多需要真空测试环境,测试结构使用 CMOS 工艺,需要后处理体硅腐蚀且测试过程复杂或需要专门的测试装置。

7.5.2.1 微桥法

在微桥上制备待测薄膜、加热电极和测温电极,如图 7-40 所示。则在测温电极 x 处有:

$$\begin{cases} \dfrac{\partial T}{\partial t} = \alpha \dfrac{\partial T^2}{\partial x^2} \\ T(x,0) = T_0 \\ T(L,t) = T_0 \\ -\kappa \dfrac{\partial T}{\partial x}\bigg|_{x=0} = 2A\cos^2\dfrac{\omega t}{2} = A(1+\cos\omega t) \end{cases} \tag{7-104}$$

解得:

$$T(x,t) - T_0 = \frac{A}{\kappa}\sqrt{\frac{\alpha}{\omega}} \exp\left(-\sqrt{\frac{\omega}{2\alpha}}x\right)\cos\left(\omega t - \sqrt{\frac{\omega}{2\alpha}}x - \frac{\pi}{4}\right) - \frac{A}{\kappa}(x-L) \tag{7-105}$$

式中,L 为桥的长度,T_0 为衬底的温度,$A=V_0^2/(8RhL)$,V_0 为加在加热条上电压的幅值,R 为加热条的电阻,h 是薄膜的厚度,α 为薄膜的热扩散率,加热频率为 $\omega/2$。由上式可以看出加热条和传感条之间热波的相位变化为

$$\Delta\Phi = \sqrt{\frac{\omega}{2\alpha}}x + \frac{\pi}{4} \tag{7-106}$$

实验测得相位变化就可以计算出热扩散率 α。

7.5.2.2 交流量热法

交流量热法是近年来发展得较为成熟的测量薄膜热扩散率的方法之一，其基本原理是，在长条状薄膜样品的一端施加一定频率的周期热流，该热流会在样品表面形成同频率的沿长度方向传播的温度波；在传播过程中，温度波的幅值将发生衰减，通过测定传播方向上两个确定距离点处的温度波幅值的衰减就能够确定样品的热扩散率，其物理模型如图 7-41 所示。

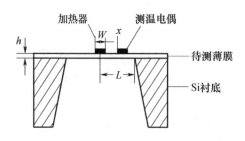
图 7-40 微桥测试结构

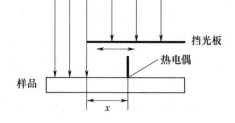
图 7-41 交流量热法示意图

激光束作为热源经调制后照射在薄膜样品上，通过光路调整使得光斑面积大于样品表面积，样品上呈现出与调制频率相同的温度波，用银浆粘贴在样品表面上的热电偶用来检测该温度波。当薄膜的厚度很小时，可以认为在厚度方向上没有温度梯度。

可采用一维热传导模型，热电偶上的温度响应可表示如下：

$$T(x,t) = \frac{Q\exp(\mathrm{i}2\pi ft)}{4\pi fcd} \exp\left(-\sqrt{\frac{\omega}{2\alpha}}x - \mathrm{i}\left(\sqrt{\frac{\omega}{2\alpha}}x + \frac{\pi}{2}\right)\right) \qquad (7-107)$$

式中，f 为激光的调制频率；$\omega = 2\pi f$；Q 为薄膜吸收的热量；x 为热电偶与挡光板边缘的距离。

根据上式，可以得到热扩散率的测量表达式为

$$\alpha = \frac{\pi f}{\left(\dfrac{\mathrm{d}\ln|T|}{\mathrm{d}x}\right)^2} \qquad (7-108)$$

由式(7-108)可知，只需测量薄膜上两点处的温度响应信号的大小并确定两点的距离，就可以得到该薄膜材料的热扩散率。

实际测量中，由于薄膜制造工艺的限制，薄膜样品多附于衬底之上，考虑到存在粘结层或过渡层等因素的影响，测量对象实际上是多层膜复合结构。此时，当各层薄膜的厚度及其热扩散长度的乘积的总和远小于 1 时，一维导热模型仍然是适用的。同时，必须对样品表面多个点处的温度响应进行采样。但由于实验条件不能完全满足简化的模型，环境散热、空气层导热以及样品端部效应会对测试结果产生一定的影响。

7.5.3 薄膜热容的测量方法

目前对薄膜热容的测量主要有热脉冲法、扩散法、交流法、时间延迟法等，其中交流法和热时间延迟法最为常用。

7.5.3.1 交流法

交流法测量结构类似单温测试结构,如图 7-41 所示。首先,把样品制作在样品台上,样品台(包括加热、测温装置)和样品的总热容为 C,与衬底之间的热导率为 κ。在加热电阻上加交流电流,产生交流的热流,随之产生交流温度,交流温度幅值包含着热容 C_V 的信息,通过另一测温电阻得到交流温度的信息。利用差值的方法便能得到样品的热容。这种方法由于采用锁相放大技术,测量精度和分辨率很高,但是要求满足结构和环境的外部热时间常数要远远大于结构内部热时间常数。

7.5.3.2 热时间延迟法

热时间延迟法是另一种常用的测量方法。热时间常数满足:$\tau = C_V/\kappa$,样品和样品台的总热容 C_V 为 τ 与 κ 的乘积。热导率 κ 一般采取热稳定的方法确定;热时间常数 τ 可由交流法或直流法得到,这种方法原理比较简单,但是由于要测量瞬态响应,实现准确测量比较麻烦。

7.5.4 薄膜热膨胀系数测量方法

薄膜热膨胀系数对于薄膜器件尤其是 MEMS 器件的设计非常重要。一方面,薄膜材料的热膨胀对器件性能有较大影响,例如薄膜和衬底热膨胀系数的失配会产生热应力,引起结构变形或损坏;另一方面热膨胀是微热执行器的动力来源。一般来说体材料的热膨胀系数与薄膜材料的热膨胀系数并不完全相同,而且,同一种薄膜材料经不同工艺处理,热膨胀系数也可能不同。因此精确测量薄膜热膨胀系数,对于实际的薄膜器件应用具有重要意义。

薄膜热膨胀系数的测试方法较多,如 X 射线衍射法、T 型游标卡尺法、热执行器法、双层膜法、热应力法等来测量薄膜晶体的热膨胀系数,但这些方法都有这样那样的不足。

2005 年发展了一种双弯曲梁结构测试薄膜热膨胀系数的方法,这种结构采用表面微机械加工技术,测试方便,精度较好,输出量以电学量表示。该结构不需预知杨氏模量、泊松比、薄膜的温度系数以及薄膜下表面与衬底的换热系数等材料参数,不需要特殊的测试环境和仪器,因此能够满足在线检测的要求。

该测试结构由两个尺寸、结构完全相同的弯曲梁组成,实验前两弯曲梁顶端相距 2δ,如图 7-42 所示。当两弯曲梁未接触时(图 7-42(b)),欧姆计的读数为无穷大。在弯曲梁两端压焊块上施加一从 0V 逐渐递增的电压 V。电流流过弯曲梁产生的焦耳热使其发生热膨胀,在热应力的作用下,两弯曲梁相互垂直移动。当所施加的电压增大到某一值时,它们发生接触(图 7-42(a)),欧姆表的读数会发生突变,记录下该时刻所施加的电压值 V。由于两

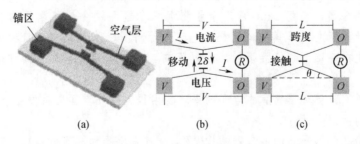

图 7-42 双弯曲梁测试结构俯视图

个弯曲梁完全对称,它们的顶端温度和电势均相同,因此它们接触的可靠性是有保证的。改变梁顶间距 2δ,或者梁的跨度 L,或者梁与水平夹角 θ_A,记录相应的施加电压值 V,并进一步得出梁中电流密度 J,再通过相应的数学处理就可以得到薄膜的热膨胀系数。

习题与思考题

1. 在使用四探针法测电阻时应注意将电流限制在 0.050A 以内,以避免探针头过热而损坏。传统的数字电压计测量电势降的范围是 10mV 到 100V。下面几种 5000Å 厚的薄膜材料中,有哪些可以采用上述方法测量其方块电阻?
   (1) Cu,$\rho=1.73\times10^{-16}\Omega\cdot cm$;(2) Si,$\rho=2\Omega\cdot cm$;(3) ZrO_2,$\rho=10^{14}\Omega\cdot cm$;
   (4) $CoSi_2$,$\rho=15\times10^{-6}\Omega\cdot cm$;(5) TiN,$\rho=100\times10^{-6}\Omega\cdot cm$。

2. 一个薄膜窗户除冰电阻器其尺寸超过 5m 长 1mm 宽。它的设计输出功率为 5W,使用 12V 的电源。对于 5000Å 厚的薄膜,需要达到多大的方块电阻?

3. 有一长 $2l$ 的金属薄膜条纹,该条纹由距其 h 远的一表面蒸发源蒸发制得。金属条纹的厚度均匀且具有相同的原子数。写出它的电阻率的表达式。假定薄膜导体是分段线性的。

4. 在低温下,通过蒸发制得的金属薄膜其电阻系数要高于体材料的电阻系数(外推至相同温度得到)。造成这种现象的原因可能是:(1)由于表面散射产生的尺寸效应;(2)高浓度的缺位;(3)冷却中产生了断层缺陷。设计一个实验方案来解决这个问题。

5. 某绝缘薄膜 $\Phi_B=1eV$。在以下条件时,其肖脱基发射电流将改变多少?
   (1) 温度改变 1%;(2)电场改变 1%;(3)薄膜接触面积改变 1%。

6. 将导电条纹沉积到绝缘器上形成电阻—电容结构,它的 RC 时间常数用于限制电路的相应速度。
   (1) 根据电导的长度、宽度、厚度和电阻率以及相应区域上绝缘体的厚度和介电系数写出 RC 的通式。
   (2) 若在 $0.5\mu m$ 厚的 SiO_2 薄膜上沉积一条 $1\mu m$ 宽,$1\mu m$ 厚,$1\mu m$ 长的 Al 带(电阻率=$2.7\times10^{-6}\Omega\cdot cm$),那么 RC 是多少(s/cm)?【注意:真空介电系数是 $8.85\times10^{-14}F/cm$】
   (3) 若分别用 $TaSi_2$(电阻率=$55\times10^{-6}\Omega\cdot cm$)和多晶硅(电阻率=$1000\times10^{-6}\Omega\cdot cm$)来代替 Al,那么 RC(s/cm)将变为多少?

7. 两块相连的金属垫相距 1cm,可用于监测沉积在这两块金属垫之间的金属薄膜的电阻。做从开始蒸发到薄膜完成沉积的电阻—时间图。薄膜成型各阶段的导电机制是什么?对比在高温下和低温下衬底的电阻响应。对比孤立和层状两种机制下的电阻响应。

8. 用汤姆逊近似计算金属薄膜中电子的平均自由程。空气界面上将发生镜散射,同时衬底界面上的散射会散开。

9. 考虑一 $M/SiO_2/N-Si$ 的电容器结构(假定没有氧化物和界面电荷)。
   (1) 做出能带图并表示出聚集、消耗和反转机制;

(2) 做出 C-V 图；

(3) 做出 SiO_2 膜厚不同的一系列 C—V 图；

(4) 定性说明 C-V 性质和 Si 掺杂度的关系。

10. 用铝在一片二氧化硅片和一片 3000Å 厚的二氧化硅薄膜的两面做接触电极。假设二氧化硅的体电阻系数是 $10^{15}\Omega \cdot cm$，并且在 300K 下施加强度为 $10^5 V/cm$ 的一个电场。

    (1) 电流密度是多少？(2) 薄膜中的电流密度是多少？

11. 某 1000Å 的 SiO_2 薄膜在外加电场为 $1.2\times 10^7 V/cm$ 时被击穿。可在薄膜上观察到 $1\mu m$ 的损坏通道和 Au 电极短路。这个缺陷产生时间为 $10^{-4}s$。若电流主要由肖脱基发射控制，估算薄膜温度最多能上升多少？(它的比热容为 $0.24 cal/g℃$)

12. 在 $Gd_3Ga_5O_{12}$ 衬底(直径 2cm，厚 0.75mm) 上镀 $1\mu m$ 厚的 $Y_3Fe_5O_{12}$ 薄膜。当用一个条状磁体去尝试将其举起时失败了，这是为什么？但是当把它用 1 个细线悬挂起来时，它可以被磁体吸引，这是为什么？

13. (1)在零磁场中，磁体薄膜的在总能量(E_T)随磁畴数目增加而增加，这是为什么？同时 E_M 却减少了，这是为什么？作出各种贡献对 E_T 的图，并指出最合适的磁畴数是多少？

    (2) (1)中的薄膜已部分被磁化，圆柱形磁畴与外加磁场相互作用。假定仅有 E_W 和 E_M 对 E_T 有贡献。做出合理的假设，作出能量贡献和畴半径的关系，并作图指出最合适的畴半径。

第八章 几种重要的功能薄膜材料

功能薄膜材料,特别是新型功能薄膜材料,在现代信息科学技术、微电子技术、计算机科学技术、激光技术、航空航天技术等领域有着广阔的应用。功能薄膜种类众多,应用范围很广,本章概括介绍几类在微电子技术、光电子技术、集成光学、微电子机械工程等领域已获得广泛应用的功能薄膜材料,使读者对相关薄膜有基本的了解。还有一些功能薄膜,如分离膜、生物医学功能薄膜等,限于篇幅,本章未涉及。

8.1 半导体薄膜

8.1.1 概述

随着现代科学技术的迅猛发展,现代电子技术正从固体电子技术向微电子技术、光电子技术方面发展。半导体大规模集成电路(LSIC)、多晶片组体(MCM)、膜式无源网路(表观式或内埋式)等的加工精度或膜厚均已进入亚微米级。为满足现代微电子、光电子元器件日益小型化、智能化、集成化的要求,现代微电子技术、光电子技术所用的各种电子材料正向纳米化、薄膜化、复合化方向发展。目前常用的半导体薄膜材料,如表 8-1 所列。

表 8-1 常用的半导体薄膜材料

分类	薄膜材料
元素半导体	Ge,Si,Se,Te
Ⅲ-Ⅴ族半导体	GaAs,GaP,GaN
Ⅱ-Ⅵ族半导体	ZnSe,ZnTe,ZnCdS,CdSe,CdS,PbS,HgCdTe,As_2S_3,As_2Se_3,As_2Te_3,GeTe
其他	ZnO,PbO_2,SiC,α-Si:H,SiC

8.1.2 半导体薄膜的制备方法

制备半导体薄膜的方法有很多,大致可分为化学气相沉积(CVD),包括气相外延(VPE)、金属有机物化学气相沉积(MOCVD)、等离子增强化学气相沉积(PECVD)、低压化学气相沉积(LPCVD)、热丝化学气相沉积(HWCVD)、液相外延(LPE),以及气束外延(VBE),包括分子束外延(MBE)、化学束外延(CBE)、离子束外延(IBE)、激光分子束外延(L-MBE)、化学溶液沉淀法(CSD)、近空间升华法等。

8.1.3 元素半导体薄膜

8.1.3.1 硅薄膜

1) 单晶硅薄膜

硅单晶属于金刚石型晶体结构,是一种间接带隙半导体。$T=0K$ 时的禁带宽度 $E_g=1.16eV$;$T>250K$,禁带宽度随温度的升高而直线地减小;在较低温度时 E_g 随温度的变化较慢。硅单晶的电学性能与硅单晶的结构缺陷和所含杂质情况有很大的关系。对于结晶结构完美的高纯单晶硅,在 $T=300K$ 时的电子和空穴的漂移迁移率分别为 $1350cm^2/(V·s)$ 和 $500cm^2/(V·s)$,电子和空穴的霍耳迁移率分别为 $1900cm^2/(V·s)$ 和 $425cm^2/(V·s)$,由于外延硅膜中存在不少缺陷,因此其载流子的迁移率比单晶硅片的迁移率要低些。为了得到结构完美的单晶薄膜,衬底表面的质量应较高;外延过程应在高度洁净的条件下进行;外延生长的温度也应适当地高。例如,在用氢还原四氯化硅的外延法中,在外延生长温度 1270℃时可以得到镜面状和最完善的单晶硅薄膜。

2) 多晶硅薄膜

1964 年多晶硅薄膜开始在集成电路中被用作隔离膜,1966 年出现第一只多晶硅 MOS 场效应晶体管,目前多晶硅薄膜在半导体器件及集成电路中得到了广泛的应用。

重掺杂低阻(电阻率可至 $10^{-3}\Omega·cm$)多晶硅薄膜可作 MOS 晶体管的栅极,多晶硅薄膜代替原来的铝膜作 MOS 晶体管的栅极后,最大优点是实现了自对准栅,即源、漏、栅的自动排列和栅极与栅 SiO_2 自动对齐。重掺杂多晶硅薄膜还可作为集成电路的内部互连引线,电容器的极板、MOS 随机存储电荷存储元件的极板、浮栅器件的浮栅、电荷耦合器件的电极等。轻掺杂多晶硅薄膜常用于制备集成电路中 MOS 随机存储器的负载电阻器及其他电阻器。多晶硅薄膜适于制造大面积的 p-n 结,因此适宜用来制备薄膜太阳电池,价格比单晶硅要便宜得多。但是,多晶硅中存在的晶粒间界会影响太阳电池的能量转换效率。目前达到的转换效率小于 10%。多晶硅薄膜多用化学气相淀积法制备。

3) 非晶硅薄膜

非晶硅(Amorphous Silicon,简称 a-i)是当前非晶半导体材料和器件的研究重点和核心。与单晶硅相比,非晶硅的结构有很大的不同。单晶硅中原子的空间排列具有一定规律的周期性,即长程有序。非晶硅中原子的排列可以看作构成一个连续的无网络,没有长程有序。但是就一个硅原子讲,它与最邻近或次邻近原子的情况基本相同。所以键长基本一致,键角偏差也不大。因此,非晶硅具有长程无序而短程有序的晶体结构,这对于非晶半导体的能态、能带及性能都有决定性的影响。

非晶半导体按其特性可分为两大类:硅系化合物(C、Si、Ge 及其合金)和硫系化合物(S、Se、Te 及其合金)。从目前研究和应用情况看,这些材料都能以薄膜形式呈现出来,研究得最多、应用最为广泛的是氢化非晶硅膜(a-Si:H)及硅基合金膜(如 a-SiC:H、a-SiN:H、a-SiGe:H 等)。

由于在 a-Si 中存在有大量的氢,饱和了硅中的悬挂键,使 a-Si 光电性能得到大大的改善,故一般所说的非晶硅,均指含氢的非晶硅,或称氢化非晶硅(a-Si:H)。随着对非晶硅薄膜的深入研究,已获得了一系列新的薄膜材料,包括非晶硅基合金薄膜材料(如 a-SiC:H、a-SiN:H、a-SiGe:H、a-SiO:H 和 a-SiSn:H)、超晶格材料(如 a-Si:

H/a—Ge:H、a—Si:H/a—SiC:H、a—Si:H/a—SiN:H、a—Si:H/a—C:H)、微晶硅薄膜(C—Si:H)、多晶硅薄膜(Poly—Si:H)以及最近刚刚研制出的纳米硅薄膜材料(Nano—Si),这些材料都有着十分重要的应用前景。

非晶硅及非晶硅基薄膜材料同晶体材料虽有类似之处,但却有很大的差别,其结构特点如下。

(1) 在结构上,非晶半导体的组成原子没有长程有序性。但由于原子间的键合力十分类似于晶体,通常仍保持着几个晶格常数范围内的短程序。非晶半导体结构上是长程无序、短程有序。反映在它的能带结构上,不只是有导带、禁带和价带,还有导带尾态、价带尾态和带中缺陷态,而这些尾态及带中缺陷态是定域化的,如图8-1所示。在电子输运中增加了跳跃导电机制,因此它的迁移率已变得十分小,室温下电阻率很高。

(2) 对于大多数非晶半导体,其组成原子都是由共价键结合在一起的,形成一种连续的共价键无规网络,所有的价电子都束缚在键内而满足最大成键数目的$(8-N)$规则,N是原子的价电子数。a—Si具有4个共价键,是四面体结构。

(3) 非晶态半导体可以部分实现连续的物性控制。当连续改变组成非晶半导体的化学组分时,其密度、相变温度、电导率、禁带宽度等随之连续变化,这为探索新材料提供了广阔的天地,非晶硅基合金材料就是重要的一例。

(4) 非晶半导体在热力学上处于亚稳状态,在一定条件下可以转变为晶态(如热退火和激光退火使非晶硅变为多晶硅或单晶硅)。这是因为非晶态半导体比其相应的晶态材料有更高的晶格位能,因此处于亚稳状态。

(5) 非晶硅及其合金膜的结构、电学和光学性质,都十分灵敏地依赖于它们的制备条件和制备方法,因此它们的性能重复性比它的晶态材料要差些。

(6) 非晶半导体的物理性能是各向同性的,这是因为它的结构是一种共价键无规网络结构,不受周期性结构的约束。

非晶硅材料是用气相沉积法形成的。根据离解和沉积的方法不同,气相沉积法分为辉光放电分解法(GD)、溅射法(SP)、真空蒸发法、光化学气相沉积法(Photo—CVD)和热丝法(HW)等。气体的辉光放电分解技术在非晶硅基半导体材料和器件制备中占有重要地位。下面以辉光放电法为例简单介绍制备非晶硅基薄膜材料的原理。

辉光放电法制备非晶硅基薄膜的系统如图8-2所示。根据辉光放电功率源频率的不同,辉光放电分为射频(rf—13.56MHz)辉光放电、直流辉光放电、超高频(VHF—70MHz~150MHz)辉光放电等。把硅烷(SiH_4)等原料气体导入真空反应室内,用等离子体辉光放电加以分解,产生包含带电离子、中性粒子、活性基团和电子等的等离子体,它们在带有TCO膜的玻璃衬底表面发生化学反应形成a—Si:H膜。故这种技术又被称为等离子体增强型化学气相沉积(PECVD)。如果在原料气体SiH_4中混入硼烷(B_2H_6),即能生成p型非晶硅(p—a—Si:H);或者混入磷烷(PH_3),即能生长n型非晶硅(n—ã—Si:H)。由上可知,仅仅变换原料气体就能依次形成pin结。

8.1.3.2 锗薄膜

锗薄膜材料按其晶体结构也可以分为单晶、多晶和非晶三种。单晶和多晶锗薄膜较早就受到人们的注意,并对其进行工艺和性能的研究,但是除了单晶锗薄膜被用于少数半导体器件外,其重要性远不能与硅薄膜相比。至于非晶锗薄膜,虽然也可以用辉光放电分

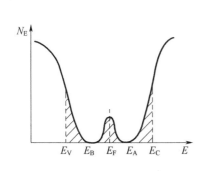 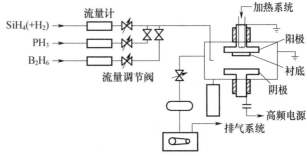

图 8-1 a—Si:H 能带模型　　　图 8-2 制备 a—Si:H 薄膜的辉光放电装置示意图

解锗烷的方法来制造,但是其性能比非晶硅薄膜要差得多,当前应用面不大。

目前,外延法制备的单晶锗薄膜主要用于制造分离器件如高频晶体管和隧道二极管,也用于制造低温工作的放大器件以及辐射探测器,但是锗薄膜在微电子工业生产中尚未得到广泛应用。单晶锗薄膜的外延生长方法主要是气相外延,少数情况例如制备掺杂的锗膜时也有采用液相外延。

8.1.4　Ⅲ-Ⅴ族化合物半导体薄膜

由周期表Ⅲ和Ⅴ族的主族元素形成的Ⅲ-Ⅴ族化合物半导体薄膜广泛用于制造耿氏二极管、肖特基二极管、变容二极管、隧道二极管等微波器件,以及发光二极管、激光器、太阳电池、雪崩光电二极管和光敏电阻器等光电子器件。目前受到重视、被广泛研究和应用的主要是Ⅲ-Ⅴ族化合物半导体单晶薄膜。

8.1.4.1　砷化镓(GaAs)薄膜

淀积单晶 GaAs 薄膜的外延方法主要有气相外延、液相外延和分子束外延。GaAs 晶体具有闪锌矿结构。构成晶胞的两套面心立方晶格不是由一种原子而是两种原子分别组成的。GaAs 的晶格常数与锗的几乎相等,比硅的稍大。GaAs 也是共价晶体,但是与硅或锗不同。由于镓和砷的电负性不等,在共价键合后电子云分布不对称,即具有极性。这种极性对于 GaAs 的性能有很大的影响。

由于有极性和两种原子间的键合较强,GaAs 的禁带宽度较大,室温 E_g 为 1.43eV。因此用 GaAs 制造的器件可以工作至 475℃,这是 GaAs 的一个优点。GaAs 是一种直接带隙半导体,载流子可以实现直接跃迁。由于直接跃迁的概率很高,因此 GaAs 对光的本征吸收系数和发光的辐射复合率很高,适合于作为光电探测器件、光伏器件和发光器件用的材料。GaAs 是一种多能谷半导体,具有负阻效应。

GaAs 的电子迁移率比硅的高得多,可用作高速晶体管。GaAs 既具有半导体的性质,又具有绝缘体的性质,电阻率可以做到 $3×10^8 \Omega·cm$ 以上。这样,可以将电路中的器件用半导体 GaAs 制造,而电路各元器件之间的隔离用半绝缘的 GaAs 制造。这有利于减少工艺步骤,缩小芯片面积,降低电路功耗并提高集成电路速度。

GaAs 吸收系数高,适于制造光电子器件。用 GaAs 制造的太阳电池,理论光电转换效率高,高温特性和耐辐射性能好。GaAs—GaAlAs 异质结太阳电池是目前光电转换实际效率最高(>24%)的太阳电池。GaAs 的辐射复合率高,可制造发光二极管和激光器件。GaAs 是目前量子效率最高的半导体光电阴极材料,在透明衬底的外延薄膜可以用作透明光电阴极。可以利用 GaAs 或以 GaAs 为基础的材料与光电子装置相结合的单块集成电路。

8.1.4.2 磷化镓(GaP)薄膜

单晶磷化镓薄膜的制备方法有气相外延和液相外延两种。

GaP 具有闪锌矿型结构。室温的禁带宽度 $E_g=2.26\text{eV}$,GaP 是一种间接带隙半导体材料,也是一种多能谷半导体。GaP 是一种用于制造高发光效率发光二极管的半导体材料,这里用于发光的不是本征辐射跃迁机理,而是与杂质中心有关的辐射跃迁。发光效率高是由于向 GaP 掺入的某些杂质起辐射复合中心的作用,并且使间接跃迁部分地转化为直接跃迁的结果。如掺 N 浓度较高的 GaP 可用于制造黄色发光二极管;GaP 中掺 ZnO 可制备红色发光二极管。除了发光二极管外,磷化镓还可以用于制造雪崩二极管等器件。

8.1.4.3 多元固溶体薄膜

Ⅲ-Ⅴ族化合物半导体的多元(主要是三元,少数为四元)固溶体薄膜材料,具有可以人为调整组分和控制性能的优点,因而受到很大的重视并且在制造半导体器件,特别是发光器件和激光器方面得到重要的应用。多元固溶体的种类很多,这里主要介绍 GaAsP、GaAlAs、InGaAsP 等多元固溶体薄膜。

1) 镓砷磷($GaAs_{1-x}P_x$)薄膜

镓砷磷的性能随 x 而变化。典型的 $GaAs_{1-x}P_x$ 材料的 x 为 0.4。单晶 $GaAs_{0.6}P_{0.4}$ 薄膜生长的主要方法是气相外延。

三元固溶体有一个很大的特点,其一些性能如晶格常数、带隙的大小介于构成它的两种二元化合物(含一种公共元素)的性能之间,并且随组成的不同近似地作线性变化。$GaAs_{1-x}P_x$ 可以看成是由 GaAs 和 GaP 构成的三元固溶体,其性能介于 GaAs 和 GaP 之间,并且随 x 而变化。$GaAs_{1-x}P_x$ 带隙的大小随 x 的变化如图 8-3 所示。因为 GaAs 是直接带隙半导体,而 GaP 是间接带隙半导体,所以 $GaAs_{1-x}P_x$ 是何种半导体应视 x 大小而定。由图 8-3 可见,在 $x<0.46$ 时 $GaAs_{1-x}P_x$ 的 Γ 带隙小于 X 带隙,禁带宽度由 Γ 带隙决定,故此时为直接带隙半导体,而在 $x>0.46$ 时应是间接带隙半导体。兼顾到适当大的 E_g 和发光效率不降至很低,常用 $x=0.4$,此时 $E_g\approx 1.91\text{eV}$,相对应的本征辐射光谱峰的波长位置约为 $0.65\mu m$。$GaAs_{1-x}P_x$ 是制造红色发光二极管的很好材料。掺 N 的 $GaAs_{1-x}P_x$ 被用于制造橙红、橙、黄和黄绿等色的发光二极管。

2) 镓铝砷($Ga_{1-x}Al_xAs$)薄膜

光电子器件所有的 $Ga_{1-x}Al_xAs$ 单晶薄膜是由液相外延法生长的,工业上多采用滑动舟法。$Ga_{1-x}Al_xAs$ 可以看成是由 GaAs 和 AlAs 构成的三元固溶

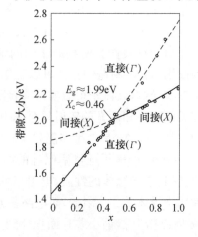

图 8-3 $GaAs_{1-x}P_x$ 的带隙大小随 x 变化

体,其性能介于 GaAs 和 AlAs 之间。$Ga_{1-x}Al_xAs$ 的带隙大小和折射率随 x 的变化示于图 8-4。由于 AlAs 是间接带隙半导体,故随 x 的不同,$Ga_{1-x}Al_xAs$ 可为直接或间接带隙半导体。$x<0.31$ 时为直接带隙半导体。此时 $E_g<1.90eV$,因此与 $GaAs_{1-x}P_x$ 相似。$Ga_{1-x}Al_xAs$ 可以用于制造发光效率高的红色发光二极管。单晶 $Ga_{1-x}Al_xAs$ 薄膜可制备在室温下连续工作的半导体激光器。

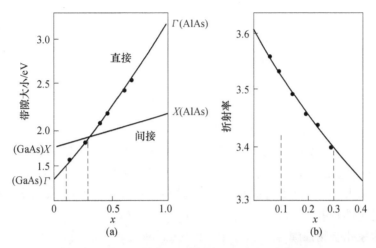

图 8-4 $Ga_{1-x}Al_xAs$ 的带隙大小(a)和折射率(b)
随 x 的变化($T=300K$,测折射率的 $h\nu=2.4eV$)

由于 $Ga_{1-x}Al_xAs$ 与 GaAs 的晶格匹配很好,所以 $Ga_{1-x}Al_xAs$ 也是制造高效率 P—$Ga_{1-x}AlAs$—n—GaAs 异质结太阳电池的重要材料。此外,$Ga_{1-x}Al_xAs$ 还可用于制造集成电路。

3) 铟镓砷磷($In_{1-x}Ga_xAs_yP_{1-y}$)薄膜

三元固溶体可以通过改变组成比来得到所需的禁带宽度。但是除了 GaAlAs 与衬底 GaAs 晶格匹配很好外,一般三元固溶体与衬底的晶格匹配都不太好。外延薄膜的缺陷对性能有不良的影响。为了在调节 E_g 的同时能调节得到合适的晶格常数,人们致力研究和采用四元固溶体,其中以铟镓砷磷($In_{1-x}Ga_xAs_yP_{1-y}$)为代表(以 InP 为衬底)。

$In_{1-x}Ga_xAs_yP_{1-y}$ 外延薄膜的 E_g 随 x 和 y 的不同而在 $2.25eV \sim 0.365eV$ 之间变化,相对应的光波波长范围为 $0.55\mu m \sim 3.4\mu m$。如果考虑 $In_{1-x}Ga_xAs_yP_{1-y}$ 薄膜与 InP 衬底晶格常数应很好地匹配,则可以做到的 E_g 范围是 $1.34eV \sim 0.76eV$,与之相对应的波长范围是 $0.93\mu m \sim 1.6\mu m$。图 8-5 表示与 InP 衬底晶格相匹配的 $In_{1-x}Ga_xAs_yP_{1-y}$ 外延薄膜的组成及禁带宽度。因此单晶铟镓砷磷薄膜可用于制造近红外发光二极管。同时,这种薄膜也用于制造 InGaAsP 为有源区的双异质结 InGaAsP/InP 激光器。

8.1.5 Ⅱ—Ⅵ族化合物半导体薄膜

Ⅱ—Ⅵ族化合物半导体属于直接带隙半导体,禁带宽度范围较宽(例如室温时 ZnS 的 $E_g=3.6eV$,而 HgTe 的 $E_g=-0.14eV$),而且在三元固溶体中还可以通过改变组成比来调节和控制禁带宽度的大小,因此可以用于制造各种工作波长的光电子器件。

Ⅱ—Ⅵ族化合物半导体薄膜多采用外延方法生长单晶薄膜和真空蒸发法淀积多晶薄

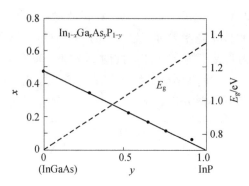

图 8-5 与 InP 晶格匹配的 $In_{1-x}Ga_xAs_yP_{1-y}$
薄膜的组成及其禁带宽度

膜。Ⅱ-Ⅵ族化合物半导体可以分为两类：一类是含汞的化合物，如 HgS、HgSe、HgTe 和 $Cd_xHg_{1-x}Te$ 等。这类材料的特点是禁带宽度窄、载流子迁移率很高、载流子浓度高、电阻率低且参数稳定性良好。另一类是不含汞的锌和镉的化合物。如 ZnS、ZnSe、ZnTe、CdS、CdSe 和 CdSe 等。这类材料的特点是禁带比较宽、迁移率低、载流子浓度低、电阻率高、电参数稳定性较差。

8.1.5.1 含汞化合物薄膜

几乎所有淀积薄膜的真空工艺，包括各种真空蒸发法和溅射法，都可用于制备 Ⅱ-Ⅵ 族化合物薄膜。用得最多的是普通单源蒸发法、快速蒸发法和双源蒸发法。

用真空蒸发法制备的多晶 Ⅱ-Ⅵ 族化合物半导体薄膜，可以有两种基本晶体结构，即立方晶系的闪锌矿结构和六方晶系的纤锌矿结构。含汞化合物薄膜中的 HgS 薄膜可以具有这两种结构，但是 HgSe、HgTe 及 $Cd_xHg_{1-x}Te$ 薄膜只有闪锌矿结构。薄膜的光学性能和电学性能，主要取决于薄膜的晶体结构、化学组成、生长条件及后续热处理。

8.1.5.2 无汞化合物薄膜

制备无汞化合物薄膜的方法很多，如普通单源蒸发、双源蒸发、分子束外延等。但是用得最多的还是普通的单源蒸发法。薄膜在淀积后一般都要进行热处理。

无汞化合物薄膜具有较宽的禁带。这对薄膜的光学、光电和电学性能都有很大的影响。单晶 ZnS、ZnSe、ZnTe、CdS、CdSe 和 CdTe 的禁带宽度分别为 3.6eV、2.7eV、2.26eV、2.4eV、1.67eV 和 1.44eV。对于薄膜来说，与 E_g 有关的光学性能，例如吸收光谱曲线上吸收限的能量位置，大体上与同类单晶材料相近。

无汞化合物薄膜电性能的特点是电阻率高而迁移率低。用单源蒸发法制备的优质无汞化合物薄膜的最高迁移率，为同种单晶材料最高值的 10%～60%，随不同化合物而异。

由于无汞化合物的禁带较宽，因此可以用于制造可见光、紫外线乃至 X 射线的探测器。探测器主要是利用光导效应。通常无汞化合物用于制造光敏电阻器。用得最多的是 CdS、CdSe 和 CdSSe 薄膜，它们对可见光敏感。此外，CdTe、ZnSe、ZnTe 和 ZnS 薄膜也可制造近红外、可见和紫外光敏电阻器。

CdTe 材料的主要优势在于它的光谱响应与太阳光谱十分吻合，使得 CdTe 太阳电池理论转换效率很大，在室温下为 27%（开路电压 V_{OC} 为 1050mV；短路电流密度 J_{SC} 为 30.8mA/cm²；填充因子 FF 为 83.7%）。而且 CdTe 有很高的直接跃迁（能隙约为

1.44eV)光吸收系数($10^5\,cm^{-1}$),就太阳辐射谱中能量大于 CdTe 能隙范围而言,$1\mu m$ 厚的材料可吸收 99% 的光。因此,可减少材料消耗降低成本,被人们看成是一种理想的太阳电池吸收层材料。

CdTe 是 Ⅱ-Ⅵ 族化合物,是直接带隙材料,带隙为 1.44eV。它的光谱响应与太阳光谱十分吻合,且电子亲和势很高,为 4.28eV。具有闪锌矿结构的 CdTe,晶格常数 $a=0.16477nm$。由于 CdTe 薄膜具有直接带隙结构,所以对波长小于吸收边的光,其光吸收系数极大。厚度为 $1\mu m$ 的薄膜,足以吸收大于 CdTe 禁带能量的辐射能量之 99%,因此降低了对材料扩散长度的要求。

CdTe 结构与 Si、Ge 有相似之处,即其晶体主要靠共价键结合,但又有一定的离子性。与同一周期的Ⅳ族半导体相比,CdTe 的结合强度很大,电子摆脱共价键所需能量更高。因此,常温下 CdTe 的导电性主要由掺杂决定。薄膜组分、结构、沉积条件、热处理过程对薄膜的电阻率和导电类型有很大影响。

制备 CdTe 多晶薄膜的方法很多,有近空间升华法、电沉积法、丝网印刷术、物理气相沉积、喷涂热分解等。但获得电池最高效率的制备方法是采用近空间升华系统(见图 8-6)沉积碲化镉薄膜,这种方法设备简单,沉积速率低,易于控制,污染小,适于大规模生产,成膜均匀,晶粒大小适当,具有优良的光学、电学性能。

CdTe 在源温度高于 450℃时升华并分解成 Cd 和 Te_2,当它们沉积在温度相对较低的衬底上时,再化合生成 CdTe;为了制备厚度均匀、化学组分均匀、晶粒大小均匀的薄膜,要维持反应室内一定气压,并使 Cd 与 Te_2 不直接蒸发到衬底上。这样源与衬底间的距离必须小。这是近空间升华的基本思想。而保护气体的种类和气压、源的温度、衬底的温度等则是制备的关键。制备 CdTe 的典型参数如下:气体为氩;间距为 5nm;源温度为 620℃~680℃;衬底温度为 520℃~580℃;沉积时间为 8min~15min。

CdS 是非常重要的Ⅱ-Ⅵ族化合物半导体材料。CdS 薄膜具有纤锌矿结构,是直接带隙材料,带隙较宽,为 2.42eV,能通过大部分可见光,而且薄膜厚度小于 100nm 时,CdS 薄膜可使波长小于 500nm 的光通过。

图 8-7 为不同厚度的(曲线(a),效率 13.38%;曲线(b),效率 15.8%)制备的 CdTe 太阳电池光谱响应曲线。可见,减薄 CdS 后扩展了短波响应。

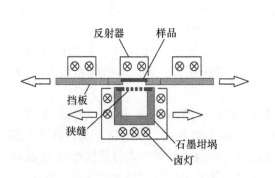

图 8-6 近空间升华系统

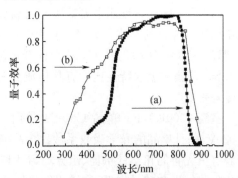

图 8-7 不同厚度(a)180nm
(b)60nm~80nm 的 CdTe 太阳
电池的光谱响应曲线

制备 CdS 薄膜的方法很多,如,丝网印刷法、电沉积法、溅射法、近空间升华法、真空蒸发法、喷涂法以及化学水浴法等。化学水浴法制备 CdS 薄膜工艺简单,成本低廉,易实现规模化生产,因此受到人们的重视。

化学水浴法沉积 CdS 薄膜,以硫脲为硫源,络合物[$Cd(NH_3)_4^{2+}$]为镉前驱体,反应在氨水溶液中进行,反应温度保持在约 82℃,另外,加入缓冲剂 NH_4Cl 使成膜溶液的 pH 值保持在 8~10,所用药品均为分析纯试剂,采用二次去离子水配制,各成分的浓度为 [$CdCl_2$]=0.0012M,[NH_3H_2O]=0.1M,[$(NH_2)_2CS$]=0.004M,[NH_4Cl]=0.02M。整个过程的反应方程式如下:

$$Cd(NH_3)_4^{2+} + (NH_2)_2CS + 2OH \rightarrow CdS + 4NH_3 + 2H_2O + CN_2H_2$$

8.1.5.3　Ⅰ-Ⅱ-Ⅵ半导体薄膜

Ⅰ-Ⅱ-Ⅵ半导体如 $AgGaS_2$、$AgGaSe_2$、$CuInSe_2$ 等,具有独特的光电性能,在非线性光学、红外探测、太阳能电池方面等有着广泛的应用前景。

$CuInSe_2$ 具有黄铜矿、闪锌矿两个同素异形的晶体结构。其高温相为闪锌矿结构(相变温度为 980℃),属立方晶系,布喇菲格子为面心立方,晶格常数为 $a=0.58nm$,密度为 $5.55g/cm^3$;低温相是黄铜矿结构(相变温度为 810℃),属正方晶系,布喇菲格子为体心四方,空间群为 $I_4^{2d}=D_{2d}^{12}$,每个晶胞中含有 4 个分子团,晶格常数为 $a=0.5782nm,c=1.1621nm$,与纤锌矿结构的 CdS($a=0.46nm,c=6.17nm$)的晶格失配率为 1.2%。这一点使它优于 $CuInS_2$ 等其他 Cu 的三元化合物。

$CuInSe_2$ 是直接带隙半导体材料,77K 时的带隙为 1.04eV,300K 时为 1.02eV,带隙对温度的变化不敏感。其禁带宽度(1.04eV)与地面光伏利用要求的最佳带隙(1.5eV)较为接近。$CuInSe_2$ 的电子亲和势为 4.58eV,与 CdS(4.50eV)相差很小,这使它们形成的异质结没有导带尖峰,降低了光生载流子的势垒。

$CuInSe_2$ 具有一个 0.95eV~1.04eV 的允许直接本征吸收限和一个 1.27eV 的禁戒直接吸收限,以及由于 DOWRedfiled 效应而引起的在低吸收区(长波段)的附加吸收。$CuInSe_2$ 具有高达 $6 \times 10^5 cm^{-1}$ 的吸收系数,是半导体材料中吸收系数较大的材料。具有这样高的吸收系数(即小的吸收长度),对于太阳电池基区光子的吸收、少数载流子的收集(即对光电流的收集)是非常有利的条件。

$CuInSe_2$ 的光学性质主要取决于材料各元素的组分比、各组分的均匀性、结晶程度、晶格结构及晶界的影响。大量实验表明材料元素的组分与化学计量比偏离越小,结晶程度越好,元素组分均匀性好,温度越低,光学吸收特性越好。具有单一黄铜矿结构的 $CuInSe_2$ 薄膜的吸收特性比含有其他成分和结构的薄膜要好。表现为吸收系数增高,并伴随着带隙变小。

室温(300K)下,单晶 $CuInSe_2$ 的直接带隙为 0.95eV~0.97eV。多晶薄膜为 1.02eV,而且单晶的光学吸收系数比多晶薄膜的吸收系数要大。原因是单晶材料较多晶薄膜有更完善的化学计量比、组分均匀性和结晶好。在惰性气体中进行热处理后,多晶薄膜的吸收特性向单晶靠近,这说明经热处理后多晶薄膜的组分和结晶程度得到了改善。

吸收特性随材料工作温度的下降而下降,带隙随温度的下降而稍有升高。当温度由 300K 降到 100K 时,E_g 上升 0.02eV,即 100K 时,单晶 $CuInSe_2$ 的带隙为 0.98eV,多晶 $CuInSe_2$ 的带隙为 1.04eV。

CuInSe$_2$ 材料的电学性质(电阻率、导电类型、载流子浓度、迁移率)主要取决于材料各元素组分比,以及由于偏离化学计量比而引起的固有缺陷(如空位、填隙原子、替位原子),此外还与非本征掺杂和晶界有关。

对材料各元素组分比接近化学计量比的情况,按照缺陷导电理论,一般是当 Se 不足时,Se 空位呈现施主;当 Se 过量时,呈现受主;当 Cu 不足时,Cu 空位呈现受主;当 Cu 过量时,呈现施主;当 In 不足时,In 空位呈现受主;当 In 过量时,呈现施主。

当薄膜的组分比偏离化学计量比较大时,情况变得非常复杂。这时薄膜的组分不再具有单一黄铜矿结构,而包含其他相(Cu$_2$Se、Cu$_{2-x}$Se、In$_2$Se$_3$、InSe 等)。在这种情况下,薄膜的导电性主要由 Cu 与 In 之比决定,一般是随着 Cu/In 比的增加,电阻率下降,p 型导电性增强。导电类型与 Se 浓度的关系不大,但是 p 型导电性随着 Se 浓度的增加而增加。

制备 CIS 薄膜最关键的技术是控制元素的配比,其生长方法主要有真空蒸发法、Cu-In 合金膜的硒化处理法(包括电沉积法和化学热还原法)、近空间气相输运法(CSCVT)、喷涂热解法、射频溅射法等。

在 CuInSe$_2$(简称 CIS)基础上掺杂其他元素,如使 Ga 或 Al 部分取代 In 原子,用 S 部分取代 Se,即制备成 Cu(In$_{1-x}$Ga$_x$)Se$_2$、Cu(In$_{1-x}$Ga$_x$)(Se$_{2-y}$S$_y$)[10]、Cu(In$_{1-x}$Al$_x$)(Se$_{2-x}$S$_x$),分别简称 CIGS、CIGSS、CIASS 等,其晶体结构仍然是黄铜矿。改变其中 Ga/(Ga+In)等的原子比,可以使其禁带宽度在 1.04eV~1.72eV 之间变化,包含高效率吸收太阳光的带隙范围 1.4eV~1.6eV。以 CIGS 薄膜制备的太阳电池具有如下特点:

(1) 光电转换效率高。2008 年美国国家可再生能源实验室(NREL)研制的小面积 CIGS 薄膜太阳电池光电转换效率已达到 19.9%,是当前各类薄膜太阳电池的最高记录。

(2) 电池稳定性好,使用过程中性能基本无衰降。

(3) 抗辐照能力强,用作空间电源有很强的竞争力。

(4) CIGS 是直接禁带材料,其可见光吸收系数高达 10^5cm^{-1} 数量级,非常适合太阳电池的薄膜化。

8.1.6 氧化锌薄膜

8.1.6.1 ZnO 薄膜概述

氧化锌(ZnO)是一种重要的宽带隙半导体材料。室温下禁带宽度为 3.37eV。ZnO 为六方晶系纤锌矿结构,每个 Zn 原子与 4 个 O 原子按四面体排布,其晶格常数为:$a=0.325$nm,$c=0.52$nm。O 原子排布在六方密堆积位置而 Zn 原子占据了四面体的一半位置。因此 ZnO 具有相对开放的结构,所有的八面体位和一半的四面体位都是空着的。ZnO 的结构特点使得在 ZnO 晶格位置中引入外来原子比较容易。掺入 In、Ga 和 Al 的 ZnO 是一类具有优良光电性质的透明导电氧化物;掺入 Fe、Co 和 Mn 等磁性原子的 ZnO 是被广泛研究的稀磁半导体;掺入 Li 和 Mg 等元素的 ZnO 具有压电与铁电性质。

ZnO 薄膜在垂直于基片表面轴取向一致的情况下,就能具有像单晶那样的较好的各向异性压电性[11]。作为一种压电材料,它以其所具有的较强的机电耦合系数,在超声换能器、频谱分析器、高频滤波器、高速光开关及微机械上有相当广泛的用途,是制备高频表面声波器件的首选材料。

ZnO 具有电阻率随表面吸附气体种类和浓度变化的特点。一般,吸附还原性气体时其电导率升高,吸附氧化性气体时其电导率降低;当其接触还原性气体时,随着气体浓度的增大,电导率将升高,而当其接触氧化性气体时,则随着气体的浓度增大电导率会降低。经某些元素掺杂之后的薄膜对有害性气体、可燃气体、有机蒸气等具有很好的敏感性,可制成各种气敏传感器。

ZnO 薄膜的压敏性质主要表现在非线性伏安特性上压敏材料受外加电压作用时,存在一个阈值电压,即压敏电压(V_{1mA})。当外加电压高于该值时即进入击穿区,此时电压的微小变化即会引起电流的迅速增大,变化幅度由非线性系数 α 来表征。ZnO 薄膜所具有的较低的压敏电压和较高的非线性系数、浪涌吸收能力强、性能稳定等突出特征,为压敏材料在微型电路保护方面的应用开辟了广阔的市场前景。ZnO 和 GaN 同为六方纤锌矿结构,有相近的晶格常数和禁带宽度,同时,它的激子激活能高达 $60\mu eV$,比室温热离化能 $26\mu eV$ 高很多,激子不易发生热离化。由于具有大束缚能的激子更易在室温下实现高效率的激光发射,因此与 $ZnSe(22\mu eV)$、$ZnS(40\mu eV)$ 和 $GaN(25\mu eV)$ 相比,理论上更有可能实现室温下的紫外受激辐射。ZnO 薄膜在沉积过程中具有自组装性能,柱状晶的截面呈六边形,柱状晶垂直于衬底表面,当 ZnO 薄膜在室温下产生光致激光发射时,柱状晶三对互相平行的侧面中相对应的晶面在光注入时起反射面的作用,光子在其间往复运动形成驻波而获得光放大,这一性质使 ZnO 薄膜有可能实现紫外激光发射器件。

8.1.6.2 ZnO 薄膜的制备及掺杂

ZnO 薄膜的制备方法主要有溅射法、PLD 法、溶胶-凝胶法、MBE 法等。

ZnO 薄膜由于天然存在着 O 空位和 Zn 填隙原子,因此不掺杂的 ZnO 薄膜表现为 n 型导电。ZnO 薄膜的 n 型掺杂很容易实现,可采用Ⅲ族元素 Al、Ga、In 及Ⅶ族元素 Cl、I 来进行掺杂,分别替代 Zn 原子和 O 原子。

但是 ZnO 薄膜的 p 型掺杂很困难,主要原因之一就是在 ZnO 中存在较多的本征施主缺陷而导致的自补偿效应。ZnO 的本征点缺陷一般有 6 种形态:氧空位 V_O、锌空位 V_{Zn}、反位氧 O_{Zn}、反位锌 Zn_O、间隙氧 O_i 和间隙锌 Zn_i。氧空位 V_O 为正电中心,具有负库仑的吸引势,其导带能级向低能移动,进入带隙形成施主能级。锌空位 V_{Zn} 为负电中心,其价带能级向高能方向移动,进入带隙形成受主能级。O_{Zn} 缺陷是 O 占据 Zn 原子位置产生 Zn 的 O 反位,它吸引近邻原子的价电子形成负电中心,价带能级进入带隙形成受主缺陷。而 Zn_O 缺陷是 O 的 Zn 反位缺陷而成为正电中心,导带能级进入带隙形成施主缺陷。间隙锌 Zn_i 为正电中心,其导带能级向低能移动,进入带隙形成施主能级,而 O_i 缺陷态则是价带顶的受主能级。

图 8-8 示出了上述 6 种缺陷的能级情况,从图中也可以明显看出,ZnO 的 6 种本征缺陷中 O_i 和 V_{Zn} 是浅受主,而 V_O、Zn_i 和 Zn_O 是施主型缺陷。缺陷形成的难易程度可以用形成能的高低来表明。V_O 和 Zn_i 无论在富 Zn 和富 O 条件下的形成能都很低(见图 8-9),较之 V_{Zn} 和 O_i 更容易在 ZnO 中存在。这些施主的存在,能够补偿 p 型浅受主,也就是所谓的自补偿效应。掺杂形成反型缺陷的过程是体系能量降低的过程,因此是体系趋于平衡态的必然结果。禁带宽度越大,自补偿造成的能量降低越显著,对宽禁带材料掺杂时更容易产生自补偿,所以通过一般的掺杂很难实现材料的反型。

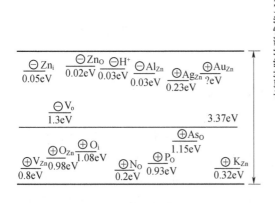

图 8-8 ZnO 的本征及掺杂能级

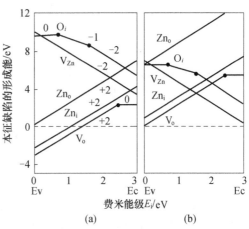

图 8-9 富 Zn 和富 O 条件下 ZnO 中各种本征缺陷的形成能
(a) 富 Zn($\mu_{Zn}=0$); (b) 富 O($\mu_{Zn}=-3.1eV$).

实现 ZnO 薄膜的 p 型掺杂的困难之二就是 ZnO 薄膜表面掺杂元素活性的单极性现象,该现象可以用 Madelung 能来描述。Madelung 能的绝对值越大,表明单极性强或掺杂元素的活性越差。掺杂后得到的 ZnO 晶体结构越不稳定,将难以获得 p 型 ZnO 薄膜。无法制得 p 型的 ZnO 薄膜,也就制作不了 ZnO 薄膜的 pn 结,极大地限制了 ZnO 基光电器件的开发和应用。

根据目前的理论研究和实践经验,要实现 ZnO 的有效 p 型掺杂,必须满足以下的条件:其一,增加受主元素在 ZnO 中的掺杂浓度;其二,使受主能级在 ZnO 中变得更浅;其三,抑制 ZnO 中的本征施主缺陷浓度,减少自补偿效应。目前已提出 3 套方法用来制备 p 型 ZnO:

(1) 将 V 族元素掺入氧空位;

(2) 将 V 族元素与 III 族元素共掺杂入 ZnO,或 I 族元素与 VII 元素共掺杂入 ZnO;

(3) 用过量的氧以消除氧空位的自补偿效应,这一类方法常与 V 族元素掺入法同时进行。

在 I 族元素掺杂元素中,人们已经对 Li、K、Ag、Cu、Au 进行了一定研究。Au 由于有 +1、+3 两个价态,在 ZnO 中既可作为受主,又可作为施主,情况较为复杂,并且实验没有测出其能级位置。Ag、Cu 作为受主存在,受主能级很深,分别在导带底 0.23eV 和 0.17eV 处(如图 8-8 所示)。Ag 在 ZnO 中优选取代 Zn 位,Ag_{Zn} 表现为深受主行为,因此 ZnO 薄膜中单纯掺杂 Ag 难以得到 p-ZnO。在掺 Li 的 ZnO 薄膜中,Li 原子置换 Zn 原子,作为受主存在,但 Li 原子由于尺寸较小,会有一部分成为间隙原子,此时 Li 不再是受主,而会引起深能级空穴陷阱,作为施主存在。因而,虽然 Li 总体表现为受主,但因高度的自补偿作用,难以测出其能级位置。在 ZnO 薄膜中,I 族掺杂元素能级很深,掺杂度也不高,因此作为受主掺杂并不是十分理想。在 V 族元素掺杂中,主要有 N、P、As 等掺杂,其中以 N 掺杂为多。所采用的氮源主要包括 N_2,NO,N_2O,NH_3,Zn_3N_2 等。所用的制备方法主要有 MBE,CVD,PLD,MOCVD 及直流反应磁控溅射等。利用共掺技术实现 p 型 ZnO 薄膜的研究主要包括 Al-N 共掺、Ga-N 共掺、In-N 共掺、N-Be 共掺等。理论表明，采用 N 和 AlGaIn 共同掺入 ZnO 的方法能促进 N 的大量掺入，可以制备出载流子浓度相对较高的 ZnO 薄膜。

掺铝氧化锌(AZO)薄膜具有导电性好、透光率高、对紫外线吸收强、红外反射率高及对微波衰减率高等优点，是一种性能优异的透明导电薄膜，可用于平面显示器、太阳能电池、透明电板，以及需要阻挡紫外线、屏蔽热辐射和电磁波的地方。

8.2 超导薄膜

1911 年荷兰物理学家昂内斯(H. K. Onnes)发现了低温下物质具有零电阻的性能，这称为超导电性(Superconductivity)。到 20 世纪 80 年代，人们已发现了常压下有 28 种元素、近 5000 种合金和化合物具有超导电性。常压下，Nb 的超导临界转变温度(正常态变为超导态)$T_C=9.26K$ 是元素中最高的。合金和化合物中，超导临界转变温度最高的是 Nb_3Ge，$T_C=23.2K$。此外，人们还发现了氧化物超导材料和有机超导材料。1986 年，Müller 等发现了 La—Ba—Cu—O 化合物在 35K 时出现了超导转变的迹象。1987 年 2 月，美国的朱经武等宣布发现了 $T_C\sim 93K$ 的氧化物超导材料，液氮温区超导材料的出现掀起了全世界范围的对高临界温度超导材料研究的热潮。Müller 和 Bednorz 因开创了氧化物超导体研究新领域而荣获了 1987 年度诺贝尔物理学奖。

8.2.1 超导薄膜的制备与性能

根据超导体的超导转变临界温度 T_C 的范围可以将超导体大致分为低 T_C 超导体和高 T_C 超导体。低 T_C 超导体主要处于液氦和液氢温度。T_C 一般小于 40K。高 T_C 超导体主要处于液氮温区，T_C 一般高于 77K。超导薄膜的制备方法大体上可分为溅射法、真空蒸镀法、化学气相沉积法(CVD)、表面扩散法、溶胶—凝胶法(Sol—Gel)、脉冲激光沉积法(PLD)等几种。目前，以溅射法和脉冲激光沉积法制备的超导薄膜的电学性能最好。

8.2.1.1 低 T_C 超导薄膜

1) 单质超导体

在常压下有超导性的元素共有 28 种，元素超导体薄膜的制备几乎完全采用蒸发法。但是，对于 Nb、Ta 等高沸点材料，应当以溅射法为主。

2) A15 化合物超导薄膜

β—W 结构在晶体学分类上被称为 A15 结构。具有 A15 结构的化合物超导体有 74 种，其中很多是混晶体，大多数属于热平衡相，可通过固溶或扩散反应制成。制备超导薄膜时，只要适当控制组成和基片温度(700℃~900℃)，就能得到几乎接近块体的超导性质。不过，处在平衡状态下的这类超导薄膜的 T_C 多半都比块体值稍偏低。然而，处在非平衡状态下的 Nb_3Ge 薄膜却是个例外，T_C 一开始就高达 23K，而处在平衡状态下的块体的 T_C 值却为 6K。

3) B1 化合物超导薄膜

NaCl 结构在晶体学分类上被称为 B1 结构。具有 B1 结构的化合物超导体是 C、N、O 等元素与Ⅲb、Ⅳb、Ⅴb 和Ⅵb 过渡元素结合成具有氯化钠(NaCl)结构的物质，其中重要的有 NbN 及 NbC_xN_{1-x}、MoN 等。NbN 有比较优异的热稳定性和较高的机械强度，而且能在低温下生长成薄膜,具有抗中子辐照的优点,已制成可靠性高的约瑟夫森器件。

4) 三元系化合物超导薄膜

三元系化合物超导薄膜主要有硫系化合物超导薄膜和氧化物超导薄膜。前者如 $PbMo_6S_8$、$CuMo_6S_8$,后者如 $BaPb_{1-x}Bi_xO_3$ 等。

$PbMo_6S_8$ 是具有最高的上临界磁场 H_{c2}(60T,0K)的超导材料。可用溅射法在低温下制备 $PbMo_6S_8$ 超导薄膜;用蒸发法或溅射法制备 $CuMo_6S_8$ 超导薄膜。$BaPb_{1-x}Bi_xO_3$ 是 $BaPb_6O_3$ 和 $BaBiO_3$ 形成固熔体,具有钙钛矿晶体结构。x 在 0.05~0.3 之间出现超导性,当 $x=0.3$ 时,T_C 的最大值为 13K。因为这种材料是氧化物,所以在氧气中稳定性极好,可制高稳定性的约瑟夫森器件。

8.2.1.2 高 T_C 超导薄膜

到目前为止,已经发现了三代高温超导材料,第一代为镧系高温超导材料;第二代为钇系高温超导材料;第三代为铋系、铊系及其他新型高温超导材料。高温超导体的材料体系中的超导相如表 8-2 所列。

表 8-2 高 T_C 超导体的超导相

体 系	组 分	T_C/K
La 系	$(La_{1-x}M_x)_2CuO_4$ ($x\approx0.080$)	
	M=Ba	30
	M=Sr,Ca	20,40
	M=Na	40
Y 系	$Ba_2LnCu_3O_7$	90
	Ln=Y,La,Nd,Sm,Eu,Cd,Dy,Ho,Er,Tm,Yb,Lu	
	$Ba_4Y_2Cu_8O_{15}$	80
Bi 系	$Bi_2O_2 \cdot SrO(n-1)Ca \cdot nCuO_2$	
	$Bi_2Sr_2CuO_6$ (2201)	7~22
	$Bi_2Sr_2CaCu_2O_8$ (2212)	80
	$Bi_2Sr_2Ca_2Cu_3O_{10}$ (2223)	110
	$Bi_2Sr_2Ca_3Cu_4O_{12}$ (2234)	90
Tl 系	$Tl_2O_2 \cdot 2BaO \cdot (n-1)Ca \cdot nCuO_2$	
	$Tl_2Ba_2CuO_6$ (2201)	20~90
	$Tl_2Ba_2CaCu_2O_8$ (2212)	105
	$Tl_2Ba_2Ca_2Cu_3O_{10}$ (2223)	125
	$TlO_2 \cdot 2BaO \cdot (n-1)Ca \cdot nCuO_2$	
	$TlBa_2CaCu_2O_7$ (1212)	70
	$TlBa_2Ca_2Cu_3O_9$ (1223)	110~116
	$TlBa_2Ca_3Cu_4O_{11}$ (1234)	120
	$TlBa_2Ca_4Cu_5O_{13}$ (1245)	<120
其他系	$(Nd_{0.8}Sr_{0.2}Ge_{0.2})_2CuO_4$	27
	$(Nd_{1-x}Ge_x)_2CuO_4$ ($x\approx0.07$)	25
	$(B_{1-x}M_x)BiO_3$ ($x\approx0.4$)	30
	M≡K,Rb	

1) 镧系高温超导薄膜

以镧、钡、铜氧化物或镧、锶、铜氧化物组成的镧系超导体的超导转变温度在30K~40K之间,其结构为K_2TiF_4型。只含镧、铜氧化物的超导材料,在91K呈超导现象。不含铜的镧、锶、镍氧化物超导材料,在70K呈超导状态。

2) 钇系高温超导薄膜

由钇、钡、铜氧化物构成的钇系超导材料结构为层状钙矿型结构,其超导转变温度可达98K。为了制造优质的高T_C的YBaCuO超导薄膜,所有比较先进的制膜方法都已使用过。实践证明,多源共蒸发、顺序蒸发、多靶共溅射和顺序溅射较好。现在发展较快、应用较多的是激光蒸发(也称脉冲激光淀积,简称PLD)和磁控溅射。

3) 铋系高温超导薄膜

铋系高温超导材料由铋、锶、钙、铜氧化物构成,结构为类钛酸铋型。其超导临界温度可达114K~120K,比钇系高,可适用于制作电子元件和导线,其缺点是较难形成结晶结构、再现性差、超导转变温度不够稳定。由于BiSrCaCuO高T_C超导体有多个超导相,所以难以合成只具有单一相的高T_C的铋系超导薄膜,特别是(2212)相和(2223)相共存。对于Bi系高T_C超导薄膜,可用多靶(Bi、SrCu、CaCu)磁控溅射方法进行叠层淀积。

4) 铊系高温超导薄膜

铊系超导材料为铊、钙、钡、铜氧化物,结构也是类钛酸铋型。超导临界温度为106K~125K,其优点是再现性好,缺点是毒性大。Tl易于挥发,因此只能在较低的基片温度(室温至200℃)下沉积铊系超导薄膜。铊系的超导相伴生现象较严重,很难制造出高纯的单一高T_C相(2223)超导薄膜,薄膜中往往还有其他超导相如(2212)相、(2234)相等。

图8-10给出了超导体的T_C,J_C,H_C之间的关系。由图8-11可知,除了临界电流密度J_C以外,YBaCuO高T_C超导体的性能远高于金属化合物Nb_3Sn。而高T_C薄膜的性能又远高于YBaCuO超导块体材料。

在高T_C薄膜成形方法上,发展了湿刻、干刻、剥离、多层套刻等工艺技术;在器件结构设计上对高T_C超导薄膜的多层结构及三端子器件作了初步试验。此外,也利用了高T_C超导块样品和薄膜中的颗粒结构,对超导量子干涉器件(SQUID)及高频混频器、检测器的性能作了研究。

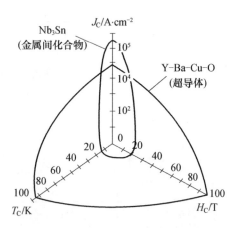

图8-10 超导体的T_C,J_C和H_C之间的关系

8.2.2 超导薄膜的研究进展

8.2.2.1 二硼化镁薄膜

一、概述

MgB_2是20世纪50年代就早已熟悉的材料,然而直到2001年3月日本科学家才发

现它是超导体，其超导转变温度为39K。随后各国科学家对MgB_2进行了深入的研究，包括块材、薄膜、线材、带材样品的制备、各种替代元素对转变温度的影响、同位素效应、霍耳效应的测量、热动力学的研究、临界电流和磁场的关系、微波和隧道特性的研究等。

由于MgB_2是常规超导体，其超导机制可以用BCS理论解释。目前，MgB_2是这类超导体中临界温度最高的。构成氧化物高温超导体的化学元素昂贵，合成超导材料脆性大，难以加工成线材。而硼元素和镁元素的价格低廉，容易制成线材。氧化物高温超导体是由氧元素和2种以上金属元素组成的复杂化合物。MgB_2超导体的发现，使简单化合物超导体研究升温。科学家们相信，具有更高临界温度的简单化合物超导体最终将会被发现。而且MgB_2的各向异性不大，具有较高的临界电流密度，所以应用前景十分广阔。

MgB_2具有简单六方AlB_2型结构，P6/mmm空间群，其结构如图8-11所示。这种结构含有类似石墨的硼层，硼层被六方紧密堆积的镁层隔开。镁原子处在硼原子形成的六角形的中心，并且给硼原子面提供电子。MgB_2在B—B链长方向具有较强的各向异性，硼原子面之间的距离明显大于在硼原子面中的B—B距离。MgB_2的超导转变温度几乎是二元超导体Nb_3Ge超导转变温度(23K)的2倍，是目前具有最高超导转变温度的低温超导体。在BCS理论框架内，低质量元素产生较高频率的声子模可导致更高的转变温度。MgB_2的

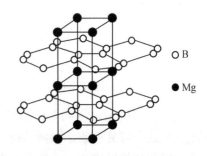

图8-11 MgB_2结构图

发现再一次证实含有轻元素的化合物具有更高T_C的这一预言。MgB_2高达39K的超导转变温度已接近或已超过BCS理论所预言的超导转变温度的理论上限。

二、二硼化镁(MgB_2)薄膜的制备

迄今为止，为了制备出均匀致密、表面平整光滑、超导电性优异的MgB_2薄膜，研究人员已经尝试了多种制膜方法，主要有混合物理化学气相沉积法(hybrid physical— chemical vapor deposition, HPCVD)、脉冲激光沉积法(PLD)、磁控溅射法(MS)、分子束外延法(MBE)、电子束蒸发法(EBV)等。这里主要介绍HPCVD法，其他方法可以参见前面第二章、第三章的有关内容。

混合物理化学气相沉积法制备MgB_2超导薄膜原理如图8-12所示，最关键的是在清洁的环境中产生高的Mg蒸气压(700℃时大约为44mTorr)。通过加热基座(550℃~760℃)使其上的纯Mg块形成高的Mg蒸气压。通过控制B_2H_6(乙硼烷)和H_2的流入量(5sccm~250sccm)来控制MgB_2的沉积速率(0.1nm/s~5nm/s)。最终在蓝宝石和SiC基底上生长了沿c轴高度取向的MgB_2薄膜，取向关系为$(0001)[1\ 120]MgB_2//(0 0 0 1)[1\ 120]SiC$。超导转变温度$T_C=41K$，电阻率$\rho_{40K}=0.1\mu\Omega\cdot cm$，剩余电阻率RRR($R_{300K}/R_{40K}$)=80，临界电流密度$J_C(4.2K,0T)=3.4\times10^7 A/cm^2$，表面电阻$R_s$(18GHz)=$230\mu\Omega$，穿透深度$\lambda(0)=50nm$，掺碳时的上临界磁场$H_{C2}$(掺碳)=60T，不可逆磁场强度Hirr=45T。MgB_2超导薄膜的磁致电阻具有很大的各向异性。在平行平面的方向上，$\Delta\rho/\rho_0=1.36(18T)$。在目前水平下，$MgB_2$薄膜的HPCVD方法有望利用现在广泛使用的CVD薄膜生长设备，在应用领域探索出其最佳工艺参数，制备出高质量的MgB_2薄膜和厚膜，为MgB_2超导电子器件的原位制备及第二代MgB_2超导带奠定坚实的基础。

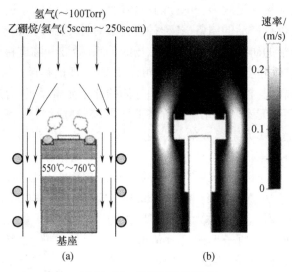

图 8-12 HPCVD 原理图

(a) HPCVD 系统的示意图；(b) 基座附近反应气体速率分布图。

在众多沉积 MgB_2 薄膜工艺中,脉冲激光沉积法的最大优点是制备的 MgB_2 超导薄膜与靶材成分容易一致,同时容易制成多层膜和异质膜,特别是只需简单的换靶就可以制成多元氧化物的异质结。磁控溅射法制备的 MgB_2 超导薄膜质量高,沉积时电子和离子成膜的轰击次数少,避免了基片的温度过高,溅射膜与基板之间的附着性好。分子束外延法所采用的设备最复杂,但可以实现人工一个原子层一个原子层的生长,能在实验过程中精确控制 Mg/B 原子比例,能够严格控制生长过程和生长速率,并在生长过程中可以观察生长情况,制备的外延 MgB_2 薄膜质量最好且不存在污染问题。CVD 法可以任意控制薄膜的组成,制备出全新结构和组成的材料,所成的薄膜均匀,方向性小,此方法现在得到了不断的改进和提高。HPCVD 系统能够产生高的 Mg 蒸气压和提供清洁的沉积环境,并且沉积速度快,设备简单,HPCVD 法得到的 MgB_2 薄膜的超导性能最好,T_C 最高。掺碳对于制备高质量高性能 MgB_2 薄膜是必不可少的,但是现在还没有找到最佳掺碳(C)的原料和工艺参数。表 8-3 比较了几种主要的制备方法制备的 MgB_2 薄膜的性能。由表 8-3 可知,在目前的工艺水平下,混合物理化学气相沉积法制备 MgB_2 超导薄膜的综合性能最好。

表 8-3 几种方法制备的 MgB_2 薄膜的性能对比

特 性	HPCVD	PLD	MS	MBE	E-Beam
$T_C(max)/K$	~41	~38	~35	~35	~38
$\rho_{300K}/\mu\Omega \cdot cm$	~8.5	150	200	8.9	350
$J_C/(A/cm^2)$	3.5×10^7	1.6×10^7	$<10^6$	1.6×10^5	2.4×10^6
$RRR=R_{300K}/R_{40K}$	~80	~1.4	~1.6	~1.7	~1.35
晶粒尺寸	400nm~500nm	几到几十 nm	~100nm	~180nm	100nm~200nm
所用工作气体	B_2H_6, H_2	氩气	氩气	—	氩气
H_{C2}/T	60(掺碳)	27.5	19	39	37.78
$Hirr/T$	45	9(21K)	3	—	19.2
所用硼源	B_2H_6	B 粉	B 粉	B 粉	B 粉

8.2.2.2 新型超导材料

一、有机超导材料

1979 年巴黎大学的热罗姆和哥本哈根大学的比奇加德发现了第一种有机超导体,以四甲基四硒富瓦烯(tetremethylet raselenafulvalene,TMTSF)为基础的化合物,分子式为(TMTSF)—PF6,其转变温度为 0.9K。从 1979 年以来,人们一直努力发现转变温度更高的有机超导体。就实用意义来看,有机超导体和其他超导体的一个重要区别是有机材料的密度低,约为 $2g/cm^3$,即它们的密度只有一般金属(如铌)的 20%~30%,原因是原子和分子的间距大,且碳原子的质量小。已经发现 40 多种具有超导性能的电荷转移盐类,但它们的转变温度普遍都比较低,而且它们中的许多只有在高压下才能出现超导。1991 年以前,多数转变温度升高的有机超导体都与有机分子的盐类双(乙撑二硫)四硫富瓦烯(常写作 ET)有关。1983 年美国加州 IBM 实验室的科学家发现了铼的化合物(ET)—ReO_4,在高压下其转变温度为 2K。次年苏联科学家发现了第一种常压下的 ET 超导体——碘盐 $\beta_2(ET)_2I_3$,其转变温度为 1.5K。到 1988 年硫氰胺铜的盐 κ—(ET)—Cu[(CN)]Cl 的转变温度达到了 13K。后来改性的该类超导体,例如(EDT—TTF)$_4$Hg$_{3-\delta}$I$_8$,$\delta=0.1$~0.2($T_C=8.1K$)等都没有超过这个纪录。1991 年发现了 K_3C_{60},这是 C_{60} 一种钾盐,其转变温度为 19K。后来经过改进的铷、铯和 C_{60} 的化合物(Rb_2C_{60}),其 T_C 值均为 33K。现在该类超导体的最高纪录是美国朗讯科技公司发现的具有多孔表面的 C_{60} 单晶,其临界温度达到了 117K。

二、钴氧化物

2003 年日本物质材料研究所 Takada 等发现钴氧化物是一种新的超导材料。这种化合物的结构式为 $Na_xCoO_2 \cdot yH_2O$($x=0.35$,$y=1.3$),由厚厚的 Na^+ 和 H_2O 分子绝缘层隔离的二维 CoO_2 面构成,在 5K 左右实现超导。这是一种与铜氧化合物相类似的结构,说明它与铜氧化合物同样具有潜在的物理特性。

这是继发现二硼化镁以来的又一突破。钴钠氧化物作为热电变换效率高的材料,在干燥状态下,不具备超导材料特性。它是一种层状矿物质结构,通过溴的氧化作用把其中的钠除去。在 -268℃时,向钴氧化物层间注入水分子,使层与层之间充满水分子,起到绝缘体作用,磁化率和电阻便会急剧下降,成为超导物质。这种新型超导材料和高温超导材料一样具有超导特性,但高温超导材料铜氧化物的原子排列呈正方形,而钴氧化物原子排列则为三角形。因此研究钴氧化物原子排列方式可进一步丰富超导理论。

三、铁基超导材料

20 世纪最后 10 年中,具有 ZrCuSiAs 结构的稀土过渡金属氧磷族元素化合物陆续被发现,但并未发现其中的超导现象。2006 年和 2007 年,日本东京工业大学前沿合作科学研究中心的细野秀雄教授等先后发现 LaOFeP 和 LaNiPO 在低温下展现出超导电性,但是由于临界温度皆在 10K 以下,并没有引起特别的关注及兴趣。2008 年 1 月初,细野秀雄等发现在铁基氧磷族元素化合物 LaOFeA 中,将部分氧以掺杂的方式用氟取代,可使 $LaO_{1-x}F_xFeAs$ 的临界温度达到 26K,这一突破性进展开启了科学界新一轮的高温超导研究热潮。2008 年 3 月,中国科学院物理研究所闻海虎等成功合成出第一种空穴掺杂型铁基超导材料——$La_{1-x}Sr_xOFeAs$;中国科学技术大学陈仙辉等和中国科学院物理研究所王楠林等分别独立发现临界温度超过 40K 的铁基超导体;中国科学院物理研究所赵忠

贤等发现 $PrO_{1-x}F_xFeAs$ 的超导转变温度可达 52K。2008 年 4 月赵忠贤等又先后发现在压力环境下合成的 $SmO_{1-x}F_xFeAs$ 和 $REFeAsO_{1-\delta}$ 超导转变温度进一步升至 55K 等。细野秀雄等制备了新型铁基超导薄膜。目前,根据母体化合物的组成比和晶体结构,新型铁基超导材料大致可以分为以下四大体系:

(1) "1111"体系,成员包括 LnOFePn(Ln=La,Ce,Pr,Nd,Sm,Gd,Tb,Dy,Ho,Y; Pn=P,As)以及 DvFeAsF(Dv=Ca,Sr)等;

(2) "122"体系,成员包括 AFe_2As_2(A=Ba,Sr,K,Cs,Ca,Eu)等;

(3) "111"体系,成员包括 AFeAs(A=Li,Na)等;

(4) "11"体系,成员包括 FeSe(Te)等。

铁基超导体的研究和发现被美国《Science》杂志评为 2008 年世界十大科技进展之一。科学家们普遍认为,铁基超导体的配对机制和超导机理目前仍不清楚,还需深入研究。另一方面,新铁基超导材料的探索方兴未艾,沿着设计新结构和多层的思路,更高临界转变温度的铁基超导体很有可能会在未来被人们发现。

8.3 铁电薄膜

8.3.1 概述

铁电材料在外加电场不存在时具有自发极化,而且自发极化的方向可以被外加电场所改变;同时材料的极化强度 P 和电场 E 之间存在着类似于铁磁体的 $B-H$ 磁滞回线那样的 $P-E$ 电滞回线关系。现在已经发现了数百种铁电材料,并在超声换能器、压力传感器、滤波器、谐振器等方面获得了应用。表 8-4 为具有代表性的铁电材料。

表 8-4 典型的铁电材料

铁电材料	简写	$T_C/℃$	$P_s/C \cdot m^{-2}$	结构类型
$BaTiO_3$	BT	120	0.26	钙钛矿型
$PbTiO_3$	PT	492	0.57	钙钛矿型
$PbZr_xTi_{1-x}O_3(x=0.52)$	PZT	386	0.39	钙钛矿型
$KNbO_3$	KN	435	0.30	钙钛矿型
$LiNbO_3$	LN	1210	0.71	铌酸锂型
$LiTaO_3$	LT	620	0.50	铌酸锂型
$Sr_{1-x}Ba_xNb_2O_6(x=0.25)$	SBN	75	0.32	钨青铜型
$Ba_{0.8}Na_{0.4}Nb_2O_6$	BNN	560	0.40	钨青铜型
$Pb_{1-x}Ba_xNb_2O_6(x=0.57)$	PBN	316	0.30	钨青铜型
KH_2PO_4	KDP	−150	0.05	氢键型
KD_2PO_4	DKDP	−60	0.062	氢键型
$PbHPO_4$	LHP	37	0.018	氢键型
$(NH_2CH_2COOH)_3H_2SO_4$	TGS	49	0.03	氢键型
$NaNO_2$	NN	163.6	0.115	氢键型
$NaKC_4H_4O_6 \cdot 4H_2O$	RS	24	0.0025	氢键型

注:T_C—居里温度;P_s—最大自发极化强度

8.3.2 铁电薄膜的制备

早在20世纪50年代，人们便开始进行铁电薄膜的制备研究工作。20世纪70年代末80年代初，现代薄膜制备技术取得重大突破，利用各种薄膜制备技术，如射频磁控溅射(RF Magnetron Sputtering)、溶胶—凝胶(Sol－Gel)、金属有机化学气相沉积(MOCVD)、脉冲激光沉积法(PLD)、分子束外延(MBE)等方法，已经能够在多种衬底上制备结构完整、性能优良的铁电薄膜，并用于器件制备研究。

由于铁电薄膜大多数是化学组成相当复杂的多组元金属氧化物薄膜材料，因此制备铁电薄膜要比制备一般单组元或双组元薄膜更为困难。目前应用最为广泛的铁电薄膜制备技术主要有溅射法、脉冲激光沉积、溶胶—凝胶和化学气相沉积等四种。

目前研究较为深入并取得实际应用的铁电薄膜大致有两类，即钛酸盐系列和铌酸盐、硼酸盐系列。钛酸盐系列的铁电薄膜包括钛酸铅($PbTiO_3$)、锆钛酸铅[$Pb(Zr,Ti)O_3$，简称PZT]、掺镧锆钛酸铅[$(Pb,La)(Zr,Ti)O_3$，简称PLZT]、钛酸钡($BaTiO_3$)、钛酸锶钡[$(Ba,Sr)TiO_3$，简称BST]和钛酸铋($Bi_4Ti_3O_{12}$)等。铌酸盐、硼酸盐系列的铁电薄膜有铌酸锂($LiNbO_3$)、铌酸钾($KNbO_3$)、铌酸锶钡[$(Sr,Ba)Nb_2O_6$，简称SBN]、钽铌酸钾[$K(Ta,Nb)O_3$，简称KTN]、三硼酸锂(LiB_3O_7)等。钛酸盐系列铁电薄膜在微电子、光电子学中均有重要应用前景，铌酸盐、硼酸盐系列铁电薄膜主要应用于光电子学方面。

在以开关效应为基础的铁电随机存取存储器(FRAM)应用中，$Pb(Zr,Ti)O_3$(PZT)基铁电薄膜是较常用的材料。由于PZT系铁电材料耐疲劳性能较差，近年来人们对新材料体系进行了开发和研究，发现了铋系层状结构的$SrBi_2Ta_2O_9$(SBT)铁电薄膜，这类薄膜又称为Y1薄膜。Y1薄膜具有良好的抗疲劳特性，用其制作的FRAM，在10^{12}次重复开关极化后，仍无显著疲劳现象，且具有良好的存储寿命和较低的漏电流。以高电容容量为基础的动态随机存取存储器(DRAM)，常采用介电常数高达10^3～10^4的铁电薄膜作为电容介质，可大大降低平面存储电容的面积，有利于制备超大规模集成(ULSI)的DRAM。目前研究的铁电薄膜有PZT、$SrTiO_3$(ST)、$BaTiO_3$(BT)和$(Ba,Sr)TiO_3$(BST)等。由于工作在铁电相的铅系铁电薄膜(如PZT)具有易疲劳、老化、漏电流大、不稳定等缺点，目前介质膜的研究主要集中在高介电常数、顺电相的BST薄膜。在光电子学应用方面，$(Pb,La)(Zr,Ti)O_3$(PLZT)铁电薄膜是最受关注的材料。由于它具有良好的光学和电学性能，调整其化学组成可以满足电光、弹光及非线性光学等多方面的要求。此外，PLZT还可用于集成光学，是一类很有希望的光波导材料。但PLZT铁电薄膜的化学组成复杂，且性能对组分的变化很敏感，这很不利于薄膜的制备。$KTa_xNb_{1-x}O_3$(KTN)亦是一类很有希望用于光电子学的薄膜材料。在光学非线性和光折变效应方面，KTN比PLZT更好一些，而且在薄膜制备方面不像PLZT那样要求苛刻。PLZT和KTN均为钙钛矿结构材料。钨青铜结构的SBN[$(Sr_{1-x}Ba_x)Nb_2O_6$]等铁电晶体是重要的电光材料，这类材料的薄膜化已有一些报道。随着光电子学的发展，这类铁电薄膜将日益受到人们的重视。

8.3.3 铁电薄膜的研究进展

8.3.3.1 铋层状钙钛矿结构铁电薄膜

虽然 $Pb(Zr,Ti)O_3$（PZT）材料始终是铁电薄膜研究的热点之一，但是由于 PZT 材料存在含铅和疲劳问题，所以在铁电存储器应用方面，人们一直在寻找新型的无铅铁电材料。铋层状钙钛矿结构的铁电氧化物（BLSF）是一类特殊的钙钛矿结构的铁电氧化物，又称 Aurivllius 结构，近年来受到了高度关注。BLSF 的结构通式为 $A_{n-1}Bi_2B_nO_{3n+3}$，由类钙钛矿结构层 $(A_{n-1}-B_nO_{3n+1})^{2-}$ 与铋氧层 $(Bi_2O_2)^{2+}$ 沿 c 轴交替堆积而成，其中 A 代表 Bi、Ba、Sr、Ca、Pb、K 或 Na 等；B 可以是 Ti、Nb、Ta、Mo、W 或 Fe 等；n 代表 $(Bi_2O_2)^{2+}$ 层之间的钙钛矿结构个数。这种层状结构可以被看作是一种天然的铁电超晶格。BLSF 结构的 SBT 铁电薄膜因其具有无铅、无疲劳、居里温度高等特点，自 1994 年以来吸引了众多学者的关注，已有较深入的研究。

1995 年 J.F.Scott 等在《Nature》上公布了层状钙钛矿结构 $SrBi_2Ta_2O_9$（SBT）的"无疲劳"铁电材料。SBT 不仅疲劳性能突出且翻转电压低，但合成温度较高（750℃以上），这与现在的 IC 工艺不兼容，限制了它的应用。而且 SBT 薄膜的剩余极化值较低（$2P_r = (4\sim16)\mu C/cm^2$），不利于高密度存储，尚不能完全满足人类对制备 FeRAM 所需材料的要求。

1999 年 10 月韩国的 Park 等在《Nature》上报道，用 La^{3+} 部分取代铋层状钙钛矿结构 $Bi_4Ti_3O_{12}$（BIT）中钛氧八面体层附近的 Bi^{3+}，得到的 $Bi_{4-x}La_xTi_3O_{12}$（BLT）薄膜具有剩余极化强度较大、居里温度高、超级抗疲劳等优良的特性，而且制备温度为 650℃ 左右，这比 SBT 的合成温度降低了 100℃~200℃。BIT 也是一种典型的 BLSF 结构铁电材料，居里温度 $T_C = 675℃$，低于 T_C 时 BIT 晶体的对称性属单斜晶系点群 m，高于 T_C 时属于四方晶系顺电相 4/mmm。其铁电－顺电相变属一级相变。BIT 的晶体结构由类钙钛矿层和 $(Bi_2O_2)^{2+}$ 层构成，类钙钛矿层中包含 3 个 TiO_6 八面体和 A 位 Bi^{3+}，TiO_6 八面体通过顶角形成 O－Ti－O 线性链，Bi(A 位)离子位于 TiO_6 八面体网络中心的位置，Ti(B 位)离子位于各面心的氧离子构成的八面体内。这种材料的铁电极化主要来源于 A 位 Bi^{3+}，相对于 TiO_6 八面体链沿 a 轴和 b 轴方向的位移。所以自发极化矢量位于 ac 平面内，与 a 轴大约成 4.5°，但沿 a 轴和 c 轴的自发极化分量相差很大，分别为 $50\mu C/cm^2$ 和 $4\mu C/cm^2$。

研究发现其他镧系元素如 Nd、Pr、Sm 等掺杂 BIT 也会得到相似的效果。因此镧系稀土离子掺杂 BIT 铁电薄膜已成为近年来研究的铁电薄膜材料热点之一。2002 年 Kojima 等用 MOCVD 法制备了 (104) 取向的外延生长 $Bi_{3.54}Nd_{0.462}Ti_3O_{12}$ 薄膜，经过 2×10^{10} 次翻转后没有发现明显的疲劳现象，并且剩余极化达到 $25\mu C/cm^2$。Chon 等利用 Sol-Gel 法制备出的 c 轴取向的 $Bi_{3.15}Nd_{0.85}Ti_3O_{12}$ 薄膜，其 $2P_r$ 达到 $103\mu C/cm^2$。2009 年周益春等利用化学溶液沉淀法（CSD）制备的 $Bi_{3.15}Nd_{0.85}Ti_3O_{12}$ 薄膜的 $2P_r$ 和 E_c 分别约为 $65.4\mu C/cm^2$ 和 146kV/cm。大量研究结果表明，所有镧系元素掺杂的 BIT 薄膜材料中，Nd 掺杂的效果是最显著的。因此 $Bi_{4-x}Nd_xTi_3O_{12}$（BNT）薄膜因其剩余极化大、抗疲劳性能好、居里温度高而被认为是最可能替代 PZT 薄膜的材料之一。

8.3.3.2 铁电多层薄膜

铁电多层薄膜因可调控其电学性能而具有很好的潜力应用于各种电子器件。和超晶格相比,制备多层薄膜,不需要复杂的设备,工艺相对简单些,适用于规模化生产。研究铁电多层膜的目的主要是希望通过多层膜的组合,利用膜厚较小时的应力或应变效应、层间耦合效应等物理效应,探索材料新的物理现象,得到高性能或得到单一材料不具有的新性能。已合成的铁电多层膜一般是由两种或两种以上性能不同的薄膜材料交替生长;也可以是同一种材料,但是成分比例不同的成分梯度多层膜所组成;还可以构成三明治结构的多层膜。因此铁电多层膜是获得具有良好性能的铁电薄膜材料,并探索新的物理现象的有效途径。

2005 年 Ho Nyung 在《Nature》上发表文章,报道了 $BaTiO_3/SrTiO_3/CaTiO_3$ 三组元铁电超晶格中的非对称特性提高了铁电薄膜的极化强度。人们利用 MBE、Sol-Gel 和溅射技术,已经分别研究了 $PbTiO_3/PZT$、$BaTiO_3/SrTiO_3$、$Ba_{0.2}Ti_{0.8}O_3/Ba_{0.8}Ti_{0.2}O_3$、$Pb(Zr_{0.8}Ti_{0.2})O_3/Pb(Zr_{0.2}Ti_{0.8})O_3$ 等铁电超晶格和纳米铁电多层薄膜的制备与性能表征。与一般氧化物超晶格和多层膜相比,铁电超晶格和铁电多层薄膜都呈现了一定的介电和铁电异常情况即铁电超晶格或铁电多层薄膜的介电、铁电等性能在某个周期结构下出现极值。

2006 年 Longhai Wang 等比较研究了 PZT、PZT/PT、PT/PZT/PT 薄膜和纳米铁电多层薄膜发现 PT/PZT/PT 的剩余极化最大、矫顽场最小、抗疲劳特性最好、介电常数低、介电损耗最小、漏电流密度最小。2007 年刘洪等研究了 $Pb(Zr_{0.8}Ti_{0.2})O_3/Pb(Zr_{0.2}Ti_{0.8})O_3$ 铁电多层薄膜,发现在三方相的厚度 $d_R=33nm$ 且与四方相厚度 d_T 的比 $d_R/d_T=1:3$ 时,PZT 多层薄膜介电常数达到最大值(328),介电损耗达到最小值(0.0098)。而同样条件下制备的 PZT80 单层薄膜的介电常数仅为 98 左右,并且 PZT80 单层薄膜的介电损耗约为 0.036。

2008 年 Lucian Pintilie 等使用 PLD 法制备 $PbZrO_3/Pb(Zr_{0.8}Ti_{0.2})O_3$ 外延多层薄膜,在总厚度一样时,在界面增加时,介电性能得到增强。2009 年任天令等使用化学溶液沉积法制备了 $BiFeO_3/Bi_{3.15}Nd_{0.85}Ti_3O_{12}$(BFO/BNdT)多层铁电薄膜,其剩余极化为 $11.05\mu C/cm^2$,矫顽场为 $50kV/cm$。BNdT 层提高了 BFO 的(111)取向度,BFO 自发极化是沿[111]方向的,所以提高了多层膜的剩余极化。2009 年 Hyeong-Ho Park 等用光敏前驱体(光化学金属有机物沉积)法制备了 PZT/BLT 多层薄膜,上、下电极为 Pt,与电极接触的薄膜是 BLT,PZT/BLT 多层薄膜具有增强的介电、铁电性能,特别是抗疲劳特性、漏电流更小。2009 年 L Feig 等在 SRO/STO(100)上制备了 $PbZr_{0.2}Ti_{0.8}O_3/PbZr_{0.4}Ti_{0.6}O_3$ 纳米铁电多层薄膜,发现随着界面密度的增加,导致了 a 畴扩展到整个多层薄膜中,使畴壁运动更加容易,使多层薄膜的 $P_r \cdot \varepsilon_r$ 增大。但界面密度继续增加达到一个极值后,缺陷和位错增加,$P_r \cdot \varepsilon_r$ 反而减小。

目前已经发展了四种理论模型解释铁电多层薄膜的介电增强效应,如界面极化模型、界面电荷模型、空间电荷模型和 Maxwell-Wagner 模型等。

8.3.3.3 介电(铁电)/半导体复合薄膜

为了实现电子信息系统的微小型化和单片化,不断促进电子材料的薄膜化和电子器件的片式化,将具有铁电、压电、热释电、高 k 介电、软磁、磁电,以及电光、声光和非线性光学等多种性能的功能氧化物材料与半导体材料通过固态薄膜的形式生长在一起,形成介电(铁电)/半导体人工复合结构(单层、多层甚至超晶格),利用这种集成薄膜的一体化特性,可将介电无源器件与半导体有源器件集成,实现有源—无源的多功能集成化和模块化,增强集约化的系统功能。

目前在 Si 基上集成高 k 栅介质的研究工作较多,有关介电材料和半导体 ZnO、GaAs 等复合薄膜的研究也有报道。但由于 Si 和 GaAs 热稳定性的限制,在界面处易形成非晶层 SiO_x 或 GaO_x,对界面诱导介电薄膜的外延生长和输运性能会产生负面作用。所以在介电和半导体的复合生长中主要存在两个问题:一是如何协同生长,二是复合生长后的性能变化。介电薄膜一般是在高温、有氧气氛下生长,而半导体是在低温、无氧高真空下生长,两者的生长温度相差数百度,真空度相差几个数量级,加之两者的晶格失配度大($>$10%),生长机制不一致,介电/半导体集成薄膜的生长方法及界面的行为与单一材料有着极大不同。2004 年美国 Yale 大学的 Ahn 等人通过第一性原理计算预测氧化物薄膜与半导体薄膜的复合将会产生新效应和新器件;2006 年 Edge 等利用 MBE 在 Si 上制备纳米厚度的非晶 $LaAlO_3$ 和 $CaZrO_3$ 介质层,2006 年 Goncharova 等在 Si 上外延生长 $SrTiO_3$ 或 $BaTiO_3$ 薄膜。2004 年 Motorola 公司研究人员在第二代半导体 GaAs 上,探索了钙钛矿结构的氧化物薄膜的生长行为。2007 年,宾夕法尼亚州立大学在 GaN 上制备了外延的多铁 $BiFeO_3$ 薄膜。2002 年 Shen 等在 Al_xGa_{1-x}/GaN 衬底上制备了 $Pb(Zr_{0.53}Ti_{0.47})O_3$/薄膜,希望采用铁电极化调控半导体沟道的二维电子气的浓度。2005 年 Cao 等在 GaN/Al_2O_3 衬底上制备了 $Pb(Zr_{0.3}Ti_{0.7})O_3$,发现在 GaN 上直接沉积的氧化物 $Pb(ZrTi)O_3$ 为多晶结构,并且对半导体载流子的作用没有明显的正效应。2009 年李言荣等采用激光分子束外延(L—MBE)方法,通过自缓冲和几个纳米 TiO_2 过渡层诱导等方法,在 GaN 上外延生长了 $SrTiO_3$ 薄膜。

8.4 磁性薄膜

8.4.1 概述

磁性薄膜的研究和应用发展较早,20 世纪中期磁性薄膜在电子学、微电子学、通信、航天、医疗、激光等高科技领域已获得了广泛的应用。20 世纪 50 年代 Ni—Fe 合金薄膜被成功地用做计算机的内存存储器,20 世纪 60 年代研制出氧化物外延薄膜,开发了磁泡存储器件,20 世纪 70 年代钇石榴石掺杂外延膜技术进一步得到完善,非晶合金薄膜在磁记录和磁光存储器件中得到广泛应用。磁性薄膜的材料系列较多,大致可分为磁记录薄膜,磁光薄膜和磁阻薄膜三大系列。

磁记录薄膜已经历了 40 年的发展历史。其存储密度几乎每年翻两番。先后研究并发展了 Fe_2O_3、γ—Fe_2O_3、Co—γ—Fe_2O_3、CrO_2、Ni—Co—P、Ni—P、Co—Cr 和钡铁氧体等磁记录薄膜。为了提高记录密度,目前研究方向是垂直磁记录薄膜,同时,薄膜磁头的开发和应用,促进了磁盘及视频录像领域的发展。

磁光记录集光记录和磁记录于一体,具有很高的存储密度和反复擦写功能($>10^{16}$次)。以 TbFeCo 非晶态薄膜磁光记录介质的磁光盘,具有便于携带、存储容量大(大于

600Mb)、寿命长以及可反复无接触擦写等优点,现已用于计算机数据备用、联机数据存储和检索、工作站计算、文字处理、信号处理等方面。第二代磁光薄膜如 Bi 替代石榴石磁光薄膜、MnBiAl 磁光薄膜及多层 Pt/Co 调制磁光膜等,许多性能参数优于 TbFeCo 非晶薄膜。

磁阻薄膜被广泛用于制备磁性传感器。典型的磁阻薄膜为 Ni－Co,Ni－Fe,Ni－Fi－Co 等。薄膜磁电阻效应的强弱受到薄膜尺寸、形状以及淀积工艺参数的影响。近年来,在磁性多层膜中发现了巨磁电阻效应,电阻率变化比通常的单层膜提高了一个数量级。这种多层膜是在具有纳米级厚度的两磁层之间夹有非磁性层的周期性结构,如 Fe－Cr、Co－Cr、Fe－Cu、Fe－Ag 磁层等。从磁电阻效应来看,磁性多层膜是磁电阻薄膜的发展方向,为开发新型磁阻传感器及新型磁阻磁头提高了良好的条件。

8.4.2 磁记录薄膜

随着信息科学技术迅速发展的需要,高密度、大容量、微型化已成为磁记录元器件研究和发展的方向。磁记录介质正由非连续颗粒厚膜向连续型薄膜发展。目前,国际上一些公司已用连续金属薄膜制成硬盘,其容量高达 5000MB,Co－Cr 等垂直记录盘也已投入市场。连续型金属磁性薄膜的制备方法可分为物理方法和化学方法两大类。物理方法有真空蒸发、溅射和离子镀等,化学方法有电镀和化学镀等。现将几种主要的磁记录薄膜简介如下:

8.4.2.1 $\gamma-Fe_2O_3$ 薄膜

由于 Fe 不能直接氧化成 $\gamma-Fe_2O_3$,必须经过复杂的工艺来合成。一般利用溅射法制备 $\gamma-Fe_2O_3$。溅射靶可以用 Fe 或 Fe_3O_4。在 $\gamma-Fe_2O_3$ 磁性薄膜中,可加入 Co 或 Ti、Cu 以改善薄膜的性能。

8.4.2.2 $Co_xFe_{3-x}O_4$ 薄膜

$Co_xFe_{3-x}O_4$ 薄膜的制备可用反应溅射法和电子束蒸镀法。先在高真空下将 Fe 膜淀积到基底上,在 400℃ 左右的空气中将铁膜氧化成 $\alpha-Fe_2O_3$ 薄膜。然后在 $\alpha-Fe_2O_3$ 膜上淀积 Co 膜,厚度由 Co 掺入量决定。再将其在 2×10^{-3} Pa 真空下和 250℃～400℃ 温度中进行退火处理,Co 离子扩散到 $\alpha-Fe_2O_3$ 薄膜中生成 $Co_xFe_{3-x}O_4$ 铁氧体薄膜。最后用 $0.1\%\sim0.15\%NHO_3$ 溶液清洗膜面,除去多余的 Co。若采用 Fe－Al－Co 合金靶,在 $Ar+O_2$ 气氛中溅射时,可制备出含 Al 的钴铁氧体薄膜。除蒸镀和溅射法外,亦可采用喷镀热解法,用铁和钴的有机盐混合成溶液,喷镀于基底上,然后加热进行分解。

8.4.2.3 $BaFe_{12}O_{19}$ 薄膜

钡铁氧体是应用十分广泛的一类氧化物材料。作为垂直磁记录的介质,主要用二极溅射和 DC 磁控溅射法制备。典型的单相 $BaFe_{12}O_{19}$ 薄膜的磁性为:$M_s=1.28\times10^7$A/m,$H_{c\perp}=54112$A/m,$M_{r\perp}/M_{sa}=0.209$,$M_{r\perp}/M_{r//}=3.39$,$K_u=1.67\times10^{-2}$J/cm^3。

8.4.3 磁光薄膜

磁光记录优于普通磁记录的原因是磁光薄膜具有垂直于膜面的磁单轴异性。磁化强度在垂直于膜面方向自发平行取向,极小的柱畴可形成非常高的面密度,信息写入过程是利用薄膜的矫顽力随温度变化来实现的;读出过程则是利用磁介质的磁光效应来实现的。

磁介质的磁光效应有克尔效应和法拉第效应。克尔效应和法拉第效应是入射的线偏振光经磁光介质反向或透射后偏振面发生偏转的效应,它的强弱可由介电张量及介质复射率决定。磁光薄膜的结构、成分、厚度以及匹配膜层的界面效应都会改变磁光盘的性能。

为实现磁光记录的要求,磁性薄膜应具备垂直膜面的磁各向异性,且 $K_u>2\pi M_s^2$;具有矩形磁滞回线($M_r/M_s=1$)和较高的室温矫顽力;具有较高的磁光记录灵敏度;较大的磁光效应(较大的克尔旋转角 θ_K 或较大的法拉第旋转角 θ_F);低的磁盘写入噪声(没有或只有小的晶粒);足够高写入循环次数(10^6 次);良好的抗氧化性、耐腐蚀性及长期稳定性;居里温度在 400K~600K 之间,补偿温度在室温左右。目前,基本能满足上述要求的磁光薄膜有稀土—过渡(RE-TM)金属非晶态磁光薄膜,Bi 代石榴石磁光膜和 Pt-Co 系列多层调制膜三大类型。

8.4.3.1 稀土-过镀金属(RE-TM)磁光膜

RE-TM 非晶薄膜的 RE 和 TM 金属原子磁反平行排列,其饱和磁矩 M_s、居里温度 T_C、补偿温度 T_{comp} 与薄膜成分有关,单轴磁异晶常数 K_u 与薄膜制备工艺参数密切相关。磁光效应来源于稀土金属原子 $d-f$ 电子交换和过渡金属原子 $d-d$ 电子交换。几种典型的稀土过渡金属非晶薄膜的磁学特性如表 8-5 所列。

表 8-5 几种稀土—过渡金属非晶合金薄膜磁学特性

薄膜成分	M_s/T	$K_u/10^4 J \cdot m^{-3}$	居里温度 T_C/K	克尔旋转角 $\theta_K/(°)$	法拉第旋转角 $\theta_F/10^3(°/cm)$
$Cd_{24}Fe_{76}$	0.006	2.5	480	0.38	1.8
$Tb_{18}Co_{82}$	0.025	1.6	>600	0.45	2.9
$(Cd_{95}Tb_4)_{24}(Fe_{95}Co_5)_{76}$	0.003	1.2	580	0.36	1.9
$(Gd_{95}Tb_5)_{24}Fe_{76}$	0.008	3.5	460	0.30	1.0

虽然 RT-TM 磁光薄膜作为新一代磁光盘材料,已满足了部分市场需要,但是从成本、稳定性和磁光效应方面来说,它还有许多不足之处,需采用多元化(如用 Nd、Dy、Tb、Gd、Ho、Pr 中的几种元素等)来增大磁光效应;采用掺杂(Ti、Ta、Ga、Cr、Pt、Na 等)来改变其性能及耐蚀性;采用多层化学增强磁光盘噪比等。

8.4.3.2 氧化物及锰铋系磁光薄膜

以 Mn 和 MnBi 为基的合金薄膜具有较大的磁光效应,如 PtMnSb 合金膜的 $\theta_K \approx 1.9°$。Mn-Bi 合金膜在 20 世纪 60 年代即开始了研究。当它具有元素六方结构时,其垂直膜面各向异性和磁光效应都较大,居里点为 360℃,$H_C \approx 57750 A/m \sim 79500 A/m$。但因它从居里点以上快速冷却易形成四方结构(称为高温相),磁性变坏。另外,由于晶粒尺寸较大,晶界噪声难以降低,故无法实用。在 MnBi 薄膜中加入各种金属杂质,抑制高温相形成,可获得 $\theta_K \geq 2°$ 的 MnBi 系合金膜。如 MnBiAlSi($\theta_K \approx 2.04°$)、MnBiRE(RE=Ce、Pr、Nd、Sm)的 θ_K 最大可达 2.8°,反射率 $R \geq 0.4$,因而其磁光优值($\theta_K \sqrt{R}$)可达 1.5~1.8,比一般的磁光薄膜的优值大 3 倍左右。可望成为第二代磁光盘薄膜介质。

化学式为 $R_3Fe_5O_{12}$ 的石榴石型磁光薄膜有较大的磁光效应,如 $Y_3Fe_5O_{12}$(钇铁石榴石,简写为 YIG)、$Dy_3Fe_5O_{12}$(镝铁石榴石,简写为 DyIG)等。在石榴石系中 Bi 代石榴石是主要的磁光材料,如 Bi、Ca:DyIG、Bi、Al:DyIG 等有希望成为新一代磁光材料,Bi 代石榴石薄膜多采用射频溅射和热解法制备(如镀 Al 或 Cu、Ti 反射吸热层),具有优良的稳定性。目前已接近实用的石榴石型薄膜磁光盘的结构是 GGG/BiGa:DyIG/Al(或 Cr),近期发展是多层化结构。

8.4.3.3 多层调制磁光薄膜

多层调制膜如 Pt-Co、Pd-Co 是正在研究的新型的磁光材料。在多层调制膜中,Co 提供磁性和磁光效应,Pt 和 Co 层间的界面效应提供单轴磁各向异性。由于界面间各向异性的伸缩距离较短,Co 层必须很薄才行,Co 层厚度大约为 0.36nm～0.5nm,Pt 层厚度约为 1nm～2nm。Pt-Co 多层调制膜采用电子束蒸发镀或用 DC 磁控溅射法制备,要求膜厚十分精确。Pt-Co 薄膜磁光盘的信噪比可达 40dB 以上,它在近紫外光范围内有较好的磁光效应,其信噪比接近 RE-TM 薄膜磁光盘,但比后者更耐腐蚀。

另外,在极低温度下,CeTe 和 CdSb 有很大的磁光效应。铜系元素的合金(如 VSb_xTe_{1-x})都具有较大的 θ_K 值,但目前这些材料很难实用。

8.4.4 磁阻薄膜

磁性薄膜的磁电阻效应是由于磁化强度相对电流方向而改变时,薄膜电阻发生变化的效应。如果假设单畴薄膜中的磁化强度 M 和电流密度 J 的夹角为 θ,则 $\rho_{//}$ 表示与磁化强度方向平行的电阻率分量,$\rho_\perp$ 表示与磁化强度方向垂直的电阻率分量,则有

$$\Delta\rho = \rho_{//} - \rho_\perp ; \rho(\theta) = \rho_{//}\cos^2\theta + \rho_\perp\sin^2\theta = \rho_\perp + \Delta\rho\cos^2\theta$$

各种磁阻材料在室温(300K)时,各向异性磁电阻相对变化率 Δ 如表 8-6 所列。目前较实用的磁阻薄膜是 NiFe、NiCo 和 NiFeCo 合金。

表 8-6 一些磁阻材料的 $\Delta\rho/\rho_0$(300K 时)

合金组成	$\frac{\Delta\rho}{\rho_0}$/%	合金组成	$\frac{\Delta\rho}{\rho_0}$/%
Ni	2.66	99Ni-Fe	2.7
99.4Ni-0.6Co	2.10	99.8Ni-8.3Fe	3.0
97.5Ni-2.5Co	3.00	85.0Ni-15Fe	5.4
94.6Ni-5.4Co	3.60	83.0Ni-17Fe	4.6
90.0Ni-10.0Co	5.02	76.0Ni-24Fe	4.3
80.0Ni-20.0Co	6.48	70.0Ni-30Fe	3.8
70.0Ni-30.0Co	5.53	90.0Ni-10Cu	2.5
60.0Ni-40.0Co	5.83	83.2Ni-16.8Pd	2.6
50.0Ni-50.0Co	5.05	97Ni-3.0Sn	2.32
40.0Ni-60.0Co	4.30	99.0Ni-1.0Al	2.28
30.0Ni-70.0Co	3.40	98Ni-2.0Al	2.40
97.8Ni-2.2Mn	2.93	95Ni-2.0Al	2.18
94.0Ni-6.0Mn	2.48	95Ni-5.0Zn	2.60
92.2Ni-2.4Fe-4.5Cu	3.65	80Ni-16.3Fe-3.8Mn	2.20
69.0Ni-16.0Fe-14Cu	3.30	35.5Ni-49.2Fe-15.3Cu	3.30

磁阻薄膜的性能与制备方法、工艺参数密切相关。常用的制备方法为磁控溅射法。近年来脉冲激光沉积也广泛用于磁阻薄膜的制备。磁阻薄膜的性能主要取决于薄膜的厚度、晶粒尺寸、薄膜表面状态、掺杂与基片种类,并与制备工艺密切相关。

1988年,法国Paris-Sud大学的Albert Fert教授领导的课题组以及德国尤利希研究中心的Peter Grünberg教授的课题组几乎同时独立发现,在由纳米尺度的铁磁/非铁磁金属/铁磁相间组成的磁性多层膜,当外加磁场有微弱的变化时可以导致其电阻率发生20%～30%相对变化,这就是巨磁电阻效应(Giant Magneto-resistance,GMR),这一电阻变化率比通常的磁阻薄膜提高了约一个数量级。如Fe-Cr磁超晶格的$\Delta\rho/\rho_\infty$,可高达50%以上。多层膜的结构是在两层磁性薄膜(如Fe、Co、Ni)中夹一层很薄的非磁性薄膜,其典型的材料有Fe-Cr、Co-Cr、Co-Cu、Co-Ru等。两层磁性薄膜中的磁化矢量的排列可以是铁磁性的。即平行取向,亦可是反铁磁的,即反平行取向。这取决于非磁性膜的厚度。具有反铁磁性取向的多层膜的电阻相对变化率超过100%,而反铁磁结构的变化与非磁性膜的厚度、界面状态有关,还要受到外加磁场等的影响,纳米颗粒状膜则是在Ni-Co、Ni-Fe-Co膜中掺入Cu、Ag、Al等非磁性原子,表面及杂质散射共同影响使薄膜电阻随磁场变化。1994年,一种具有成本低、信号稳定、可靠性高等特性的自旋阀读头型硬盘原理型器件在IBM实验室率先研发成功。这一发明将磁记录密度一下提高了17倍,达到了$1Gb/in^2$;三年后(1997年)基于GMR效应的自旋阀读头型硬盘存储器,其存储密度已达$5Gb/in^2$,并成为了硬盘读头的一个标准技术。从GMR效应的发现到基于该效应的产品市场化,仅仅只用了8年的时间。

1992年Helmolt等又在$La_{2/3}Ba_{1/3}MnO_3$类钙钛矿材料中发现其磁电阻效应高达60%。1995年Raveau等在$Pr_{0.7}Sr_{0.05}Ca_{0.25}MnO_{3.8}$样品中发现了异常大的磁电阻,可高达$2.5\times10^7$%,称为庞磁阻效应(Collossal Magneto-resistance,CMR)。1995年,美国麻省理工学院的茅德瓦(J.S. Moodera)教授首次在室温条件下观察到另一种GMR结构的较大磁电阻信号,他在磁性薄膜中间夹一层很薄(约0.7nm)的绝缘层材料,其磁电阻相对变化更大,对磁场的灵敏度更高。电子可以隧穿极薄的绝缘层,保持其自旋方向不变,故称为隧道磁阻(Tunnelling Magenetro-Resistance,TMR)效应。例如$Fe-Al_2O_3-Fe$结构,其TMR信号可达70%。当隧道结构的两铁磁层的磁化方向平行时,一层中的多数自旋子带电子隧穿进入另一层中的多数自旋子带的空态。而当两铁磁层的磁化方向反平行时,一个电极中的少数自旋子带电子将隧穿进入另一个电极中的少数自旋子带的空态。两种情况下的隧穿电阻不一样,从而产生隧道磁电阻效应。

后来IBM的Parkin和日本的Yuasa等人分别采用了另一种新型绝缘层材料——MgO,观察到了高达180%和200%的TMR信号。2006年的实验报道室温下TMR信号更高达410%。这些重要发现为磁阻效应的研究开辟了新的方向。

GMR、CMR以及TMR等不仅与温度和外加磁场有关,还与制备工艺有关,现多采用超高真空电子束蒸镀、磁控溅射、多靶共溅射、脉冲激光沉积等方法来制备Fe-Cr、Co-Cu多层薄膜以及锰氧化物薄膜。GMR薄膜在磁记录、磁传感等方面有着良好的应用前景,可使硬盘的面记录密度超过$100Gb/in^2$,大大超过了可写式光盘的面密度。利用巨磁阻薄膜已制备出许多磁阻元件,如磁阻磁头、旋转式编码器、位移式磁阻传感器、非接触式磁阻开关等。2007年度的诺贝尔物理学奖授予了两位物理学家:法国Paris-Sud大学的 Albert Fert 以及德国尤利希研究中心的 Peter Grünberg，以表彰他们在 1988 年发现巨磁电阻效应所做出的贡献。

8.4.5 氧化物磁性薄膜

氧化物磁性薄膜主要有尖晶石、磁铅石及石榴石铁氧体三大类。虽然氧化物磁性薄膜的研究已取得较大的突破，但是，仍有很多亟待解决的问题。因此，今后氧化物磁性薄膜的主要工作是：提高薄膜材料的一致性、重复性，探索新的工艺技术；对薄膜中出现的新现象、新效应，深入研究其理论机理；在理论研究与工艺技术探索的基础上，提高氧化物磁性薄膜的性能，推动其在电子系统中的应用。

8.4.5.1 尖晶石铁氧体薄膜

一、Mn 系铁氧体薄膜

2000 年日本长崎大学工程系和日本 TDK 公司用脉冲激光沉积（PLD）法在玻璃，晶化的 Mo、Al 及 $ZnAl_2O_4$ 基片上制备了约 $1\mu m$ 厚的 MnZn 铁氧体薄膜，基片温度为室温。发现用 $ZnAl_2O_4$ 晶化基片，可以在室温下获得晶化的 MnZn 铁氧体薄膜；与玻璃基片相比，在晶化 $ZnAl_2O_4$ 的基片上沉积的薄膜矫顽力可降低约 25%。

2003 年日本东京技术研究院物理电子系用高速对向靶溅射装置制备了 MnZn 尖晶石铁氧体薄膜。选用玻璃陶瓷基片，先沉积 12nm 厚的 Pt 衬底层，以便铁氧体薄膜能在（111）方向更好地取向。在 Ar_2+O_2 总气压为 2mTorr、氧分压为 25% 条件下，沉积的薄膜饱和磁化强度 $\mu_0 M_s$ 为 480mT。该成膜法沉积速率是传统制膜方法的 16 倍，大大提高了成膜效率。

2005 年日本东京技术研究院物理电子系、NEC、Tokin 公司等用图 8-13 所示的旋转喷镀法（Spin-spray plating）在低温（<100℃）、玻璃基片上制备了在 GHz 频段高磁导的 MnZn 铁氧体薄膜，配方组分为 $Mn_x Zn_y Fe_z O_{4-\delta}$（$0.23<x<0.30, 0.0<y<0.38, 2.39<z<2.64$）。研究表明，MnZn 铁氧体薄膜的截止频率可达 300MHz 左右。将其置于微带线上，在 GHz 频段下测试，发现薄膜有极强的透射损耗，是相同组分商用薄膜的 10 倍，且该膜还具有非常低的反射系数（$S_{11}<-10dB$）。因此，该薄膜可作为噪声抑制器沉积在多层 PCB 板的夹层。2005 年，Xu Zuo 等人用 PLD 法制备了 $MnFe_2O_4$ 铁氧体薄膜，发现用传统工艺生长的 $MnFe_2O_4$ 薄膜，只有约 20% 的 Mn^{2+} 占据尖晶石晶格的八面体（B）位，而通过叠层生长方式，可人为控制 Mn^{2+} 在尖晶石晶格中的分布。当氧分压低于 5mTorr 时，$MnFe_2O_4$ 的磁晶各向异性场 μH 超过 500mT，且当氧分压低于 8mTorr 时，Ha 位于膜面内，当氧分压高于 8mTorr 时，Ha 垂直膜面。基于薄膜高的垂直各向异性性质，$MnFe_2O_4$ 可以在 X 频段附近或高于 X 频段有新的应用，诸如相移器、滤波器、隔离器及环行器等。

二、Ni 系铁氧体薄膜

2002 年日本东京技术研究院的 Matsushita 等人用旋转喷镀法在玻璃基片上于 90℃ 下制备了一系列的 NiZn 铁氧体薄膜。其中，组分为 $Ni_{0.28} Zn_{0.18} Fe_{2.54} O_4$、厚 $0.4\mu m$ 的薄膜磁导率实部约 42，共振频率可达 1.2GHz。这种铁氧体薄膜的共振频率是相同组分下块材的 9 倍（块材共振频率 130MHz）。因此，此薄膜既可用于射频电感器，也可用作抗电磁干扰的吸波材料。

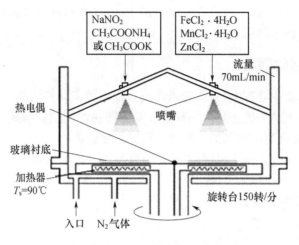

图 8-13 旋转喷镀装置示意图

2005 年日本大阪大学科学与工业研究院的 Munetoshi Seki 等人用 PLD 法在 $\alpha-Al_2O_3(0001)$ 基片上制备了 Zn、Ti 取代的 Ni 铁氧体薄膜,并对其光致磁化(photoinduced magnetization)PIM(用 Xe 灯照射)进行了测量。结果表明,光致磁化本质上是由光子引起电子迁移导致的,而不是由 Xe 灯辐射热所致。激活能与光致磁化关系的分析表明,Ti 取代 Ni 铁氧体薄膜 PIM 的增强是由于 $Ti^{4+}+Fe^{2+}\rightarrow Ti^{3+}+Fe^{3+}$ 共价电荷迁移的结果。

三、Zn 系铁氧体薄膜

2002 年美国卡内基梅隆大学、华盛顿海军研究中心用旋转喷镀法在玻璃基片上制备了 Zn/Fe 比为 0.36~0.76 的 $Zn_xFe_{3-x}O_4$ 薄膜,该薄膜均匀致密且平均晶粒尺寸约为 $0.3\mu m$。2006 年印度孟买技术研究学院用 PLD 和射频溅射方法在 SiO_2 基片上沉积了晶粒尺寸约为 8nm~80nm 的单相 $ZnFe_2O_4$ 薄膜。该纳米晶薄膜的饱和磁化强度 M_s 与晶粒尺寸有强烈的依赖关系,当晶粒较大时,材料的 M_s 急剧下降。在基片温度 500℃、真空度为 7.5×10^{-3} mTorr 制备的 $ZnFe_2O_4$,其饱和磁化强度 $\mu_0 M_s$ 达 556mT。同年,日本京都大学工程研究院的 Katsuhisa Tanaka 等人用射频溅射法在 SiO_2 基片上制备了 85nm 厚的 $ZnFe_2O_4$ 薄膜。研究表明,300℃退火和未退火薄膜在波长约 390nm 处有一大的法拉第旋转角,特别地,300℃退火薄膜有最大的法拉第效应,并在波长 386nm 处获得最大的法拉第旋转角 $1.65°/\mu m$。

四、Li 系铁氧体薄膜

1997 年美国佛罗里达大学、纽约大学、科罗拉多大学等用 PLD 在蓝宝石基片上制备了 Li 铁氧体薄膜,膜厚 $4\mu m$~$8\mu m$,氧分压 200mTorr~400mTorr,基片温度约 1000℃,在 9.5GHz 测试,铁磁共振线宽 $\mu_0\Delta H$ 为 33.5mT,较单晶和大晶粒材料的 ΔH 明显增大,其面内 $\mu_0 M_s$ 达 360mT~400mT,与块状材料接近,但面内矫顽力过大,$\mu_0 H_c$ 近 10mT,此外,还在 Al_2O_3 基片上用射频溅射法制备了 Li 铁氧体薄膜,研究了加入 Mn、Ti、Zn 元素的作用以及工艺条件(温度、氧分压等)的影响。

8.4.5.2 磁铅石铁氧体薄膜

2002 年韩国 Kangwon 国立大学用射频/直流磁控溅射法在具有各种衬底层的 Si(100)基片上沉积了 BaM 薄膜,衬底层包括 Fe、Cr、Al_2O_3、Fe_2O_3、$ZnFe_2O_4$、TiO_2。结果表明,不加衬底层时,BaM膜是随机取向的;除了BaM/Fe/Si薄膜外,其他的BaM膜在面内和垂直面内方向有几乎相同的矫顽力,其中BaM/TiO$_2$/Si矫顽力最高,$\mu_0 H_C$可达440mT;当用ZnFe$_2$O$_4$作衬底层时,在一定程度上可抑制Si的扩散渗透。而在TiO$_2$衬底层上沉积的BaM薄膜的微结构与衬底TiO$_2$的微结构和溅射时的总气压都有关。

同年,美国东北大学用PLD法制备了BaM膜,以MgO(111)为基片,在其上沉积了CoFe$_2$O$_4$(CoF)作衬底层。发现当CoF衬底层温度为400℃时,沉积的BaM/CoF/MgO具有最大矫顽力,$\mu_0 H_C=140$mT,比直接在MgO基片上沉积的BaM/MgO的矫顽力($0\mu H_C=40$mT)大,这一结论为今后沉积高矫顽力BaM提供了一个新的思路。

2003年日本东京技术研究院用对向靶溅射法制备了BaM和SrM薄膜,在SiO$_2$基片沉积一层Pt(111)取向的衬底层,基片温度为420℃~550℃,工作气体为Ar和Kr。研究表明,Pt衬底层对制备c轴取向的SrM膜十分有效;当只用Ar作工作气体时,膜厚40nm以内的BaM和SrM铁氧体薄膜,其垂直面内方向的矫顽力较低;而用Ar和Kr混合气作工作气体时,即使是膜厚在20nm~40nm内SrM也具有300mT的$\mu_0 H_C$;此外,用混合气体可以有效降低薄膜的制备温度,在450℃即可得c轴择优取向的SrM薄膜。

美国South Florida大学用磁控溅射法在Al$_2$O$_3$基片上制备了Ba0.5Sr0.5TiO$_3$/BaFe$_{12}$O$_{19}$(BSTO/BaM)薄膜。BSTO/BaM薄膜的磁化曲线($M-H$)显示了2个跃迁,而在相同组分的BaM中没有发生上述现象。$M-H$的这个异常现象,可能是由于以BSTO极化层为媒介的晶粒间的磁电效应所致。

2005年日本Shinshu大学工程学院用对向靶溅射法在SiO$_2$/Si基片上分别沉积了Pd,Pt及Pd-Pt合金作衬底层,基片温度400℃~600℃,制备了膜厚为15nm~35nm的BaM铁氧体薄膜。发现在Pd-Pt衬底层上沉积的薄膜,其垂直面内方向上的矫顽力大于在Pt和Pd衬底层上沉积的BaM薄膜。当基片温度为450℃时,在Pd-Pt衬层上沉积的30nm厚的BaM薄膜具有很好c轴取向,且垂直膜面方向的矫顽力$0\mu H_C=210$mT。

8.4.5.3 石榴石铁氧体薄膜

2002年德国Osnabruck大学用液相外延法在(111)取向的钆镓石榴石基片上沉积了组分为(Gd,Bi)$_3$(Fe,Ga)$_5$O$_{12}$的石榴石薄膜,膜厚约2μm,饱和磁化强度M_s约10kA/m,补偿温度低于250K,法拉第旋转角($\lambda=1.3\mu$m)为$-8.21°$/m。

2005年Dumont等人用PLD法在SiO$_2$基片上沉积YIG铁氧体薄膜,采用Rutherford背散射方法测量了薄膜的化学计量比。当氧分压低于计量比的气压时,呈缺氧状态,居里温度和饱和磁化强度$\mu_0 M_s$(约12.6mT)降低;而高于计量比气压时,则Fe和Y不足,居里温度增大10%,饱和磁化强度增大20%,晶格常数有所减小。只有当化学计量比气压为30mTorr时,YIG薄膜才显示出块材的磁特性和结构特性。

8.5 磁电薄膜

8.5.1 概述

磁电效应是在材料外磁场作用下能够产生介电极化(即正磁电效应:$P=\alpha H$)或者在外电场作用下产生磁极化的特性(即逆磁电效应:$M=\alpha E$),既具有磁有序和铁电有序两种有序结构共存,同时两种有序结构之间又存在一定形式耦合。这里 α 是表征磁电材料性能的磁电系数(也可表示为 $E=\alpha EH$),磁电系数越大,表明磁电转换效率越高,即磁有序与铁电有序之间的耦合越强。

早在 1894 年,居里先生在研究晶体对称性后认为非对称性分子晶体在磁场作用下会定向极化。半个世纪后,Landau 和 Lifshitz 认为磁有序晶体存在线性磁电感应,Dzyaloshinskii 在理论分析的基础上,预言了反铁磁物质 Cr_2O_3 可产生磁电感应,Astrov 测量了 Cr_2O_3 在磁场作用下的感生电场,Rado 和 Folen 探测了 Cr_2O_3 由电场极化而感生的磁场。1958 年,Smolensky 和 Joffe 合成了反铁磁铁电钙钛矿陶瓷材料 $Pb(Fe_{1/2}Nb_{1/2})O_3$(简记为 PFN)。随后,人们陆续发现了许多具有磁电效应的化合物,如 $BiFeO_3$、$BaMnF_4$、$HoMnO_3$ 等。此外还有一些其他具有钙钛矿结构、水锰矿结构、伪钛铁矿结构(pseudo-ilmenites)和尖晶石结构等的化合物也具有磁电效应。通常磁电感应发生于磁偶极子和电偶极子共存的材料。材料发生磁电感应时其内部有序磁亚点阵和有序铁电亚点阵相互作用,完成 2 个跃迁:一个是铁电态到顺电态的跃迁;另一个是铁磁态(亚铁磁态或反铁磁态)到顺磁态的跃迁。铁电序和铁磁序的出现常常伴随着铁弹性的发生,从而产生能满足铁电型离子运动的结构性通道和通常情况下为超交换型的磁相互作用路径以及对称性的环境。由于在磁电材料里,铁电性、铁磁性和铁弹性的共存,有利于自发极化、自发磁化和自发形变之间的耦合。因此,磁电材料在信息记录存储器、磁场探测、传感器等方面具有十分广阔的应用前景。

从组成上来看,磁电材料可分为单相磁电材料和复合磁电材料。单相磁电材料是指本身具有磁电效应的多铁性材料,而复合磁电材料是指单相本身并不具有磁电效应,通过不同组成相之间的某种耦合作用产生磁电效应的一类多相多铁性(Multiferroic)材料。

由于单相的磁电材料(如 Cr_2O_3 等)的尼尔温度(T_N)或居里温度(T_C)大多都远低于室温,只有在较低的温度下才表现出明显的磁电效应,而且磁电效应比较小(磁电系数 α_E 约 20mV/cm·Oe),使得这些单相磁电材料难于获得实际的应用。从 20 世纪 70 年代起,Philips 实验室首先开始研究了铁电—铁磁固相烧结陶瓷以及铁电/铁磁/聚合物等各种磁电复合材料。20 世纪 90 年代,GE 公司首先开展了压电/压磁复合磁传感器的研制,取得了较大的成功。2001 年,美国宾州大学报道了所研制的 Terfenol-D/PZT 三明治层状复合磁电材料,其磁电系数 α_E 可以达到 6.0V/cm·Oe,近年来压电材料和磁性材料如压磁材料、磁致伸缩材料的种类、制备方法等有了新的突破,磁电复合材料受到了更加广泛的注意。本节简要介绍磁电薄膜的材料、制备方法及基本性能表征。

8.5.2 单相磁电薄膜

近期研究较多的单相的磁电材料主要有:

(1) 正交结构 $RMnO_3$(R=Gd,Tb,Dy)($T_N\sim40K$,$T_C\sim25K$);

(2) 正交结构 RMn_2O_5(R=Gd_2Lu)($T_C\sim40K$,$T_N\sim35K$);

(3) 菱方或三方(R3c)结构 $BiFeO_3$($T_C\sim1110K$,$T_N\sim640K$);

(4) 六方(P63cm)结构 $RMnO_3$(R=Y,Ho,Lu)($T_C=(570\sim990)K$,$T_N=(70\sim130)K$);

(5) 立方(Fd3m)尖晶石结构 ACr_2X_4(A=Co,Zn,Cd,Hg;X=O,S,Se);

(6) 磁铅矿结构六方 $Ba_{2-x}Sr_xZn_2Fe_{12}O_{22}$；

(7) Kagome staircase 结构 $Ni_3V_2O_8$；

(8) 钨锰铁矿结构 $MnWO_4$ 等。

但是作为单相磁电薄膜研究的主要有 $BiFeO_3$ 薄膜，因为 $BiFeO_3$ 是到目前为止唯一同时在室温以上表现出铁电性和磁性的材料。室温下 $BiFeO_3$ 具有棱形畸变钙钛矿结构，空间群为 R_3c，晶格常数为 $a=b=c=5.633$Å 和 $\alpha=\beta=\gamma=59.4°$，晶格结构示意如图 8-14 所示。相对于立方钙钛矿结构，以周围氧离子为坐标，Bi 离子会沿[111]方向移动，而氧八面体则绕[111]轴扭曲畸变，导致沿[111]方向的极化，其铁电相变发生在 $T_C\sim$1103K。理论预测室温下其饱和电极化可达 $100\mu C/cm^2$。

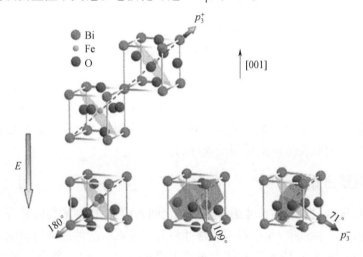

图 8-14 $BiFeO_3$ 的结构

$BiFeO_3$ 的磁结构比较特殊，其基态是反铁磁态，磁相变发生在 $T_N\sim643K$。然而中子散射实验揭示其反铁磁自旋序是不均匀的，呈现一种空间调制结构，其自旋表现为非公度正弦曲线排列，波长（或周期）约为 62nm，如图 8-15 所示。这一调制结构导致各个离子磁矩相互抵消，因此宏观尺寸的 $BiFeO_3$ 只表现出很弱的磁性。可想而知，如果微结构特征尺寸小于这一正弦结构波长，离子磁矩的抵消将不完全，从而表现出增强的磁性，这正是较薄的薄膜样品中不仅出现增强电极化，也出现增强磁性的原因。与 $BiMnO_3$ 类似，$BiFeO_3$ 中磁性和铁电性的耦合也比较弱，然而其中反铁磁畴和铁电畴与外加电场存在一定程度上的耦合。

$BiFeO_3$ 薄膜可以使用 PLD 法、Sol-Gel 法、溅射法、水热法等进行制备。$BiFeO_3$ 薄膜的结构与衬底及薄膜的取向密切相关，如在不同取向的 $SrTiO_3$ 单晶衬底上制备 $BiFeO_3$ 薄膜，生长在(111)衬底上的 $BiFeO_3$ 薄膜具有三方结构，与块体单晶的结构一致，处于未受应力的单畴状态。而生长在(101)及(001)衬底上的 $BiFeO_3$ 薄膜结构则极大的受到衬底应力的影响，由三方结构扭曲而转变为单斜结构。此外，因受到衬底应力的影响，薄膜的结构还与厚度密切相关。在 200nm 厚度的条件下晶格常数为 $a=0.3935$nm，$c/a=1.016$，在 10nm～400nm 范围内，c/a 值随薄膜厚度的增加而减小。

Claude 等对 $BiFeO_3$ 薄膜中的强磁性进行了研究，认为螺旋式自旋结构在薄膜中会

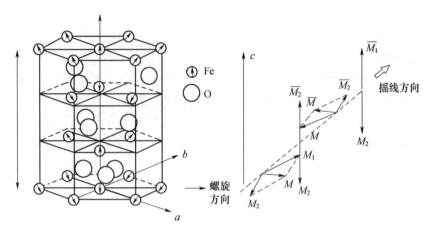

图 8-15 BiFeO₃ 的自旋结构示意图

因为外延应力或增强的各向异性受到抑制从而产生较强的磁性。从微观结构上看,薄膜的磁性起源于反对称的自旋耦合所导致的磁性子晶格的倾斜,从而使(111)面内共线的自旋排列发生倾斜,产生不为零的净磁矩。因此尽管纯相的 BiFeO₃ 在室温下呈弱的反铁磁性,大多数室温的磁性测量结果都是线性的。

8.5.3 多相复合磁电薄膜

通过铁电/压电材料和磁致伸缩材料两相之间的应力/应变耦合传递可实现铁电—铁磁之间的耦合,这种由铁电/压电材料和磁性材料复合在一起的磁电材料就是多铁性磁电复合材料。自从 1974 年 Van Run 等人报道 $BaTiO_3-CoFe_2O_4$ 复合陶瓷的磁电系数比 Cr_2O_3 大近两个数量级以来,人们一直十分关注复合磁电材料。相比于块体磁电复合材料,磁电复合薄膜材料具有独特的优越性,例如:

(1) 复合材料中的铁电/压电相与磁致伸缩相可以在纳米尺度上进行控制和调节,可在纳米尺度上研究磁电耦合机理;

(2) 块体材料中不同相之间的结合通过共烧或黏结的方式结合在一起,界面损耗是一个不容忽视的问题,在薄膜中,可实现原子尺度的结合,有效降低界面耦合损失;

(3) 通过控制实验条件,把晶格参数相近的不同相复合在一起,可获得高度择优取向甚至超晶格复合薄膜,有利于研究磁电耦合的物理机理;

(4) 多铁性磁电薄膜可以用于制造集成的磁/电器件,如微型传感器、MEMS 器件、高密度的信息储存器件等。

由于磁电复合薄膜涉及多种成分的复合,比较常见的是用激光脉冲沉积法(PLD)和溶胶凝胶旋涂法来制备,这两种方法都可以方便地控制复合薄膜的成分。通过调节制备过程中的工艺参数可以得到不同结构的薄膜,按照复合结构来分类,可以把磁电复合薄膜分为 1-3,0-3,2-2 等结构类型。

8.5.3.1 1-3 型柱状复合磁电薄膜

2004 年,Zheng 等人选用具有高压电性能的 $BaTiO_3$ 和具有高磁致伸缩性的 $CoFe_2O_4$ 的复合陶瓷($0.65BaTiO_3-0.35CoFe_2O_4$)为靶材,用 PLD 方法在 900℃以上高温沉积,在(001)$SrTiO_3$ 单晶基片上,$BaTiO_3$—$CoFe_2O_4$ 异质外延自组装产生相分离,得到的复合薄膜中 $CoFe_2O_4$ 形成纳米柱镶嵌在 $BaTiO_3$ 基体中呈阵列分布,形成了1-3结构的复合薄膜,如图8-16所示。

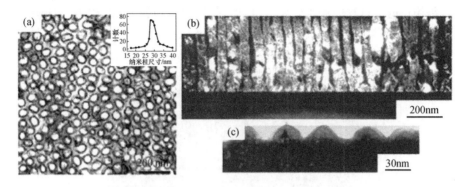

图8-16 在 $SrTiO_3$ 单晶基片外延生长的 $BaTiO_3$—$CoFe_2O_4$ 纳米1-3复合薄膜的形貌
(a) TEM 平视形貌像;(b) TEM 截面暗场像;(c) TEM 截面明场像,显示了 $CoFe_2O_4$ 纳米柱露头。

随后,Zheng 等人又用同样的方法在 $SrTiO_3$ 单晶基片上制备得到了1-3复合的 $BiFeO_3$—$CoFe_2O_4$ 结构,并在这个结构中,利用扫描探针显微镜观察到了由施加电场诱导磁化翻转的现象,表明在这种1-3柱状纳米结构中存在着磁电耦合效应,从而给出了薄膜中磁电耦合效应的直接证据。他们通过磁力显微镜(MFM)观察到了电极化之后的复合薄膜出现了磁畴翻转,证明了两个复合相之间存在着耦合,如图8-17(a)、(b)所示。同时还利用 SQUID 测得了电极化之后复合薄膜磁化强度的变化(图8-17(c)),并由此估算出复合薄膜的磁电敏感系数 $\alpha_{33}=1.0\times10^{-2}$ Gscm/V。

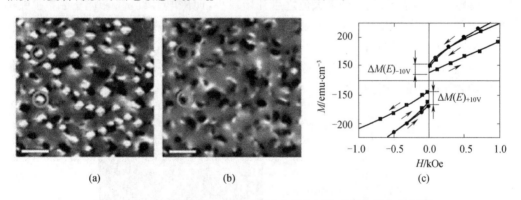

图8-17 复合薄膜中电场诱导磁畴翻转(a)(b)及磁化强度变化(c)

Levin 等人生长了类似结构和形貌的 $xCoFe_2O_4$-$(1-x)PbTiO_3$ 复合薄膜。他们认为不同的基片使薄膜处于不同的应力状态,从而使最终的纳米复合薄膜具有不同的结构和形貌。利用相场方法考虑不同应力状态,模拟了复合薄膜的生长,得到与实验观察类似的结果。虽然1-3柱状纳米结构复合薄膜表现出了具有较强磁电耦合的迹象,但这种1-3柱状纳米结构复合薄膜的生长需要比较苛刻的条件,如相当高的生长温度(大于900℃),其纳米柱状阵列生长也是不易控制的。另一方面,由于电阻特性较差的磁性相贯穿整个薄膜导致薄膜漏导太大,不易直接观测到正磁电效应,从而将使其应用受到限制。

8.5.3.2 0—3型颗粒复合磁电薄膜

0—3型复合磁电薄膜是一种颗粒复合多晶薄膜。Wan等人采用溶胶—凝胶法在Pt/Ti/SiO$_2$/Si基片上把CoFe$_2$O$_4$和Pb(Zr,Ti)O$_3$前驱溶胶交替旋涂,然后在650℃退火6min,两相在退火过程中产生分离重组,得到了一种疑似颗粒复合薄膜,如图8-18所示。测量表明这种薄膜同时表现出较好的铁磁、铁电响应,并测量到磁电复合薄膜的磁电系数。近来,Zhong等人用类似的化学方法得到了xBi$_{3.15}$Nd$_{0.85}$Ti$_3$O$_{12}$—$(1-x)$CoFe$_2$O$_4$体系的颗粒复合薄膜,也观察到较好的铁磁、铁电性能。

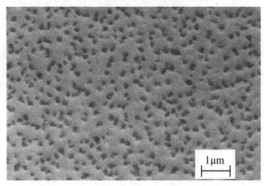

图8-18 溶胶—凝胶法制备磁电PZT/CFO复合薄膜的SEM形貌图

Ryu等人用PLD方法在掺杂0.5%Nb的(110)SrTiO$_3$基片上制备了PZT—NiFe$_2$O$_4$复合薄膜。NiFe$_2$O$_4$以纳米颗粒随机分布在PZT基体中,如图8-19所示。实验表明在大约0.8MV/cm的电场作用下磁电系数达到饱和,观察到了磁电系数随偏压静磁场其磁电系数先增大,到一个极大值之后开始减小,而磁电系数α_{E31}相比于α_{E33}在更小的静磁场就达到极大值,这些变化规律与块体磁电复合陶瓷的规律是类似的。但在PZT—NiFe$_2$O$_4$复合薄膜中,α_{E31}最大约为4mV/(cm·Oe),α_{E33}最大约为16mV/(cm·Oe),明显小于块体磁电复合陶瓷的磁电系数。这可能是在复合薄膜中基片对薄膜的约束效应导致了较小的磁电系数。

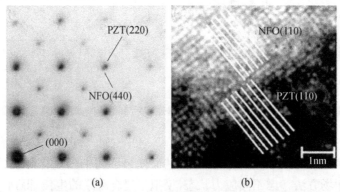

图8-19 PZT—NFO复合薄膜的表面形貌以及晶格衍射图
(a) PZT—NFO薄膜的晶格像;(b) 薄膜选区电子衍射图。

8.5.3.3 2—2型叠层复合磁电薄膜

将铁电、铁磁两相物质一层一层地沉积在基片上就可以得到叠层结构的磁电复合薄膜。Takeuchi 等人用改进的 PLD 方法,通过在沉积腔中添加一个可以匀速移动的挡板实现对厚度的调制,得到了 $BaTiO_3$ 和 $CoFe_2O_4$ 的成分梯度复合薄膜。相对 1-3 和 0-3 型复合薄膜而言,2-2 结构中低电阻的磁性层在面外方向被绝缘的铁电层所隔离,因而 2-2 结构可完全消除漏导问题。He 等人利用化学溶液旋涂法,将 PZT 和 $Co_{1-x}Zn_xFeO_3$(CZFO)前驱溶胶依次旋涂在 $Pt/Ti/SiO_2/Si$ 基片上,可以方便地得到多层结构的复合薄膜。同样按照两相不同的沉积顺序可以得到两种多层结构(如图 8-20(a) 和 (b)),即基片/PZT/CZFO/PZT/CZFO(简称为 PCPC)和基片/CZFO/PZT/CZFO/PZT(简称为 CPCP)。

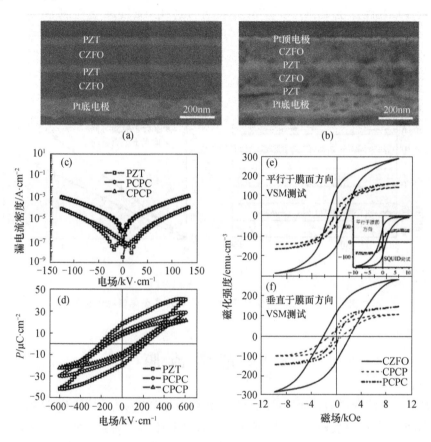

图 8-20　CPCP 和 PCPC 复合薄膜的
显微结构(a)(b)、电性能(c)(d)和磁性能(e)(f)

薄膜的电学性能如图 8-20(c) 和 (d) 所示,结果表明,相比于纯的 PZT 薄膜,由于复合薄膜中的铁氧体相具有较低的电阻率,复合薄膜具有更大的漏电流;但是两种结构的复合薄膜之间的漏电流特性没有体现出明显的差别,对沉积顺序不敏感。而同样由于顺电相的钴铁氧体层的存在,复合薄膜的铁电性相比单相的 PZT 要弱一些。复合薄膜的磁性如图 8-20(e) 和 (f) 所示,结果显示其具有良好的铁磁性能。由于非铁磁的 PZT 层的存在,复合薄膜的磁化强度明显低于单相的铁氧体。由于复合薄膜中有更多的应力,根据压磁效应,复合薄膜也具有了明显低于单相铁氧体的矫顽力。

2007年Deng等人用PLD方法在$SrTiO_3$单晶基片上外延得到了$BaTiO_3/NiFe_2O_4$两层结构的薄膜,这种薄膜具有很好的外延特性,而且层间界面清晰。特别值得注意的是,他们还在这种复合薄膜中直接观察到了显著的磁电响应,如图8-21(a)所示。通过对薄膜施加交变方波磁场激励,复合薄膜也出现了相应的方波响应电压信号,而这是两种单相薄膜所不具备的,这直观地对磁电响应信号给出了明晰的证据。同时,该响应信号还随交变磁场的幅值呈线性变化,其斜率就是磁电电压系数。借用块体磁电材料中磁电电压系数的定义:$\alpha_E=(\delta V/t\delta H)$(其中$t$为复合薄膜的厚度),由图8-21(b)中线性关系的斜率可以得到该复合薄膜在垂直于薄膜方向的磁电电压系数为$12mV/(cm \cdot Oe)$。人们还先后用PLD制备了$PZT/Ni_{0.8}Zn_{0.2}Fe_2O_4$、$Fe_3O_4/BaTiO_3$复合薄膜,磁电系数为$15mV/(cm \cdot Oe) \sim 30mV/(cm \cdot Oe)$。利用PLD方法还制备了$Pr_{0.85}Ca_{0.15}MnO_3/Ba_{0.6}Sr_{0.4}TiO_3$、$La_{0.7}Ca_{0.3}MnO_3/BaTiO_3$等超晶格结构复合磁电薄膜,显示了良好的介电性和铁磁性、磁阻效应和磁电容效应。

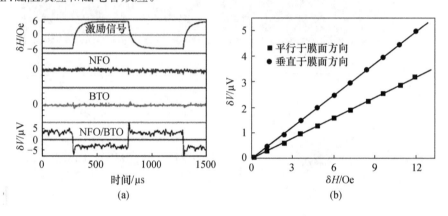

图8-21 PLD制备$BaTiO_3/NiFe_2O_4$复合薄膜磁电性能

8.6 光学薄膜

以光纤为传输介质的光通信系统对信息传输技术产生了巨大影响。这是因为光纤不仅损耗小,而且具有重量轻、尺寸小、抗电磁干扰和频带宽的特点。集成光学正是为适应光通信要求而逐步发展起来的崭新领域。采用类似于集成电路的技术将一些光学元器件(诸如发光元件、光放大元件、光开关、光逻辑元件、光路元件、各种光调制元件、光耦合及接收元件等)以薄膜形式集成在同一基片上,由此形成一个具有独立功能的微型光学系统(集成电路)。这样的集成光路具有体积小、效率高、功耗低、性能稳定可靠、使用方便等特点。集成光学薄膜与光学薄膜有所不同。对于光学薄膜,光束穿过薄膜;而对于集成光学薄膜,光束则在薄膜里沿着薄膜传播。

8.6.1 光波导薄膜

对光进行导波的介质称为光波导,其基本结构是高折射率膜2(折射率n_2)夹在低折射率介质1、3之间(折射率分别为n_1、n_3),且$n_2 > n_1 \geqslant n_3$。介质光波导中的光导是通过光反复进行全反射,同时在高折射率膜2中传播实现的。高折射率膜2称为光波导区,介质1、3称为包层区。

薄膜系统中光波导的种类如图8-22所示。图中阴影部分的折射率或等效折射率比周围的高,这部分就是波导。图8-22(a)是由涂覆、蒸发、溅射和热扩散等方法在衬底上形成的薄膜构成的平板型波导;图8-22(b)型是用平板型波导由光刻和反溅射制作的。图8-22(c)型是在平板型光波导上用与薄膜不同的材料(光致抗腐蚀剂等)制出光路,由于其下部的等效折射率被提高,因此光被封闭在其中。图8-22(d)为脊型波导,图8-22(e)型是用离子交换和离子注入方法制造的,可以获得类似圆柱状的折射率分布,由此可减少散射损耗。图8-22(f)是在图8-22(b)型上生长出一层与衬底同样材料的包层。

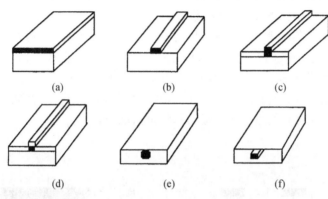

图8-22 各种光波导

(a) 平板型波导;(b) 凸条型波导;(c) 加载型波导;(d) 脊型波导;(e) 扩散型波导;(f) 掩埋型波导。

光波导所用的材料应当具有:透明、稳定、薄膜制作和加工容易等特点。能满足这些要求的材料有晶体、非晶体、液晶、有机材料、无机材料等多种。表8-7列出常用的光波导材料及其基本特性。

表8-7 光波导用的典型材料

材料		制备方法	折射率 Δn	吸收系数/dB·cm^{-1}
波导区域	基片			
聚氨酯	SiO$_2$ 玻璃	旋转涂覆	约 10^{-2}	0.1~0.5
康宁 7059 玻璃	SiO$_2$ 玻璃	溅射	约 10^{-2}	0.1~0.5
SiO$_2$		离子注入	约 10^{-2}	约 0.4
LiNbO$_3$		扩散	5×10^{-4}~10^{-2}	0.1~0.2
		N$^+$,O$^+$,Ne$^+$ 离子注入	5×10^{-4}~10^{-2}	<1
LiNbO$_3$	LiTaO$_3$	扩散	10^{-2}~10^{-1}	约 1
n-GaAs	N$^+$-GaAs	液相外延(LPE) 气相外延(VPE) 分子束外延(MBE)	约 10^{-3}	约 24
Ga$_{1-x}$Al$_x$As	Ga$_{1-y}$Al$_y$As	液相外延(LPE) 分子束外延(MBE)	约 $0.4(y-x)$	约 10
CdS$_x$Se$_{1-x}$	CdS	扩散	约 10^{-2}	10~15

8.6.2 光开关薄膜

转换光路的开关器件是集成光路的重要器件,它是使光在时空上切换的器件。光开关器件主要通过电光效应、声光效应、磁光效应等实现。

利用电光效应制作光开关器件的材料多采用强电介质材料,如 $LiNbO_3$、$LiTaO_3$、$Bi_{12}SiO_{20}$(BSO)、GaAs、GeSi/Si 以及 Si 单晶等。其中,在 $LiNbO_3$ 上是通过热扩散 Ti 制得光开关,而在 BSO 上是通过液相外延(LPE)掺杂 Ga 制得光开关。

图 8-23 为单节电极结构的定向耦合调制开关,若光从波导 1 输入,从波导 2 出,则称为交叉工作状态,用★表示;若仍从波导 1 输出,则称为直通工作状态,用◎表示。图 8-24 为单节电极结构的定向耦合调制开关的工作曲线。图中 L 为有源区长度,L_c 为最短耦合长度,$\Delta\beta$ 为传播常数差,随调制电压而变化。由图 8-24 可知,单节电极的定向耦合开关,任意给定一个 L/L_c 值,总可以通过调整电压实现直通工作状态。而为了获得交叉工作状态以作为开关使用,必须使耦合开关的有源区长度精确等于耦合长度的奇数倍。这类双通道定向耦合开关最早是在 GaAs 材料并用三电极结构实现的。随后,在 $LiNbO_3$ 和 GaAs 衬底上做出了双电极结构的定向耦合开关。

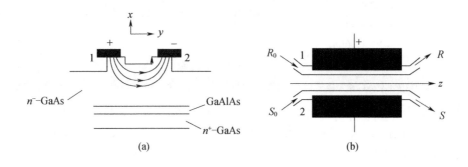

图 8-23 单节电极结构的定向耦合调制开关示意图
(a) 横截面图;(b) 俯视图。

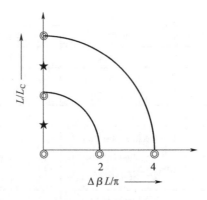

图 8-24 单节电极结构的定向耦合开关的工作曲线

利用声光效应制作光开关器件的材料有 TeO_2、$LiNbO_3$ 等。其光开关器件是由其结构而获得表面弹性波引起的折射率周期变化,从而产生布喇格衍射或喇曼—纳斯衍射而获得。

8.6.3 薄膜透镜

在集成光学中透镜具有重要的功能:如准直光源产生的发射光;将光会聚在探测器上和输出器件上;会聚衍射光完成傅里叶变换等。薄膜波导透镜有短程透镜、伦内伯格透镜、模式折射率透镜、光栅透镜、菲涅尔透镜、布喇格透镜、分布折射率菲涅尔透镜等。

图 8-25 所示的模式折射率透镜就是在平板波导上做出一块具有经典透镜形状的部分,利用由厚度变化所导致的等效折射率的变化来实现会聚和发散功能。

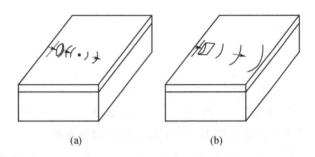

图 8-25 模式折射率透镜示意图
(a) 汇聚功能;(b) 发散功能。

伦内伯格透镜就是将具有完全成像功能的伦内伯格透镜应用在波导上,它具有中心对称的厚度变化(等效折射率变化)与中心对称的物平面和像平面。其制作方法为:将控制形状的掩膜设置在基片上方,稍微离开基片,然后由溅射等方法沉积上薄膜。

短程透镜是利用光沿最短距离传播的原理,使波导弯曲来获得会聚效果。然而,平板波导与弯曲部分的衔接处散射很强,为了克服这种情况,可将边缘做成圆形,不过,由此导致的像差虽然可被校正,但制作非常困难。

自从 20 世纪 80 年代以来,平面微透镜列阵已成为最重要的一类器件。图 8-26 给

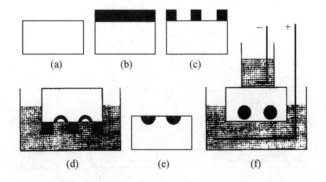

图 8-26 球形自聚焦平面微透镜列阵的制备工艺流程示意图
(a) 玻璃基片;(b) 制作掩膜;(c) 光刻窗口;
(d) 第一步离子交换;(e) 去掉掩膜;(f) 第二步离子交换。

出一种制作球形自聚焦平面微透镜列阵的工艺流程示意图。其基本思想是:用电极化率大的 A^+ 离子(如 Ti^+、Ag^+)等取代基片中电极化率小的 B^+ 离子(如 K^+、Na^+ 等),以形成窗口处折射率最大,向内逐渐减小的近似半球形折射率分布;再用电场辅助离子交换方法,使已有的分布向内扩散,同时熔盐中极化率较小的 C^+ 离子向基片内扩散,于是,高折射率区移至基片以下,从而形成近似球形的折射率分布。

8.6.4 薄膜激光器

光集成用及光通信系统中的薄膜激光器通常是在 GaAs、InP、GaSb 等基片上分别生长 GaAlAs、InGaAsP、GaInAsSb 等膜而实现的。

生长这些膜可用液相外延(LPE)、气相外延(VPE)、金属有机化学气相沉积(MOCVD)、分子束外延(MBE)等。图 8-27 所示的是薄膜激光器的几种典型结构:图 8-27(a)为分布反馈型(DFB)激光器,图 8-27(b)为分布布喇格反射型(DRB)激光器,它们利用绕射光栅作为反射器。图 8-27(c)为双波导型(ITG)激光器,其谐振器是由劈开面构成,将光射入与其相邻的波导内并从外部取出。这些激光器的寿命,无论长波长还是短波长,都可达到 1×10^6 h 以上。目前已研制出 $1.3\mu m$ 和 $1.5\mu m$ 发射波长,阈值电流 10mA 左右,输出功率为 200mW 左右的半导体激光器,其响应带宽为 17GHz。图 8-28 为 InGaAsP/InP 分布反馈型(DFB)激光器结构示意图。

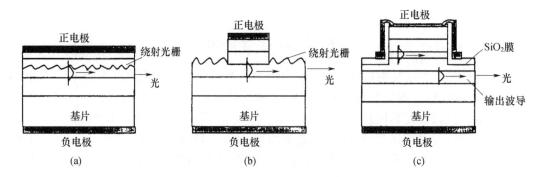

图 8-27 薄膜激光器的几种典型原理结构
(a) DFB 激光器;(b) DRB 激光器;(c) ITG 激光器。

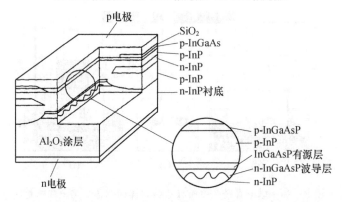

图 8-28 InGaAs/InP 分布反馈型(DFB)激光器结构示意图

8.7 金刚石薄膜

8.7.1 概述

金刚石是一种配位型的自然非金属矿物,成分为碳。常含有 Si、Al、Ca、Mg、Mn、Ti、Cr、N 等杂质,碳原子的配位数 4。C－C 间距 0.154nm,整个结构可以看成是四面体以共角顶相连,共价键联结而成。金刚石具有下述特性:①硬度最高;②具有极高的弹性模量;③在已知物质中热导率最高;④禁带宽度为 5.45eV,故本征金刚石是极好的电绝缘体;⑤透光性能好,透射谱可从紫外波段一直延伸到红外波段;⑥抗腐蚀性好,可抗酸、碱和各种腐蚀性气体的侵蚀;⑦金刚石还是一种重要的半导体材料。金刚石的主要物理性能见表 8-8。

表 8-8 金刚石和 CVD 金刚石薄膜的主要物理性质

物 理 性 质	天然金刚石	CVD 金刚石薄膜
点阵常数/Å	3.567	
密度/g·cm^{-3}	3.515	2.8～3.5
熔点/℃	4000	接近 4000
弹性模量/GPa	1220①	
硬度/10^{-1}MPa	7000～10000①	9000～10000
纵波声速/m·s^{-1}	18200①	
热膨胀系数/10^{-6}/℃$^{-1}$	1.1③	
热导率/W·cm^{-1}·K^{-1}	20①	10～20
禁带宽度/eV	5.45	5.45
饱和电子速度/cm·s^{-1}	2.7①	
载流子迁移率/cm^2·V^{-1}·s^{-1}		
电子	2200②	
空隙	1600①	
击穿场强/10^{5}V·cm^{-1}	100	
介电常数	5.5	5.5
电阻率/Ω·cm	10^{16}	>10^{12}
光学吸收边/μm	0.22	
折射系数/5900·nm	0.241	0.241
光学透过范围	225nm≈远红外	接近天然金刚石

注:①在所有已知物质中占第一;②在所有物质中占第二;③与因瓦(Invar)合金相当。

8.7.2 金刚石膜的制备方法

Bundy 及其合作者在 20 世纪 50 年代利用石墨和催化剂在高温高压下成功合成了金

刚石后，人们便开始了用化学汽相法合成金刚石薄膜的研究工作。从热力学的角度上讲，在化学气相沉积金刚石的温度和压力范围内，石墨是热力学稳定相，而金刚石是热力学不稳定相。但由于动力学的因素，含碳化合物在等离子体或高温热源作用下形成的活化基团在和衬底接触时将同时生成金刚石和石墨。由于原子态氢刻蚀石墨的速率远远大于金刚石，所以在有足量原子氢存在的情况下在衬底上沉积的最终将是热力学不稳定的金刚石，而不是热力学稳定的石墨。20 世纪 80 年代初用热丝 CVD 法制备出高质量多晶金刚石膜，在全世界引起了巨大反响。除热丝 CVD(HFCVD)外，微波等离子体 CVD(MWCVD)、直流等离子体喷射(DC Arc Plasma Jet)以及燃烧火焰法(Flame Deposition)等一系列金刚石膜化学气相沉积方法很快发展起来。所有这些方法的共同特点是：需要一个能够使含碳化合物裂解形成活化含碳基团和使氢离解成为原子氢的等离子体或高温热源，同时还必须使衬底保持适合于金刚石气相生长的温度范围(800℃~1000℃)；活化源(等离子体或高温热源)的温度(或等离子体密度)越高，金刚石膜沉积速率越高，而太高或太低的衬底温度都不利于金刚石膜的沉积；原子氧同样具有对石墨碳的选择性刻蚀作用，因此能够在 C-H-O 三元系中实现金刚石膜的沉积，金刚石气相生长相图表明，金刚石只能在 C、H、O 三个组分的一个特定的成分范围内沉积，如图 8-29 所示。目前化学气相沉积金刚石膜的纯度已达到用光谱方法检测不出杂质的程度，超过了Ⅱa 型高质量天然金刚石，光学透过特性也与天然Ⅱa 型金刚石晶体相当。

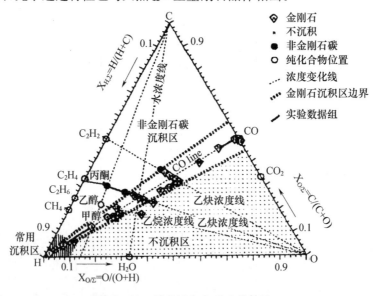

图 8-29 低压沉积金刚石膜相图

8.7.3 金刚石膜的性能

8.7.3.1 金刚石膜的表征方法

化学气相沉积的金刚石膜在一般情况下是一种由金刚石晶粒组成的致密多晶薄膜。除在金刚石单晶表面的同质外延外，目前还不能制备大面积异质外延单晶金刚石薄膜。通常采用扫描电镜、喇曼散射谱和 X 射线衍射相结合的方法对金刚石膜进行分析表征。

CVD 金刚石膜可以在薄膜状态下(附着在衬底上)，也可以作为自支撑膜(无衬底厚膜)使用。取向特征由 X 射线衍射确定,通常可观察到(111)和(100)取向生长,在特殊情况下可观察到(110)取向生长。金刚石膜的内在质量主要通过喇曼散射谱分析确定。金刚石的喇曼特征峰大致位于 1332cm^{-1} 的位置,而非金刚石峰通常出现在 1350cm^{-1} ~ 1550cm^{-1} 之间,表现为较宽的漫散峰,具体位置与金刚石膜中的非金刚石碳成分有关。金刚石特征峰与非金刚石碳峰的相对面积(或峰高)就表示了金刚石膜中非金刚石杂质的相对含量。由于非金刚石碳对喇曼散射的灵敏度比金刚石高 50 倍,所以在依据 Raman 谱评判金刚石膜的内在质量时应当考虑到这一因素。

金刚石特征峰的确切位置与金刚石膜中存在的内应力有关。在应力的作用下,金刚石特征峰将偏离 1332cm^{-1} 的位置,存在压应力时,峰位向波数更高的位置移动,而在张应力的情况下则向较低波数方向偏移。可以用金刚石喇曼特征峰偏离标准峰位的程度估计金刚石膜中存在的应力大小及应力的性质。金刚石特征峰的半高宽与金刚石晶体的完整性有关。金刚石晶粒的缺陷,包括晶界、微孪晶和位错等等都将使金刚石特征峰半高宽增加。

因此,高质量的金刚石膜应不存在非金刚石碳峰,同时金刚石喇曼特征峰半高宽很小(见图 8-30)。目前最高质量的金刚石膜(光学级金刚石膜)的金刚石喇曼特征峰半高宽与天然 IIa 型宝石级金刚石单晶完全相同。

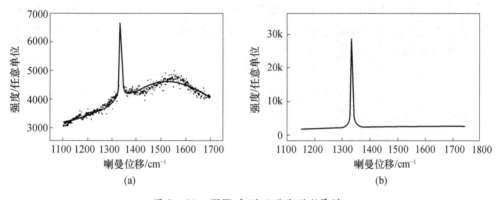

图 8-30 CVD 金刚石膜典型喇曼谱
(a) 较低质量金刚石膜;(b) 高质量金刚石膜。

8.7.3.2 金刚石膜的抛光

CVD 金刚石厚膜表面十分粗糙,对于许多应用来说,都必须进行抛光。由于金刚石硬度极高,化学稳定性极佳(甚至在王水中都不发生反应),因此抛光极其困难。目前还只能采用金刚石抛光金刚石的传统的机械抛光方法,效率极低。这种高加工成本也是金刚石膜工业化市场应用的限制因素之一。

近年来曾经研究过许多抛光金刚石膜的方法,其中激光表面平整化和基于反应扩散原理的热化学抛光最有可能实用化。热化学抛光的原理是利用高温条件下碳在过渡族金属或稀土金属中的高溶解度和高扩散系数,使得在高温下和这些金属接触的金刚石表面的碳迅速溶解并扩散至金属材料内部,从而达到使金刚石膜表面抛光的目的。为达到同一效果,用机械抛光方法可能要花费数天的时间。利用激光束抛光金刚石膜表面也是一个行之有效的方法。一般采用波长为 1.06μm 的 YAG 激光。也可采用波长更短的准分子激光。无论采用热化学抛光还是激光抛光,都是一种粗抛光,最终都仍然需要依靠机械抛光方法来达到要求的抛光精度。激光除用来抛光外,还是金刚石膜加工(切割、打孔,花样化等)的几乎唯一手段。

8.7.3.3 金刚石膜金属化

金刚石膜金属化(Metallization of Diamond Films)是指在金刚石膜表面形成一层金属层的处理过程,对于许多应用来说这都是一个十分重要的环节。金属化对于金刚石膜在电子学、工具、散热器等方面的应用有着重要作用。虽然在天然金刚石表面形成欧姆接触或整流接触并不困难,但在CVD金刚石膜表面形成欧姆接触或整流接触,却有相当大的难度,目前还暂时不存在商业化的工艺或材料。

习题与思考题

1. 试给出半导体薄膜的主要类型与主要应用。
2. 半导体薄膜的主要制备方法有哪几类?试给出2个~3个示例。
3. 什么是超导电性?主要的超导材料和超导薄膜有哪几类?
4. 什么是铁电性?主要的铁电材料有哪几类?
5. 主要的铁电薄膜材料有哪几类?主要应用在那些方面?
6. 磁性薄膜有那些类型?试举例说明。
7. 什么是光波导?给出种光波导的结构。
8. 试解释薄膜光开关和薄膜激光器的含义。
9. 金刚石和金刚石薄膜有哪些重要特性?
10. 如何通过喇曼峰判定金刚石薄膜的性能?

第九章 薄膜应用

随着诸如集成电路、固体发光和激光器、磁记录材料和器件等高新技术产业的迅速发展,薄膜材料已经在现代科技和国民经济的各个重要领域,如航空航天、医药、能源、交通、通信和信息等获得广泛的应用。薄膜材料及其器件正向综合型、智能型、复合型、环境友好型、节能长寿型以及纳米化方向发展。本章主要介绍几类典型薄膜材料的应用。

9.1 半导体薄膜应用

新型半导体薄膜材料的研究与发展,已成为材料学科的一个重要组成部分。随着非晶态半导体在科学和技术上的飞速发展,它已在高新技术领域中得到广泛应用,并正在形成一类新兴产业。例如,用高效、大面积非晶硅(a-Si:H)薄膜太阳电池制作的发电站已并网发电(它是无任何污染的绿色电源);用 a-Si 薄膜晶管制成的大屏幕液晶显示器和平面显像电视机已作为商品出售;非晶硅复印机鼓早已使用;a-Si 传感器和摄像管、非晶硅电致发光器件和高记录速度大容量光盘等,也正在向实际应用和商品化方向发展。

多晶硅薄膜是综合了晶体硅材料和非晶硅合金薄膜优点,在能源科学、信息科学的微电子技术中有广泛应用的一种新型功能薄膜材料。化合物半导体薄膜则在新能源、信息科学等方面获得了广泛的应用。

9.1.1 非晶硅半导体薄膜应用

由于 a-Si 薄膜具有十分独特的物理性能和在制作工艺方面的加工优点,使它可用作大面积、高效率太阳能电池材料、大屏幕液晶显示和平面显像电视机,以及用于制作 a-Si 传感器和摄像管、非晶电致发光器件等。从应用的角度来看,非晶硅半导体薄膜材料具有以下特点:

(1) 可以在任意衬底上形成薄膜材料;
(2) 容易实现大面积化,而且不受形状的限制;
(3) 制备工艺简单,造价低廉;
(4) 有优异的光学和电学性能,尤其是光吸收系数比较大。

非晶硅薄膜中得到研究和应用的主要是氢化非晶硅(a-Si:H)薄膜。氢化非晶硅比未氢化的非晶硅性能优良。非晶半导体的掺杂和 Pn 结的制造也是首先在氢化非晶硅中实现的。非晶硅薄膜的应用前景十分广泛。a-Si:H 薄膜可以用于制造光敏电阻器、光敏二极管、摄像靶、图像传感器、辨色器、静电复印鼓等。在制造发光器件方面,非晶硅及硅基合金薄膜也有一定的潜力。但是目前发光效率很低,a-Si:H 薄膜场效应晶体管方面已取得了不少成绩。此外,非晶硅薄膜还可用作半导体器件的表面钝化材料,以减少

pn 结的表面漏电流。

非晶硅薄膜比较成熟的应用是制造薄膜太阳电池。a-Si:H 薄膜的光电导性能优良,在可见光范围的吸收系数比单晶硅的大;膜厚仅需 1μm 左右,非晶硅的成膜工艺简单;可用玻璃、不锈钢或聚酰亚胺为衬底材料进行大面积生产。因此非晶硅太阳电池比单晶硅太阳电池应用更广泛。目前单晶硅太阳电池的能量转换效率已达 20%,但是成本高。非晶硅太阳电池自 20 世纪 70 年代中期问世以来一直受到很大的重视,第一个非晶硅薄膜电池是 1976 年由 Carlson 和 Wronsky 报道的,并于 1981 年实现商品化,1991 年占有了 50% 的光伏电池的市场,但是,由于非晶硅电池的转换效率随光照历史而下降,即光致衰减效应,其发展受到了影响。1995 年前后,只占有了 10% 左右的光伏电池市场。现在,已经发展了多种新的工艺提高其稳定性和效率。如使用 a-SiC 窗口层、使用渐变带隙设计、发展多结叠层技术等。各种技术综合使用后,三结叠层的小面积非晶硅电池的转换效率达到了 14.6%,面积 1.2m^2 的 a-Si/a-SiGe 组件最高稳定效率为 9.5%。日本的 Sanyo 公司以 CZ-Si 为基底,制备了面积约 101cm^2 的 a-Si/c-Si 太阳电池,转换效率为 20.7%。国内,1990 年,中国科学院半导体研究所研制的非晶硅单结太阳能电池的效率为 11.2%,南开大学研制的 20cm×20cm 的非晶硅单结组件效率达到 9.1%,一年户外试验效率衰减小于 15%。由于采用了低温工艺技术(约 200℃),耗材少(电池厚度小于 1μm),材料与器件同时完成,便于大面积连续生产。

非晶硅太阳电池是以玻璃、不锈钢及特种塑料为衬底的薄膜太阳电池,结构如图 9-1 所示。

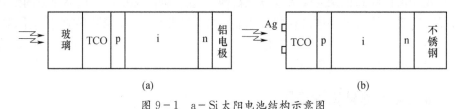

图 9-1 a-Si 太阳电池结构示意图

玻璃衬底的 a-Si 太阳电池,光从玻璃面入射,电池电流从透明导电膜(TCO)和电极铝引出。不锈钢衬底太阳电池的电极与 c-Si 电池类似,在透明导电膜上制备栅状银(Ag)电极,电池电流从不锈钢和栅状电极引出。根据太阳电池的工作原理,光要通过 p 层进入 i(有源)层才能对光生电流有贡献。因此,p 层应尽量少吸收光,称其为窗口层。

非晶硅太阳电池的工作原理与单晶硅太阳电池类似,都是利用半导体的光伏效应。与单晶硅太阳电池不同的是,在非晶硅太阳电池中光生载流子只有漂移运动而无扩散运动。由于非晶硅材料结构上的长程无序性,无规网络引起的极强散射作用使载流子的扩散长度很短。如果在光生载流子的产生处或附近没有电场存在,则光生载流子由于扩散长度的限制,将会很快复合而不能被收集。为了使光生载流子能有效地收集,就要求在 a-Si 太阳电池中光注入所及的整个范围内尽量布满电场。因此,电池设计成 pin 型(p 层为入射光面)。其中 i 层为本征吸收层,处在 p 和 n 产生的内建电场中。

a-Si 电池也可设计为 nip 型,即 n 层为入射光面。实验表明,pin 型电池的特性好于 nip 型,因此实际的电池都做成 pin 型。表 9-1 为目前主要非晶硅薄膜太阳电池的生产厂商及其产能。

表 9-1 非晶硅太阳薄膜电池的主要厂商及生产能力

序号	单位名称	年产能/MW	备注
1	日本 Kaneka 公司	25	910mm×910mm 电池组件,玻璃衬底
2	德国 RWE Schottsolar 公司	30	最大组件 100mm×605mm,玻璃衬底
3	日本三洋太阳能公司	5	聚酰亚胺为衬底,效率高于 8.5%
4	日本 TDK 公司	5	不锈钢为衬底,效率高于 8%
5	日本三菱电机公司	10	玻璃衬底非晶太阳电池
6	日本富士通公司	10	聚合物为衬底柔性非晶太阳电池
7	美国联合太阳能公司	25	不锈钢,聚酰亚胺为衬底,效率高于 10%
8	英国 Intersolar 公司	5	305mm×915mm 玻璃衬底,效率大于 7%
9	德国 Esole 公司	40	
10	美国 ECD 公司	15	
11	中国天津津能公司	5	
12	中国哈尔滨克罗拉太阳能公司	1	

9.1.2 多晶硅半导体薄膜应用

多晶硅薄膜是由许多大小不等和具有不同晶面取向的小晶粒构成的(晶粒尺寸一般约在几十至几百纳米量级,大颗粒尺寸可达 μm 量级)。高质量半导体多晶硅薄膜的许多性能参数,都可用单晶硅(c—Si)和非晶硅氢合金(a—Si:H)薄膜的参数来代替。多晶硅薄膜在长波段具有高光敏性,对可见光能有效吸收,又具有与晶体硅一样的光照稳定性,所以公认为是高效、低耗的最理想的光伏器件材料。另一方面,大晶粒的多晶硅薄膜具有与晶体硅相比拟的高迁移率,可以做成大面积,具有快速响应的场效应薄膜晶体管、传感器等光电器件,从而在开辟新一代大阵列的液晶显示技术及微电子技术中具有广阔应用前景,尤其是在太阳电池中的应用更为明显。

1964 年多晶硅薄膜开始在集成电路中被用作隔离膜,1966 年出现第一只多晶硅 MOS 场效应晶体管,目前多晶硅薄膜在半导体器件及集成电路中得到了广泛的应用。

利用重掺杂低阻(电阻率可至 $10^{-3}\Omega \cdot cm$)多晶硅薄膜作 MOS 晶体管的栅极。在此基础上发展的硅栅 N 沟道技术促进集成电路的迅速发展。多晶硅薄膜代替原来的铝膜作 MOS 晶体管的栅极后,最大优点是实现了自对准栅,即源、漏、栅的自动排列和栅极与栅 SiO_2 自动对齐。重掺杂多晶硅薄膜还可作为集成电路的内部互连引线,这可大大提高集成电路的设计灵活性,简化了工艺过程。

重掺杂多晶硅薄膜常用作电容器的极板、MOS 随机存储电荷存储元件的极板、浮栅器件的浮栅、电荷耦合器件的电极等。轻掺杂多晶硅薄膜常用于制备集成电路中 MOS 随机存储器的负载电阻器及其他电阻器。多晶硅薄膜亦适于制造大面积的 pn 结,因此适宜用来制备薄膜太阳电池,价格比单晶硅要便宜得多。但是,多晶硅中存在的晶界会影响太阳电池的能量转换效率。目前多晶硅薄膜太阳能电池达到的转换效率小于 10%。

多晶硅薄膜的电阻率与单晶硅薄膜有很大的不同,未掺杂多晶硅薄膜具有很高的电阻率,达 $10^6\Omega \cdot cm \sim 10^8\Omega \cdot cm$,比未掺杂单晶硅薄膜的电阻率要高几个数量级。掺杂多晶硅薄膜的电阻率随掺杂浓度增加而降低，重掺磷多晶硅膜的最低电阻率为 $4\times10^{-4}\Omega\cdot$ cm，该值接近重掺杂单晶硅薄膜的数值。对于厚 $0.4\mu m$ 的薄膜相对应的方阻值（膜电阻）为 $10\Omega/cm$，能够满足互连和 MOS 晶体管栅极对材料的要求。而掺硼和掺砷多晶硅薄膜的最低电阻率为 $2\times10^{-3}\Omega\cdot cm$。

集成电路技术是在单晶硅衬底上以极高的精确度制造出 pn 结和绝缘层，并以它为基础组成大量的二极管、三极管、电阻器、电容器等电路元件，通过布线将它们连接起来构成可以完成复杂功能的电子器件。图 9-2(a) 画出了具有代表性的 MOS 场效应管的结构剖面图，图 9-2(b) 为集成电路最基本的制造工艺流程图。其中多晶硅薄膜作为 MOS 场效应晶体管的栅极。

多晶硅薄膜还可以在多种传感器上应用，如压力传感器、加速度传感器、应变计、热电传感器及执行器等。对于前几种可归结为力学量传感器，其理论基础是依据多晶硅的压阻效应。要想提高多晶硅薄膜的应变系数，应提高多晶硅薄膜的载流子迁移率、增加薄膜厚度、提高薄膜表面的镜面反射系数。为了使半导体压力传感器满足高温测压的要求，多晶硅压力传感器用 SiO_2 层代替传统扩散硅压力传感器中的 pn 结，实现电隔离，用多晶硅材料制作压敏电阻。这种压力传感器具有工

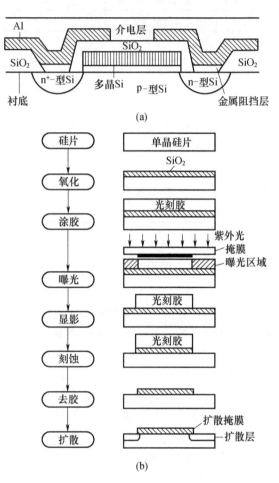

图 9-2 MOS 场效应管的结构剖面(a)和集成电路的制造过程(b)

艺简单成熟、关键工艺可控性强、传感器性能好、多晶硅材料压阻系数大等特点，所以制成的压力传感器灵敏度高。

9.1.3 化合物半导体薄膜应用

化合物半导体薄膜主要用于制备薄膜太阳电池，如 CdTe 薄膜太阳电池、CIS 薄膜太阳电池、CIGS 薄膜太阳电池等。

9.1.3.1 CdTe 薄膜太阳电池

1963 年第一个异质结 CdTe 薄膜电池问世，其结构为 $n-CdTe/p-Cu_{2-x}Te$，效率为 7%；1972 年，Bonnet 和 Rabenhorst 采用渐变能隙的 CdSTe 薄膜作为吸收层，获得了效率 5%～6% 的太阳电池；1982 年 Chu 等报道了效率为 7.2% 的 ITO/CdTe 结构的太阳电

池;1993年,美国的South Florida大学制备的n-CdS/p-CdTe多晶薄膜电池达到了15.8%的转化效率;1997年日本的Matsushita公司研制了16%转化效率的CdTe电池;我国学者吴选之在美国再生能源实验室(NREL)采用$ZnSnO_4/CdSnO_4$材料代替SnO_2研制出了转换效率为16.5%的CdTe电池,这是目前世界最高记录,其商业化组件的效率已达10%。

由于CdTe很难制成高电导率浅同质结的太阳电池,因此一般采用异质结结构。现在普遍采用的CdTe太阳电池基本结构为$glass/SnO_2:F/CdS/CdTe$(图9-3),光从玻璃面射入,用CdS层作为窗口层,CdTe层为吸收层,透明导电膜(TCO)一般为$SnO_2:F$,背电极用金。由于CdTe具有很高的功函数(约5.5eV),与大多数的金属都难以形成欧姆接触(图9-3(b)),而CdTe很难实现重掺杂,不能通过隧道输运解决欧姆接触问题。现在,比较成功的方法就是在p-CdTe上沉积一层重掺杂材料,如ZnTe、HgTe实现欧姆接触。

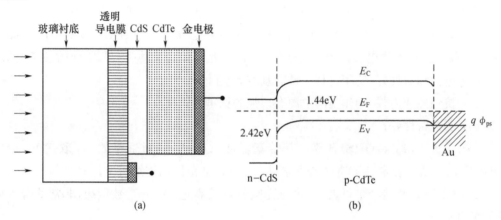

图9-3 CdTe太阳电池的基本结构(a)和能带图(b)

9.1.3.2 CIS薄膜太阳电池

以$CuInSe_2$薄膜材料为基础的同质结太阳电池和异质结太阳电池,主要有n-$CuInSe_2$/p-$CuInSe_2$、(InCd)S_2/$CuInSe_2$、CdS/$CuInSe_2$、ITO/$CuInSe_2$、GaAs/CuInSe、ZnO/$CuInSe_2$等。在这些光伏器件中,最受重视的是CdS/$CuInSe_2$电池。

一、n-CdS/P-$CuInSe_2$太阳电池

由低阻的n型CdS和高阻的p型$CuInSe_2$组成的电池,一般有较高的短路电流、中等的开路电压和较低的填充因子。

为了进一步提高该种结构电池的性能,必须降低电池的串联电阻。因此要降低CdS层的电阻,或者大幅度降低$CuInSe_2$层的电阻而保持CdS层高阻。然而,大幅度降低$CuInSe_2$的电阻,同时又要保证单一物相的材料是很困难的,而在$CuInSe_2$上生长低阻的CdS也是困难的,特别是生长电阻率小于$1\Omega \cdot cm$的是CdS层几乎不可能,因此该种结构电池的性能没能得到大的突破。

二、pin型CdS/$CuInSe_2$太阳电池

为了获得性能较好的CdS/$CuInSe_2$电池,需要形成低阻$CuInSe_2$层。实验发现,低阻$CuInSe_2$材料与CdS接触时,在界面处会产生大量铜结核。结核使电池的效率大为降

低。pin 型 CdS/CuInSe$_2$ 电池解决了这一问题。

i 层由高阻的 n 型 CdS 和高阻的 p 型 CuInSe$_2$ 组成,避免了 Cu 结核的形成。n 层由低阻的 n 型 CdS 形成,具有较低的体电阻,而且与上电极的接触电阻也较小。p 层由低阻的 p 型 CuInSe$_2$ 组成,有较低的体电阻和背接触电阻,而且由于和高电阻 p 型层形成了背场,有利于 V_{OC} 的提高。

三、(ZnCd)S/CuInSe$_2$ 太阳电池

为了进一步提高电池的性能参数,以 Zn$_x$Cd$_{1-x}$ 代替 CdS 制成 Zn$_x$Cd$_{1-x}$S/CuInSe$_2$ 太阳电池(x 在 0.1~0.3 之间)。ZnS 的掺入减少了电子亲和势差,从而提高了开路电压,同时提高了窗口材料的能隙,改善了晶格匹配,提高了短路电流。

9.1.3.3 CIGS 薄膜太阳电池

Cu(In,Ga)Se$_2$(CIGS)是 Ⅰ-Ⅲ-Ⅵ 族化合物半导体材料,具有黄铜矿晶体结构,以它为吸收层的太阳电池称为 CIGS 薄膜太阳电池。CIGS 薄膜电池具有如下特点:

(1) 光电转换效率高,2008 年美国国家可再生能源实验室(NREL)研制的小面积 CIGS 薄膜太阳电池光电转换效率已达到 19.9%,是当前各类薄膜太阳电池的最高记录;

(2) 电池稳定性好,使用过程中性能基本无衰降;

(3) 抗辐照能力强,用作空间电源有很强的竞争力;

(4) 弱光特性好;

(5) 三元 CuInSe$_2$(CIS)薄膜的禁带宽度是 1.04eV,通过适量的 Ga 取代 In,形成 CIGS 四元多晶固溶体,其禁带宽度可在 1.04 1.67eV 范围内连续可调;

(6) CIGS 是直接禁带材料,其可见光吸收系数高达 10^5 cm^{-1} 数量级,非常适合太阳电池的薄膜化;

(7) 技术成熟后,电池制造成本和能量偿还时间均低于晶体硅太阳电池。

由此可知,当 CIGS 薄膜光伏组件大规模生产时,它必将在光伏市场上占据重要位置。

为了充分利用太阳光谱,自 20 世纪 80 年代末期开始,人们在 CuInSe$_2$ 材料中掺入 Ga 和 S 元素,以提高禁带宽度,使之与太阳光谱更匹配,获得更高的光电转换效率。1994 年,美国 NREL 发明了三步共蒸发法,制备的 CIGS 薄膜晶粒尺寸显著增大,但改善了 CIGS 薄膜质量,不仅提高了电池的开路电压,并且由于 Ga 元素在纵向上的浓度梯度形成能带梯度,提高了对光生载流子的收集,短路电流也增加,光电转换效率达到 16.4%。此后的小面积 CIGS 太阳电池的效率纪录一直由 NREL 保持。1999 年,CIGS 薄膜电池的转换效率提高到了 18.8%(0.449cm^2)。2008 年,电池的光电转换效率达到 19.9%(0.419cm^2),是迄今为止的最高纪录。

图 9-4 给出 CIGS 薄膜太阳电池及其光伏组件的典型结构。除玻璃或其他柔性衬底外,还包括 Mo 背电极层、CIGS 吸收层、CdS 缓冲层(或其它无镉材料)、i-ZnO 和 ZnO:Al 窗口层、MgF$_2$ 减反射层以及顶电极 Ni-Al 层等七层薄膜。其中 p 型 CIGS 和 n 型 CdS 及高阻 n 型 ZnO 形成 p-n 异质结是 CIGS 薄膜太阳电池的核心层;Mo 背电极层

既要保证与衬底间有很好的附着力,又要保证与其上的 CIGS 层有良好的欧姆接触,还要有高的电导率和合适的结晶取向;作为窗口层的 ZnO：Al 必须具有较高的光透过率和电导率。CIGS 光伏组件不需作 MgF 减反射层,上下电极也只作于组件的两侧。

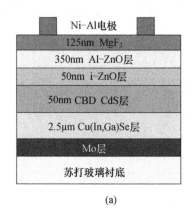
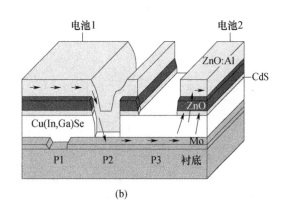

图 9-4 CIGS 薄膜太阳电池(a)和组件(b)的结构示意图

CIGS 光伏组件是由许多宽为 5mm～7mm 的条状电池串接而成。三次切割划线完成了各子电池的界定、分割和互联。此三条切割线及其之间的间距均对光电转换效率没有贡献,称之为死区。因此这些线宽和间距应尽量小。Mo 背电极和高低阻氧化锌三层膜均用溅射方法制备,上电极 Ni-Al 层用蒸发工艺制备,而 CdS 层则用化学水浴(CBD)方法制备。

CIGS 多晶薄膜太阳电池的光电转换效率高于 CIS 单晶太阳电池主要原因是：CIGS 多晶薄膜的晶粒很大且呈柱状生长,薄膜断面几乎为单层晶粒,降低了载流子纵向传输的晶界复合;和 CIGS 薄膜表面形成贫铜的有序缺陷化合物层(ODC)一样,在多晶 CIGS 的每个晶粒表面亦有 ODC 层,此 ODC 与晶粒内部的 CIGS 间由价带偏移形成空穴势垒,阻止晶粒内的空穴向晶界扩散,从而使界面复合大大降低;当 CIGS 中 Ga 含量占Ⅲ族成分的 25%～30% 时,它与 CdS 间的晶格失配只有 1.2%,界面处复合很低;晶界对晶粒有吸杂作用,使晶粒内部纯度比单晶材料更高。

多年户外试验表明 CIGS 薄膜太阳电池及其光伏组件具有非常优秀的稳定性。美国科罗拉多太阳能研究中心(SERI)对 CIS 组件的户外稳定性的研究表明 CIS 组件在户外条件下工作 5 个月,电池的性能没有任何的衰减。Siemens 太阳能公司对 CIS 组件进行了 8 年的户外测试,发现电池的平均效率基本不变甚至有所增加。日本 Showa Shell 公司对 11kW 的 CIGS 电池方阵进行了户外测试,并从方阵中定期取出相同的组件在标准条件(25℃,AM1.5)下测试,测试时间持续 3 年,也表明 CIGS 组件的效率几乎没有任何的衰减。

表 9-2 列出了目前 CIGS 太阳电池和组件的性能参数和测试条件,其中 AM 1.5 D (direct beam AM 1.5 spectrum)只包含直接辐射的太阳光,AM 1.5 G (global AM 1.5spectrum)不仅包含直接辐射的太阳光,还包含散射辐射的太阳光。表 9-3 是世界上 CIGS 光伏组件主要厂商及其目前的状况。

表 9-2 Cu(In,Ga)Se$_2$ 薄膜太阳电池的性能

组成	效率/%	面积/cm^2	性能参数	测试条件	单位(日期)
Cu(In,Ga)Se$_2$ 玻璃衬底(电池)	19.9±0.5	0.419	V_{sc}=0.690 J_{sc}=35.5mA/cm^2 FF=0.812	AM1.5G 1000W/m^2 25℃	NREL(2007.11)
Cu(In,Ga)(S,Se)$_2$ (无镉,组件)	15.2	900	V_{sc}=34.25 I_{sc}=0.543A FF=0.700	AM1.5G 1000W/m^2 25℃	U. Uppsala(2000.03)
Cu(In,Ga)Se$_2$ 玻璃衬底(电池)	19.9±0.5	0.419	V_{sc}=0.690 J_{sc}=35.5mA/cm^2 FF=0.812	AM1.5G 1000W/m^2 25℃	Showa Shell(2008.06)
Cu(In,Ga)Se$_2$ 玻璃衬底(聚光)	21.5±1.5	0.102	V_{sc}=0.7359 J_{sc}=510mA/cm^2 FF=0.8047	AM1.5D 25℃ 14.05倍聚光	NREL(2001.02)

表 9-3 CIGS 光伏组件主要厂商

公司	年生产能力/MW	衬底面积/m×m	最高效率/平均效率	市场化
Johanna Solar,Germany	30(2008)	0.5×1.2	—/9.4%	否
W''urth Solar,Germany	14.8(2007)	0.6×1.2	<13%/11.7%	是
Global Solar,USA	4.2(2006)	1英尺宽金属箔	10%/8%	是
Showa Shell,Japan	20(2007)	0.6×1.2	14.2%/11.8%	是
Honda Soltec Co. Ltd. ,Japan	27(2008)	0.8×1.3	13%/10%	否
Sulfur Cell,Germany	5(2008)	0.65×1.25	8.2%/~7%	是
AVANCIS,Germany	20(2008)	0.6×1.2	13.1%/12.2%	否
Solibro GmbH(O. Cells),Germany	25~30(2009)	0.6×1.2	—/—	否

虽然 CIGS 薄膜太阳电池的研究已经取得重大进展，但因为其材料和器件结构的复杂性，仍有许多不尽如人意之处。科学家们仍在不懈努力探索，如采用干法制备 CdS 过渡层、采用无 Cd 工艺、少 In 和少 Ga 工艺、非真空低成本工艺等。

一、干法制备 CdS 过渡层

目前 CdS 缓冲层广泛采用的是 CBD 工艺，其成本低，性能稳定可靠。但它属于湿法工艺，与整个 CIGS 太阳电池的干法沉积工艺相比，显得不协调。目前干法沉积薄膜的主要的观点是用 MOCVD、ALCVD(atomic layer chemical vapor deposition)及蒸发的方法来沉积 CdS 缓冲层。其中原位蒸发工艺缓冲层的 CIGS 电池的效率可以超过 15%；采用 CdZnS 缓冲层制备的 CIGS 薄膜电池达到了 19.5% 的效率。ZnSe 和 ZnIn$_2$Se$_4$ 两种缓冲层均可采用"干法"工艺制备。采用 ZnSe 和 ZnIn$_2$Se$_4$ 制备 CIGS 薄膜电池的效率都在 15% 左右。

二、无 Cd 工艺

由于 Cd 会带来与环境污染相关的问题，因此 CIGS 制备过程中应积极发展无 Cd 工

艺。考虑到缓冲层材料应该是高阻 n 型或者本征的,以防止 pn 结短路;缓冲层和吸收层间要有良好的晶格匹配,以减少界面缺陷,降低界面复合;缓冲层需要较高的带隙,使缓冲层吸收最少的光;缓冲层和吸收层之间的工艺应该匹配。目前无 Cd 缓冲层可以分为含 Zn 硫化物、硒化物或氧化物以及 In 的硫化物或硒化物两大类。已经能够用于生产大面积 CIGS 薄膜电池的无 Cd 缓冲层主要有化学水浴法制备的 ZnS 和原子层化学气相沉积的 In_2S_3。

三、少 In、少 Ga 工艺

从原材料的稀缺角度考虑,In、Ga 的资源有限将会限制 CIGS 薄膜太阳电池的长期发展,电池吸收层中应该尽量少用 In 和 Ga 元素,因此需要开展相关替代的吸收层材料研究。一些化合物材料,如锌黄锡矿(Kesterite)结构的 $Cu_2ZnSn(S,Se)_4$ 晶体,通过 Zn 和 Sn 各替代一半黄铜矿结构中的 In,可以作为薄膜电池的吸收层,而电池的其他工艺,如金属 Mo 电极异质结的缓冲层和窗口层材料以及上电极材料和制备工艺,都与目前的 CIGS 薄膜太阳电池相同。采用 $Cu_2ZnSn(S,Se)_4$ 材料作为吸收层的薄膜太阳电池已经实现了 6% 的光电转换效率。使用 Al 元素代替 CIGS 中的 Ga 元素可形成 $Cu(In_{1-x}Al_x)Se_2$ 化合物半导体材料。通过改变 Al/(Al+In) 的比值,禁带宽度在 1.0eV~2.6eV 范围内可调。与 $Cu(In_{1-x}Ga_x)Se_2$ 相比,Al 替代了稀有金属 Ga,既降低了材料的成本又拓宽了带隙。

四、非真空低成本工艺

对于 CIGS 薄膜太阳电池来说,如果采用非真空方法来制备,则可以降低昂贵真空设备的投入,可以进一步降低电池成本。非真空法主要分为两种:涂覆法和电沉积方法。

涂覆法是将 Cu-In-Ga-Se 以一定的比例混合制备成纳米颗粒涂料,涂覆在衬底上,烘干后形成电池的吸收层,目前涂覆法所得的得到高质量的 CIGS 薄膜太阳电池的效率可达 14.5% 左右。

电沉积法是在酸性溶液中,以衬底为阴极沉积 CIGS 薄膜的方法。美国国家再生能源实验室(NREL)的 Bhattacharya 在氯化物溶液体系中一步法沉积 CIGS 薄膜,得到富铜的 CIGS 薄膜,在真空硒气氛环境中进行热处理,并蒸发少量的 In、Ga 调节 CIGS 薄膜成分,使之接近化学计量比,制备的电池效率达到 15.4%。

9.1.4 碳化硅薄膜应用

半导体材料的发展中,一般将 Si、Ge 称为第 1 代电子材料,GaAs、InP、InAs 及其合金等称为第 2 代电子材料,而将宽带高温半导体 SiC、GaN、AlN、金刚石等称为第 3 代半导体材料。随着科学技术的发展,对能在极端条件(如高温、高频、大功率、强辐射)下工作的电子器件的需求越来越迫切,常规半导体如 Si、GaAs 等已面临严峻挑战,故发展宽带隙半导体(E_g>2.3eV)材料实为当务之急。SiC 是第 3 代半导体材料的核心之一。与 Si、Ga 相比,SiC 具有很多优点,如带隙宽、热导率高、电子饱和漂移速率大、化学稳定性好等,非常适于制作高温、高频、抗辐射、大功率和高密度集成的电子器件。利用其特有的禁带宽度(2.3eV~3.3eV),还可以制作蓝、绿光和紫外光的发光器件和光探测器件。另外,与其他化合物半导体材料如 GaN、AlN 等相比,SiC 的独特性质是可以形成自然氧化层 SiO_2。这对制作各种以 MOS(metal-oxide-semicondu-ctor)为基础的器件(从集成电路到门电路绝缘功率管)是非常有利的。

1955 年,Lely 采用升华法生长出了 SiC 晶体,由此奠定了 SiC 的发展基础。1960 年 Conner 和 Smillens 揭示了 SiC 作为发光材料的潜在优良特性。尽管人们早已认识到 SiC 具有优良的电学性质,但其发展却一直受体单晶生长的制约。直到 20 世纪 80 年代初 Tairov 等人采用改进的升华工艺生长出 SiC 晶体后,SiC 作为一种实用半导体才引起人们广泛的研究兴趣。国际上一些先进国家和研究机构都投入巨资进行 SiC 研究。紧接着,Cree Research Inc 用改进的 Lely 法在 1991 年生长出商品化的 6H-SiC 晶片,于 1994 年获得 4H-SiC 晶片。这一突破性进展立即掀起 SiC 器件及相关技术研究的热潮。美国制定了"国防与科技计划",日本制定了"国家电子计划",都将 SiC 作为重点研究课题。目前对 SiC 的研究主要是针对 4H-,6H-,3c-SiC 的体单晶生长,薄膜生长以及器件应用研究。

由于 20 世纪 90 年代中期在单晶制备及外延技术上的突破性进展,使近年来对 SiC 器件的研究受到广泛重视,这基于 3 个方面的原因:首先是可发展高温(>300℃)、大功率及低损耗电子器件;第二是制成高亮度发光管,从而使人类获得高重复性、长寿命的全色(包括白光)光源;第三是能制成短波长激光器(束斑尺寸小,可实现高密度数据光存储)及紫外探测器。

与传统半导体 Si 和 CaAs 相比,具有良好性质的 SiC 特别适用于制作高温、高频、高功率、抗辐射、抗腐蚀的电子器件。以 MOSFET 功率管(metal-oxide-semiconductor field effect transistor,金属-氧化物-半导体场效应晶体管)为例,其引人注目的优点诸如转换速度快、峰值电流电容大、易驱动、安全工作区(Safe Operating Area,SOA)宽、雪崩及 d_v/d_t 性能好等都部分地受其传导特性的影响,而后者强烈依赖于额定电压与温度。SiC MOSFET 可以很好地解决该问题。实际上,在功率转换领域,SiC 单极器件已大大超过 Si 的理论极限。

SiC MESFET(metal-semiconductor field effect transistor,金属-半导体场效应晶体管)所显示的输出功率及功率密度(最大 4.6W/mm)是目前在 X 频段(8GHz~12GHz)使用的各宽带隙半导体中最高的,另外,Cree 公司报道用 50μm 厚的 4H-SiC 外延层制成了击穿电压大于 5.9kV(接近理论值)的 Pin 二极管。这些器件可以广泛用于人造卫星、火箭、雷达与通信、战斗机、海洋勘探、石油钻井、汽车电子化等重要领域,在 X 频段工作的 SiC 高频大功率器件目前已经实现,并已应用到军用雷达和卫星通信方面。S 频段(1.55GHz~5.2GHz)工作的高频大功率器件已成功地应用到高清晰度电视图像的发送和传播领域。在美国海军研究署的支持下,以 Purdue 大学为中心,研究开发大功率微电子 SiC 器件,并以研制出双极晶体管、单片数字集成电路、CCD 器件,双注入 MOS 器件、CMOS、DMOS 集成电路等,他们的工作还受到弹道导弹防御办公室以及半导体研究公司的支持。美国国防部高级研究计划局对这些研究成果给予了高度评价。

目前国际上开展 SiC 研究的主要机构有:Cree Research Inc、Epitronics、SiCrystal AG、TDI、Acreo、Sterling Semicon-ductor 等,有趣的是,器件设计与器件加工技术的研究都是在一些最主要的电学参数尚不明了的情形下平行展开的。SiC 器件的研究需要克服输出光波长严重红移及高温工作时漏电流很大等问题,这些问题皆由材料带隙有变窄的趋势而引起,而后者大部分是由于各种缺陷的存在,因此,在 SiC 晶体生长中降低有害缺陷,是发展这种半导体材料极其重要的研究内容,也是 SiC 器件发展的关键。

9.2 光学薄膜应用

光学薄膜在国民经济和国防中的应用极为广泛。随着光学薄膜技术的发展,光学薄膜的应用已由依附于传统的光学仪器发展到天文物理学、红外物理学、航天、激光、电子、通信、材料、建筑、生物医学以及农业等许多技术领域。

9.2.1 减反射膜

减反射膜是用来减少光能在光学元件表面的反射损失。当光线由空气($n_0=1$)垂直入射到折射率为 n 的光学元件表面时,一个面的反射率为

$$R = \left(\frac{1-n}{1+n}\right)^2 \tag{9-1}$$

在空气/玻璃($n=1.52$)与空气/锗($n=4.0$)交界面上的反射损失分别为 4% 与 36%。

这种反射光严重损害了光学系统的特性,光能的损失不仅减少成像强度,而且会由此造成杂散光到达像平面使像的衬度降低、分辨力下降。故在光学零件表面镀上适当的膜层是非常必要的。

减反射膜可由简单的单层膜乃至 20 层以上的多层膜系构成,前者能使某一波长的反射率为零,后者则在某一波段具有实际为零的反射率。在每一种特定的应用中,所用减反射膜的类型与多种因素有关,诸如基片材料、波长区域、所需特征以及成本等。减反射膜按基片性质不同分为低折射率基片和高折射率基片两类,大致对应于可见光区和红外区。

9.2.1.1 低折射率基片的减反射膜

一、单层减反射膜

最简单的减反射膜为单层减反射膜,如图 9-5 所示。图中 n_0、n_1、n_s 分别为入射媒质、薄膜材料和基片的折射率,r_1、r_2 分别为界面 1、2 的振幅反射系数,δ_1 为薄膜的位相厚度。单层减反射膜是在基片上镀一层膜,只要膜的折射率小于基片折射率,就能起到减少反射的作用。

若要减反射效果好,则应通过设计使反射的两束光大小相等,方向相反,即 $r_1=r_2$,$2\delta_1=\pi$。要满足 $r_1=r_2$,应有

$$n_1 = \sqrt{n_0 n_2} \tag{9-2}$$

要满足 $2\delta_1=\pi$,则要

$$n_1 d_1 = \frac{\lambda_0}{4} \tag{9-3}$$

由此可见,理想的单层减反射膜的条件是:膜层的光学厚度为 $\lambda_0/4$,其折射率为入射媒质的折射率和基片折射率两者乘积的平方根。

在可见光区常用的基片材料是冕牌玻璃(K9 玻璃),折射率为 1.52,此时要求完全消除反射的折射率为 1.23。目前,广泛使用的低折射率的镀膜材料是氟化镁($n=1.38$),这时,由计算可以得出,在中心波长处的剩余反射率 $R=1.3\%$。

图 9-6 为冕牌玻璃上镀单层减反射膜的反射曲线,图中 n_1、n_2、n_3 分别为三种不同薄膜材料的折射率。对于氟化镁减反射膜来说,在整个可见光区的平均反射率约为 1.5%,离开中心波长处的反射率将逐渐增大,离中心波长较远的红光和蓝光的反射率较大,因此,这种膜的表面呈紫红色。

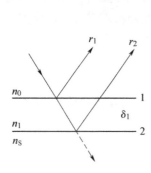
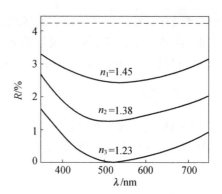

图 9-5 单层减反射膜　　　　图 9-6 单层氟化镁反射膜的反射曲线

中心波长亦称设计波长,对于目视仪器,考虑到人眼的光谱灵敏度,中心波长取 550nm,对于照相仪器,中心波长通常取 500nm。

计算表明,当光线的入射角不大于 50°时,反射率随入射角的增加在一般应用中可以忽略。这种膜效果虽不够理想,但工艺简单,故被广泛采用。

二、双层减反射膜

由于单层减反射膜的剩余反射率一般较高,不能满足复杂光学系统的要求。为此,在基片上先镀一层折射率 r_2 高于基片的 $\lambda_0/4$ 膜层,然后再镀 $\lambda_0/4$ 厚的低折射率材料膜层。若要使这种"$\lambda/4-\lambda/4$"膜系中心波长的反射光减至零,其折射率应满足:$n_2 = n_1\sqrt{n_s/n_o}$。如对于折射率为 1.52 的基片,先沉积一层折射率为 1.70、厚度为 $\lambda_0/4$ 的一氧化硅(SiO)膜层,这相当于基片的折射率从 1.52 提高到了 1.90。这样,氟化镁膜正好可满足理想减反射条件,使波长 λ_0 的反射率接近于零。但对于偏离中心波长的波长,因不满足干涉相消的条件,其反射率较大,反射特性曲线呈 V 形,也称 V 形减反射膜,如图 9-7 所示。

"$\lambda/4-\lambda/4$"膜系的双层减反射膜一般可应用于视觉光学仪器、激光或其他用单色光作光源的光学系统中。由于能作镀膜用的材料有限,选择所需折射率的余地不大,因而,可根据现有材料选择两种高、低折射率的材料,然后,根据减反射的要求,求得各层膜的光学厚度。这样,就不会受材料折射率的限制,但在镀膜时,膜厚控制比较困难。

V 形膜在较窄的光谱范围内有较好的减反射效果,但在较宽的光谱范围内,例如彩色摄影、激光电视等应用中效果并不好。因而,需要镀制宽带减反射膜。最简单的是采用"$\lambda/4-\lambda/2$"膜系的双层减反射膜。在基片上加镀一层 $\lambda_0/2$ 膜层时,对于中心波长处的反射率毫无影响,但可以改变其他波长的反射率,使中心波长两端的减反射带变宽。该膜系的反射光谱曲线是 W 形,故称为 W 形膜,如图 9-8 所示。"$\lambda/4-\lambda/2$"膜系在可见光区域内平均反射率有时可达 1% 以下,工艺比较简单,但带宽仍不够理想。

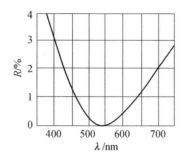 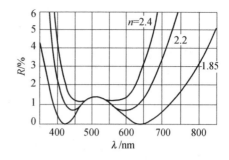

图 9-7 "$\lambda/4-\lambda/4$"减反射膜的反射曲线 　　图 9-8 "$\lambda/4-\lambda/2$"减反射膜的反射特性曲线

三、多层减反射膜

在某些应用中,双层膜仍不能满足较宽光谱范围内的低反射要求,就需要采用三层或更多层减反射膜。常用的三层减反射膜是"$\lambda/4-\lambda/2-\lambda/4$"膜系。对于中心波长来说,$\lambda_0/2$ 光学厚度的膜层为"虚设层",对反射率没有影响,与"$\lambda/4-\lambda/4$"的 V 形膜的减反射效果相同,它应满足 $n_3=n_1\sqrt{n_s/n_0}$,使中心波长处的反射率为零。但 $\lambda_0/2$ 膜层对其他波长有影响,选择适当的折射率值,可使反射特性曲线变得平坦。

典型的"$\lambda/4-\lambda/2-\lambda/4$"三层减反射膜结构为 Sub/M$_2$HL/Air,其中,Sub 指基片,Air 指入射媒质为空气,高折射率材料的折射率 $n_H=2.0$(二氧化铈),中间折射率材料的折射率 $n_M=1.62$(氟化铈),低折射率材料的折射率 $n_L=1.38$(氟化镁),基片的折射率 $n_s=1.52$(K9 玻璃),其剩余反射率曲线如图 9-9 所示,图中横坐标为相对波数 g。

用两个 $\lambda/4$ 膜层替换中间折射率的内层膜后,"$\lambda/4-\lambda/2-\lambda/4$"三层减反射膜的性能,特别是低反射区的宽度可以得到进一步改善。一种典型的多层减反射膜的结构为基片/NM$_2$HL/空气,其中,$n_N=1.48$,$n_H=2.25$,$n_M=1.62$,$n_L=1.38$,$n_S=1.52$,它的光谱反射特性曲线如图 9-10 所示,图中横坐标为相对波数 g。

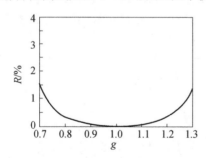 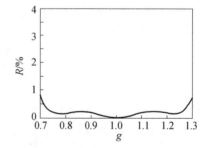

图 9-9 "$\lambda/4-\lambda/2-\lambda/4$" 　　图 9-10 "$\lambda/4-\lambda/4-\lambda/2-\lambda/4$"
减反射膜的反射特性曲线 　　　　　减反射膜的反射特性曲线

9.2.1.2 高折射率基片的减反射膜

一般来说,在可见区实用的大多数玻璃品种在波长大于 $3\mu m$ 以后就不再透明。因此,在红外区域应采用其他材料。某些特种玻璃和许多晶体材料,特别是半导体材料,具有红外透明的特性。但这些红外基片材料的折射率比较高,如硫化砷($n=2.2$)、硅($n=3.5$)、锗($n=4.0$),若不镀减反射膜,就不能广泛使用。

前面关于单层减反射膜的考虑,同样地适用于高折射率基片。硅、锗、砷化镓、砷化铟等基片,都可以用单层硫化锌、二氧化铈、一氧化硅有效地增透。一氧化硅在 $9\mu m$ 以后有吸收峰,因此只能作 $8\mu m$ 以前的红外第一和第二大气窗口的减反射膜,硫化锌可以用作 $2\mu m \sim 6\mu m$ 波段中的三个大气窗口的减反射膜。图 9-11 给出了锗基片上单层减反射膜的透射率曲线。若要使减反射带加宽,同样可以镀两层、三层或多层减反射膜。

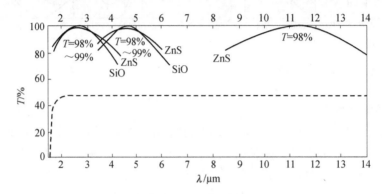

图 9-11 锗基片上单层减反射膜的透射曲线

红外宽带减反射膜一般采用"递减法"设计。选取膜层的光学厚度均为 $\lambda/4$,各层膜的折射率按递减排列,即 $n_s > n_m > n_{m-1} > n_{m-2} > \cdots > n_1 > n_0$,其中 n_s 为基片折射率,m 为膜层数。

膜层的折射率应满足零反射条件,$\dfrac{n_0}{n_1} = \dfrac{n_1}{n_2} = \cdots = \dfrac{n_{m-1}}{n_m} = \dfrac{n_m}{n_s}$,$m$ 个零反射点的波长位置分别为 $\dfrac{m+1}{2m}\lambda_0$,$\dfrac{m+1}{2(m-1)}\lambda_0$,$\dfrac{m+1}{2(m-2)}\lambda_0$,$\cdots$,$\dfrac{m+1}{4}\lambda_0$,$\dfrac{m+1}{2}\lambda_0$。

图 9-12 给出了按上述方法在锗基片($n=4.0$)上设计的两层减反射膜和三层减反射膜的反射特性曲线,横坐标为相对波数 $g(\lambda/\lambda_0)$。图中实线的膜系结构为基片/HL/空气,其中,$n_s = 4.0$、$n_H = 2.50$、$n_L = 1.59$,在中心波长的反射率为 5.6%。虚线的膜系为基片/HML/空气,其中,$n_s = 4.0$、$n_H = 2.83$、$n_M = 2.0$、$n_L = 1.41$。

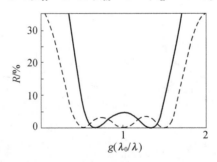

图 9-12 锗基片上减反射膜的反射特性曲线

9.2.2 反射膜

与减反射膜的作用恰恰相反,反射膜则要求把大部分或几乎全部入射光能反射回去。例如光学仪器、激光器中使用的反射镜都需要镀反射膜。反射膜可以分为金属膜、金属加介质膜和全介质膜三种。

9.2.2.1 金属反射膜

金属反射膜具有很高的反射率,并具有一定的吸收能力,因此,金属高反射膜仅用于对膜的吸收损耗没有特殊要求的场合。

图 9-13 给出了几种金属的反射光谱特性。一般来说,在红外区,金属膜的反射率比较高,而在紫光和紫外光区,其反射率较低,甚至变得透明,显出非金属性能。例如,银对于红光和红外光的反射率均在 0.9 以上;而在紫外区,反射率很低,在 316nm 附近,反射率降到 0.04,相当于玻璃的反射。

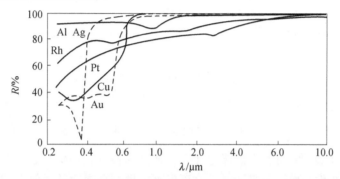

图 9-13 几种金属的反射光谱特性

镀制金属高反射膜最常用的材料有铝、银、金等。由图 9-10 可知,银膜在紫外区、可见区、红外区均有较高的反射率,并且易于蒸发,与玻璃基片的附着性能较好。铝膜在空气中会形成三氧化二铝薄膜,起到保护膜层的功效。但自然形成的三氧化二铝薄膜比较薄,只有 5nm 左右,故必须再加一层保护膜。保护膜的光学厚度为工作波长的二分之一。常用的保护材料有一氧化硅、二氧化硅、三氧化二铝。值得注意的是,对用于紫外区的铝反光镜,不能用一氧化硅作保护膜,因为它在紫外区有较大的吸收。用于紫外区的保护膜材料有二氧化硅、氟化镁和氟化锂。制备铝膜的最佳条件是高纯度的铝(99.99%),在高真空中快速蒸发(50nm/s~100nm/s),基片温度低于 50℃,在镀制供紫外区用的铝反光膜时,真空度要高于 $1.33×10^{-3}$ Pa。

银膜在可见区和红外区都有很高的反射率,而且在光线倾斜入射时偏振小。但银膜在玻璃基片上的附着力很差,机械强度和化学稳定性都不好,在空气中受到硫化物的作用而发黑。一氧化硅和氟化镁与银膜的粘附性差,故不能作其保护膜。因此,只能把银膜镀在玻璃的后表面,作为内反射膜,然后涂保护膜加以保护。亦可将银膜镀在玻璃的前表面,其膜系为玻璃基片/Al_2O_3(30nm)-Ag-Al_2O_3(30nm)-SiO_x(100nm~200nm)/空气。三氧化二铝与铝膜的粘附性好,可以用作过渡层,提高银与基片、银与保护膜之间的附着力。氧化硅膜层有很好的抗潮气侵蚀的能力。实践证明,这种膜系结构有很高的反射率,即使暴露在最苛刻的硫化物潮湿环境中,从 450nm~10μm,垂直入射的反射率均可保持在 95% 以上,其反射特性如图 9-14 所示。图中,3μm 的吸收带是 SiO_x 膜中水吸收所致,9.6μm 处的吸收带是 SiO_x 本征吸收。

此外,还可采用以下几种膜系结构:

玻璃基片/Al_2O_3(900nm)-Ag-Al_2O_3($\lambda_0/4$)-TiO_2($\lambda_0/4$);

玻璃基片/Al_2O_3(900nm)—Ag—[Al_2O_3(30nm)—MgF_2]($\lambda_0/4$)—Al_2O_3($\lambda_0/4$)/空气；

玻璃基片/Al_2O_3(900nm)—Ag—[Al_2O_3(30nm)—SiO_2]($\lambda_0/4$)—Al_2O_3($\lambda_0/4$)/空气。

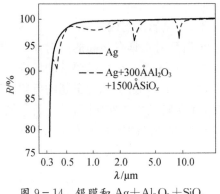

图 9-14 银膜和 Ag+Al_2O_3+SiO_x 组合的反射特性曲线

最佳银膜的制备条件与铝膜差不多，主要是高真空度、快速蒸发和较低的基片温度。金膜在红外区的反射率很高，所以常用金膜作红外反射镜。金膜与玻璃基片的附着性较差，但能与铬膜或镍铬膜牢固地粘附。所以，在金膜与玻璃之间，常用铬膜或镍铬膜作为衬层。金膜在空气中相当稳定，但金膜很软，故有时也镀保护膜，例如镀一层 Bi_2O_3 保护膜或镀一对 TiO_2/SiO_2 保护膜。

设金属膜的复折射率为 $n-ik$（$i=\sqrt{-1}$，为虚数单位）。当在空气中垂直入射时，其反射率为 $R=\dfrac{(1-n)^2+k^2}{(1+n)^2+k^2}$。金属膜的反射率受到金属材料光学常数的限制，不能做得很高。为了提高其反射率，可在金属膜上镀一对或几对高、低折射率交替的介质膜，构成金属加介质膜系，亦称金属增强型膜系。这不仅可以提高金属膜的反射率，而且还可以保护金属膜不受大气侵蚀。

如果在金属上加镀两层折射率为 n_1 和 n_2 的 $\lambda_0/4$ 光学厚度的介质膜，并且 n_2 紧贴金属膜，则垂直入射时波长 λ_0 的反射率 $R=\dfrac{[1-(n_1/n_2)^2n]^2+(n_1/n_2)^4k^2}{[1+(n_1/n_2)^2n]^2+(n_1/n_2)^4k^2}$。在 $(n_1/n_2)^2>1$ 时，金属加介质膜的反射率大于纯金属膜的反射率，比值 n_1/n_2 越高，则反射率的增加越大。例如，金属铝在波长为 550nm 时，$n-ik=0.85-i5.99$，反射率约为 91.6%。当在铝膜上镀一对 MgF_2/CeO_2 膜层时，反射率提高到 97% 左右。图 9-15 表示的是铝膜加镀两对 MgF_2/ZnS 膜与不加镀时的反射特性。由图可见，加镀介质膜后，反射率可增加到接近 99%，改善了整个可见光区的反射特性。然而，反射率得到增加的区域仍然是有限的，在这个区域之外，反射率反而下降了。一般这种附加的介质膜对不超过三对。

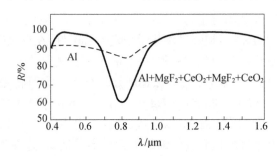

图 9-15 铝膜和铝膜上镀介质膜的反射特性曲线

9.2.2.2 全介质高反射膜

在某些应用场合，如多光束干涉仪、高质量激光器的反射膜等，由于上述金属高反射膜的吸收损失较大，不能满足要求，故应采用低吸收、高反射率的全介质高反射膜。其结构是在基片上交替镀制光学厚度为 $\lambda/4$ 高、低折射率料的膜层。多层介质膜系可表示为基片/HLHL⋯HLH/空气或简化为基片/(HL)^{s}H/空气,其中,s 表示基本周期数,即(HL)重复次数,或称膜对数。

在空气中垂直入射时,中心波长处的反射率为 $R = \left[\dfrac{1-(n_H/n_L)^{2s}(n_H^2/n_s)}{1+(n_H/n_L)^{2s}(n_H^2/n_s)}\right]^2$ 由于 $\left(\dfrac{n_H}{n_L}\right)^{2s}\dfrac{n_N^2}{n_S} \gg 1$,则

$$R \approx 1 - 4\left(\dfrac{n_L}{n_H}\right)^{2s}\dfrac{n_s}{n_H^2} \tag{9-4}$$

$$T \approx 1 - R \approx 4\left(\dfrac{n_L}{n_H}\right)^{2s}\dfrac{n_s}{n_H^2} \tag{9-5}$$

式(9-4)和式(9-5)说明,当膜系的反射率很高时,额外加镀两层可使膜系的透射率缩小 $(n_L/n_H)^2$ 倍。忽略损耗时,介质膜的反射率可以接近于 100%。实际上,由于膜层中的吸收、散射损失,当膜系达到一定层数后,再继续加镀两层不但不能提高其反射率,相反由于吸收、散射损失的增加,反而会使反射率下降。因此,膜系中的吸收和散射损耗限制了介质膜系的最大层数。

图 9-16 表示不同膜层数的高反射膜的反射特性,横坐标为相对波数 $g=\lambda_0/\lambda$。由图可见,在 $g=1$ 即 $\lambda=\lambda_0$ 处,反射率为最大值,在反射主峰内,随着波长偏离中心波长,反射率缓慢减小,一旦波长超过主峰,反射率陡然下降。这说明高反射带的宽度是有限的,随着层数的增加,只能增大反射带内的反射率,以及高反射带外的振荡数目。

高反射带的相对波数宽度为

$$2\Delta g = \dfrac{4}{\pi}\arcsin\left(\dfrac{n_H - n_L}{n_H + n_L}\right) \tag{9-6}$$

相应的波长带宽为

$$2\Delta\lambda = 2\Delta g \lambda_0 / m^2$$

式(9-6)说明,反射带的宽度取决于高、低折射率的比值,比值越大,高反射带越宽。

对光学厚度为 $2\lambda/4$ 的高反射膜,在波长为 $\lambda_0/3$、$\lambda_0/5$、$\lambda_0/7$ 处也出现高级次高反射带,各反射带的相对波数宽度是相同的,但相应的波长宽度却近似地按 1/9、1/25、1/49⋯的比例减小。因而,若要制备某一波长的窄带高反射膜时,就可以利用较高级次的反射带。

全介质高反射膜的高反射带是有限的,有时不能满足某些实际应用的要求。为了展宽高反射带,最简单的方法是将两个(如图 9-17 中曲线 A,B)或两个以上不同中心波长的高反射膜堆叠加起来,其膜系为基片/$[(H_1L_1)^{s_1}H_1]_{\lambda_1}[(H_2L_2)^{s_2}H_2]_{\lambda_2}$/空气。但在叠加以后,又产生了相互之间的干涉,因而在展宽了的高反射带中心 $\lambda'=(\lambda_1+\lambda_2)/2$ 处出现了一个透射峰,如图 9-17 中曲线 C。若两个高反射膜堆之间插入一低折射率的 $\lambda'/4$ 膜层,此时的膜系为基片/$[(H_1L_1)^{s_1}H_1]_{\lambda_1}L\lambda'[(H_2L_2)^{s_2}H_2]_{\lambda_2}$/空气,便可消去透射峰,如图 9-17 中曲线 D。

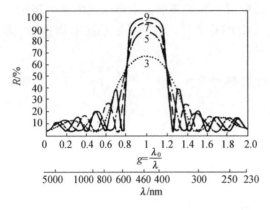
图9-16 高反射膜的反射特性曲线图

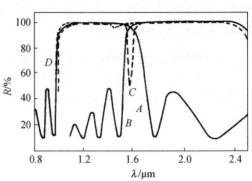
图9-17 两个高反射带稍有重叠的 $\lambda/4$ 多层膜的反射特性曲线

9.2.3 分光膜

分光膜的作用是将入射光的能量分为透射光和反射光。膜层的透射率与反射率之比称为分光膜的分光比。根据要求的不同,分光比有不同的数值,最常用的分光比为 1∶1 的分光镜。分膜的透射率和反射率的乘积称为分光膜的分光效率。分光比为 50∶50 的无吸收的介质分光膜具有最大的分光效率。

分光镜最常用的结构有四种不同的方式,如图 9-18 所示。

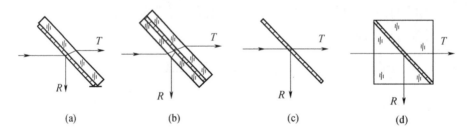

图9-18 分光镜类型
(a) 单板型;(b) 胶合平板型;(c) 胶片型;(d) 胶合棱镜型。

9.2.3.1 金属分光镜

在玻璃基片上沉积一层很薄的金属膜,就构成金属分光镜。大多数金属膜在可见光范围透射率和反射率基本上是恒定的,镀制工艺也比较简单。

金属膜的材料有镍铬合金、铬、银、铝等。镍铬铁合金为镍铬合金的一种,它在很宽的波长范围内中性好,而且机械强度和化学稳定性都很好(镍铬铁膜中性比镍铬膜更好)。铬膜也有类似镍铬合金膜的性能,其中性程度虽不如镍铬合金膜,但也比较理想,它的分光曲线比较平坦,在可见区域,一般长波端的反射率比短波端高 10% 左右。铬膜的吸收性较大,银膜的吸收性最小,但机械强度和化学稳定性较差,故一般应用在胶合立方分光镜中。

金属分光膜使用时,需注意膜面位置对着入射光束,其正确用法如图 9-19 所示。

金属分光膜的吸收率高,光能损失大。若要减少吸收,可在金属膜和玻璃板之间插入

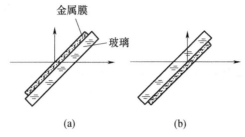

图 9-19 金属分光镜的用法
(a) 正确；(b) 不正确。

一层 $\lambda/4$ 高折射率膜层。如在铬膜与玻璃基片之间插入一层 $\lambda/4$ 的硫化锌膜层，使分光比为 1:1 的铬膜的吸收比原来的 0.38 下降到 0.13。

表 9-4 列出 Cr 膜与 Cr+$\lambda/4$(ZnS)膜的性能比较

表 9-4　Cr 膜与 Cr+$\lambda/4$(ZnS)膜的性能比较

R/T	膜系	D/nm	R	T	A	A/T
1:2	Cr	7.2	0.220	0.440	0.340	0.77
	Cr+$\lambda/4$(ZnS)	2.5	0.330	0.660	0.020	0.03
1:1	Cr	12.4	0.310	0.310	0.380	1.22
	Cr+$\lambda/4$(ZnS)	7.4	0.435	0.435	0.130	0.25
2:1	Cr	18.3	0.405	0.202	0.392	1.94
	Cr+$\lambda/4$(ZnS)	16.2	0.530	0.265	0.205	0.77

注：D 为膜厚；R 为反射率；T 为透射率；A 为吸收率

9.2.3.2　介质分光膜

由于金属分光膜的吸收损失较大，因此对光能要求高的场合要采用介质分光膜。介质分光膜的吸收很小，可以忽略不计，因此，它的分光效率高，但它的中性分光波长范围没有金属膜那么宽，对光的偏振效应也会比金属膜大。

一、单层介质分光膜

单层 $\lambda/4$ 高折射率介质膜在中心波长附近相当宽的波长范围内，膜的反射率随波长变化得比较缓慢。中心波长处的反射率为

$$R = \left(\frac{\eta_0 - \eta_1^2/\eta_s}{\eta_0 + \eta_1^2/\eta_s}\right)^2 \tag{9-7}$$

式中

$$\eta_0 = n_0/\cos\theta_0, \eta_1 = n_1/\cos\theta_1, \eta_s = n_s/\cos\theta_s (p\text{ 偏振})$$
$$\eta_0 = n_0\cos\theta_0, \eta_1 = n_1\cos\theta_1, \eta_s = n_s\cos\theta_s (s\text{ 偏振})$$

θ_0 为入射角，θ_1、θ_s 分别为膜层和基片中的折射角。

如折射率为 2.35 的硫化锌是用作分光膜的常用材料，若 $n_0=1$，$n_s=1.52$，在 45°入射，时，$R_s=0.460$，$R_p=0.185$，对于自然光的极值反射 $R=\dfrac{R_s+R_p}{2}=0.323$。

二、多层介质分光膜

分光镜的最大分光效率是50∶50,若要对自然光达到50∶50分光,单层膜是不够的,需采用多层膜。

介质多层分光膜的设计可分为两步:第一步找到一个 $\lambda_0/4$ 膜系,使它在中心波长处的反射率在正入射的情况下为所要求的值。对于宽光谱的中性分光镜,第二步是消色差,即在膜系中插入半波层。插入高折射率的半波层对中心波长两侧的反射率的提高比插入低折射率的半波层要大。

用上述方法设计的透反比50∶50的平板分光膜系为:玻璃基片/HLHL/空气,$n_H=2.35$(硫化锌),$n_L=1.38$(氟化镁)中心波长处的反射率为50.5%,两端反射率要下降。这种分光膜制适用于单色光系统。为改善分光膜在可见光区的中性程度,而采用玻璃基片/2LHLHL/空气膜系。图9-20为平板分光膜的分光反射曲线。

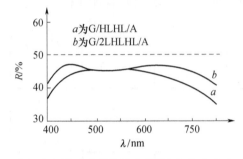

图9-20 平板分光膜的反射特性曲线(图中G为玻璃,A为空气)

棱镜分光镜的膜系有:玻璃基片/HLHL2H/玻璃,玻璃基片/LHLHL2H/玻璃,玻璃基片/2LHLHL2H/空气。其分光反射曲线如图9-21所示。

若进一步改善,修改后的分光镜膜系为:玻璃基片/LH$\frac{2}{3}$L$\frac{4}{3}$HL2H/,其分光反射曲线如图9-22所示。

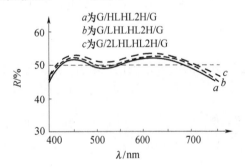
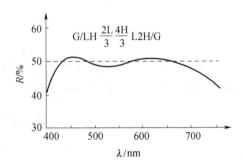

图9-21 棱镜分光镜反射特性曲线(G为玻璃)　　图9-22 修改设计后的棱镜分光镜反射特性曲线

倾斜入射时,膜系的光谱特性要产生偏振效应,s分量和p分量发生分离。对于介质膜分光镜图9-22修改设计后的棱镜分光镜反射特性曲线来说,p偏振分量的反射率总是低于s偏振分量反射率。在立方分光棱镜中这种偏振效应更加显著,以至于在对偏振效应限制较严的场合不能使用,而必须使用偏振效应小的金属分光镜。

9.2.3.3 偏振分光镜

一、棱镜偏振分光镜

棱镜偏振分光镜是使 s 偏振光全反射，p 偏振光全透射，实现透反比为 50∶50 的中性分束。图 9-23 为棱镜偏振分光镜的结构示意图。要使 p 偏振光全透射，在偏振分光膜的各界面，入射角都必须满足布儒斯特角条件，这种棱镜偏振分光镜必须满足：

$$n_s \sin\theta_s = \frac{n_H n_L}{\sqrt{n_H^2 + n_L^2}}$$

对于给定的高、低两种折射率材料，可以有两种途径满足上式：①选定棱镜折射率，从而确定棱镜的角度；②选定棱镜的角度（一般取 45°），再计算棱镜的折射率。

要使 s 偏振光全反射，采用介质高反射膜的膜系，即高、低折射率交替的有效光学厚度 $n_H d_H \cos\theta_H$、$n_L d_L \cos\theta_L$ 为 $\lambda_0/4$ 的膜层，只要膜层的层数足够多，s 偏振光的反射率可接近 100%。图 9-24 给出了一个以硫化锌和水晶石两种材料构成的立方棱镜偏振分光镜的特性。其膜系为基片/(HL)⁵H/基片，其中，$n_s=1.65$，$n_H=2.30$，$n_L=1.35$，$\theta_0=45°$，$\lambda=500$nm。由图可知，s 偏振光的反射带几乎覆盖了整个可见光区。因此，如果入射光是自然光，这种偏振分光镜还可以用作透反比为 50∶50 的中性分光镜。用中心波长不同的两个 $\lambda/4$ 膜系叠加可实现宽带偏振分光特性。

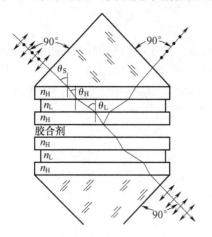

图 9-23 棱镜偏振分光镜的结构示意图

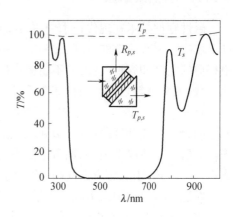

图 9-24 立方棱镜偏振分光镜光谱特性

二、平板偏振分光镜

当一个镀在平板上的两种不同折射率材料交替组成的反射膜系倾斜地置于一个平行光路中，膜层对 p 偏振和 s 偏振的有效折射率是不同的：$\eta_p = n/\cos\theta$，$\eta_s = n\cos\theta$。膜系对于 p 偏振和 s 偏振就像两个膜系，它们对两个偏振分量的反射带宽是不同的。一般来说，s 偏振光的反射带宽比 p 偏振光的反射带宽大。此时，如果通过选择中心波长，使工作波长或波段落在 p 偏振和 s 偏振的反射带边缘之间，就可以实现 p 偏振光高透射，s 偏振光高反射的偏振分光。为了获得大的工作波长带宽，应尽量选择 n_H/n_L 大的膜料和尽量大的入射角。当入射光的方向不要求时。可选择基片的布儒斯特角作为工作角度（对于折射率为 1.52 的基片，入射角为 57°）。

平板偏振分光镜膜系的基本结构为：

基片/(0.5HL0.5H)^s/空气 或 基片/(0.5LH0.5L)^s/空气

图 9-25 给出了一个入射角为 57°工作波长为 1.06μm 的平板偏振镜的光谱特性。

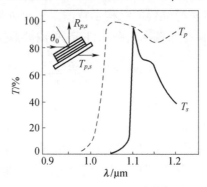

图 9-25 平板偏振分光镜的光谱特性

9.3 磁性薄膜应用

9.3.1 磁记录薄膜

磁性存储技术在现代技术中占有举足轻重的地位。由于磁信号的记录密度在很大程度上取决于磁头缝隙的宽度、磁头的飞行高度以及记录介质的厚度，因而为了进一步提高磁存储的密度和容量，就需要不断减小磁头的体积，同时还要减小磁记录介质的厚度。因此，薄膜磁头材料与薄膜磁存储介质是磁性材料当前发展的主要方向之一。

首先，与 $\gamma-Fe_2O_3$ 磁性粉末涂布型磁记录介质相比，薄膜记录材料由于一般由过渡元素的合金组成，因而自身的饱和磁化强度较高。而且由于不含有任何黏结剂，因而允许采用的磁性介质厚度更小，性质也更为均匀。这些都有利于提高数据的记录密度和降低成本。同时，对于磁感应强度高，软磁特性好，同时耐磨性能优异的新型薄膜磁头材料的探索对进一步提高记录密度和容量也具有重要意义。

磁记录的读写方式可以有两种，即平行记录方式和垂直记录方式，分别如图 9-26 (a)、(b)所示。

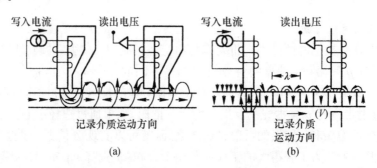

图 9-26 磁记录方式的示意图
(a) 平行记录方式；(b) 垂直记录方式。

在平行记录的情况下，磁记录介质中的磁矩矢量是沿着与记录介质平面平行的方向排列的，磁化方向的变化对应于被记录的数据的变化。在读写磁头与磁记录介质发生相对运动的同时，要么磁头不断地变化磁化状态以改变磁记录介质的磁化方向，即写入数据，要么由于相对运动在磁头线圈中产生出感应电势，即读出数据。显然，对于磁记录介质和磁头两者的材料性能要求并不相同。对于磁头材料，需要其具有典型的软磁特性，即饱和磁化强度高、矫顽力低、磁导率高、磁致伸缩系数低、允许使用频率高。而对于磁记录介质，则要求其具有典型的硬磁性能，即饱和磁化强度高、剩余磁感应强度高以及要有适当的矫顽力水平。

与磁记录技术具有同样重要性的另一项重要的存储技术是光存储技术，其近20年来的发展已经并正在继续改变着信息存储技术的格局。它利用聚焦后的激光束改变存储介质的物理特性的方法实现信息存储，而用低功率激光扫描存储介质，探测反射光的强度或偏振态的方式实现信息读出。下面，我们首先对磁头及磁记录介质薄膜材料分别加以介绍。

复合磁头和薄膜磁头对于以电磁感应原理工作的读写磁头来说，数据的读出和写入可以通过同一个磁头完成，其结构如图 9-27 所示。这种磁头使用的是高导磁率的烧结铁氧体，其优点是具有很好的软磁性能和耐磨性，而且电阻率高，因而高频特性好。但是其磁化强度远远低于合金软磁材料，如坡莫合金（79%Ni-Fe 合金）或 85Fe-9Si-5-4Al 合金（Sendust）。

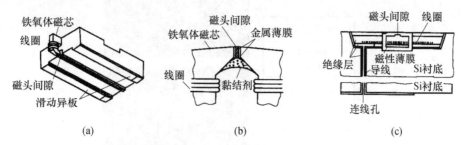

图 9-27　烧结铁氧体磁头、铁氧体-薄膜复合磁头和金属薄膜磁头的结构示意图
(a) 烧结铁氧体磁头；(b) 铁氧体-薄膜复合磁头；(c) 金属薄膜磁头。

表9-5 是上述三种磁头材料性能特点的比较。为了进一步提高磁头的性能，一方面可以采用电镀或者溅射、蒸发等方法，在上述磁头间隙处沉积上一层厚度为几微米的软磁性能较好的合金薄膜，制成铁氧体-合金薄膜复合磁头，即如图 9-27(b) 所示。另一方面也可以完全采用薄膜技术，将磁性材料和磁场线圈都沉积在特定的衬底上，构成所谓薄膜磁头，即如图 9-27(c) 所示的那样。显然，与图 9-27(a) 中的铁氧体磁头相比，采用薄膜技术制备的磁头将具有较高的灵敏度，同时可以有效地缩小磁头尺寸，提高磁记录密度。

表 9-5　三种磁头材料的性能比较

性能＼材料	Mo-坡莫合金	热压 Mn-Zn 铁氧体	FeSiAl 合金
饱和磁通密度/T	0.8	0.4～006	1.0
矫顽力/A·m^{-1}	2	12～16	2

(续)

性能 \ 材料	Mo-坡莫合金	热压 Mn-Zn 铁氧体	FeSiAl 合金
磁导率/H·m^{-1}	11000	3000~10000	8000
电阻率/Ω·cm	100×10^{-6}	5	85×10^{-6}
维氏硬度	120	700	480

注：表中的数据是在 1kHz 和材料厚度为 0.2mm 的情况下得出的

为了进一步提高磁头的灵敏度，一个很重要的措施就是要继续提高磁性薄膜材料的饱和磁化强度。纯 Fe 的饱和磁化强度高达 2.1T，是上述薄膜材料的两倍以上，但是它的磁致伸缩系数很大，而且在大气环境中易于受到腐蚀，不适于作为磁头材料。长期以来，人们一直在寻找具有高饱和磁化强度的新型磁头材料。近年来，以分子束外延的方法在 GaAs 衬底上外延制得了 $Fe_{16}N_2$ 这一 Fe 的亚稳态氮化物，据称其饱和磁化强度达到 2.6A/m，是一个很有希望的磁头材料。图 9-28 是在 Fe/GaAs 衬底上的 $Fe_{16}N_2$ 外延层的高分辨力电子显微照片。显然，薄膜外延方法在稳定亚稳的 $Fe_{16}N_2$ 结构方面发挥了相当的作用。

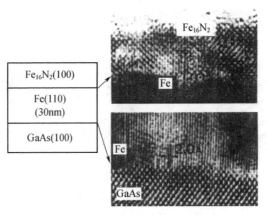

图 9-28 $Fe_{16}N_2$ 薄膜在 GaAz 衬底上的外延结构

另一种重要的磁头形式是依据磁致阻效应，提磁外磁场变化的同时，利用材料的电阻率产生相应变化的现象制成的磁头。这类磁头不具备写入功能，因而属于只读型磁头。利用磁致电阻效应制作磁头具有信号读出灵敏度高，而且信号强度不受磁头运动速度影响，不需要制备感应线圈等优点，因而利用它与上述的薄膜磁头技术相结合，可以有效地减小磁头体积，提高磁记录密度。坡莫合金不仅软磁性能较好，而且具备一定水平(约2.5%)的磁致电阻效应，因而一直被用来制造这种磁头。

近年来，磁性薄膜研究的重要进展之一是超高磁阻(巨磁阻)材料的发现。如图 9-29 所示，由溅射方法制备的 Fe-Cr 多层薄膜材料显示出极高的磁阻效应。

在 4.2K 的低温下，电阻率将随着磁场强度的上升而降低，最大降低幅度可达将近 50% 左右。据分析，这种巨磁阻效应的产生与铁磁性的 Fe 成分层间的反铁磁性耦合作用有关。当磁场使得相邻 Fe 成分层的磁化矢量发生反转时，其对传导电子的散射能力

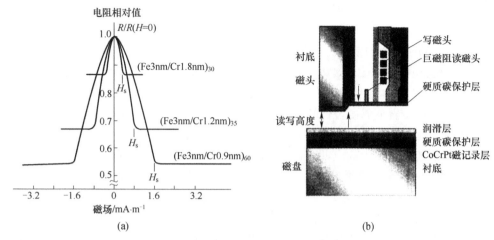

图 9-29 Fe-Cr 多层薄膜巨磁阻效应和巨磁阻磁头的示意图
(a) Fe-Cr 多层薄膜材料的巨磁阻效应；(b) 巨磁阻磁头的结构示意图。

也出现相应的变化。实验发现，上述薄膜材料巨磁阻效应的大小随着非磁性层厚度的增加而呈现周期性的变化。目前，这类巨磁阻薄膜材料已被广泛应用于硬磁盘读写磁头技术。图 9-29(b)是使用巨磁电阻材料制备的硬磁盘读写磁头的结构示意图。在磁头中，将巨磁阻薄膜的读磁头与薄膜感应线圈的写磁头结合在一起。这种灵敏度更高、尺寸更小的薄膜磁头使硬磁盘的数据记录密度以每年 100% 的速度得到提高。

9.3.2 磁光薄膜

磁光存储技术所依赖的是磁性材料的两个性质：
(1) 当温度变化时，材料磁化状态产生相应变化的热磁效应；
(2) 材料磁化状态使得从其表面反射回去的偏振光的偏振方向发生变化的克尔(Kerr)磁光效应。

在磁光盘中，磁化矢量的方向均垂直于薄膜平面，或沿法线方向向上，或与其相反向下。在如图 9-30(a)所示的写入过程中，激光束将磁性介质局部加热至其铁磁性消失的温度。在温度下降，铁磁性重新出现的同时，写入磁头施加一定的磁场，它使这一区域的磁化矢量按要记录的信息而排列，从而完成写入过程。

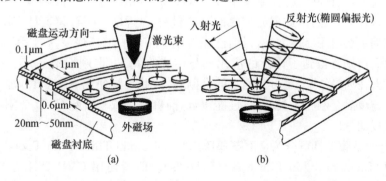

图 9-30 磁光存储介质的写入(a)和读出(b)过程

在偏振光垂直入射的情况下,磁化方向不同的区域将会使反射光的偏振方向发生微小但却完全不同的变化,这就是克尔磁光效应。因而,在如图9-30(b)所示的读出过程中,反射回来的激光束的偏振方向将与所要读出的信息相对应,即依靠探测激光偏振面的变化就可以实现信息的读出。因此,对磁光存储薄膜的要求除了上面谈到的对一般磁性存储介质的要求之外,还要求具有以下两点:

(1) 合适的磁转变温度,从而既保证信息改写所需要的激光功率不会过高,又要保证薄膜的磁化状态具有足够的稳定性;

(2) 较强的克尔磁光效应,即材料磁化方向不同时,偏振光的偏振方向改变要大。

目前采用的磁光存储薄膜材料主要是稀土元素和过渡族元素的非晶合金,如表9-6所列出的那样,其中补偿点温度是这类合金磁化强度趋近于零的一个特征温度,它与激光写入时所需的加热温度有关,而磁各向异性常数则与材料可以获得的矫顽力水平成正比。由于这类薄膜中含有性质差别比较大的不同元素,因而常采用各种溅射的方法来进行材料的制备。

表 9-6 常用磁光存储薄膜材料的性质

材料成分	居里温度/℃	补偿点温度/℃	磁各向异性常数/J·m^{-3}	克尔转角/(°)
$Tb_{23}Fe_{77}$	400	300	3×10^5	0.23
$Tb_{21}Fe_{79}$	—	300	1.4×10^5	0.33
$Gd_{26}Fe_{74}$	480	300	2.5×10^4	0.29
$Gd_{21}Co_{79}$	—	300	1×10^4	0.33
$Tb_{23}Fe_{66}Co_{12}$	约500	<300	1×10^5	0.38
$Gd_{22}Tb_4Fe_{74}$	450	300	4×10^4	0.30
$Gd_{16}Tb_6Co_{78}$	—	280	4×10^4	0.32

9.4 超硬薄膜应用

9.4.1 金刚石薄膜的应用

金刚石薄膜具有硬度最高、摩擦系数极低(0.05~0.1,与Teflon相当)、热导率最高、化学稳定性很好等特点,因此成为理想的工具材料。CVD金刚石膜工具应用是CVD金刚石膜研究的主要应用目标之一,目前已经形成了一定的市场规模,在切削工具、拉丝模和许多摩擦磨损场合得到了广泛的应用。与传统的PCD(金刚石聚晶)工具相比,CVD金刚石膜不含任何黏结剂,是百分之百的金刚石,因此工具使用寿命更长,加工精度和粗糙度更优。与单晶金刚石工具相比,性能接近,而价格更低。因此CVD金刚石膜工具具有极佳的市场前景。

CVD金刚石膜工具可分为金刚石厚膜工具(Diamond Thick Film Tools)和金刚石薄膜涂层工具(Diamond Thin Film Coated Tools)。前者使用CVD金刚石自支撑厚膜(0.3mm~1mm)为原料,后者则采用在工具衬底(一般采用硬质合金)上直接沉积金刚石薄膜(厚度小于$30\mu m$)而成。

9.4.1.1 工具级金刚石膜

系指用于制作金刚石厚膜工具的金刚石自支撑膜。质量较低，颜色为黑色，但机械强度较高。从1995年开始，才对CVD金刚石厚膜进行分级，开始采用光学级金刚石膜、热沉级金刚石膜和工具级金刚石膜（Tool Grade Diamond Think Film）等术语来区别不同用途和不同质量的金刚石自支撑膜。自此以后工具级金刚石膜已经成为一种商品名称，在国内外市场上均有销售。工具级金刚石膜主要用于制作金刚石厚膜工具（切削工具、拉丝模和其他工具）。

9.4.1.2 金刚石厚膜工具

金刚石厚膜工具包括金刚石厚膜焊接刀具（Diamond Thick Film Brazed Cutting Tool）、金刚石膜拉丝模具（Diamond Film Wire Drawing Dies）及其他金刚石厚膜工具产品。其他工具产品包括诸如砂轮修正笔、高压水加工喷嘴等等。

金刚石膜焊接刀具使用寿命超过PCD，且加工精度和表面粗糙度极佳，但制备成本较高，适用于超精密切削。可用来加工高硅铝合金、各种有色金属、复合材料、陶瓷、塑料等难加工材料，代替PCD或单晶金刚石工具。金刚石膜由于其多晶特征所具有的准各向同性，在用作拉丝模时模孔均匀磨损，因此显示出甚至可优于金刚石单晶拉丝模的使用性能，有很好的市场前景。

在"863"计划重大项目支持下，我国已经建成CVD金刚石厚膜工具生产线，并已经形成一定的生产规模。目前国内至少有4个单位正在进行金刚石厚膜工具（主要是拉丝模）的生产销售。国外的一些公司，如日本住友公司，从20世纪80年代就开始研究开发CVD厚膜焊接工具，但至今并未大量上市。

金刚石厚膜制备和加工成本依然是金刚石厚膜工具市场应用的一个限制因素，只有进一步降低成本（特别是金刚石厚膜制备成本）才有可能迅速扩大市场规模。

9.4.1.3 金刚石薄膜涂层工具

金刚石薄膜涂层工具（Diamond Thin Film Coated Cutting Tools）一般采用硬质合金作为衬底材料。由于硬质合金中作为黏结剂的钴在化学气相沉积金刚石膜的条件下促进石墨的生长，且碳在钴中的溶解度和扩散系数都很大，使金刚石的形核大大推迟，对金刚石膜的沉积和附着性十分有害。加上硬质合金和金刚石的热膨胀系数相差甚大，因此在一般情况下金刚石膜与硬质合金衬底的附着性很差。国内外众多研究者为此想尽了一切办法，包括：①采用尽可能低含Co量的硬质合金；②用酸浸处理去除硬质合金表面层的Co；③施加各种各样的过渡层阻挡Co的扩散，缓和由于热膨胀系数的差异引起的热应力；④采用热处理、等离子体刻蚀、激光处理等表面处理方法去除表面层的Co，并使表面粗糙化，以促进金刚石膜与硬质合金衬底的附着性；⑤施加合适的梯度复合过渡层等。目前，金刚石膜与硬质合金衬底附着力问题已经基本解决。金刚石薄膜涂层切削工具已经进入市场，并已形成一定的规模。金刚石膜厚度一般小于$30\mu m$，视具体的应用而定。

金刚石涂层硬质合金刀具的性能大致与金刚石聚晶（PCD）相当，或略低于PCD但制备成本比PCD低得多，且可以在复杂形状工具表面涂层（如设计各种断屑槽的刀具），因此其市场前景非常好。目前已经出现大规模工业化涂层设备，一次可涂覆数以百计的硬质合金刀片，但由于大批量生产中的质量控制和检验技术尚未过关，市场规模还不很大，可以预料,一旦上述技术问题得到解决,金刚石薄膜工具将得到广泛的工业化应用。

9.4.2 类金刚石薄膜的应用

类金刚石膜的应用如下:

(1) 机械加工行业及耐磨件　DLC膜具有低摩擦系数、高硬度及良好的抗磨粒磨损性能,因而非常适合用于工具涂层。美国IBM公司近年来努力发展镀制DLC膜的微型钻头,用于线路板钻微细的孔。镀制的DLC膜的微型钻头在线路板的钻孔中,钻孔速度提高50%,使用寿命增加5倍,钻孔加工成本降低50%。日本在微电子工业精密冲剪模具的硬质合金基体上采用DLC/Ti、Si涂层的专利技术,可提高模具寿命,并已推广应用,其膜层厚度DLC为$1.0\mu m \sim 1.2\mu m$,Ti和Si为$0.4\mu m$,维氏硬度值在$39.2GPa \sim 44.1GPa$。国内有人在硬质合金上沉积了厚$1\mu m$的DLC膜,在切削共晶铝硅合金时提高寿命1.5倍,在切削耐磨铝青铜时提高寿命8倍。

(2) 高保真扬声器振膜　电声领域是金刚石和DLC膜最早应用的领域,重点是扬声器振膜。1986年,日本住友公司在钛膜上沉积DLC膜,生产高频扬声器,高频响应可达30kHz;随后,爱华公司推出含有DLC膜的小型高保真耳机,频率响应范围为10Hz~30000Hz。

(3) 场发射平面显示器件　由于DLC膜有较低的电子亲和势,电子容易发射,可用于制作场发射平面显示器(FED),并将成为新一代性能优良的显示器件。含DLC膜的FED称为钻石场发射平面显示器(DFED)。

(4) 掩膜　用DLC膜作为掩膜制备台阶衬底,最后制成台阶结,结果表明DLC膜耐蚀性好,制成的YBC台阶结具有较好的高频特性;Sun等人利用DLC膜为掩膜在Sr-TiO$_3$基体上制备台阶结,也收到了很好的效果。也可用DLC膜制作Si平面器件的光刻掩膜版。

(5) 磁介质保护膜　随着计算机技术的发展,硬磁盘存储密度越来越高,这要求磁头与磁盘的间隙很小,磁头与磁盘在使用中频繁接触、碰撞产生磨损。为了保护磁性介质,要求在磁盘上沉积一层既耐磨又足够薄,不会影响其存储密度的膜层。用RF-PCVD在硬磁盘上沉积了40nm的DLC膜,发现有Si过渡层的膜层与基体结合强度高,具有良好的保护效果,且对硬磁盘的电磁特性无不良影响。有人在录像带上沉积了一层DLC膜也收到了良好的保护效果。

(6) 增透保护膜　Ge是在$8\mu m \sim 13\mu m$范围内最通用的窗口和透镜材料,但容易被砂粒划伤和被海水侵蚀。采用DLC膜作为减反射膜,就可以同时获得良好的光学性能和耐蚀性。对于MgF$_2$红外探测窗口,DLC膜也是良好的红外增透和保护膜。由于MgF$_2$折射率仅为1.37,单层DLC膜会不同程度地降低MgF$_2$的透过率,采用适当的双层或梯度DLC膜可以提高其光学透过率(最高峰值透过率可达99%),并具有优良的耐腐蚀性能。另外,国内也有单位在ZnS基体上沉积DLC膜,使其红外透过率有所提高。

(7) 光学保护膜　无色透明DLC膜可以在保证光学组件的光学性能的同时,明显地改善其耐磨性和抗蚀性,现在已被应用于光学透镜保护膜、光盘保护膜、手表玻面保护膜、眼镜片(玻璃、树脂)保护膜以及汽车挡风玻璃保护膜等,具有巨大的市场潜力。

(8) 心脏瓣膜　由于DLC膜有优良的生物兼容性,因而在人工心脏瓣膜金属环上沉积一层 DLC 膜,可大大改善它的生物兼容性。

(9) 高频手术刀　目前高频手术刀一般用不锈钢制造,在使用时会与肌肉粘在一起并在电加热作用下发出难闻的臭味。美国 ART 公司利用 DLC 膜表面能小和不润湿的特点,通过掺入 SiO_2 网状物并掺入过渡族金属元素以调节其导电性,生产出不粘肉的高频手术刀推向市场,明显地改善了医务人员的工作条件。

9.5　发光薄膜应用

9.5.1　薄膜发光显示器

显示器件是整个信息系统中的主要组成部分,担负着人机对话的重要任务。随着信息革命的深入,它将越来越紧密地与人们的日常生活联系在一起,具有广阔的市场前景。传统的显示器件是阴极线管(CRT)。它具有体积大、功耗高等自身难以克服的缺点。整个显示技术的发展方向是平板化。在众多的平板显示器中,薄膜电致发光显示器由于其主动发光、全固体化、耐冲击、视角大、适用温度宽、工序简单等优点,已引起了广泛的关注,发展迅速。Sharp 公司于 1983 年首次推出商业化的薄膜电致发光显示器件,Grid 公司于同年生产了采用 6in 的 320×240 像素薄膜电致发光显示器的便携式计算机。20 世纪 80 年代中后期,Sharp 公司、Planar 公司相继推出了 9in 橙黄色的薄膜电致发光显示器及其系列产品。目前,以 ZnS:Mn 为发光层的橙黄色薄膜电致发光显示器已发展成熟,并在众多领域中得到了广泛的应用,特别是在军事、航天等领域。由于电致发光显示器是全固体化器件,可耐高达 50g 的冲击,具有得天独厚的优势。

薄膜电致发光显示器目前所面临的最大问题是难于实现全色显示。事实上,在三基色中,只有蓝色的亮度不能达到全色显示的最低要求,这就是电致发光领域中所谓的"蓝光问题",这一缺陷大大限制了薄膜电致发光显示器件的应用范围。如果薄膜电致发光显示器件能够实现全色化,必将带来显示技术的突破性发展。因此,蓝光问题一直是这一领域的研究热点。十几年来,各国科学家对蓝光问题进行了诸多研究,提出了一些解决方案,取得了一些进展。要使蓝光问题得到更好的解决,需要在材料、器件制备、器件结构、操作方式及电致发光机理等方面进行研究和探索。本节主要描述了薄膜电致发光显示器件的结构、材料和物理过程等方面的研究进展。

目前已经获得了多种性能较好的电致发光材料,而新材料的探索也在不断地深入。这里介绍几种主要材料的研究情况。

(1) ZnS:Mn　是研究最早,亮度和效率最高的电致发光材料。它的发光为 540nm～680nm 之间的带谱,峰值在 585nm 左右,呈橙黄色。通过加滤色片的方法,可以从中获得全色显示所需要的红色和绿色发光。传统制备 ZnS:Mn 薄膜的方式是电子束蒸发。近年来,人们在尝试用其他方法进行制备,以期获得更好的性能或更低的成本。

(2) ZnS:Tb　电致发光的亮度和效率仅次于 ZnS:Mn。它的发光光谱很窄,峰值在 540nm 附近,呈绿色。采用溅射方法制备的器件,其性能远优于电子束或热蒸发制备的器件。

(3) SrS:Ce　由于蓝光波长短,要求基质材料的禁带宽度要大。ZnS 难以满足这一要求,人们自然想到了与 ZnS 性质类似,而禁带宽度又较大的 CaS、SrS 等。SrS:Ce 也就成了最早发现的、性能较好的蓝色电致发光材料。

好的电致发光材料是获得好的电致发光器件的必要条件,但器件的设计和制备技术,也需进行深入的研究。

绝缘层的优化在 TFFELD 中,发光层是核心。但绝缘层的好坏也对器件的整体性能有着重要的影响。Ryu 等人采用梯度折射率的多层 SiNO 作为绝缘层,通过优化其结构,使整个绝缘层的透射率最大,获得了比传统结构高的效率。Yoon 等人采用 MOCVD 的方法制备 $BaTiO_3$ 绝缘层,通过优化制备条件,获得了高的介电常数和击穿场强。Prased 等人则利用溅射的方法制备 TiO_2:Ce 作为绝缘层,获得的 ZnS:Mn TFELD 具有阈值电压低、亮度高等优点。

目前,TFELD 的结构大多采用双绝缘层结构。尽管这一结构取得了较好的效果,人们仍在探索其他的结构,以期获得更好的性能。

9.5.2 有机电致发光薄膜

自从无机发光板(硫化锌和磷化镓化合物)发明以来,它们已被广泛应用在很多领域,取得了令人瞩目的成就。但是它们还存在着许多缺点,如发光材料品种较少,器件制作工艺复杂、成本高、能耗大,很难提供全色显示等。相反,有机材料的选择范围很广,并可进行分子设计,因此有机电致发光器件具有无机发光板无法比拟的优势:①可以获得全可见光谱的发光颜色,尤其是无机材料很难得到的蓝色发光;②制作工艺简单,可实现超薄型的大面积平板显示;③直流低压驱动,可与集成电路相匹配。正是这些潜在的优势,引起了国内外许多科研工作者的极大兴趣。

人们对有机化合物电致发光现象的研究始于 20 世纪 30 年代中期。1936 年,Destriau 将有机荧光化合物分散在聚合物中制成薄膜,得到了最早的电致发光器件。1963 年 Pope 第一个报道了蒽单晶的电致发光。随后又报道了蒽、萘、丁香油等稠环芳香族化合物的电致发光。为了降低驱动电压,器件的薄膜化是关键的因素。Vincett 等人分别采用真空沉积法和 LB 膜法制成薄膜,得到驱动电压低于 30V 的电致发光器件,但是器件的量子效率很低。在此后的 20 多年里有关有机材料的电致发光一直处于停滞不前的状况。

1987 年,美国 Kodak 公司的 C. W. Tang 等人采用超薄膜技术及空穴传输效果更好的芳香二胺(TPD)有机空穴传输层,制成了直流电压(小于 10V)驱动的高亮度(大于 $1000cd/m^2$)、高光视效能(1.5lm/W)的有机薄膜电致发光器件。使有机 EL 获得了划时代的发展。随后日本九州大学的 Saito 教授领导的小组报道了采用多层结构制成稳定、低驱动电压、高亮度的器件。1990 年英国剑桥大学的 J. H. Burronghes 等人首次提出用共轭高分子 PPV 制成聚合物有机 EL 器件,使得有机 EL 的研究向纵深发展,并成为世界的研究热点。

有机电致发光材料首先要满足以下两点:①材料易形成致密的非晶态膜且不随时间变化而形成结晶;②材料具有固态下的荧光性。其次还要考虑电离能、电子亲和能,对发光材料要选择适当的发光波长,对传输材料要考虑电荷的注入及传输性优良的物质,另外还要选择热稳定性好的材料等。

具有电子传输性能的发光材料,这类发光材料有金属螯合物、多环缩合或共轭芳香烃化合物、嗯唑衍生物以及香豆素衍生物等。具有空穴传输性能的发光材料有:三苯胺衍生物、乙烯基咔唑衍生物等。C. W. Tang 研制的有机电致发光器件是采用了 Alq 螯合物,从综合性能看,它是有机 EL 器件中最优秀者之一,几乎满足了有机 EL 器件的所有要求。这是因为 Alq 具有高的电子迁移率 $10^{-5}\,\mathrm{cm^2/(V\cdot s)}$ 及好的成膜性能和高的玻璃化温度,并且在固态下有高的发光效率。

9.6 铁电薄膜应用

9.6.1 铁电存储器

铁电薄膜在存储器中的应用有多种不同的形式,所用的材料及其性能有很大的差别,现简要分述如下。

(1) FeRAM。它是利用铁电薄膜的双稳态极化特性——电滞回线制备的非易失性存储器,具有高速度、抗辐照性、非挥发性和高密度存储等优点,并且与 IC 工艺相兼容,是一种理想的存储器。在计算机、航天航空、军工等领域具有广阔的应用前景。FeRAM 是当前铁电薄膜存储器的主要研究和开发方向,世界上许多大的半导体公司对此都十分重视。如美国的 Ramt ron 公司在 1995 年开发出(4~6)kbit 的并行和串行结构的 FeRAM 产品。该公司与 Symetrix 共同组建联合体,并在 1998 年推出 16Mbit FeRAM 产品,投放市场。

(2) DRAM。它是目前计算机中用量最大的半导体存储器,是在集成电路的硅平面工艺基础上发展起来的。为了提高其存储密度,必须采用高密度的平面布图。目前限制 DRAM 存储能力的关键因素是存储单元(电容器)的单位面积电荷存储密度 Q'_c($Q'_c=\varepsilon_0\varepsilon_r\Delta V d$,其中 d 是介质膜厚度,ΔV 是从"0"状态到"1"状态电压的改变量)。传统的 DRAM 采用 SiO_3/Si_3N_4 或 Ta_2O_5 作为电容器介质,目前能达到的最大容量为 16Mbit。为提高 DRAM 的集成度,必须减小平面电容器所占的面积,同时又要保持介质膜的综合电气特性,只有采用高介电常数的铁电薄膜材料作为电容器介质才能达到上述目的。近年来,高 ε_r 的 BST 介电薄膜在新一代 DRAM(Gbit 级)中的应用成为研究的热点。

9.6.2 红外热释电探测器

薄膜型红外热释电单元探测器和列阵探测器,除具有体材料制备的热释电探测器的优点外,还具有探测灵敏度高,可望与半导体集成电路相集成等突出优点。若做成红外焦平面列阵,其像素可望很高,从而使热释电成像画面的分辨力提高。目前国际上做得较好的已达 384×288 像素,可探测 0.1K 以下的温度变化。

以 $PbTiO_3$ 为例,介绍几种单元探测器结构。

(1) $PbTiO_3$ 薄膜热释电红外探测(传感)器 图 9 - 31 所示为一种简单的 $PbTiO_3$ 薄膜热释电红外探测器的示意图。它是采用射频溅射法制作的,即在淀积有 Pt 膜的云母片上,淀积约 $20\mu m$ 厚的 $PbTiO_3$ 薄膜。在 $PbTiO_3$ 薄膜上蒸发 AL 电极后,再蒸发一层金黑作为红外吸收电极。加上 20V 电压极化 20min。外来红外光通过斩波器和 Ge 滤光器照射在金黑电极上，PbTiO$_3$ 薄膜的温度发生变化而产生热释电电压。由一个高输入阻抗的场效应晶体管、输入电阻和锁定放大器构成放大电路。由于 PbTiO$_3$ 薄膜的热容量很小，故可以得到很高的响应灵敏度，其响应强弱正比于输入红外光的强弱。电压响应率 R_v 为 465V/W，探测率 D^* 为 1.7×10^8 cm·Hz$^{1/2}$/W。若用淀积有 Pt 膜的 MgO 单晶基片，再溅射淀积 c 轴取向的 PbTiO$_3$ 薄膜，R_v 和 D^* 值还可进一步提高。

(2) 高灵敏 PbTiO$_3$ 薄膜热释电红外探测（传感）器　图 9-32 所示为这种高灵敏的实际上无基片的 PbTiO$_3$ 薄膜热释电红外传感器的示意图。用射频平面磁控溅射法在 MgO 单晶基片上淀积 PbTiO$_3$ 薄膜。由于基片的存在对器件的电压响应率影响极大，故把 PbTiO$_3$ 薄膜下的 MgO 单晶基片用化学方法腐蚀掉，再用蒸发法在 PbTiO$_3$ 膜上淀积厚为 5μm 的 NiCr 薄膜电极。这种无基片的红外传感器，能有效地阻止所吸收的红外辐射热量经薄膜传导到基片，因而可提高灵敏度。

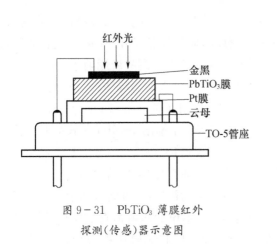

图 9-31　PbTiO$_3$ 薄膜红外探测（传感）器示意图

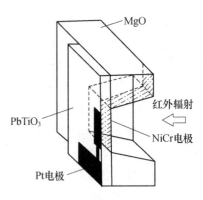

图 9-32　PbTiO$_3$ 薄膜热释电红外传感器示意图

(3) 场效应管型的热释电红外探测（传感）器　这是一种利用 PbTiO$_3$ 薄膜的强热释电性与硅集成电路相结合而制成的硅单片红外传感器，又称为红外光场效应晶体管（简称 IR－OPFET），其结构如图 9-33 所示。在红外光辐照下，门电极的温度变化引起 PbTiO$_3$ 薄膜的极化状态变化，使位于沟道上面的 Si 半导体的表面势改变，从而引起电流沟道耗尽层中载流子浓度的变化，借以调制了漏电流，使得负载电阻两端的电压发生变化，这样便可检测出红外光的强度。

如果在同一硅片上组合其他的晶体管和电荷耦合器件（CCD）等有源器件，还可制成多功能的热释电红外传感器。

由于 IR－OPFET 的热量经 PbTiO$_3$ 薄膜传导到硅片会产生一定损耗，而且输出路较大的时间常数 RC 将造成在高频范围内的输出信号下降，因此，必须减少红外敏感区内的热容量以提高输出信号。为此研制出了一种如图 9-34 所示的具有悬浮 SiO$_2$ 膜敏感区的双极型晶体管红外传感器。实验结果表明，在悬浮 SiO$_2$ 敏感区的器件比无悬浮 SiO$_2$ 膜感区的器件的热释电电流约大 1 个数量级，因而大大地提高了红外探测器的灵敏度。

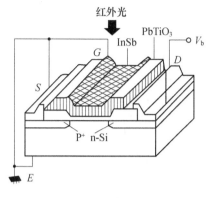
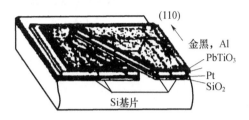

图 9-33 红外光场效应晶体管(IR-OPFET)结构图

图 9-34 具有悬浮 SiO_2 膜敏感区的双极型晶体管红外传感器

9.6.3 铁电薄膜微机电系统(MEMS)

微电子机械系统是由制作在半导体基 IC 表面上的微小机械和机电器件构成的。这些器件采用铁电、压电薄膜制备可改进它们的性能。在 MEMS 中,微型机敏传感器(micro smartsensors)和微执行器(microactuators)是两个重要的组成部分。微型机敏传感器要求传感过程中带有某些智能化的特征,这就要求传感技术和微电子技术必须结合起来。由于铁电薄膜制备技术与半导体工艺技术的兼容已成为现实,为发展微型机敏传感器提供了技术性可能。利用集成微加工技术(如光刻、腐蚀等工艺)对沉积在硅表面的 PZT 铁电薄膜进行加工处理,如通过腐蚀方法可形成悬臂梁结构,制成高灵敏度的微型加速度传感器。近年来,由于集成铁电学的发展,开辟了用铁电薄膜制备微执行器的新方向。这方面引人注目的一个新进展就是压电薄膜型微型超声电机的出现。压电薄膜微型电机是压电陶瓷薄膜工艺与硅微电子工艺相结合的产物,它具有驱动电压低(3V～5V)、体积小、转矩大等优点,而且能与 IC 电路相兼容。Muralt 等人利用 Sol-Gel 凝胶法在 $Pt/Ta/Si_3N_4/SiO_2/Si$ 底电极上制备出 $20\mu m$～$30\mu m$ 厚的 PZT 压电薄膜,作为微电机的振子产生旋转的表面驻声波,同时利用硅微加工技术制作了微型转子并装配成 PZT 压电薄膜型微型电机,结构如图 9-35 所示。这种微型电机的驱动电压仅为 1V～3V,工作频率 25kHz～100kHz,转速 100r/min～200r/min,可在 IC 电路的标准电压下工作。这一进展使得铁电薄膜制备微型驱动器的研究异常活跃,成为 MEMS 研究的热点之一。

9.6.4 铁电光波导及铁电超晶格

现代信息技术的发展急需高速、大容量的光电子信息处理系统。铁电材料具有优良的介电、压电、热释电和铁电性质,同时又具有电光、非线性光学、光弹和光折变性质,可在不同的光电子器件中获得广泛应用。

相对于体材料而言,将这些材料做成薄膜器件具有许多优点:

(1) 可望与广泛使用的微电子或光电子元件集成从而构成独石集成器件(monolithic integrated device),将这些薄膜与半导体二极管激光器集成能制作小型、紧凑、独石集成的电光或倍频器件就是一个明显的例子;

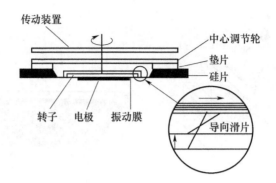

图 9-35 PZT 压电薄膜微型电机结构示意图

(2) 薄膜与衬底之间大的折射率差,使薄膜与衬底本身就构成一个光波导,并可望使器件实现高能光束限定,从而使器件具有高的功率密度,这在器件设计上是很有用的;

(3) 可实现集成光波导器件的小型化;

(4) 抗光损伤能力优于同类型的体材料等等。

为了使铁电薄膜集成光波导器件实用化,人们做了大量的研究,包括材料选择与薄膜制备、性能测试与表征、光学损耗机制研究及降低光学损耗的措施、器件物理研究和器件设计等。从材料选择看,报道最多的还是集中在 PLZT 和 LiNbO$_3$ 两类材料中。为了提高材料的取向度和能更好地与半导体集成电路集成,也研究过许多阻挡层材料及其制备。例如,为了在 Si 或 CaAs 衬底上制备出性能优良的 LiNbO$_3$ 薄膜,人们大多选择 MgO 作为过渡层。从薄膜光学性能测试与表征看,对铁电薄膜集成光波导器件所需的基本参数,如二次谐波产生(SHG)系数、电光系数、光学损耗系数以及折射率指数等,已基本解决。

影响铁电薄膜在集成光电子器件上实用化的主要因素是目前制备的铁电薄膜光学损耗较大(能达到的最佳光学损耗约为 2dB/cm)。薄膜光学损耗主要来源于光吸收损耗、漏电损耗、散射损耗和薄膜表面粗糙度。由于光吸收是一种本征特性,漏电损耗较易解决,因而降低薄膜光学损耗最重要的途径是降低散射损耗和降低表面粗糙度。采用改进的 MOCVD 技术、阴影掩膜 PLD 技术以及液相外延技术制备的铁电薄膜,已在降低光学损耗方面取得重要进展。若铁电薄膜的光学损耗能降低到 1dB/cm 以下,即可望使器件实用化。

铁电材料的基本特征是具有自发极化。材料中自发极化一致的区域称为电畴。电畴可以通过不同的方法调制。我国学者发展的人工调制电畴结构,即周期性片状畴引起人们的高度重视。这种片状畴结构可以采用扩散法、脉冲电场处理法、质子交换法和特殊的晶体提拉法实现,也可以通过控制铁电薄膜的制备技术来实现。因此,我们将这种特殊的人工调制电畴结构作为一种新型铁电器件加以讨论。

图 9-36 示出的是一种周期性片状畴结构的示意图。该结构的周期为 $a+b$,其中 a、b 分别为正向畴和反向畴的宽度(从一个畴过渡到另一个畴时,自发极化反向)。如果畴结构周期与光波或超声波波长可相比拟,则将这一类具有周期性调制结构的材料分别称为光学超晶格或微米超晶格。它们分别在激光倍频和超高频压电谐振器中有重要应用。例如,利用 LiNbO$_3$ 晶体 180°片状畴,已成功地实现了准位相匹配倍频激光输出。

与图 9-36 所示畴结构不同的另一种周期性片状畴结构示意图如图 9-37 所示。在这种结构中,自发极化与畴壁垂直,畴壁处自发极化反向,从而使作为三阶张量的压电系数反向,并导致特有的声学性质。因而人们把图 9-37 周期性片状畴结构称为声学超晶格。理论分析表明,声学超晶格的基音谐振频率为

$$f_r = v/(a+b) \tag{9-8}$$

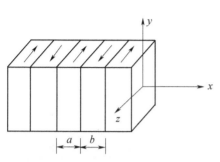

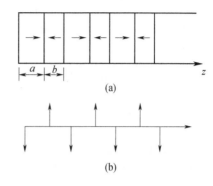

图 9-36　一种周期性片状畴结构示意图　　　　图 9-37　声学超晶格示意图

式中,$a+b$ 为片状畴的周期;v 为声速。显然,谐振频率只决定于超晶格的周期而与晶体总长度无关,所以可用块状晶体制备超高频压电谐振器。周期约为 $7\mu m$ 的声学超晶体,基音谐振频率约为 1GHz。若采用铁电薄膜制备技术,使声学超晶格的周期达 $1\mu m$ 左右,则其基音谐振频率可达 10GHz。

9.7　超导薄膜应用

超导薄膜主要用于弱电领域,特别是在电子元器件和集成电路方面,可以用以制作无源器件如微带传输线、微带天线、微带谐振器、滤波器、延迟线、环行器、定向耦合器以及红外探测器和开关器件等。有源器件如以超导结为基础的约瑟夫森器件。由于人工弱连接技术和多层外延技术的发展,现在已经制造出多种原型超导隧道结如点接触隧道结、缩颈隧道结、双晶隧道结、双外延晶界结、边缘隧道结、台阶边缘结、金属桥型结、劈裂隧道结、夹层结、体型结等。高 T_C 超导薄膜还可用于测量人体弱磁场。而微波器件的应用中需要使用双面超导薄膜(在滤波器中,双面薄膜制作的器件比以金属作接地面的器件插入损耗低 30% 以上)。此外,频率不是很高、或者为了提高性能采用多极结构、或者进行多个器件的集成化制作都会要求薄膜具有较大面积,一般在 2in~3in。因此,已经采用多种技术如多元共蒸发法、倒筒靶溅射法、PLD 法等制备了大面积双面超导薄膜以制备高性能器件。超导薄膜在超导量子干涉器件(Superconductivity Quantum Inteference Device, SQUID)、微波器件、超导计算机等几个方面发展尤为迅速。

9.7.1　SQUID 仪器

SQUID 是根据超导量子干涉效应发展起来的,通常含有一个或两个弱连接的超导环,前者称为单结 SQUID,超导环对直流短路,器件与射频谐振回路耦合,工作时由射频电流偏置。因此又称射频 SQUID(RFSQUID)。后者称为双结 SQUID,工作时由直流电

流偏置,故又称直流 SQUID(DCSQUID)。SQUID 是目前探测磁信号最灵敏的传感器,可以分辨 10^{-5} T 磁场。SQUID 与其他磁测量方式的应用范围比较如图 9-38 所示。SQUID 不仅是磁场的最灵敏的探测仪器,而且一切可以转化为磁场的物理量,例如电流、电压、电阻、电感、磁化率、磁场梯度、温度、位移等,都可以用它来探测。另外,一个 SQUID 可以有非常宽的频率响应,从直流频率为零到几十兆赫甚至更高的频率,其响应范围主要受到它的读出电路的限制。所有这些性能都可以置于一个几毫米大小的芯片上。

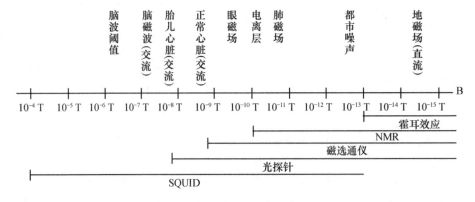

图 9-38 各种磁测仪器的应用范围

目前已经利用超导薄膜开发出了各种 SQUID 仪器,用于磁测量的有 SQUID 磁强计(Magnetometer)、SQUID 磁场梯度计(Gradiometer)、SQUID 磁化率计(Susceptometer)等。用于电测量的有 SQUID 检流计(Galvanometer)、SQUID 皮伏计(Picovoltmeter)等。此外,还有 SQUID 显微镜、SQUID 放大器、SQUID 温度遥测器等量子干涉仪器。

SQUID 具有很大的应用潜力,人们还正在扩大它的应用范围。在地质矿产方面,可用它来进行地磁场的精度测量、地下水层分布测定、大地形成与变迁的研究、寻找矿藏和地下资源等。在生物医学方面,生物和医学用磁强计可以探测脑、心、肺、神经等活动引起的微弱电磁信号的变化,通过无接触检测可得到脑磁图、心磁图、肺磁图乃至神经磁图,用于医学诊断,而不受人体状况的影响和干扰。此外,在地震预报、空间和军事等领域也将得到广泛的应用。

9.7.2 超导微波器件与超导红外探测器

超导微波器件以约瑟夫森效应和磁通量子化为基础,主要可分为微波无源器件和微波有源器件。由于超导薄膜有很低的表面电阻,在相同温度和频率下,比常规导体要低 1 个~3 个数量级,用以构成微波器件时,其性能较之传统器件将有明显的改善。因此,超导薄膜首先在微波无源器件中获得实际应用。目前,已经研制出的微波无源器件主要有微波谐振器(Resonator)、滤波器(Filter)、天线(Antenna)、多工器(Multiplexer)、延时线(Delay Line)等。在对约瑟夫森效应深入研究的基础上,人们又开发出了一系列微波有源器件,包括检测器(Detector)、混频器(Mixer)、振荡器(Oscillator)、参量放大器(Parameter Amplifier)及信号发生器(Siganal Generatao)等。

由于超导薄膜在微波频段的微波表面电阻极低,研制出的超导滤波器具有带内插损极低、边缘陡峭、抑制带外干扰非常好以及体积小重量轻等特点,在军事特别是通信领域具有重要的应用价值。已经研制出各种类型、不同用途的超导滤波器,在蜂窝电话基站、移动通信、军事、天文观测等领域都将有广阔的应用前景,有些已达到商业应用水平。

作为微波器件的一个重要分支,人们已经从理论上对各种超导天线,如电偶极子天线、螺旋天线、微带天线以及微带天线阵列等进行了研究,而且也通过实验证实了超导天线相对于传统天线的优越性。利用超导材料在低于临界温度时电阻接近于零的特性,可使天线的损耗减小几个数量级,从而使天线的辐射效率增加百倍或更多,同时,天线损耗的减小使天线本身的热噪声下降,再加上天线处于低温下,噪声还可比室温下低好几倍,有利于天线灵敏度的提高。

超导技术特别是超导微波器件应用于雷达,可以使雷达的频率稳定度、低噪声接收、快速信号处理和相控阵雷达热耗等问题得以较好解决。采用超导腔稳定量子振荡器可以达到很高的短期稳定度,利用准粒子混频器可获得极高的灵敏度。

利用超导薄膜制成的超导薄膜红外探测器(Infrared Detector)具有高灵敏度、低功耗、噪声小、频带宽等特点,在远红外和亚毫米波谱区,超导薄膜红外探测器是最佳探测器件,可探测 10^{-16} T 的磁信号和 10^{-15} V 的电信号,其探测范围几乎可覆盖整个电磁波频谱,填补了现有探测器不能探测亚毫米波频段的空白,在军事、航天、能源等诸多领域有极为重要的应用前景。

9.7.3 超导滤波器

超导薄膜(如 YBCO)与传统的金属铜相比,具有极低的微波表面电阻。与铜相比,在超导状态下 YBCO 薄膜的表面电阻(10GHz,77K)为 0125mΩ,而铜表面电阻(10GHz)77K 时为 817mΩ;300K 时为 2611mΩ,YBCO 薄膜具有明显的优势;在 1GHz~20GHz 频率范围内 YBCO 表面电阻要比铜低 10 倍~1000 倍。超导薄膜滤波器与常规(例如铜材料)滤波器相比较,具有五大优势:

(1) 通带损耗很小;
(2) 阻带抑制很大;
(3) 边带陡峭,或者说过渡带很窄;
(4) 可以制成极窄带滤波器,例如常规滤波器的相对带宽很难做到 2%,而超导滤波器的相对带宽可以达到 0.2%以下;
(5) 超导薄膜滤波器的体积小、重量轻。

超导滤波器的设计沿用传统的平面微带滤波器的理论和方法,通过增加谐振器的个数,超导滤波器的性能和技术指标就有可能全面胜出各种金属滤波器(包括三维滤波器)。1995 年,美国的 Zhang 等人研制成 19 阶切比雪夫(Chebyshev)高温超导滤波器;2001 年,日本的 Ueno 等研制成 32 阶切比雪夫滤波器,其性能远非常规金属滤波器可比;1998 年,英国的洪嘉生和 Lancaster 首先把准椭圆函数用于超导滤波器的设计,这种设计的特征是在通带附近设置一对或多对零点,这样就可以用较少的谐振单元获得十分陡峭的边带。2003 年,日本 Tsuzuki 等利用准椭圆函数理论制作了具有 5 对零点的超导滤波器,作为极窄带滤波器。因此准椭圆函数滤波器已成为一类常见的超导滤波器形式。

在超导滤波器研制成功的同时,如果将超导滤波器放在小型机械制冷机内,可以这种简便、快捷的方法确保超导器件正常工作必需的低温环境。如果把前置放大器也集成在制冷机内,由于工作在低温,放大器的噪声系数将大幅度地降低,就可以在提高系统抗干扰能力的同时,提高其接收灵敏度。这样就诞生了超导微波接收机前端子系统,简称超导子系统。该子系统一般放置在各种微波接收机的前端,已经在航空航天、移动通讯、雷达和制导等方面获得广泛应用。

9.7.4 超导数字计算机

超导数字计算机是基于约瑟夫森结快速单磁通量子(Rapid Single Flux Quantum, RSFQ)机制的新一代高速低耗、超大容量、高性能计算机。约瑟夫森器件具有极高的开关速度(是硅器件的 10 倍~1000 倍)及低功耗(只有硅器件的约千分之一左右)的特点,因此可以大大提高数字计算机的运算速度、减小体积、高度集成化同时又无散热、信号干扰和开关速率壁垒等问题。

RSFQ 数字电路芯片是超导超级计算机的核心,RSFQ 数字电路可产生、传递、记忆和再生出宽度极小的量子化低压脉冲,这种电压脉冲面积为单个磁通量子,并以此构成二进制逻辑电路。利用 RSFQ 逻辑存储电路可以实现所有数字电路所需的逻辑功能,可制成超导存储器、超导大规模集成电路。

已经利用超导薄膜材料设计出了各种 RSFQ 数字电路,包括 RSFQ A/D 转换电路、RSFQ 多路复用器(Multiplexer)、RSFQ 移位寄存器(Shift Register)、RSFQ 读出器(Readout)等。目前,美国正在计划研制一种每秒千亿次浮点运算的超导计算机,该超导计算机由处于液氮温度下的超导处理器及其芯片网络、处于液氮温度下的内置静态存储器(SRAM PIMs)、内置动态随机存储器(DRAM, PIMs)和全息数据存储器(Holographic Data Storage)等组成。由于超导数字计算机具有很高的运算速度和巨大的运算能力,在国民经济和国防建设中都将具有广泛的应用,尤其可以满足核反应堆控制、宇宙空间系统、流体动力学建模、全球经济建模、长期天气预报、基因分析、战略防御系统、大型工程计算等领域的迫切需要,因此很多发达国家都加快了研究步伐。

9.8 LB 膜的应用

由于 LB 膜的单分子层膜的自然取向特性和分子构造的可控性使 LB 膜在表面催化、光电转换、气体敏感、光电导、热释电、超导等领域具有广泛的应用前景。

LB 膜具有膜厚可准确控制、制膜过程不需很高的条件、简单易操作、膜中分子排列高度有序等特点,因此可实现在分子水平上的组装,在材料学、光学、电化学和生物仿生学等领域都有广泛的应用前景。

9.8.1 LB 膜在生物膜仿生模拟上的应用

LB 膜由于其特殊的物理结构和化学性质,在生物膜仿生模拟领域有很大的应用价值,人们运用 LB 技术在生物膜的化学模拟以及生物矿化方面都作了很深入的研究。

9.8.1.1 生物膜的化学模拟

生物膜是构成生命体系中最基本的有组织单元,它将细胞和细胞器同周围的介质分隔开来,形成许多微小的具有特定功能的隔室,起着维持膜两侧浓度的浓度差和电位差的作用。LB膜的物理结构和化学性质与生物膜很相似,具有极好的生物相溶性,能把功能分子固定在既定的位置上,因而单分子膜和LB膜常被用作生物细胞的简化模型。科学家运用"保护板"法沉积了具有PGA(青霉素G酰基转移酶)活性层的生物催化剂,LB技术的易选择性和吸附层为PGA保持功能创造了适宜的环境。通过测试酶活性值及PGA在溶液中分离的程度,表明能够满足生物催化应用的需要。利用LB膜技术组装磷脂和蛋白质等各种有机分子,仿制生物膜结构。研究生物膜的理化特征及其在生物能量转换和物质传输过程中所起的各种作用,进一步揭示了生命的本质。

9.8.1.2 生物矿化和膜控晶体生长

生物矿化过程是指在生物体中细胞的参与下,无机元素从环境中选择性的沉析在特定的有机基质上而形成矿物。LB膜可以提供仿生体系,从而诱导矿化的形成。如运用LB膜技术,制备胆红素和胆固醇混合单分子膜,体外模拟混合型结石的形成过程,通过改变成膜时两种物质的比例,在不同的膜压下发现两者的相溶性发生了一定程度的改变。这对进一步揭示胆结石的形成机理有重要的意义。研究了琼脂凝胶介质的尿酸体系中环状及分形结构的产生,并考察了影响环生长的有关因素;通过考察不同因素(包括:离子种类、离子浓度、不同种添加物、胶层位置)对形成尿结石斑图结构的影响,发现加入Fe^{2+}的体系易形成多环,不同种离子浓度影响成环速度及环宽度,含有添加物的体系则易形成多环,而胶层的位置影响环的形状。生物矿化给无机材料的合成提示了一条重要途径:先形成有机物的自组装体,无机先驱物在自组装聚集体与溶液相界面处产生化学反应,在自组装体的模板作用下,形成有机/无机复合体,将有机模板去除后即可得到有组织的无机材料。

利用有序分子膜作为诱导无机晶体的生长的模板,已成功诱导出$CaCO_3$、$CuSO_4$、NaCl、CdS、PbS等。如利用二棕榈酰磷脂酰胆碱(DPPC)LB膜作为生物细胞膜的简单模拟,可以诱导亚稳溶液中CaC_2O_4晶体的异相成核,并促使CaC_2O_4晶体产生晶面取向生长。C_4S使CaC_2O_4晶体由六边棱柱晶体转变为六边薄片状晶体,L-GLu使CaC_2O_4晶体由六边棱柱晶体转变为"不定"形晶体。

Heywood等对长链烷基磺酸膜诱导$BaSO_4$、$CaCO_3$晶体生长作了仔细研究。结果发现在长链烷基磺酸单分子膜下,$CaCO_3$晶体沿(111)晶面成核生长而$BaSO_4$则沿(100)晶面成核生长。同时他们在LB单层膜上研究了石膏($CaSO_4 \cdot 2H_2O$)的结晶过程,揭示了氢键和离子键在无机晶体成核过程中的重要性。对晶体生长的研究证明,成核晶面并不必然导致取向晶体生长,晶面间的静电作用是决定生长的主要因素之一。如果正在形成晶核的某一特定晶面所产生的静电场与膜上成核位点上的极性和电荷密度相匹配,晶体将在这一晶面与膜相接触的状态下择优取向生长。

LB膜可以诱导晶体按设计取向生长,晶体成核和生长过程与其采用的LB结构有关。膜的结构和立体化学的匹配促使晶体沿特定晶面成核生长,而电荷聚积、成核物种浓度、溶液的pH值等因素在控制晶体形态、结构和取向等方面也起着重要作用。

9.8.2 LB膜技术制备超薄膜

利用LB技术制备有序纳米材料超薄膜具有许多优点:可以制备单层纳米膜,也可以逐层累积,形成多层膜或超晶格结构,组装方式可任意选择;可以选择不同的纳米材料,累积不同的纳米材料形成交替或混合膜,使之具有多种功能;成膜可在常温常压下进行,不受时间限制,基本不破坏成膜纳米材料的结构;可控制膜厚和膜层均匀度;可有效地利用纳米材料自组装能力,形成新物质;LB 膜结构容易测定,易于获得。

锑掺杂 SnO_2 薄膜(ATO)是一种极具应用价值和潜力的薄膜材料,由于同时具有良好的光透过性和导电特性,故它在建筑玻璃、液晶显示器、透明电极以及太阳能利用等领域得到了广泛的应用。可选用 $SnCl_4 \cdot 5H_2O$ 和 $SbCl_3$ 为基本原料,采用共沉淀法制得了掺锑氧化锡(ATO)沉淀,经胶溶制得 ATO 纳米水溶胶,将其溶于纯水并作为亚相,采用 LB 膜技术制备了 10mm×30mm ATO 复合膜,烧结处理后制得 ATO 超薄膜。结果表明这种 ATO 超薄膜同时具有单分子膜及 ATO 粉体的优点,对于纳米尺度电子器件的制备,具有极大的应用价值。目前,研究较多的纳米粒子超薄膜还有 Au、Ag、Pt、Si、CdS、Ag_2S、SiO_2、TiO_2 等纳米粒子薄膜。

9.8.3　LB 膜在光学上的应用

LB 膜是目前人们所能制备的缺陷最少的超分子薄膜,它在作为光电探测器、光电池、光电开关、光电信息存储、光合作用的处理与模拟、非线性光学材料的构成等方面有很大的应用前景。利用椭圆偏振光谱法(SE)对 Y 型花菁染料 LB 膜在紫外-可见光范围内的光学特性进行了表征,同时得到了该薄膜的光学常量(复介电常数、消光系数、吸收系数、反射系数、折射率等)。在 ITO 导电玻璃上,制备了 38 层 Z 型细菌视紫红质(bR)LB 膜,控制平均转移比在 0.93 以上,测量了这个 LB 膜的紫外-可见吸收谱,并利用 Z 扫描技术在输出激光波长为 400nm 和 800nm 处对菌紫质 LB 膜的三阶非线性光学性能进行了研究,在 800nm 处,它的三阶非线性光学极化率为 10^{-9} esu,而 400nm 处为 10^{-8} esu,表明菌紫质 LB 膜在非线性光学器件方面具有潜在的应用前景。采用紫外可见吸收和二次谐波产生技术研究了两种"推-拉"型偶氮苯分子 LB 膜的光谱和二阶非线性光学特性。4-硝基-4′-氨基偶氮苯(NAA)和 4-羧基-4′-氨基偶氮苯(CAA)分子在亚相表面可以形成稳定的单分子膜,并且能较好地转移到固体基板上形成 LB 多层膜;由于-NO_2 比-COOH 具有更强的吸电子能力,电子在 NAA 分子内更容易转移,并形成较大分子偶极矩,分子具有更大的一阶超极化率。实验测得两种偶氮苯化合物 LB 膜均有很好的非线性光学特性,而偶氮苯发色团的顺反同分异构可以引起光学诱导双折射,因此,它们具备了开发光学存储器件的潜力。

9.8.4　LB 膜在半导体材料中的应用

LB 单分子膜诱导生成半导体纳米材料是 20 世纪 90 年代才发展起来的一种新方法。利用离子型不溶性单分子膜的双电层中负载的成核离子与适当试剂(如 H_2S、H_2Se 等)反应,生成半导体材料。选择适当的单分子膜和反应条件,可将产物粒子控制在纳米尺寸范围内。此外,还可以对已制备的纳米粒子进行 LB 再组装。

将合成的薄膜暴露于 H_2S 环境中,膜中的 CdS 摩尔分数会增大。若在 H_2S 环境下,浸入 $CdCl_2$ 水性溶液,CdS 没有损失。因此通过这种硫化-插层反应的循环往复,可以进一步地在亲水性层间生成尺寸量子化的 CdS 粒子。如将 LB 膜覆盖在金电极上,然后将其插入按一定比例混合的 $CdSO_4$、$Na_2S_2O_3$ 等溶液中,再插入另一铂电极,将两电极接在恒电位仪上,一段时间后,在 LB 膜表面便沉积一层均匀的 CdS 薄膜。CdS 薄膜的类型可以通过改变 LB 单层膜来控制。此外,通过技术还制备了 PbS、CdSe、PbSe、ZnS、Cu_2S、SnO_2 等晶体,合成了尺寸量子化的 TiO_2 团簇的单层膜和多层膜。

LB 膜生长的晶体的光谱性质、电学性质和电化学性质对其几何形态有明显的依赖性,这对于半导体材料可能是值得利用的现象。如用膜外延生长得到了等边三角形 PbS(PbS-Ⅰ)、直角三角形 PbS(PbS-Ⅱ)。分别在 PbS-Ⅰ和 PbS-Ⅱ纳米薄膜体系施加 0.5V~1.1V 的偏压,其在紫外区的吸收强度将增加。然而,非外延得到的 PbS 在外偏压从 0V~1.5V 时,波长大于 700nm 的吸收没有任何变化。

9.8.5 LB 膜在铁电材料中的应用

最早研究 LB 膜铁电特性的是 A. Bune 和 L. Blinov 等人,他们在 1995 年和 1996 年分别利用 LB 膜技术制得了聚合物 PVDF 及其共聚物 P(VDF-TrFE 70:30)的超薄膜。制得 LB 膜的层数在 2 层~120 层之间,每个单层的厚度在 0.5nm 左右。1998 年 A. Bune 和 L. Blinov 等人分别在《自然》杂志和《物理评论》报道了通过测量热释电和电容率研究 LB 薄膜的铁电相变。在较薄的聚合物[P(VDF-TrFE 70:30)]铁电 LB 膜中发现低温(约 20℃)时发生表面的铁电一级相变,而在温度较高(约 80℃)时发生体的铁电一级相变。通过分析得出结论,对聚合物 LB 膜来说铁电性并不存在一个明显的最小厚度,对于这样两维体系的铁电特性的计算不能用三维体系的平均场理论来计算。对 30 层聚合物 LB 膜研究了铁电特性的临界温度,在不加电场时,铁电相变的温度约为 T_{c0}=80℃±10℃,在这个温度以下出现单个电滞回线;当加上电场时,铁电相变的临界温度在 T_{Cr}=145℃±5℃,在这 2 个温度之间出现双电滞回线,当高于临界温度 T_{Cr} 时铁电特性消失。2001 年 Batirov 等人报道了光导体铁电 LB 膜的铁电特性,研究了有光照和无光照两种情况下其铁电特性的变化。2002 年,Yu. G. Fokin 和 O. A. Aktsipetrov 等人报道了采用二次谐波产生的方法研究聚合物铁电 LB 单层膜的相变和铁电性质。

最先报道 LB 多层膜热释电效应的是 L. Blinov 等人,他们报道 X 型和 Z 型两亲性的偶氮类化合物的热释电效应。R. Capan 等人利用傅里叶红外变换光谱的方法对硅氧烷聚合物和二十烷胺的交替 LB 膜进行了研究,并从微观机理上给出了热释电响应的理论模型。研究发现:虽然 LB 膜的热释电系数不是很大,但是由于它们的相对电容率 ε_r 和介电损耗 $\tan\delta$ 的数值均很小,因而对于热释电探测器的品质因数 $p/(\varepsilon_r\tan\delta)^{1/2}$ 而言,LB 膜能和现有的常用热释电材料达到同一个量级。

9.8.6 LB 膜在传感器上的应用

LB 膜由于其分子排列的高度有序性,在传感器领域也有着重要的应用。酞菁是一类对气体具有敏感特性的有机半导体材料,具有良好的热稳定性和化学稳定性,酞菁 LB 膜在高灵敏度气体探测方面有着极大的应用前景。如以三明治型稀土金属元素错双酞菁配合物($Pr[Pc(OC_8H_{17})_8]_2$)为气敏材料,利用 LB 膜技术,将($Pr[Pc(OC_8H_{17})_8]_2$)以 1:3 的配比与十八烷醇(OA)的混合 LB 多层膜拉在场效应晶体管上,形成了一种新型的以 LB 膜取代通常的 MOSFET 中栅金属的化学场效应管器件。将该器件放入 NO_2 气体中,随着气体浓度和 LB 膜层数的变化,器件的漏电流将产生 0.05×10^{-6} A~1.5×10^{-6} A 的变化,探测灵敏度可达到 5×10^{-6} NO_2,这种气敏传感器具有较高的灵敏度。

利用 LB 膜技术,把多种不同特性的类脂薄膜沉积到光寻址电位传感器(LAPS)系统上,制备了能以近似人体味觉方式检测味道的味觉传感器,并测试了传感器对甜、酸、苦、咸、鲜等 5 种基本味觉物质溶液的响应,表明该传感器对不同味觉物质可以进行区分和检测。

此外,LB 膜在制备电化学传感器、生物传感器、湿度传感器等方面都有重要的应用价值。

习题与思考题

1. 薄膜太阳能电池材料有哪些种类?试简单评述非晶硅薄膜、多晶硅薄膜和化合物半导体薄膜的特点与各自优势。
2. 如何设计一个在 $2\mu m$~$3\mu m$ 区间的反射薄膜体系与增透薄膜体系?
3. 简单举例说明 YBCO 超导薄膜的应用。
4. 评述钙钛矿类型铁电薄膜及层状类钙钛矿铁电薄膜的制备与应用领域。
5. 简单介绍磁性薄膜的应用领域及发展趋势。
6. 金刚石薄膜及类金刚石薄膜有什么特点及应用?
7. 简单介绍发光薄膜的机理及应用范围。

主要词汇汉英索引

A

原子吸收光谱 atomic absorption spectrometry
先进复合材料 advanced composite materials
自动光学检测系统 automatic optical inspection system
粘结互连技术 adhesive interconnection technology
原子发射光谱 atomic emission spectrometry
俄歇电子谱 Auger electron spectroscopy
原子力显微镜 atomic force microscope
原子荧光光谱 atomic fluorescence spectrometry
自动导向载体 automated guided vehicle
高速公路先进巡视协助系统 advanced cruise-assist highway system
原子层外延 atomic layer epitaxy
有源矩阵驱动液晶显示器 active matrix liquid crystal display
先进过程控制 advanced ptocess control
常压化学气相沉积法 atmospheric pressure CVD
雪崩光电二极管 avalanche photo-diode
原子弹针－场离子显微镜 atomprobe-field emission microscope
光子分析扫描隧道显微镜 analytical photon scanning tunneling microscope
活性反应蒸发 reactive evaporation
X光自动检测系统 automatic X-ray inspection system

B

备份域控制器 backup domain controller
弹道电子发射显微分析/波谱分析 ballistic electron emission microscopy/spectroscopy
基本输入/输出系统 basic input/output system
Bi层状结构膜（如膜 $SrBi_2TaO_9$、$SrBi_2NbTaO_9$ 等）Bi layer-structured film
硼磷硅酸玻璃 boron phosphosilicate glass
卫星广播 broadcasting satellite
钛酸锶钡 Barium Strunium titanate

锆钛酸铅 lead zirconate titanate

C

热丝化学气相沉淀 catalytic CAD
化学浴沉淀 chemical bath deposition
化学束外延 chemical beam epitaxy
电荷耦合器件 charge coupled device
激光盘 compact dry etching
化学干法刻蚀 chemical dry etching
码分多址 code division multiple access
载流子发生层 carrier generation layer
连续晶界结晶硅 continuous grain boundary crystal silicon
化合物薄膜太阳能电池的一种 $CuInSe_2$
电流成像隧道波谱分析法 current imaging tunneling spectroscopy
阴极荧光 cathode luminescence
互补金属氧化物半导体 complementary metal oxide semiconductor
化学机械抛光 chemical mechanical polishing
超巨磁电阻,庞磁电阻 colossal magnet resistance
板载芯片 chip on board
芯片上的芯片 chip on chip
挠性线路板载芯片 chip on FPC
玻璃载芯片 chip on glass
中央处理器 central processing unit
载流子输运层 carrier transfer layer
盒换盒系统操作的连续式装置 cassette to cassette
化学气相沉淀 chemical vapor deposition

D

施主－受主对 donor-acceptor pair
直流 direct current
二维电子气 2 dimensions electron gas
邻苯二甲酸乙二酯 diethyl phthalate
干膜光刻胶 dry film photoresist

双异质结 doube heterojunction
直接渗金 direct immersion gold
点(像素)每英寸 dots per inch
类金刚石薄膜 diamond-like carbon films
动态热机械法 dynamic mechanical analysis
二甲基氢化铝 $[(CH_3)_2AlH]$ dimethylaluminum hydride
团状膜塑料 dough molding compound
油扩散泵 oil diffusion pump
动态随机存取存储器 dynamic random access memory
差式扫描量热法 differential scanning calorimetry
数码摄像机 digital still camera
专用短程通信 dedicated short range communications
差热分析 differential thermal analysis
数字薄膜二极管 digital thin film diode
微分隧道显微分析法 defferential tunneling microscopy
数码摄像机 digital video camera
光碟,数字式视盘 digital video disk

E

埋入(内藏)有源元件 embedded active device
电子引发俄歇能谱 electron AES
电子束 electron beam
电子束增强等离子体 electron beam enhanced plasma
电子回旋共振 electron cyclotron resonance
能量色散谱 energy dispersive spectroscopy
X 射线荧光能谱 energy dispersive XFS
电子能量损失谱 electron energy loss spectroscopy
电可擦除型可编程 ROM electrically erasable programmable ROM
扩展场透镜 extended field lens
静电力显微分析法 electrostatic force microscopy
电致发光 electroluminescence
准分子激光退火 excimer aser annealing
电磁场干扰 electromagnetic interference
发光层 emission layer
电子加工系统 electronics manufacturing system
蚀坑密度,线缺陷密度 etch pit density
埋入(内藏)无源元件 embedded passive device
电子探针显微分析 electron probe microanalysis
化学分析电子谱 electron spectroscopy for chemical analysis
电子受激解吸/脱附 electron stimulated desorption
电子收费系统 electronic toll collection
电子输运层 electron transport layer
欧盟 European Union
(计算机)工程工作站 engineering work station

F

工厂自动化 factory stimulated desorption
软盘 floppy automation
场发射显示器 field emission display
场发射显微镜 field emission microscope
铁电 RAM ferroelectric RAM
场效应三极管 field effect transistor
摩擦力显微分析法 frictional force microscopy
功能梯度材料 functionally gradient materials
聚焦离子束 focused ion beam
场离子显微镜 field ion microscope
(分子)荧光光谱 fluorescence spectrometry
傅里叶变换红外谱 fourier transform infrared spectroscopy
光纤入户 fiber to the home

G

气相色谱法 gas chromatography
气体离化团束 gas clusrer ion beam
巨磁电阻效应 giant magnetoresistance
全球卫星定位系统 global Positioning System
全球移动通信系统 global system for mobile
气体温度控制器 gas temperature controller

H

双极三极管 heterobipolartransistor
空心阴极放电离子镀 hollow cathode discharge
硬盘驱动器 hard disk drive
高密度等离子体 high density plasma
高清晰度电视 high density television
高能电子衍射 high energy electron diffraction
高电子迁移率三极管 high electron mobility transistor
六氟乙基丙酮铜 hexa-fluoro-acetyl-acetonate copper

高压高温技术 high pressure high temperature
高能电子能量损失谱 high resolution electron energy loss spectroscope
高分辨率透射电子显微镜 high respective transmission electron microscope
半球形晶粒 hemispherical grained
空穴输运层 hole transport layer
高压电子显微术 high voltage electron microscopy
热丝化学气相沉淀 hot wire chemical vapour deposition

I

离子辅助刻蚀 ion assist erching
离子束辅助沉积法 ion beamassisted deposition
离子束刻蚀 ion beam etching
感应耦合等离子体 inductive coupled plasma
互扩散多层工艺 interdiffused multiplayer process
插入安装技术 insertion mount technology
国际移动电信系统 International Mobile Telecommunication System
离子中和谱 ion neutralization spectroscopy
离子镀 ion plating
集成无源元件 integrated passive device
面内切换,横向电场驱动 in-plate switching
红外分子吸收光谱 infrared absorption spectrum
板上集成系统 intrgrated system in board
离子散射谱 ion scattering spectroscopy
铟锡氧化物 indium tin oxide
工业技术研究院 Industrial Technology Research Institute
国际半导体技术指南 International Technology Roadma Pfor Semiconductor

J

电子设备工程联合委员会 Joint Electron Device Engineering Council
日本电子情报产业协会(旧JEIDA) Japan Electronics and Information Technology Industuries Association
日本封装技术指南 Japan Jisso Technology Roadmap

L

局域网 local area network

液相色谱法 liquid chromatography
液晶显示器 liquid crystal displayer
激光二极管 laser diode
激光视盘 laser disc
轻掺杂漏极 lightly doped drain
发光二极管 light emitting diode
低能电子衍射 low energy electron diffraction
局部力显微分析法 local force microscopy
刻版电铸成形 lithograph galvanoforming abforming
液态金属离子源 liquid metal ion source
硅的局部氧化 local oxidation of silicon
低压化学气相沉积 low pressure CVD
液相外延 liquid phase epitaxy
大规模集成电路 large scale integrated circuit
低温各向同性碳 low temperature isotropic carbon
低温多晶硅 lower temperature polyctystal silicon
分子中心发光 luminescence from molecular centers

M

分子束外延镀膜法 molecular beam epitaxy
机械增压泵 mechanical booster pump
多芯片封装 multi chip pachage
多元件亚系统 multi device sub-assemblies
薄膜二极管 thin film diode
微电子学机械系统 micro electronics mechanical system
金属-半导体场效应三极管 metal−semiconductor field effect tranasistor
(质量)流量控制器 mass flow controller
磁力显微分析法 magnetic force microscopy
金属−绝缘层−金属 metal insulator metal
单片微波(器件) monolithic microwave
甲阱(CH_3)$HNNH_2$ methyl hydrazine
磁光的 magnetic optica
有机金属 metal organic
有机金属化学气相沉积法 metal-organic chemical vapor deposition
金属有机物沉积法 metal organic deposition
金属−氧化物−半导体 metal-oxide-semiconductor
多重量子阱 multiple quantum well
磁致电阻效应 magnetic resistive effect
质谱仪 mass spectroscopy

磁控溅射镀膜法 magnetic sputtering
多个涡型线圈(输入方式) multi spiral coil
贴装带载芯法 mounted TAB
多畴垂直取向 multi-domain vertical alignment
微波化学气相沉积 microwave CVD
微波电子回旋共振 microwave electron cyclotron resonance
微波电子回旋共振化学气相沉积 microwave electron cyclotron resonance CVD

N

孔径光阑,数值孔径 numerical aperture
非导电性膜 non-conductive film
非导电性浆料 non-conductive paste
负电子亲和性 negative electron affinity
国家电子制造协会(美国) National Electronics Manufacturing Initiative
核磁共振波谱 nuclear magnetic resonance spectroscopy
常压化学气相沉积 normal pressure chemical vapor deposition
非导电胶粘剂 non-conductive paste
纳米结构材料 nanostructured materials
负温度系数热敏陶瓷 negative temperature coefficient thermosensitive
国家电视系统委员会 National Television System Committee

O

有机电致发光显示器 organic electroluminescent display
有机发光二极管显示 organic light emitting diode display
光学显微镜 optical microscope
有机光导电材料 organic photoconductor

P

正负离子束沉积装置 positive negative ion beam deposition apparatus
热解氮化硼 pyrolytic boron nitride
相变 phase change
印制电路板 print circuit board
相变可重写型(光盘) phase change rewritable
个人通信服务 personal communication services
等离子化学气相沉积 plasma chemical vapour deposition
光盘 photo-disc
个人数字协助器 personal digital assistant
主域控制器 primary domain controller
等离子显示板 plasma display panel
钉扎效应 pinning effect
等离子增强化学气相沉积 plasma enhanced chemical vapour deposition
聚对苯二甲酸乙二酯 polyethylene terephthalate
等离子体浸没离子注入 plasma immersion ion implantation
粒子诱导X射线发射 particle induced X-ray emission
脉冲激光沉积 pulsed aser deposition
有机发光二极管显示(高分子型) polymer light emitting diode display
锆钛酸铅镧 $(Pb, La)(Zr, Ti)O_3$ lanthanum lead zirconate titanate
聚甲基丙烯酸甲酯 poly-mathyl methacrylate
铌镁酸铅-钛酸铅 lead magnesium niobate titanate
等离子体与材料技术 plasma & materials technology
聚合物网络 polymer network
像素每英寸,图像分辨率单位 pixels per inch
可编程只读存储器 programmable read only memory
光电子谱 photo-electron spectroscopy
磷硅酸玻璃 phosphosilicate glass
光子扫描隧道显微镜 photon scanning tunneling microscopy
正温度系数热敏陶瓷 positive temperature coefficient thermosensitive ceramics
聚四氟乙烯 polytetrafluoroethylene teflon
物理气相沉积 physical vapor deposition

Q

四侧引脚扁平封装 quad flat package
四侧引脚带载封装 quad tape carrier package

R

随机存取存储器 random access memory
卢瑟福背散射显微分析法 Rutherford backscattering spectroscopy
美国无线电公司 Radio Corporation of America

稀土元素 rare earth element
射频(溅射镀膜多用 13.56MHz) radio frequency
射频放电离子镀 radio frequency ion plating
射频等离子体化学气相沉积 radio frequency plasma enhanced chemical vapour deposition
射频溅射镀膜法 radio frequency sputtering
反射式高能电子衍射 reflection high energy electron diffraction
反应离子束刻蚀 reactive ion beam etching
反应离子刻蚀 reactive ion etching
有害物质限制法案(欧盟) Proposal for a Directive on Restriction of Hazardous Substance
只读存储器 read only memory
增强塑料 reimforcing plastics
回转泵,转轮泵 rotary pump
快速热处理 rapid temperature processing rapid thermal process

S

按扣搭载连接 snap attachment adhesive
软调整(过渡)层 soft adjustment layer
扫描俄歇探针 scanning auger microprobe
扫描电容量分析法 scanning capacitance microscopy
每分钟标准立方厘米(流量单位) the standard cubic centimeter per minute
单芯片封装 single chip package
扫描电子声学显微镜 scanning electron acoustic microscope
扫描电化学显微分析法 scanning electrochemical microscopy
扫描电子显微镜 scanning electron microscope
扫描场发射显微分析法/波谱分析法 scanning field emission microscopy/spectroscopy
扫描力显微分析法/波谱分析法 scanning force microscopy/spectroscopy
扫描离子电导显微分析法 scanning ion conductance microscopy
利用模块内埋置无源及有源元件构成的系统集成封装 system in module using passive and active components embedding technology
高能氧离子注入硅基板 silicon implanted oxide
二次离子质谱 secondary ion mass spectroscopy

封装内系统(或系统封装) system in a package (system-in-package)
表面贴装 surface mount assembly
扫描微虹吸管显微镜 scanning micropipette microscopy
扫描微虹吸管分子显微镜 scanning micropipette molecule microscopy
形状记忆高分子 shape memory plymer
表面装配工艺 surface mount technology
扫描噪声显微分析法 scanning noise microscopy
扫描近场声学显微分析法 scanning near-field acoustic microscopy
二次中性粒子谱 secondary neutral mass spectroscopy
扫描近场光学显微分析法 scanning near-field optical microscopy
扫描近场热学显微分析法 scanning near-field thermal microscopy
芯片上系统(原称系统 LSL) system on a chip(system-in-chip)
甩胶玻璃,纺丝状玻璃 spin-on-glass
绝缘基板上硅(薄膜) silicon on insulation
溶胶—凝胶法 sol-gel process
封装内系统(或系统封装) system-on – package
蓝宝石上硅单晶外延,蓝宝石上硅 silicon on saphire
硅芯片—硅基板组装,硅上硅 silicon on silicon
固相晶化法 solid phase crystallization
溅射成形 CVD sputter profiling CVD
扫描等离子近场显微分析法 scanning plasmon near-field microscopy
扫描隧道显微分析法/波谱分析法 scanning tunneling microscopy/ spectroscopy
偏光扫描隧道显微分析法/波谱分析法 spin-polarized scanning tunneling microscopy/spectroscopy
超导量子干涉仪 superconducting quantum interface device
单一量子阱 single quantum well
静态随存取存储器 static random access memory
扫描隧道显微镜 scanning tunneling microscop
扫描隧道显微法/波谱法 scanning tunneling microscopy/spectroscopy

超扭曲向列(液晶) super twisted nematic
扫描隧道电位计测量 scanning tunneling potentiometry
扫描隧道谱仪 scanning tunneling spectrograph
表面波等离子体 surface wave pleasma

T

热分析 thermal analysis
带载自动键合 tape automated bonding
带载封装 tape carrier package
平面螺旋线圈耦合等离子体 toroidal coupled plasma
传递耦合等离子体 transfer coupled plasma
电阻温度系数 temperature coefficient of resistance
时分多址 time division multiple access
热解吸附波谱分析 thermal desorption spectroscopy
横向电场模式 transverse electric mode
透射电子显微镜 transmission electron microscope
横向电磁模式 transverse electro magnetic mode
四乙基原硅烷 Si(OC$_2$H$_3$)$_4$ tetra ethyl orthosilicate, tetraethoxysilane
下降时间,信号下降沿宽度 fall time
薄膜晶体管 thin film transistor
热重法 thermogravimetry
四氢呋喃 C$_4$H$_8$O tetrahydrofuran
三聚异丁铝 triisobutylalumina
过渡金属元素 transition metal
横向磁场模式 transverse magnetic mode
热机械分析法 thermomechanical analysis
涡轮分子泵 turbo-molecular pump
三甲基乙烯基硅烷 trimethyl - vinyl-silane
扭曲向列(液晶)twisted nematic
飞行时间二次离子质谱 time-of-flight SIMS
上升时间,信号上升沿宽度 rise time
折中关系 trade-off
表面形貌追随(跟踪隧道显微分析法) tracking tunneling microscopy

U

超高真空 ultra high vacuum
超低温各向同性碳 ultra low temperature isotropic carbon
紫外光电子能谱 ultraviolet-photo-electron spectroscopy
紫外线 ultra-violet
紫外,可见(分子)吸收光谱 ultraviolet & visible absorption spectrum

V

真空阴极电弧沉积法 vacuum cathode arc deposition
可变摩擦力显微分析法 variable deflection frictional force microscopy
维氏硬度 HV Vickers hardness
甚高频化学气相沉积 very high frequency CVD
道路交通信息通信系统 vehicle information and communication system
工作电压 operating voltage
气相外延 vapor phase epitaxy
极限电压 threshold voltage

W

宽带码分多址 wideband code division multiple access
波长色散谱(波谱) wave dispersive spectroscopy
X射线荧光波谱 wave dispersive XFS
电子设备废物处理法案(欧盟),2006年7月1日执行 Proposal for Directive on Waste Electrical and Electronic Equipment

X

X射线引发俄歇能谱 X-ray AES
X射线衍射 X-ray diffraction
X射线荧光谱 X-ray fluorescencesectrometry
极高真空 extreme high vacuum
X射线光电子能谱 X-ray photo-electron spectroscopy
X射线荧光 X-ray fluorescence

Z

区域再结晶 zone melt recrystallization

参 考 文 献

[1] Maissel L I & Glang R (Eds). Handbook of Thin Film Technology. McGran-Hill Book Company, 1970.
[2] 田民波, 等, 译. 薄膜科学技术手册. 北京: 机械工业出版社, 1991.
[3] Araujo C P, Scott J F and Tailor G W. Ferroelectric Thin Films: Synthesis and Basic Properties. Gordon and Breach Publishers, Amsterdam, 1996.
[4] 吴自勤, 王兵. 薄膜生长. 北京: 科学出版社, 2001.
[5] 杨邦朝. 电子薄膜材料. 北京: 科学出版社, 1996.
[6] Ciureanu P and Gavrila H. Magnetic Heads for Digital Recording. Elsevier Science Publishers, Amsterdam, 1990.
[7] 李金桂, 肖定全. 现代表面工程设计手册. 北京: 国防工业出版社, 2000.
[8] 吴锦雷, 吴全德. 几种新型薄膜材料. 北京: 北京大学出版社, 1999.
[9] 唐伟忠. 薄膜材料制备原理、技术及应用. 北京: 冶金工业出版社, 2003.
[10] 田民波. 薄膜技术与薄膜材料. 北京: 清华大学出版社, 2006.
[11] 郑伟涛. 薄膜材料与薄膜技术. 北京: 化学工业出版社, 2004.
[12] 张锐, 等. 现代材料分析方法(工程应用版). 北京: 化学工业出版社, 2007.
[13] Freund L B, Suresh S. Thin Film Materials-Stress Defection Formation and Surface Evolution. London, Cambrige University Press, 2003.
[14] 朱建国, 孙小松, 李卫. 电子与光电子材料. 北京: 国防工业出版社, 2007.
[15] 宁兆, 江美福, 辛煜, 叶超. 固体薄膜材料与制备技术. 北京: 科学出版社, 2008.
[16] 蔡珣, 石玉龙, 周建. 现代薄膜材料与技术. 上海: 华东理工大学出版社, 2007.
[17] 符春林. 铁电薄膜材料及其应用. 北京: 科学出版社, 2009.
[18] 麦振洪. 薄膜结构 X 射线表征. 北京: 科学出版社, 2009.
[19] (美)凯根, 安瑞. 薄膜晶体管(TFT)及其在平板显示中的应用. 北京: 电子工业出版社, 2008.
[20] 时东陆, 周午纵, 梁维耀. 高温超导应用研究. 上海: 上海科技出版社, 2009.
[21] Milton Ohring. Materials Science of Thin Films: Deposition and Structure (2nd). World Scientific Press, 2006.
[22] Machlin E S. Materials Science in Microelectronics. Elsevier, 2005.
[23] Ronald R, Willey. Practical Design and Production of Optical Thin Films. New York: Marcel Dekker Inc., 2002.
[24] 薛增泉, 吴全德, 李洁. 薄膜物理. 北京: 电子工业出版社, 1991.